21世纪高等学校计算机规划教材
21st Century University Planned Textbooks of Computer Science

大学计算机基础

（Windows 7+Office 2010）

Fundamental of Computer

苗民 殷凤玲 主编
宋绍云 刘海艳 万景 副主编

人 民 邮 电 出 版 社
北 京

图书在版编目（CIP）数据

大学计算机基础 : Windows7+Office2010 / 苗民, 殷凤玲主编. -- 北京 : 人民邮电出版社, 2014.9（2017.9重印）
21世纪高等学校计算机规划教材. 高校系列
ISBN 978-7-115-35902-5

Ⅰ. ①大… Ⅱ. ①苗… ②殷… Ⅲ. ①Windows操作系统－高等学校－教材②办公自动化－应用软件－高等学校－教材 Ⅳ. ①TP316.7②TP317.1

中国版本图书馆CIP数据核字(2014)第149717号

内容提要

本书共分为6章，分别介绍了计算机基础知识、Windows 7操作系统知识及应用、计算机网络基础知识、Word 2010字处理软件的使用、PowerPoint 2010演示文稿制作软件的使用和Excel 2010电子表格处理软件的使用。

本书适合作为高等院校非计算机专业计算机基础课程的教材，也可作为计算机应用水平考试以及计算机从业人员和爱好者的自学教材。

◆ 主　　编　苗　民　殷凤玲
副 主 编　宋绍云　刘海艳　万　景
责任编辑　王　威
执行编辑　范博涛
责任印制　杨林杰

◆ 人民邮电出版社出版发行　　北京市丰台区成寿寺路11号
邮编　100164　　电子邮件　315@ptpress.com.cn
网址　http://www.ptpress.com.cn
北京京华虎彩印刷有限公司印刷

◆ 开本：787×1092　1/16
印张：17.25　　　　2014年9月第1版
字数：430千字　　　2017年9月北京第5次印刷

定价：39.80元

读者服务热线：(010)81055256　印装质量热线：(010)81055316
反盗版热线：(010)81055315

前 言

随着计算机在人们工作、生活中的广泛应用，掌握计算机技术已经成为目前最基本的技能之一。用人单位对大学毕业生计算机应用能力的要求日益增加，计算机应用能力也成为衡量大学生素质与能力的标志之一。

“大学计算机基础”是各高等学校各专业的基础课程，是后续计算机相关课程的导引。本课程在教学中应该注重培养学生的计算思维，积极探索面向计算思维的教学改革，推动计算思维观念的普及，将非计算机专业的计算机教育从以学习基本知识、掌握基本工具为核心要求，提升到以培养学生计算机文化素养、应用计算机和使用计算思维解决实际问题的基本能力为核心要求。

根据教育部非计算机专业计算机基础课程教学指导委员会提出的“关于进一步加强高等学校计算机基础教学的意见”、“以学生能力形成为核心的应用型创新人才培养体系”为指导，参照教育部考试中心最新颁发的《全国计算机等级考试大纲》，提出“实践先导、案例驱动”的编写思路，从计算机技术的发展趋势以及对人才培养的需求出发，结合多年的教学改革经验，编写了本书。

本书将理论与实践紧密结合，内容实用、层次清晰，以任务驱动作为主线，注重应用能力的培养，讲解循序渐进、由浅入深、图文并茂、步骤清晰，易于教学及自主学习。本书内容既符合教育部关于计算机应用基础教学大纲的要求，又兼顾全国计算机等级考试一级计算机基础及 Microsoft Office 应用和二级 Microsoft Office 高级应用的内容，完成本课程的学习之后，能够参加全国计算机等级考试一级计算机基础及 Microsoft Office 应用、二级 Microsoft Office 高级应用、Office 专家认证等考试。

为了便于教学和学生学习，本书配有采用案例驱动设计的实验指导书，精选实例与典型实用，精心筛选习题，以利于学生巩固所学。

本书由苗民、殷凤玲任主编，宋绍云、刘海艳、万景任副主编。苗民编写第 1、2 章，宋绍云编写第 3 章，殷凤玲编写第 4 章，刘海艳编写第 5 章，万景编写第 6 章，苗民、殷凤玲共同完成本书的统稿工作。在本书的组织和编写过程中，得到了许多教师和同仁的热心帮助，在此向他们表示衷心的感谢！

由于编者水平有限，书中不足之处在所难免，敬请广大读者批评指正。

编 者

2014 年 4 月

目 录 CONTENTS

第1章 计算机基础知识 1

第2章 Windows 7操作系统 29

第3章 计算机网络及Internet应用 57

第6章 Excel 2010电子表格处理软件 217

PART 1

第 1 章 计算机基础知识

计算机是 20 世纪人类最伟大的发明之一，从 1946 年第一台电子计算机 ENIAC 的诞生到现在，计算机的发展走过了 60 多年的历程。计算机在人类社会各个领域中的广泛应用，使人们传统的工作、学习、生活乃至思维方式都发生了深刻变化，人类社会步入信息化社会。

1.1 计算机概述

1.1.1 计算机发展简史

计算机的发展史可以追溯到古代的中国，除了四大发明外，中国人还创造了世界上第一套手动计算工具——算盘。随着计算工具的发展，人类希望借助计算工具提高计算效率，来解决劳动生产过程中出现的各种复杂的计算问题，于是人们开始研究和设计具有计算能力的“计算机器”。在欧美国家，涌现出许多机械式计算机设计的先驱，他们伟大的创造和发明为电子计算机的出现奠定了坚实的基础。随着电子技术的飞速发展，计算机开始由机械向电子时代过渡。电子计算机区别于机械式计算机的最主要特点是使用了电子元器件作为其存储和控制部件，计算机能够依靠电子元器件自动完成计算。

1．计算机的产生

ENIAC（Electronic Integrator And Calculator，电子数字积分器和计算器）是由美国宾夕法尼亚大学 John Mauchlyt 和 J.Presper Eckert 共同领导设计的。当时正值第二次世界大战期间，美国军方在解决导弹弹道计算的问题时遇到了困难，军方需雇佣几百人进行人工计算。当得知使用电子计算机可以将计算时间从几天缩短为几分钟时，军方决定资助 ENIAC 项目。1946 年 2 月项目完成时，世界上第一台电子计算机 ENIAC 诞生了，如图 1-1 所示。

图 1-1 世界上第一台电子计算机

ENIAC 是一个庞然大物，使用了 18 000 多个电子管、1 500 多个继电器，70 000 多个电阻、10 000 多个电容，占地面积 170m^2，重达 30t，耗电量约为 140kW。这样一台“巨大”的计算机，每秒可以进行 5 000 次加法运算，相当于手工计算的 20 万倍。虽然 ENIAC 的功能远远不及现代计算机，但它的诞生宣布了电子计算机时代的到来，标志着人类计算工具的历史性变革，具有划时代的意义。

2．计算机的发展

经过短短 60 多年时间，计算机技术获得了突飞猛进的发展，计算机的体积越来越小、功能越来越强、应用越来越广、价格越来越低。在人类科技史上还没有一门技术可以与计算机技术的发展相提并论。从第一台电子计算机问世到现在，按采用的元器件划分，计算机的发展已经经历了四代，并正向第五代迈进。

（1）第一代计算机（1946—1957 年）——电子管计算机

在这一时期，人们主要为国防尖端技术的需要研制计算机，并进行有关的研究工作，为计算机的发展奠定了一定的基础，其研究成果进一步扩展到民用，又转为工业产品，开始逐步形成计算机工业。

第一代计算机的主要特点如下。

① 采用电子管（见图 1-2）作为基本元器件，体积庞大，功耗大，可靠性低。

② 引入存储程序的思想，开始使用存储器存储程序，最初使用的存储设备为汞延迟线或存储管，后来采用磁鼓、磁芯，存储容量很小。

③ 输入/输出设备简单，主要采用穿孔纸带或卡片，速度很慢。

④ 程序设计语言为二进制编码的机器语言，几乎没有什么系统软件。

图 1-2　电子管

（2）第二代计算机（1958—1964 年）——晶体管计算机

1948 年晶体管诞生，这种新型的技术不但掀起了电子器件、电视和无线电广播等领域的革命，也推动计算机的发展进入一个新的时代。这一时期，计算机应用领域进一步扩大，除科学计算外，还用于数据处理和实时控制等领域。

第二代计算机的主要特点如下。

① 采用晶体管（见图 1-3）代替电子管作为基本元器件。与电子管相比，晶体管具有体积小、重量轻、耗电少、速度快、寿命长等优点，这使计算机的设计结构和性能都产生了飞跃。

② 采用磁芯存储器作为主存，使用磁盘和磁带作为辅存。使存储容量增大、可靠性提高，为系统软件的发展创造了条件。

图 1-3　晶体管

③ 提出操作系统的概念，开始出现汇编语言，并产生了如 Cobol、Fortran 等编程语言以及批处理系统。

（3）第三代计算机（1965—1971 年）——集成电路计算机

20 世纪 60 年代初，由于微电子学的发展，出现了集成电路（见图 1-4），从而开创了第三代乃至以后计算机发展的新纪元。使用集成电路的计算机速度更快、体积更小且更加便宜。

图 1-4　集成电路

第三代计算机的主要特点如下。

① 采用集成电路作为基本元器件。

② 采用半导体存储器作为计算机的主存储器，存储容量进一步扩大。

③ 操作系统功能进一步明确和完善，出现了 Basic、Pascal 等高级语言，计算机的功能更

加强大。

④ 计算机的研制生产开始系列化、通用化和标准化。计算机应用范围扩大至企业管理和辅助设计等领域。

（4）第四代计算机（1972 年至今）——大规模集成电路计算机

随着芯片技术和半导体制造工艺的不断发展，半导体芯片的集成度越来越高。集成度的提高大大促进了计算机的发展，特别是大规模和超大规模集成电路的发展使计算机进入一个飞速发展的时代。1997 年，为纪念第一台电子计算机诞生 50 周年，一群宾夕法尼亚大学的学生制造了一个单芯片的“ENIAC”，原来那个占地 $170m^2$、重 30t 的庞然大物被集成到只有拇指指甲大小的一块芯片上。

图 1-5　大规模集成电路

第四代计算机的主要特点如下。

① 采用大规模或超大规模集成电路（见图 1-5）作为基本元器件。

② 计算机内存的容量和速度都大大提高。

③ 计算机外围设备的种类越来越丰富，从文字处理发展到图形、图像、声音、动画等多媒体信息的处理。

④ 系统软件功能越来越强，从单用户、单任务系统发展到多用户、多任务系统，从字符界面的命令行操作系统发展到图形界面的视窗操作系统。

⑤ 应用软件越来越丰富，计算机在办公自动化、数据处理、图像处理、语音识别和人工智能等领域大显身手。

⑥ 在计算机体系结构上，发展了虚拟存储器技术、流水线技术、高速缓冲存储器技术及各种并行处理技术。

1.1.2　微型计算机的发展

微型计算机（简称微机）属于第四代计算机。自 1971 年第一台微型计算机（Intel 4004）问世以来，微机的发展突飞猛进。由于微机系统的核心部件为 CPU，因此本书以 CPU 的发展、演变过程为线索，来介绍微机系统的发展过程，主要以 Intel 公司的 CPU 为例。

1．第一代：4 位及低档 8 位微处理器

1971 年，Intel 公司推出第一种 4 位微处理器 Intel 4004，以其为核心组成了一台高级袖珍计算机。随后出现的 Intel 4040 则是第一种通用的 4 位微处理器。1972 年，Intel 8008 为 8 位微处理器，集成度约为 2 000 管/片，时钟频率为 1MHz。

2．第二代：中、低档 8 位微处理器

1973—1974 年，Intel 8008、M6800、Rockwell 6502 为 8 位微处理器，集成度为 5000 管/片，时钟频率为 2～4MHz。

3．第三代：高、中档 8 位微处理器

1975—1976 年，Z-80、Intel 8085 为 8 位微处理器，时钟频率为 2～4MHz，集成度约为 10 000 管/片，还出现了一系列单片机。

4．第四代：16 位及低档 32 位微处理器

1978 年，Intel 首次推出 16 位处理器 8086（时钟频率达到 4～8MHz），8086 的内部和外部数据总线都是 16 位，地址总线为 20 位，可直接访问 1MB 内存单元。 1979 年，Intel 又推出 8086 的姊妹芯片 8088（时钟频率达到 48MHz），集成度达到 2 万～6 万管/片。与 8086 不同的是，8088 的外部数据总线为 8 位（地址线为 20 位）。

1982 年，Intel 推出了 80286（时钟频率为 10MHz），该芯片仍然为 16 位结构，但地址总线扩展到 24 位，可访问 16MB 内存，其工作频率也较 8086 提高了许多。80286 向后兼容 8086 的指令集和工作模式（实模式），并增加了部分新指令和一种新的工作模式——保护模式。

1985 年，Intel 推出了 32 位处理器 80386（时钟频率为 20MHz），该芯片的内外部数据线及地址总线都是 32 位，可访问 4GB 内存，并支持分页机制。除了实模式和保护模式外，80386 又增加了一种“虚拟 8086”的工作模式，可以在操作系统控制下模拟多个 8086 同时工作。

1989 年，Intel 推出了 80486（时钟频率为 30～40MHz），集成度达到 15 万～50 万管/片（168 个脚），甚至上百万管/片，因此被称为超级微型机。早期的 80486 相当于把 80386 和完成浮点运算的数学协处理器 80387 以及 8KB 的高速缓存集成到一起，这种片内高速缓存称为一级（L1）缓存，80486 还支持主板上的二级（L2）缓存。后期推出的 80486 DX2 首次引入倍频的概念，有效缓解了外部设备的制造工艺跟不上 CPU 主频发展速度的矛盾。

5．第五代：高档 32 位微处理器

1993 年，Intel 推出了新一代高性能处理器 Pentium（奔腾），典型产品是 Intel 的奔腾系列芯片及与之兼容的 AMD 的 K6 系列微处理器芯片。内部采用了超标量指令流水线结构，并具有相互独立的指令和数据高速缓存。随着 MMX（Multi Media eXtended ）微处理器的出现，使微机的发展在网络化、多媒体化和智能化等方面跨上了更高的台阶。2000 年 3 月，AMD 与 Intel 分别推出了时钟频率达 1GHz 的 Athlon 和 Pentium III 。

6．第六代：64 位微处理器

2000 年 11 月，Intel 推出了 Pentium 4 微处理器，集成度高达每片 4 200 万个晶体管，时钟频率达到 3.06GHz ，400MHz 的前端总线，使用全新的 SSE 2 指令集。2006 年 7 月，Intel 发布酷睿 2（ Core 2 Duo）。进入 2010 年之际，Intel 又发布了全新的酷睿（Core）i 系列处理器。

1.1.3 计算机的特点及分类

1．计算机的特点

计算机是一种运算速度快，计算精度高，具有“记忆”功能、逻辑判断和自动控制能力的电子设备，主要具备以下特点。

（1）运算速度快

计算机的运算速度是计算机发展追求的主要目标之一。目前，计算机的运算速度已超过每秒上百万亿次。在数学、化学、天文学、气象预报、地质勘探等领域的许多计算问题，过去靠人工计算是无法完成的，现在依靠计算机的快速运算，不但在短时间内能够得出问题的计算结果，还能进行多种输入条件的定量分析。

（2）计算精度高。

计算机的精确度主要表现为数据表示的位数，通常称为字长。字长越长精度越高。计算机一般都能达到十几位的有效数字，这足以满足一般的科技问题和日常工作的需求。在有特殊需要时，还可以通过技术手段提高有效数字的位数，实现高精度的计算。

（3）具有“记忆”功能

计算机能够记忆（存储）数据、程序和计算结果，供使用者调用。这是电子计算机与其他计算装置的一个重要区别。目前，一般的微型计算机都能存储大量信息，并且可以在极短的时间内调出任何需要的内容。

（4）具有逻辑判断功能

计算机不仅具有计算和记忆能力，还能存储指挥计算机运行的程序，快速、准确地做出判断，并能根据判断的结果确定何时该做什么和不该做什么。计算机的逻辑判断功能可以解决许多复杂的问题。例如，百年数学难题“四色猜想”（任意复杂的地图，要使相邻区域的颜色不同，最多只用 4 种颜色）就已经使用计算机解决了。

（5）高度自动化

计算机根据“存储程序”和“程序控制”的工作原理，能够按照预先编写的程序自动执行，而不需要人的干预。

2．计算机的分类

计算机诞生以来，由于各个应用领域的不同需要，开发出了多种不同类型的计算机。计算机的分类方法较多，这里按照 1989 年由 IEEE（美国电气和电子工程师学会）科学巨型机委员会提出的运算速度分类法，将计算机分为巨型机、大型机、小型机、工作站和微型计算机。

（1）巨型机

巨型机有极高的运算速度和较大的存储容量。主要应用于大范围长期性天气预报、石油勘探、空间技术、国防尖端技术等。目前，它的运算速度可达每秒千万次，如我国自行研制的曙光 3000 系统，运算速度达每秒 4 032 亿次。巨型机的研制、生产、应用已成为衡量一个国家经济实力和科学水平的重要标志。

（2）大型机

大型机具有很强的综合处理能力，性能高，管理能力强。在政府、银行、大型企业等部门或行业中作为中心数据库服务器或应用服务器使用。

（3）小型机

比起大型机，小型机规模小、成本较低、可靠性高、易于维护和使用，应用更加广泛。目前，小型机主要采用的是基于 RISC 技术的 CPU 和类 UNIX 操作系统。

（4）工作站

工作性能介于小型机和微型计算机之间。它是以个人计算环境和分布式网络环境为前提的高性能计算机。往往应用于一些具有特殊要求的领域，如电影动画制作和制造业机械 CAD 就广泛使用了图形工作站。

（5）微型计算机

微型计算机就是在现实生活中最常见到的个人计算机，也称作 PC 机或电脑，它的核心是微处理器。自 1981 年 IBM 公司使用 Intel 8088 微处理器生产了具有里程碑意义的微型计算机 IBM PC 开始，在近 30 年的时间里，它得到了迅猛发展，平均不到两年，微处理器芯片集成度就增加一倍，从而使性能提高、价格降低。其中，便携式计算机（笔记本电脑）的发展更是迅速，其性能已接近台式机。随着 Internet 的普及，微型计算机已经像家用电器一样走入千家万户，成为人们工作、学习、生活必不可少的工具。

1.1.4 计算机的应用领域和发展趋势

1．计算机的应用领域

由于计算机技术的不断发展，计算机的应用迅速扩大和普及，已渗透到社会和人们生活的各个领域。主要表现在以下几个方面。

（1）科学计算

科学计算（Scientific Calculation）是指利用计算机解决科学研究和工程设计等方面的数学计算问题，如地质勘探、气象预报、弹道计算等大型数值计算和分析。

（2）信息处理

信息处理（Information Processing）是指用计算机对信息进行收集、加工、存储和传递等工作。常常泛指非科学计算方面的、以管理为主的所有应用，如财务管理、统计分析、商品销售管理、图书检索、办公事务处理等。

（3）过程控制

过程控制（Process Control）是指计算机对工业生产过程或某种装置的运行过程进行状态检测并实施自动控制等工作。用计算机进行过程控制可以改进设备性能、提高生产效率、降低人的劳动强度。将计算机的信息处理与过程控制结合起来，能够产生完全由计算机管理的无人工厂。

（4）计算机辅助系统

计算机辅助系统包括计算机辅助设计（CAD）、计算机辅助制造（CAM）、计算机辅助教学（CAI）和计算机辅助测试（CAT）等。将 CAD、CAM、CAT 技术有效地结合起来，就可以使设计、制造、测试全部由计算机来完成，大大减轻科技人员和工人的劳动强度。

（5）人工智能

人工智能（Artificial Intelligence）是利用计算机对人进行智能模拟。它包括模仿人类的感知、思维、推理等。如用计算机模拟人脑的部分功能进行学习、推理、联想和决策；模拟著名医生给病人诊病的医疗诊断专家系统；机械手与机器人的研究和应用等。随着人工智能研究的不断深入，将会出现与人类更加接近的“智能机器人”。

（6）计算机网络

计算机网络是计算机应用的最高形式。它将地理位置不同的多台计算机通过通信介质连接起来，组成计算机网络，实现计算机之间的数据通信和各种资源的共享。世界上最大的计算机网络是 Internet，它可以提供多种服务，如远程登录、远程文件传输、电子邮件、电子商务、远程教育、远程诊断、远程合作研究等。

（7）嵌入式系统

并不是所有计算机都是通用的。有许多特殊的计算机用于不同的设备中，包括大量的消费电子产品和工业制造系统，都是把处理器芯片嵌入其中，完成特定的处理任务。这些系统称为嵌入式系统。如数码相机、数码摄像机以及高档电动玩具等都使用了不同功能的处理器。

（8）多媒体应用

多媒体技术拓宽了计算机的应用领域，使计算机广泛应用于商业、服务业、教育、广告宣传、文化娱乐、家庭等方面。同时，多媒体技术与人工智能技术的有机结合还促进了虚拟现实、虚拟制造技术的发展，使人们可以在计算机迷你的环境中，感受真实的场景，通过计算机仿真制造零件和产品（如 3D 打印），感受产品各方面的功能与性能。

（9）云计算

云计算（Cloud Computing）是分布式计算、网格计算、并行计算、网络存储及虚拟化计算机和网络技术发展融合的产物，或者说是它们的商业实现。美国国家技术与标准局给出的定义是：云计算是对基于网络的、可配置的共享计算资源池，能够方便地、按需访问的一种模式。这些共享计算资源池包括网络、服务器、存储、应用和服务等资源，这些资源以最小化的管理和交互可以快速提供和释放。

2．计算机的发展趋势

随着计算机技术的不断发展和计算机应用领域的不断扩展，社会对计算机的不同层次提出了新的需求，当前，计算机正在向巨型化、微型化、网络化和智能化方向发展。

向巨型化方向发展是指发展高速运算、大存储容量、高精度的超级巨型计算机。这一类计算机的运算速度一般在每秒百亿次以上，主要用于尖端科学技术领域和日常生活中需要大量计算的问题，如天文、气象、模拟核试验、破解人类基因密码、军事科学等方面。我国1983年就研制了“银河-I”巨型计算机，现已形成了“曙光”、“银河”等系列巨型计算机。其中，巨型计算机“曙光4000A”的运算速度已达到每秒10万亿次以上。

向微型化方向发展是指发展体积小、成本低、功能齐全、使用方便的微型计算机。这一类计算机主要适用于办公、家庭和娱乐领域。当前，由于大规模和超大规模集成电路的飞速发展，微处理芯片更新换代速度加快，微型计算机成本不断下降。再加上丰富的软件和更易于操作的外部设备，微型计算机已进入社会各个领域。随着微电子技术的进一步发展，微型计算机也将高速发展，笔记本型、掌上型等微型计算机将以更优的性价比受到人们的青睐，微型计算机的普及速度也将更快。

向网络化方向发展就是利用通信技术和计算机技术，将分布在不同地点的计算机互连，按照网络协议相互通信，以达到共享软件、硬件和数据资源的目的。目前，计算机网络在交通、金融、企业管理、教育、邮电、商业等众多领域得到广泛的应用。今后，网络的应用领域还将进一步扩展，网络的速度将大幅度提高，网络安全性能将更完善，网络的使用也将更简便。

向智能化方向发展是指发展能模拟人的感觉和思维能力的计算机。智能化是计算机研究的重要方向之一，当前取得的主要成果是各种专家系统和机器人。今后，智能化计算机将可以模拟人的设计、分析、决策、计划以及其他智能活动，可作为各种信息化企业的智能助手。

1.2 信息技术

信息技术的飞速发展促进了信息社会的到来。半个多世纪以来，人类社会正由工业社会全面进入信息社会，其主要动力就是以计算机技术、通信技术和控制技术为核心的现代信息技术的飞速发展和广泛应用。纵观人类社会发展史和科学技术史，信息技术在众多的科学技术群体中越来越显示出强大的生命力。随着科学技术的飞速发展，各种高新技术层出不穷，日新月异，但是最主要、发展最快的仍然是信息技术。

1．信息技术的定义

随着信息技术的发展，信息技术的内涵也在不断变化，因此至今仍没有统一的定义。一般来说，信息的采集、加工、存储、传输和利用过程中的每一种技术都是信息技术，这是一种狭义的定义。在现代信息社会中，技术发展能够导致虚拟现实的产生，信息本质也被改写，一切可以用二进制进行编码的东西都被称为信息。因此，联合国教科文组织对信息技术的定义是：应用在信息加工和处理中的科学、技术与工程的训练方法和管理技巧；上述方面的技巧和应用；计算机及其与人、机的相互作用；与之相应的社会、经济和文化等诸种事物。在这个目前世界范围内较为统一的定义中，信息技术一般是指一系列与计算机相关的技术。该定义侧重于信息技术的应用，对信息技术可能对社会、科技、人们的日常生活产生的影响及其相互作用进行了广泛的研究。信息技术不仅包括现代信息技术，还包括在现代文明之前的原始时代和古代社会中与那个时代相对应的信息技术。不能把信息技术等同为现代信息技术。

2．现代信息技术的内容

一般来说，信息技术包含3个层次的内容：信息基础技术、信息系统技术和信息应用技术。

（1）信息基础技术

信息基础技术是信息技术的基础，包括新材料、新能源、新器件的开发和制造技术。近几十年来，发展最快、应用最广泛、对信息技术以及整个高科技领域的发展影响最大的是微电子技术和光电子技术。微电子技术是随着集成电路，尤其是超大规模集成电路而发展起来的一门新的技术。微电子技术包括系统电路设计、器件物理、工艺技术、材料制备、自动测试以及封装、组装等一系列专门的技术，微电子技术是微电子学中各项工艺技术的总和。 光电子技术是由光子技术和电子技术结合而成的新技术，涉及光显示、光存储、激光等领域， 是未来信息产业的核心技术。

（2）信息系统技术

信息系统技术是指有关信息的获取、传输、处理、控制的设备和系统的技术。感测技术、通信技术、计算机与智能技术和控制技术是它的核心和支撑技术。

感测技术就是获取信息的技术，主要是对信息进行提取、识别或检测并能通过一定的计算方式显示计量结果。现代通信技术一般是指电信技术。

计算机与智能技术是以人工智能理论和方法为核心，研究如何用计算机去模拟、延伸和扩展人的智能：如何设计和建造具有高智能水平的计算机应用系统；如何设计和制造更聪明的计算机。一个完整的智能行为周期为：从机器感知，到知识表达；从机器学习，到知识发现；从搜索推理，到规划决策；从智能交互，到机器行为，再到人工生命等，构成了智能科学与技术学科特有的认识对象。

控制技术是指对组织行为进行控制的技术。控制技术是多种多样的，常用的控制技术有信息控制技术和网络控制技术两种。

（3）信息应用技术

信息应用技术是针对种种实用目的，如信息管理、信息控制、信息决策而发展起来的具体的技术群类。如工厂的自动化、办公自动化、家庭自动化、人工智能和互连通信技术等，它们是信息技术开发的根本目的所在。

信息技术在社会的各个领域得到了广泛的应用，显示出强大的生命力。纵观人类科技发展的历程，还没有一项技术像信息技术一样对人类社会产生如此巨大的影响。

1.3 计算机的系统组成

从世界上第一台计算机诞生至今，虽然已经过了四代的演变，现代计算机在结构上有多种类别，但其体系结构和工作原理本质上仍然是基于冯·诺依曼提出的计算机体系结构和工作原理。

冯·诺依曼（见图 1-6）是美籍匈牙利数学家，1946 年，他在《电子计算装置逻辑设计的初步讨论》一文中，系统地阐述了计算机的逻辑设计思想。

① 计算机由控制器、运算器、存储器、输入设备和输出设备 5 大部分组成。

② 数据和程序以二进制代码形式存放在存储器中，存放的位置由地址确定。

③ 程序是指令的集合。计算机的工作过程由存储程序控制。

图 1-6 冯·诺依曼

这一设计思想是计算机发展史上的一个里程碑，标志着计算机时代的真正开始。因此，冯·诺依曼也被誉为“现代计算机之父”。

计算机系统由硬件系统和软件系统两大部分构成。两个系统相辅相成，缺一不可。硬件是计算机系统的物质基础，而软件是计算机硬件系统的指挥者和操作对象，二者相互依存、缺一不可。没有足够的硬件，软件无法正常工作；软件是计算机的灵魂，没有软件指挥硬件工作，硬件只是一堆没有生命力的器件，连最简单的工作都无法完成。

1.3.1 计算机硬件系统

计算机硬件是指组成计算机的机械、电子线路及元器件等物理设备。计算机的硬件系统由控制器、运算器、存储器、输入设备和输出设备五部分组成（见图 1-7）。

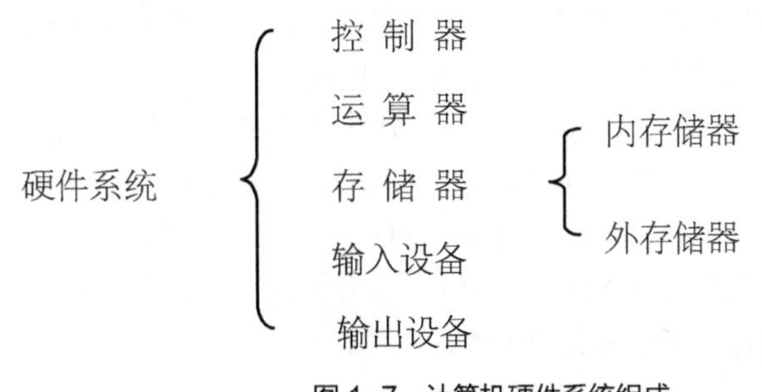

图 1-7 计算机硬件系统组成

1．控制器

控制器（Control Unit）由程序计数器（PC）、指令寄存器（IR）、指令译码器（ID）、时序控制电路和微操作控制电路等组成。在计算机系统运行过程中，控制器不断地从存储器中顺序取出指令，并对指令代码进行翻译，然后向计算机的各个部件发出操作控制信号，控制和指挥计算机各部件高速协调地工作。因此，控制器是计算机的指挥中心。

2．运算器

运算器（Arithmetic Unit）是完成加、减、乘、除等算术运算和“与”、“或”、“非”等逻辑运算的装置，主要由执行算术运算和逻辑运算的算术逻辑单元（Arithmetic Logic Unit，ALU），存放操作数和中间结果的寄存器组以及连接各部件的数据通路组成。在运算过程中，运算器不断地从内存储器取得数据，运算后又把结果送回内存储器保存起来。整个运算过程是在控制器的统一指挥下，按程序中设计的操作顺序进行的。

3．存储器

存储器（Memory）是用来存储数据和程序的部件。对存储器的操作有两种方式，从存储器中取出原来记录的内容，并且不破坏存储器中的内容，这种操作称为对存储器“读”的操作；用新的内容覆盖存储器中原来的内容，这种操作称为对存储器“写”的操作。根据功能不同，可以将其分为内存储器和外存储器两类（见图 1-8）。

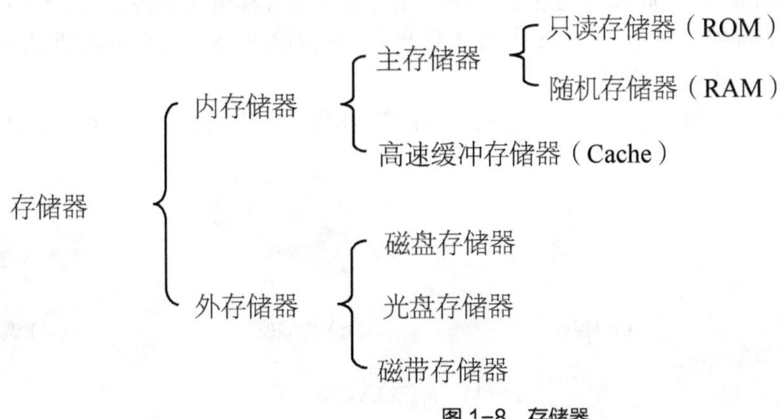

图 1-8 存储器

（1）内存储器

内存储器由主存储器（主存）和高速缓冲存储器（Cache）组成，简称内存。内存一般采用半导体存储器，它用于存放正在运行的程序和所需的数据，通过总线与计算机的其他部件进行数据交换。计算机运算之前，程序和数据从外部存储器或输入设备送入内存，内存不仅要为计算机其他部件提供必需的信息，也要保存运算的中间结果及最后结果。内存是计算机系统中唯一可以和 CPU 直接进行数据交换的部件，任何需要计算机处理的数据，均须先存放在内存中。

高速缓冲存储器是存在于内存与 CPU 之间的一级存储器，由静态存储芯片（SRAM）组成，容量比较小，但速度比主存高得多，接近 CPU 的速度。

ROM（Read Only Memory）主要用于存放特殊的专用数据，存储在 ROM 中的数据是永久的，即使计算机关机后，保存在 ROM 中的数据也不会丢失。只可对其进行“读”的操作。用户可以对 RAM（Random Access Memory）进行“读”或“写”的操作，计算机断电后，保存在 RAM 中的数据立即消失。日常生活中，我们常说的计算机内存，指的就是 RAM（见图 1-9）。

图 1-9 内存

（2）外存储器

受价格和技术方面的影响，内存的存储容量会受到限制。为了存储大量的信息，需要采用价格便宜的外存储器（见图 1-10）。外存储器又称辅存储器，简称外存或辅存。它用于存放“暂时不用”或需要长期保存的程序和数据。常用的外存有磁盘、光盘等。

（a）硬盘

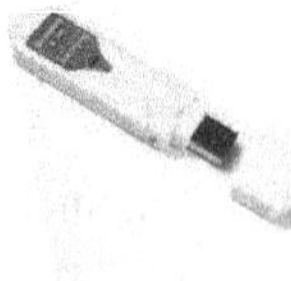

（b）U 盘

（c）光驱

（d）移动硬盘

图 1-10 外存

外存比内存容量大得多，单位价格也较内存便宜许多，但它存取信息的速度比内存慢。通常外存只和内存直接交换数据，并且是以成批数据交换的方式进行。计算机电源关闭后，保存在外存中的信息不会丢失。

4．输入设备

输入设备（Input Equipment）是把程序、数据等转换成计算机能够接受的二进制代码，并存放于存储器中的部件。它用于向计算机输入信息，通过输入设备，人们可以把程序、数据和操作命令等送入计算机进行处理。

常见的输入设备有键盘、鼠标、扫描仪、调制解调器、磁盘驱动器等（见图 1-11）。

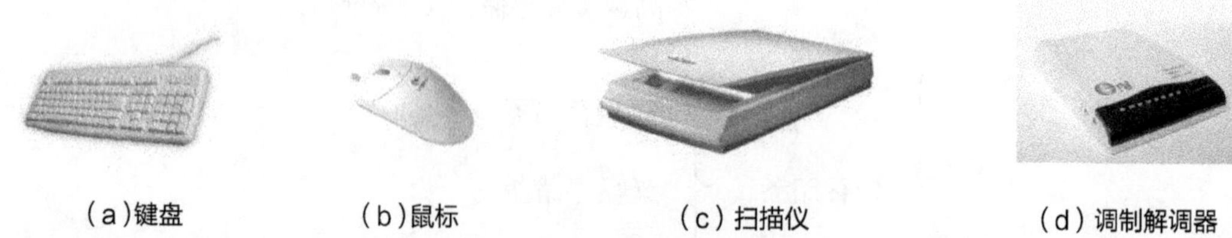

（a）键盘　（b）鼠标　（c）扫描仪　（d）调制解调器

图 1-11 常见输入设备

5．输出设备

输出设备（Output Equipment）是把计算机处理的结果从内存中输出，并转换成人们能够识别的形式的部件。它用于输出计算机的信息。

常见的输出设备有显示器、打印机、绘图仪、调制解调器、磁盘驱动器等（见图 1-12）。

（a）打印机

（b）显示器

（c）绘图仪

图 1-12　常见输出设备

1.3.2　计算机软件系统

计算机硬件是构成计算机系统的各种功能部件的集合，软件是构成计算机系统的各种程序的集合。硬件需要靠软件才能工作，而软件是在硬件的基础上运行的，软件包括可在计算机上运行的程序及其数据。计算机的软件系统通常由系统软件（System Software）和应用软件（Application Software）两部分构成（见图 1-13）。系统软件用于管理、监控和维护计算机资源。应用软件是针对应用领域的需求，为解决某些实际问题开发的实用程序。

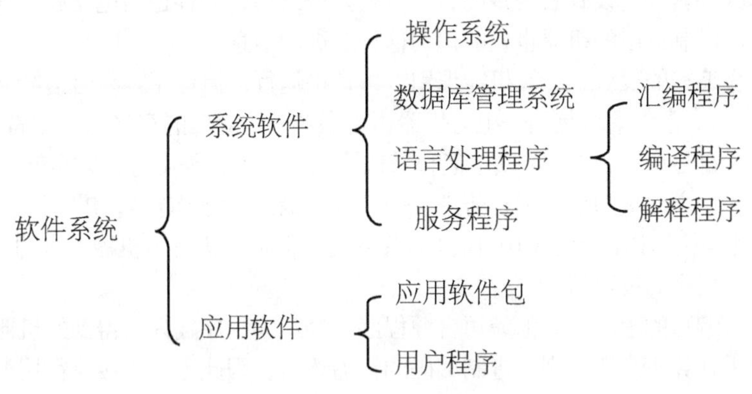

图 1-13　计算机软件系统组成

1．系统软件

系统软件是管理、监控和维护计算机资源的软件，是用来扩大计算机的功能、提高计算机的工作效率、方便用户使用计算机的软件。系统软件是计算机正常运转所不可缺少的，是硬件与软件的接口。依软件的不同用途，系统软件可分为 4 类：操作系统、语言处理程序、数据库管理系统和服务程序。

（1）操作系统

系统软件的核心是操作系统。操作系统是由指挥与管理计算机系统运行的程序模板和数据结构组成的一种大型软件系统，其功能是管理计算机的硬件资源和软件资源，为用户提供高效、周到的服务。操作系统与硬件关系密切，是加在“裸机”上的第一层软件，其他绝大多数软件都是在操作系统的控制下运行的，人们也是在操作系统的支持下使用计算机的。操作系统是用户与计算机的接口。常用的操作系统有 UNIX、MS-DOS、Windows、Linux 和 OS/2。

（2）数据库管理系统

数据库是将具有相互关联的数据以一定的组织方式存储起来，形成相关系列数据的集合。数据库管理系统就是在具体计算机上实现数据库技术的系统软件。随着计算机在信息管理领域中日益广泛深入的应用，产生和发展了数据库技术，随之出现了各种数据库管理系统（Data Base Management System，DBMS）。

DBMS 是计算机实现数据库技术的系统软件，它是用户和数据库之间的接口，是帮助用户建立、管理、维护和使用数据库进行数据管理的一个软件系统。

目前已有不少商品化的数据库管理系统软件，如 Access、AQLSserver、Oracle 等都是在不同的系统中获得广泛应用的数据库管理系统。

（3）语言处理程序

随着计算机技术的发展，计算机语言经历了由低级向高级发展的历程，不同风格的计算机语言不断出现，逐步形成了计算机语言体系。用计算机解决问题时，人们必须首先将解决该问题的方法和步骤按一定序列和规则用计算机语言描述出来，形成计算机程序，然后输入计算机，计算机就可按人们事先设定的步骤自动地执行。

语言处理程序包括机器语言、汇编语言和高级语言 3 类。

① 机器语言。计算机中的数据都是用二进制表示的，机器指令也是用一串由“0”和“1”不同组合的二进制代码表示的。机器语言是直接用机器指令作为语句与计算机交换信息的语言。

对于不同的机器，指令的编码不同，含有的指令条数也不同。因此，机器指令是面向机器的。指令的格式和含义是设计者规定的，一旦规定好之后，硬件逻辑电路就严格根据这些规定设计和制造，所以制造出的机器也只能识别这种二进制信息。

用机器语言编写的程序，计算机能识别，可直接运行，但程序容易出错。

② 汇编语言。汇编语言是由一组与机器语言指令一一对应的符号指令和简单语法组成的。汇编语言是一种符号语言，它将难以记忆和辨认的二进制指令码用有意义的英文单词（或缩写）作为辅助记符，使之比机器语言编程前进了一大步。例如，“ADD A，B”表示将 A 与 B 相加后存入 B，它能与机器语言指令 01001001 直接对应。但汇编语言与机器语言的一一对应，仍需紧密依赖硬件，程序的可移植性差。

用汇编语言编写的程序称为汇编语言源程序。经汇编程序翻译后得到的机器语言程序称为目标程序。由于计算机只能识别二进制编码的机器语言，因此无法直接执行用汇编语言缩写的程序。汇编语言程序要由一种“翻译”程序来将它翻译为机器语言程序，这种翻译程序称为编译程序。汇编程序是系统软件的一部分。

③ 高级语言。高级语言比较接近日常用语，对机器依赖性低，是适用于各种机器的计算机语言。用机器语言或汇编语言编程，因与计算机硬件直接相关，编程困难且通用性差。因此人们需创造出与具体的计算机指令无关，其表达方式更接近于被描述的问题、更易被人们掌握和书写的语言，这就是高级语言。

用高级语言编写的程序称为高级语言源程序，经语言处理程序翻译后得到的机器语言程序称为目标程序。高级语言程序必须翻译成机器语言程序才能执行，计算机无法直接执行用高级语言编写的程序。高级语言程序的翻译方式有两种：一种是编译方式，另一种是解释方式。相应的语言处理系统分别称为编译程序和解释程序。

在解释方式下，不生成目标程序，而是对源程序按语句执行的动态顺序进行逐句分析，边翻译边执行，直至程序结束。在编译方式下，源程序的执行分成两个阶段：编译阶段和运行阶段。通常，经过编译后生成的目标代码尚不能直接在操作系统下运行，还需经过连接阶段为程序分配内存后才能生成真正可运行的执行程序。

高级语言不再面向机器而是面向解决问题的过程以及面向现实世界的对象。大多数高级语言采用编译方式处理，因为编译方式执行速度快，而且一旦编译完成后，目标程序可以脱离编译程序独立存在反复使用。面向过程的高级语言种类很多，比较流行的高级语言有Basic、Pascal和C语言等。某些适合于初学者的程序，如Basic语言及许多数据库语言则采用解释方式。

1980年左右开始提出的"面向对象（Object-Oriented）"的概念是相对于"面向过程"的一次革命。专家们预测，面向对象的程序设计思想将成为今后程序设计语言发展的主流。如C++、Java、Visual Basic、Visual C等都是面向对象的程序设计语言。"面向对象"不仅作为一种语言，而且作为一种方法贯穿于软件设计的各个阶段。

（4）服务程序

现代计算机系统提供多种服务程序，它们是面向用户的软件，可供用户共享，方便用户使用计算机和管理人员维护管理计算机。

常用的服务程序有编辑程序、连接装配程序、测试程序、诊断程序、调试程序等。

① 编辑程序（Editor）。该程序能使用户通过简单的操作就可以建立、修改程序或其他文件，并提供方便的编辑环境。

② 连接装配程序（Linker）。用该程序可以把几个分别编译的目标程序连接成一个目标程序，并且要与系统提供的库程序相连接，才得到一个可执行程序。

③ 测试程序（Checking Program）。该程序能检查出程序中的某些错误，方便用户对错误的排除。

④ 诊断程序（Diagnostic Program）。该程序能方便用户对计算机维护，检测计算机硬件故障并对故障进行定位。

⑤ 调试程序（Debug）。该程序能帮助用户在程序执行的状态下检查源程序的错误，并提供在程序中设置断点、单步跟踪等手段。

2．应用软件

应用软件是为了解决计算机各类问题而编写的程序。它分为应用软件包与用户程序。它是在硬件和系统软件的支持下，面向具体问题和具体用户的软件。随着计算机应用的日益广泛深入，各种应用软件的数量不断增加，质量日趋完善，使用更加方便灵活，通用性越来越强。有些软件已逐步标准化、模块化，形成了解决某类典型问题的较通用的软件，这些软件称为应用软件包（Package）。它们通常是由专业软件人员精心设计的，为广大用户提供方便、易学、易用的应用程序，帮助用户完成各种各样的工作。目前常用的软件包有字处理软件、表处理软件、会计电算化软件、绘图软件、运筹学软件包等。

（1）用户程序

用户程序是用户为了解决特定的具体问题而开发的软件。充分利用计算机系统的种种现成的软件，在系统软件和应用软件包的支持下可以更加方便、有效地研制用户专用程序。例如，各种票务管理系统、事务管理系统和财务管理系统等都属于用户程序。

（2）应用软件包

应用软件包是为实现某种特殊功能，而精心设计、开发的结构严密的独立系统，是一套满足同类应用的许多用户所需要的软件。如Microsoft公司生产的Office 2010应用软件包，其中包含Word 2010（字处理）、Excel 2010（电子表格）、PowerPoint 2010（演示文稿）等，是实现办公自动化很好的应用软件包。

系统软件和应用软件之间并不存在明显的界限。随着计算机技术的发展，各种各样的应用

软件中有了许多共同的东西，把这些共同的部分抽取出来，形成一个通用软件，它就逐渐成为系统软件了。

1.3.3 计算机的工作原理

计算机的工作过程就是运行程序的过程。原始数据和处理程序通过输入设备进入计算机的存储器，控制器执行程序指挥运算器从内存中取出数据，进行加工后将结果放入存储器，然后输出设备把存储器中的结果输出。这就是计算机工作过程的简单描述（见图 1-14）。

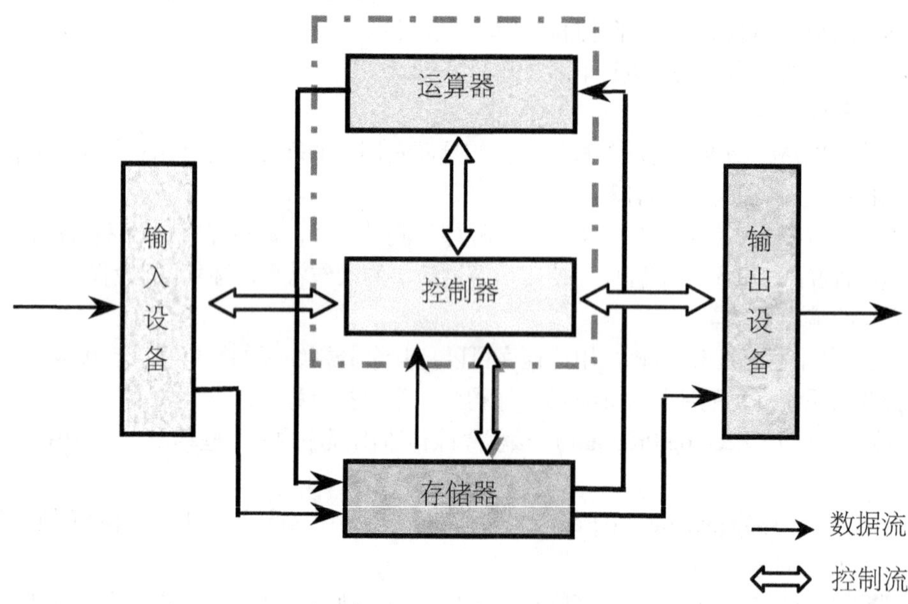

图 1-14 计算机的工作原理

在计算机的工作过程中，主要有两种信息流：数据信息和指令控制信息。数据信息包括计算机处理的原始数据、计算机处理过程中的中间结果、计算机处理的计算结果等。原始数据和中间结果从存储器读入运算器进行计算，得到的计算结果再存入存储器。指令控制信息则是由控制器对指令进行分析、解释后向计算机部件发出的操作控制命令。按照冯·诺依曼提出的计算机工作原理，程序和数据存放在存储器中，控制器根据程序中的指令序列自动进行工作。

指令是能被计算机识别并执行的二进制代码。它规定了计算机执行的某种基本操作。计算机执行一条指令有如下 3 个步骤。

① 读取指令。控制器根据程序计数器中的内容，从内存中读取对应的指令，同时程序计数器的值加 1，指出下一条指令的地址。

② 分析指令。控制器分析取出的指令，确定要进行的操作。

③ 执行指令。控制器根据分析指令的结果，向有关部件发出相应的控制信号，指定部件进行工作，完成指令规定的操作。

1.4 微型计算机的结构

微型计算机又称 PC（Personal Computer，个人计算机）、微机、电脑等。它是目前应用最广泛的一种计算机。最早的微型机诞生于 20 世纪 70 年代。根据选用 CPU 的不同有两大机种，即 APPLE 计算机和 IBM PC。目前，在我们的工作、学习、生活中使用最多的是 IBM PC 及其兼容机。

1.4.1 微机的技术指标

（1）位、字节和字长

计算机中的数据、程序等都是用二进制数表示的，每一个二进制数位称为一个位，也叫“比特”（bit），它是计算机表示信息的最小单位。为方便起见，我们把每 8 个二进制位划分为一个单位，称为一字节（Byte），用它作为计算机的基本单位，而用 2 字节划分为另一个单位，称为字（word）。即：1 个字=2 字节=16 位，1 字节=8 位。一个汉字占 2 字节，一个英文字母占 1 字节。

通常，我们所说的 8 位机、16 位机、32 位机、64 位机等就是说这些微机的字长分别为 8 位、16 位、32 位、64 位。字长越长，计算机的运算范围越大、精度越高、速度越快。80286 微机的字长是 16 位、80386 微机的字长是 32 位，而 Pentium Ⅳ微机的字长是 64 位。

（2）时钟频率

时钟频率也称主频，它是指 CPU 在单位时间（秒）平均要“动作”的次数。主频的单位是兆赫（MHz）。主频越高，计算机运算速度越快。如 80386 的主频有 16MHz、20MHz、33MHz 等，80486 的主频有 50MHz、66MHz，目前，由美国 Intel 公司推出的 Pentium 4 中央处理器的主频已达到 3.0GHz。计算机厂商为标明计算机的性能，常把 CPU 芯片的类型和主频标在一起，如 PIII800，表示主频为 800 MHz、芯片为 Pentium III 的微机。

（3）内存容量

内存容量是指微机内存储器能够存储信息的总字节数。微机中的内存储器可以直接与 CPU 交换数据。内存容量越大，计算机处理数据的范围就越大，运算速度也越快。内存容量一般以字节为单位。有时为了表示方便，也使用千字节（KB）、兆字节（MB）、吉字节（GB）、太字节（TB）。换算关系如下：

1B(Byte)=8bit

1KB=1 024B

$1MB=1\ 024KB=2^{20}B$

$1GB=1\ 024MB=2^{20}KB=2^{30}B$

$1TB=1\ 024GB=2^{20}MB=2^{30}KB=2^{40}B$

目前微机的内存容量一般配置为 2～4GB。

（4）存取周期

存储器完成一次信息的存或取操作所需要的时间称为存储器的存取时间。连续两次存（或取）操作的最短时间间隔称为存取周期。存储器的存取周期反映了存储器的存取速度，存取周期越短，存取速度越快。

（5）运算速度

运算速度是指微机每秒钟能执行的指令数。每台计算机由于执行不同的指令所需的时间不同，因此，运算速度也有不同的计算方法。现在常用每秒执行百万条指令数的大小来表示，单位是 MIPS（每秒百万条指令）。

除了上述 5 个主要技术指标外，微机性能的指标还有兼容性（便于微机推广）、可靠性（指平均无故障工作时间）、可维护性（指故障的平均排除时间）、允许配置的外部设备的最大数目、软件配置、性能价格比等。性能价格比是一项综合评估微机系统性能的指标，其中性能包括硬件、软件的综合性能。

1.4.2 微机的主要部件

IBM PC 系列微机是根据开放式体系来设计的，它可以根据需要自由选择、灵活配置。通常一个能实际使用的微机系统至少需要主机、键盘、鼠标和显示器以及相应的软件几个组成部分。以下主要介绍 IBM PC 及其兼容机的主要部件。

1. CPU

由运算器和控制器等部件组成，称为中央处理单元或微处理器，简称 CPU（Central Processing Unit）（见图 1-15），是微机中的核心部件。因为它负责处理、运算计算机内部的所有数据，其重要性好比大脑对于人一样。主要生产厂家有 Intel 和 AMD 公司。Intel 公司在个人电脑市场占有 75%多的市场份额，从 8086/8088、80286、80386、80486、Pentium 系列、酷睿 2 直到最新的酷睿 i 系列 CPU 的面市，Intel 生产的 CPU 就成了事实上的 x86 CPU 的技术规范和标准，成为个人计算机的首选。时钟频率是衡量 CPU 的重要指标。

图 1-15 CPU

2. 内存的结构和性能

存储器用来存放计算机程序和数据，并根据微处理器的控制指令将这些程序或数据提供给计算机使用。存储器一般分为内存和外存。内存也称主存（Main Memory），由于内存直接与 CPU 进行数据交换，因此，内存都采用速度较快的半导体存储器作为存储介质。内存储器在一个计算机系统中起着非常重要的作用，它的工作速度和存储容量对系统的整体性能、系统所能解决的问题的规模和效率都有很大的影响。

内存要存放成千上万个数据，因此，将其分成一个个存储单元，每个单元存放一定位数的二进制数据。现在的计算机内存多采用每个存储单元存储 1 字节（8 位二进制代码）的结构模式。这样，有多少个存储单元就能存储多少个字节。存储器容量也常用多少字节来表示。内存单元采用顺序的线性方式组织，所有单元排成一队，排在最前面的单元定为 0 号单元，即其“地址”（单元编号）为 0，其余单元的地址顺序排列。由于地址的唯一性，它可以作为存储单元的标识，对内存存储单元的使用都通过地址进行。人们对内存的要求主要有以下 3 点。

① 存取速度快。存储器的速度应和微处理器相匹配。如果存储器速度跟不上，会严重影响整个系统的性能。

② 存储容量大。当使用计算机解决实际问题时，通常要执行大量的指令，加工处理大量的数据。由这些指令所组成的程序以及这些大量的数据都需要存储在内存中。因此，一台计算机需要有一定容量的内存才能正常工作。

③ 成本低。低成本才能有低价格，才能吸引更多的用户，从而研发更高性能的存储器。

3. 主板

主板又称主机板、系统板等，是安装在机箱内最大的一块多层印刷电路板。主板上安装有 CPU、内存、各种板卡的扩展插槽、外部设备接口以及相关的控制芯片组等，它将微型机的各主要部件紧密结合在一起（见图 1-16）。

4．显卡、声卡

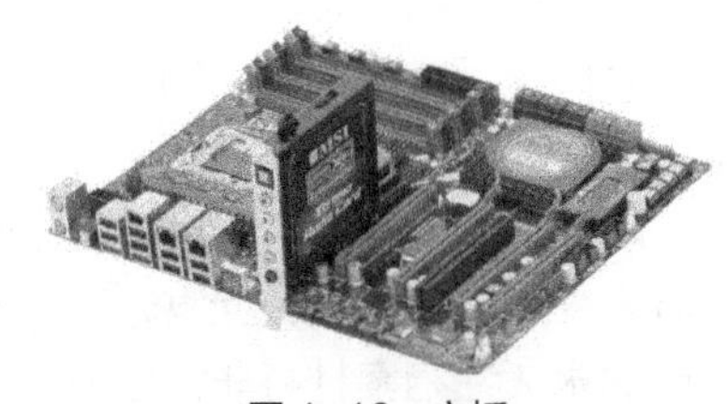

图 1-16 主板

显卡即为显示卡（见图 1-17），它的主要作用是将 CPU 送来的影像数据处理成显示器可以接受的格式，再送到显示屏上形成影像。显卡分为集成显卡和独立显卡两类。

声卡也称为声音卡（见图 1-18）、音频卡、音效卡等。声卡是微型机系统中用于声音媒体的输入、输出、编辑处理的专用的扩展卡。声卡分为集成声卡和独立声卡两类。

图 1-17 显卡

图 1-18 声卡

5．外存及其工作方式

通常，计算机系统中的内存容量总是有限的，远远不能满足存放数据的需要，而且内存不能长期保存信息，一关电源，信息就会全部丢失。因此，一般的计算机系统都要配备更大容量且能长期保存数据的存储器，这就是外存。目前，微型机上常用的外存有磁盘和光盘两种。用得最多的是磁盘，它是利用磁性介质来记录信息的设备。

（1）磁盘

磁盘将信息记录在一组称之为磁道的同心圆上。盘面上的磁道顺序编号，最外面一个磁道编号为第 0 道，其余依次编号。0 道在磁盘上具有特殊用途，这个磁道的损坏将导致磁盘报废。

磁盘还有一个“柱面”的概念，固定在一根轴上的多张磁盘片，其上编号相同的磁道称为一个柱面。为了有效地管理信息，磁盘的每个圆形磁道又被划分成若干个称为扇区的弧段。对于标准磁盘来说，任意一个扇区，不管处在哪个磁道上的哪个位置，所存储的数据量都是相同的。读写是一个扇区一个扇区顺序进行的。

固定安装在微机机箱内的磁盘称为硬盘。目前的计算机（包括微机在内）一般都至少配备一台硬盘机，在硬盘里保存着计算机系统工作必不可少的程序和重要数据。

微机使用的小型硬盘机从外观上看是一个密封的金属盒子，其中有若干片固定在同一个轴上、同样大小、同时高速旋转的金属圆盘片。每个盘片的两个面都涂附了一层很薄的磁性材料，作为存储信息的介质。靠近每个盘片的两个面各有一个读写磁头。这些磁头全部固定在一起，可同时移到磁盘的某个磁道位置。

硬盘片表面也分为一个个同心圆磁道，每个磁道又分为若干扇区，按照盘片直径大小，硬盘也有许多规格。现在的台式微机多采用 3.5 英寸（1 英寸≈2.54 厘米）硬盘机，笔记本型微机上通常配置 2.5 英寸、1.8 英寸甚至 1.3 英寸的微型硬盘机。工作站等高性能机器用的硬盘机规格与微机类似，但一般容量更大，性能也更优越。

（2）光盘

除磁盘之外，近年来计算机上还经常使用光盘（见图 1-19）来作为外存，光盘具有比磁盘更大的容量，但由于存取速度、价格等方面的原因，目前还不能代替磁盘。

光盘是利用激光原理存储和读取信息的媒介。光盘片是由塑料覆盖的一层铝薄膜，通过铝膜上极细微的凹坑记录信息。市场上最常见的光盘是 5 英寸的只读光盘，称为 CD-ROM。这种光盘是由生产时一次性压制在铝膜上的凹坑形式来记录信息的，因而是永久性的信息记录，只能读出使用，不能重新写入。

除 CD-ROM 光盘之外，还有一种一次性写入（CD-Recordable）的光盘，实际上是一种出厂时未写入信息的空白光盘，一旦写入后，就不能再更改其内容而只能读出了。用于保存不做修改的永久性档案材料非常合适。还有一种可擦重写式（CD-Erasable）光盘，就是可以多次写入的光盘。这种光盘类似于磁盘，但需要特殊的驱动器，驱动器和盘片的价格较高。

图 1-19 光盘

6．机箱、电源

机箱作为计算机主机的外壳，既是微型机系统部件安装架，又是整个系统的散热和保护设施。机箱按其外型可分为卧式机箱和立式机箱。

电源是计算机主机的动力核心，它担负着向计算机中所有部件提供电能的重任。目前计算机中所使用的电源均为开关电源。

7．常用输入/输出设备

（1）键盘

键盘是计算机的标准输入设备。其作用是向计算机输入命令、数据和程序。它由一组按阵列方式排列在一起的按键开关组成，按下一个键，相当于接通一个开关电路，把该键的位置码通过接口电路送入计算机。

键盘根据按键的触点结构分为机械触点式键盘、电容式键盘和薄膜式键盘几种。键盘由导电橡胶和电路板的触点组成。

机械键盘的工作原理是：按键按下时，导电橡胶与触点接触，开关接通；当松开按键时，导电橡胶与触点分开，开关断开。

目前，微机上使用的键盘都是标准键盘（101 键、103 键等），键盘分为 4 个区：功能键区、标准打字键区、数字键区和编辑键区（见图 1-20）。

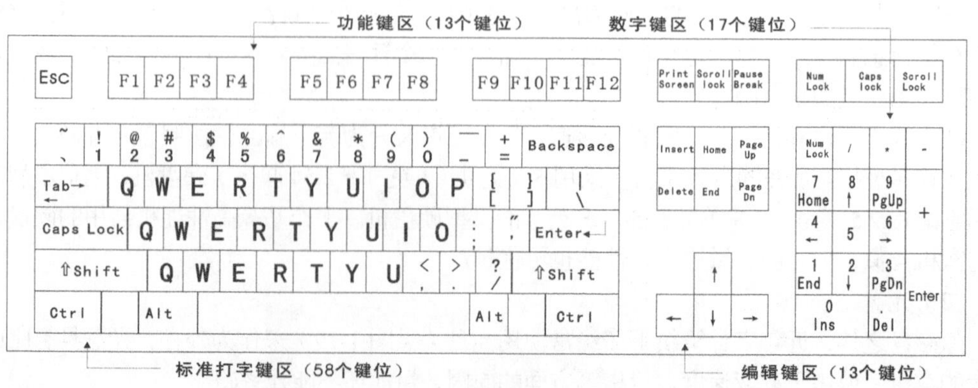

图 1-20 101 键盘

键盘上各键符号及其组合所产生的字符和功能在不同的操作系统和软件支持下有所不同。在主键盘和小键盘上，大部分键面上，上下标有两个字符，这两个字符分别称为该键的上档符和下档符。主键盘第四排左右侧各有一个称为换档符的 Shift 键（或箭头符号），用来控制上档符与下档符的输入。在按住 Shift 键的同时按有上档符的某键时，则输入的是该键的上档符，否则输入的是该键的下档符。字母的大小写亦可由 Shift 键控制，例如，单按字母键 A 则输入小写字母 a，同时按下 Shift 键和 A 键则输入的是大写字母 A。小键盘上下档键由 NumLock 键控制。下面列出几个常用键的功能。

① ←（Backspace）——退格键，光标退回一格，即光标左移一个字符的位置，同时删除原光标左边位置上的字符，用于删除当前行中刚输入的字符。

② Enter——回车键，不论光标处在当前行中什么位置，按此键后光标将移至下行行首。也表示结束一个数据或命令的输入。

③ Space——空格键，它位于键盘中下方的长条键，按下此键输入一个空格，光标右移一个字符的位置。

④ Ctrl——控制键，用于与其他键组合成各种复合控制键。

⑤ Alt——交替换档键，用于与其他键组合成特殊功能键或控制键。

⑥ Esc——强行退出键，按此键可强行退出程序。

⑦ Print Screen——屏幕复制键，在 Windows 系统下按此键可以将当前屏幕内容复制到剪贴板。

（2）鼠标

鼠标是一种输入设备。它由于使用方便，几乎取得和键盘同等重要的地位。常见的鼠标有机械式和光电式两种。机械式鼠标底部有一个小球，当手持鼠标在桌面上移动时，小球也相对转动，通过检测小球在两个垂直的方向上移动的距离，并将其转换为数字量送入计算机进行处理。光电式鼠标的底部装有光电管，当手持鼠标在特定的反射板上移动时，光源发出的光经反射板反射后被鼠标接收为移动信号，并送入计算机，从而控制屏幕光标的移动。机械式鼠标的移动精度一般不如光电式。根据鼠标的工作原理，鼠标分为机械鼠标、光电鼠标、光学机械鼠标、轨迹球和无线鼠标等。鼠标有 3 个按键或两个按键，各按键的功能可以由所使用的软件来定义，在不同的软件中使用鼠标，其按键的作用可能不同。一般情况下，最左边的按键定义为拾取。使用鼠标时，通常是先移动鼠标，使屏幕上的鼠标指针固定在某一位置上，然后再通过鼠标上的按键来确定所选项目或完成指定的功能。

（3）显示器

显示器是目前计算机上最常用的输出设备。计算机用显示器可按工作原理分为阴极射线管显示器（CRT）和液晶显示器（见图 1-21）。

CRT 显示器与家用电视机的显像原理类似。最重要的部件是一个显像管，显像管尾部末端有一个电子枪，前部是略有弧度、涂有特殊荧光材料的荧光屏。在控制电路的作用下，电子枪射出的电子束在荧光屏上扫描，打击荧光材料形成显示光点。

构成显示帧的行、列数是显示器的一个重要技术指标，被称为显示器的分辨率，如果一帧有 480 行、640 列，就说这个显示器的分辨率是 640 像素 × 480 像素。今天计算机使用的大都是高分辨率图形显示器，常见分辨率有 800 像素 × 600 像素、1024 像素 × 768 像素、1280 像素 × 1024 像素等多种。

（a）CRT 显示器

（b）液晶显示器

图 1-21 显示器

（4）打印机

打印机（见图 1-22）是各种计算机的主要输出设备。它能将计算机的信息以单色和彩色字符、汉字、表格、图像等形式打印在纸上。

打印机的种类很多，目前常见的有点阵击打式和点阵非击打式两种。非击打式又分为喷墨打印机和激光打印机。

针式打印机由打印头、字车机构、色带机构、输纸机构和控制电路组成。打印头由若干根钢针构成，通过它们击打色带，从而在同步旋转的打印纸上打印出点阵字符。在汉字的输入中一般用 24 针打印机。

喷墨打印机通过向打印机的相应位置喷射墨水点来实现图像和文字的输出。其特点是噪声低、速度快。

激光打印机是利用电子成像技术进行打印。当调制激光束在硒鼓下沿轴向进行扫描时，按点阵组字的原理，使鼓面感光，构成负电荷阴影。当鼓面经过带正电荷的墨粉时，感光部分就吸附上墨粉，然后将墨粉转印到纸上，纸上的墨粉经加热熔化形成永久性的字符和图形。它的特点是速度快、无噪声、分辨率高。

喷墨打印机和激光打印机的输出质量都比较高。

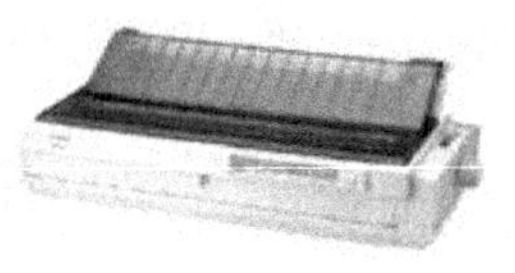
（a）针式打印机

（b）喷墨打印机

（c）激光打印机

图 1-22 打印机

（5）扫描仪

扫描仪（见图 1-23）是计算机的图像输入设备。随着性能的不断提高和价格的大幅度降低，越来越多地应用于广告设计、出版印刷、网页设计等领域。按感光模式分可分为滚筒式扫描仪（CIS）和平板扫描仪（CCD）。扫描仪利用光学扫描原理从纸介质上"读出"照片、文字或图形，把信息送入计算机进行分析处理。

图 1-23 扫描仪

平板式扫描仪的工作原理是：将原图放置在一块很干净的有机玻璃平板上，原图不动，而光源系统通过一个传动机构水平移动，发射出的光线照射在原图上，以反射或透射后，由接收系统接收并生成模拟信号，通过模数转换器（ADC）转换成数字信号后，直接传送至计算机，由后者进行相应的处理，完成扫描过程。

（6）Modem

Modem是Modulator（调制器）与Demodulator（解调器）的简称，中文称为调制解调器，也有人根据Modem的谐音，亲昵地称为“猫”。Modem可将数字信号转换成模拟信号，也可将模拟信号转换成模拟信号数字信号。它将计算机与模拟信道（如电话线）相连接，以便异地的计算机之间进行数据交换。Modem 分为外置式和内置式 2 种（见图 1-24）。传输速率有28.8kbit/s、33.6 kbit/s、56 kbit/s等。

图1-24 Modem

1.5 多媒体技术

多媒体技术形成于20世纪80年代，它是计算机技术、通信技术、电子技术等各种技术综合而产生的一种新技术，它给传统的计算机系统、音频和视频设备带来了方向性的变革，对大众传媒产生了深远的影响。

1.5.1 基本概念

1．多媒体

媒体（Media）有两种含义：其一是指传播信息的载体，如语言、文字、图像、视频、音频等等；其二是指存储信息的载体，如磁带、磁盘、光盘等。多媒体计算机中的媒体主要是指前者，就是利用计算机把文字、图形、影像、动画、声音及视频等媒体信息都数位化，并将其整合在一定的交互式界面上，使计算机具有交互展示不同媒体形态的能力。它极大地改变了人们获取信息的传统方法，符合人们在信息时代的阅读方式。

多媒体（Multimedia）是指把一种把多种不同的但相互关联的媒体，如文字、声音、图形、图像、动画、视频等综合集成在一起而产生的一种存储、传播和表现信息的载体。在理解这个概念时要注意以下几点。

① 多媒体是以计算机为中心，建立在计算机技术基础上。

② 各种媒体的综合集成意味着各媒体之间有着内在的逻辑联系，不能简单地把几种媒体组合在一起就称为多媒体，那只能称为“混合媒体”。

③ 没有交互性就不存在什么“多媒体”。

2．多媒体技术

多媒体技术（Multimedia Technology）是指以数字化技术为基础，能够综合处理文本、图形、声音、动画和视频等多种媒体信息，使它们建立一种逻辑上的连接，集成为具有交互性的系统技术。它使计算机具有综合处理文本、图形、声音、动画和视频的能力，可以进行数据的压缩和解压缩，可以展现形象丰富的各种信息，具有很强的交互性，极大地改善了人机对话的界面，改变了计算机的使用方式，从而使计算机进入了人类的各个领域，给人们的工作、生活、学习和娱乐带来了巨大的变化。

多媒体技术的特点如下。

① 集成性。多媒体技术必须将多种媒体有机地集成为一个整体。

② 实时性。它是指对具有时间要求的媒体（如声音、动画和视频等），可以及时地进行加工处理、存储、压缩、解压缩和播放等操作。多媒体技术必须支持多种媒体的实时处理。

③ 交互性。它是指人们可以参与到各种媒体的加工、处理、存储、输出等过程当中，能够灵活、有效地控制和应用各种媒体信息。即以人机交互这种较为自然的方式处理多媒体事物。交互性多媒体技术的关键特征。

④ 数字化。必须以数字技术为核心。

3．压缩技术

多媒体计算机对多媒体信息的处理包括获取、压缩、编辑、存储、解压缩、传输、显示等，压缩技术是其中的关键。由于计算机只能处理二进制编码的数字信号，多媒体信息数字化后数据量非常大，特别是视频信号，比如一幅分辨率为 1 024 像素 × 1 024 像素的 24 位（2^{24} 种颜色）彩色静态图像数字化的数据量约为 3MB，再如，存储 1 秒我国现行的 PLA 制（每秒 25 帧、分辨率为 768 像素 × 576 像素的 24 位真彩色）电视视频图像需要 1 898MB，巨大的数据量不但要求大容量的存储设备，更重要的是影响了数据的交换。视频压缩技术是计算机处理视频的前提。目前主要的视频压缩标准有 JPEG、MPEG、H.261 等几种。

JPEG 标准是 Joint Photographic Experts Group（联合图像专家组）的缩写，适用于彩色、单色、多灰度连续色调、静态图像压缩，普通家用数码照相机采用的就是此种标准。

MPEG 标准是 Moving Pictures Experts Group（动态图像专家组）的缩写，它又可分为 MPEG-1、MPEG-2、MPEG-4、MPEG-7 等。VCD、MP3、VOD 采用的是 MPEG-1 标准，DVD 采用的是 MPEG-2 标准。

1.5.2 多媒体计算机

多媒体计算机（简称 MPC）是指在多媒体技术的支持下，能够实现多媒体信息处理的计算机系统。MPC 不但可以完成多媒体的输入、处理、存储和输出，还能使人们工作、学习与生活更加丰富，更加富有乐趣。多媒体计算机系统（见图 1-25）由多媒体硬件系统和多媒体软件系统两部分组成。

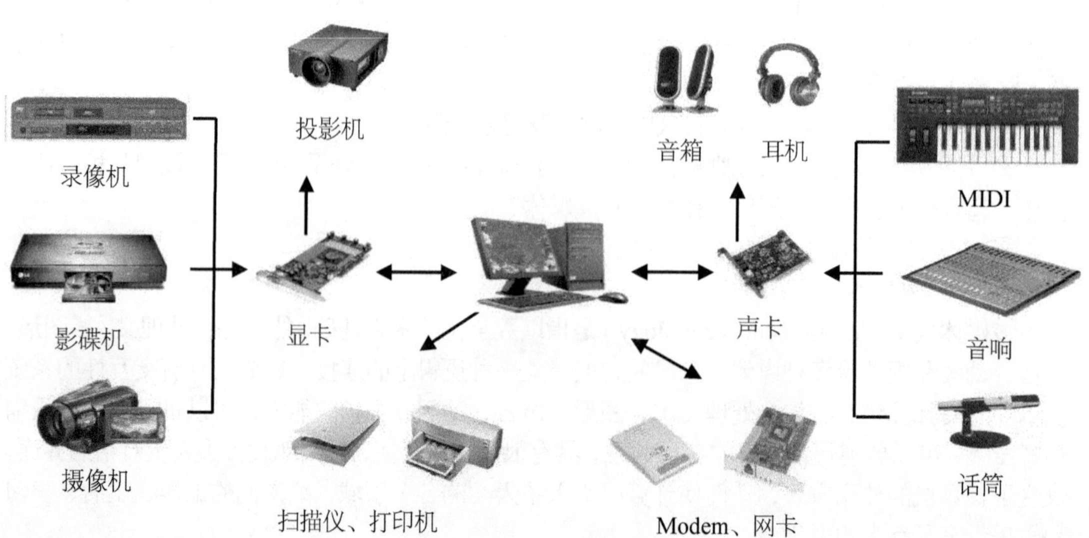

图 1-25　多媒体计算机系统

1．多媒体硬件系统

按照功能可将多媒体硬件系统分为5类。

① 多媒体主机，如微型机、工作站等。

② 视频/音频输入设备，如摄像机、录像机、影碟机、扫描仪、话筒、录音机、数码相机、声卡、视频卡、CD唱机和MIDI合成器等。

③ 视频/音频输出设备，如显示器、电视机、投影机、音响、录像机、录音机、声卡、视频卡、耳机等。

④ 人机交互设备，如键盘、鼠标、触摸屏、光笔等。

⑤ 数据存储设备，如硬盘、光盘、磁带等。

2．多媒体软件系统

多媒体软件系统是多媒体技术的核心，可以分为以下4类。

① 多媒体操作系统。主要用于管理多媒体计算机的系统资源，控制其他程序的运行。常见的有Microsoft公司的Windows 2000 / XP / Vista / 7和Apple公司的Mac OS系列等。

② 多媒体创作工具软件。主要用于多媒体素材集成的多媒体开发工具。常见的有Macromedia公司的Authorware（多媒体制作）、Dreamweaver（网页制作）和Microsoft公司的PowerPoint等。

③ 多媒体素材编辑软件。主要用于采集、整理和编辑各种媒体数据。常见的有以下几种。

a. 图形图像处理软件，如Illustrator、CorelDraw、FreeHand、Photoshop、Photoimpact、光影魔术手等。

b. 音、视频编辑软件，如Cool Edit、Sound Forge、Adobe Premiere、会声会影等。

c. 动画软件，如Flash、Animator Gif、3D MAX、Maya等。

④ 多媒体应用软件。多媒体应用软件是在多媒体软硬件平台上根据各种需求设计开发面向应用研究的程序以及演示软件系统，如多媒体电子出版物、多媒体课件等。

1.5.3 多媒体技术的应用

多媒体技术与计算机技术有机结合，开辟了计算机新的应用领域。概括起来，多媒体技术的应用主要有以下几个方面。

① 科技数据和文献的多媒体表示、存储及检索。它改变了过去只能利用数字、文字的单一方法，还可以描述对象的本来面目。

② 多媒体电子出版物，为读者提供了“图文声像”并茂的表现形式。

③ 多媒体技术加强了计算机网络的表现力，无疑将更大程度地丰富计算机网络的表现能力。

④ 支持各种计算机应用的多媒体化，如电子地图。

⑤ 娱乐和虚拟现实是多媒体应用的重要领域，它帮助人们利用计算机多媒体和相关设备把人们带入虚拟世界。

1.6 进位计数制和信息编码

1.6.1 进位计数制

进位计数制是指计数的规则和方法。由于日常生活中大都采用十进制计数，因此人们对十进制数最为熟悉。除此之外，还有其他进位制数也常被使用。例如，人们常说的“半斤八两”采用的是十六进制，1“打”饮料有12瓶采用的是十二进制，60秒为1分钟采用的是六十进制等。计算机中采用的是二进制数，为书写方便，也采用八进制和十六进制形式表示。无论使用何种进位计数制，它们都包括两个要素：基数和位权。

1．基数

基数（Radix）是指各种进位计数制中允许选用基本数码的个数。

$R=10$ 为十进制数，可使用 0～9 共 10 个数码。

$R=2$ 为二进制数，可使用 0、1 两个数码。

$R=8$ 为八进制数，可使用 0～7 共 8 个数码。

$R=16$ 为十六进制数，可使用 0～9、A、B、C、D、E、F 共 16 个数码。

任何一种进位计数制均采用“逢 R 进一”原则进位计数，可使用的最大数码是 $R-1$。

2．位权

每个数码所表示的数值等于该数码乘以一个与数码所在位置相关的常数，这个常数称为位权。位权的大小是以基数为底，数码所在位置的序号为指数的整数次幂。例如：$(125.64)_{10}=1\times 10^2+2\times 10^1+5\times 10^0+6\times 10^{-1}+4\times 10^{-2}$

为区别不同进制的数，十进制数用后缀 D 表示，或无后缀；二进制数用后缀 B 表示；八进制数用后缀 O 表示；十六进制数用后缀 H 表示。

3．二进制的特点

计算机中最常用的是二进制数。它与其他进位计数制相比有下面 4 个特点。

① 易于实现。由于二进制数只有 0 和 1 两种数码，因此可用具有两个不同的稳定的物理状态的元件来表示。如电路的开和关、电压的高和低、脉冲的有和无等两种状态，均可分别用 0 和 1 来表示，这种简单的状态可靠、抗干扰能力强。

② 运算规则简单。二进制运算的规则极为简单，使得在计算机中实现二进制运算的线路、部件结构也变得简单。

③ 可与逻辑运算对应。二进制数的两个数码 0 和 1 与逻辑代数的逻辑变量取值相对应，从而便于用二进制数表示逻辑数值，进行逻辑运算。

④ 可靠性高。由于二进制只有 0 和 1 两个数码，因此在存储、传输和处理时不易出错，保障了系统的可靠性。

在计算机内程序和数据都采用二进制数表示。由于二进制位数较长，书写起来既不方便，也不直观，因此在书写程序时，往往采用八进制或十六进制数的形式。

二进制数与其他进位计制数的关系如表 1-1 所示。

表 1-1　二进制数与其他进制数的关系

十进制	二进制	八进制	十六进制
0	0	0	0
1	1	1	1
2	10	2	2
3	11	3	3
4	100	4	4
5	101	5	5
6	110	6	6

续表

十进制	二进制	八进制	十六进制
7	111	7	7
8	1000	10	8
9	1001	11	9
10	1010	12	A
11	1011	13	B
12	1100	14	C
13	1101	15	D
14	1110	16	E
15	1111	17	F
16	10000	20	10

1.6.2 各种数制的相互转换

1. 非十进制数转换成十进制数

将非十进制数按位权值展开，然后相加即可得到相应的十进制数。

【任务 1-1】将二进制数 11011.11 转换成十进制数。

$$(11011.11)_2=1\times2^4+1\times2^3+0\times2^2+1\times2^1+1\times2^0+1\times2^{-1}+1\times2^{-2}=(27.75)_{10}$$

使用相似的方法，可以把八进制数和十六进制数转换成十进制数。

2. 十进制数转换成非十进制数

十进制数转换成非十进制数时，整数部分采用“除 *R*（基数）取余” 法，直到商为 0。按“先余为低位，后余为高位”取数。小数部分采用“乘 *R*（基数）取整”法，直到小数部分为 0 时或已满足精确度要求为止。按“先整为高位，后整为低位”取数。

【任务 1-2】将十进制数 86.6875 转换为对应的二进制数。

整数部分：$86=(1010110)_2$

$86\div2=43$ 余 0 低位
$43\div2=21$ 余 1
$21\div2=10$ 余 1
$10\div2=5$ 余 0
$5\div2=2$ 余 1
$2\div2=1$ 余 0
$1\div2=0$ 余 1 高位

（箭头由下向上：低位 ↑ 高位）

小数部分：$0.6875=(1011)_2$

$0.6875\times2=1.375$ 取整 1 高位
$0.375\times2=0.75$ 取整 0
$0.75\times2=1.5$ 取整 1
$0.5\times2=1.0$ 取整 1 低位

因此，$(86.6875)_{10}=(1010110.1011)_2$。

十进制纯小数转换时，若遇到转换过程为无穷时，应根据精度的要求确定保留几位小数，以得到一个近似值。

3. 二进制数、八进制数的相互转换

二进制数转换为八进制数时，以二进制数的小数点为中心，整数部分从右向左，小数部分从左向右，每 3 位为 1 组，不足 3 位的补 0（整数在高位补 0，小数在低位补 0），然后将每组的 3 位二进制数等值转换成对应的八进制数。

【任务 1-3】将 $(11101111010.1011)_2$ 转换成八进制数。

二进制	011	101	111	010	.	101	100
八进制	3	5	7	2	.	5	4

因此，(11101111010.1011) $_2$ = (3572.54) $_8$ 。

八进制数转换成二进制数时则相反，将每位八进制数等值转换成对应的 3 位二进制数。

【任务 1-4】 将 (273.64) $_8$ 转换成二进制数。

八进制	2	7	3	.	6	4
二进制	010	111	011	.	110	100

因此，(273.64) $_8$= (10111011.1101) $_2$。

4. 二进制数、十六进制数的相互转换

二进制数转换为十六进制数时，以二进制数的小数点为中心，整数部分从右向左，小数部分从左向右，每 4 位为 1 组，不足 4 位的补 0（整数在高位补 0，小数在低位补 0)，然后将每组的 4 位二进制数等值转换成对应的十六进制数。

【任务 1-5】 将 (11101111010.1011) $_2$ 转换成十六进制数。

二进制	0111	0111	1010	.	1011
十六进制	7	7	A	.	B

因此，(11101111010.1011) $_2$ = (77A.B) $_{16}$。

十六进制数转换成二进制数时，将每位十六进制数等值转换成对应的 4 位二进制数即可。

【任务 1-6】 将（273.64）$_{16}$ 转换成二进制数。

十六进制	2	7	3	.	6	4
二进制	0010	0111	0011	.	0110	0100

因此，（273.64）$_{16}$=（1001110011.011001）$_2$。

1.6.3 ASCII 码

ASCII 码（American Standard Code for Information Interchange）是美国标准信息交换代码，它是目前国际上通用的字符二进制编码。它采用 7 位二进制代码表示一个字符。计算机中常用一个字节（8 位二进制数）来存放一个字符的 ASCII 码，其中 7 位是 ASCII 码本身，最高位用来设校验码。ASCII 码可表示 128 个字符，包括 0 ~ 9 这 10 个数码符号、52 个大小写英文字母、32 个标点符号和运算符、34 个控制符，如表 1-2 所示。表中数字按数值从小到大排列，字母按字典顺序排列。从表中可查出某一个字符的 ASCII 码值。例如，字符“0”的编码为 (0110000) $_2$= (30) $_{16}$= (48) $_{10}$，字符“A”的编码为 (1000001) $_2$= (41) $_{16}$= (65) $_{10}$，字符“a”的编码为 (1100001) $_2$= (61) $_{16}$= (97) $_{10}$。

表 1-2 ASCII 码编码表

	高位	000	001	010	011	100	101	110	111
低位		0	1	2	3	4	5	6	7
0000	0	NUL	DLE	SP	0	@	P	`	p
0001	1	SOH	DC1	!	1	A	Q	a	Q
0010	2	STX	DC2	″	2	B	R	b	r
0011	3	ETX	DC3	#	3	C	S	c	s
0100	4	EOT	DC4	$	4	D	T	d	t
0101	5	ENQ	NAK	%	5	E	U	e	u
0110	6	ACK	SYN	&	6	F	V	f	v
0111	7	BEL	ETB	′	7	G	W	g	w
1000	8	BS	CAN	(	8	H	X	h	x
1001	9	HT	EM	)	9	I	Y	i	y
1010	A	LF	SUB	*	:	J	Z	j	z
1011	B	VT	ESC	+	;	K	[	k	{
1100	C	FF	FS	,	<	L	\	l	|
1101	D	CR	GS	-	=	M	]	m	}
1110	E	SO	RS	.	>	N	^	n	~
1111	F	SI	US	/	?	O	_	o	DEL

为表达更多的信息，新版本的 ASCII-8 采用 8 位二进制编码表示，可表示 256 个字符。最高位为 0 的 ASCII 码（即前面所述的 7 位 ASCII 码）称为标准 ASCII 码；最高位为 1 的 128 个 ASCII 码（表示数的范围 128～255）称为扩充 ASCII 码。

另外，人们还设计了快速表示十进制数的 BCD（Binary Coded Decimal）码。

1.6.4 汉字编码

汉字也像其他字符一样，需要二进制编码。由于汉字字形复杂、量大，处理起来也就复杂得多。计算机在处理汉字时，从输入、处理到输出，在不同的阶段采用不同的代码，如汉字输入码、汉字交换码、汉字内码和汉字输出码等编码形式。

1. 汉字输入码

汉字输入码是从计算机键盘输入汉字的一种编码，又称为外码。目前，汉字的输入编码很多，归纳起来主要有字音、字形、数字、音形混合 4 类。

（1）数字编码

数字编码是将国标汉字字符集以某种方式重新排列以后，以排列的序号为编码元素进行的编码，如电报码、国标码、区位码等。

（2）字音编码

字音编码是以汉字的汉语拼音为基础，以汉字的汉语拼音或其一定规则的缩写形式为编码元素进行的编码，如全拼音码、双拼音码、紫光拼音、搜狗拼音等。

（3）字形编码

字形编码是以汉字的形状结构及书写顺序特点为基础，按照一定的规则对汉字进行拆分，从而得到若干具有特定结构特点的形状，然后以这些形状为编码元素进行的编码，如五笔字形码、首尾码、表形码等。

（4）音形混合编码

音形混合编码是兼顾汉语拼音和汉字形状结构两方面特性而进行的编码，如自然码、快速码等。

2. 汉字交换码

汉字交换码是在系统间或计算机间进行通信或信息交换时用的编码，又称国标码。1981 年，我国颁布了《信息交换用汉字编码字符集（基本集）》，简称 GB2312-80（国标基本集）。它是我国规定的标准汉字交换码，收集了汉字、字母、图形等字符 7 445 个，其中汉字 6 763（常用的一级汉字 3 755 个，按汉语拼音字母顺序排列；二级汉字 3 008 个，按部首顺序排列）。在该标准中，每个汉字或图形符号采用双字节表示，并把汉字或图形符号分为 94 个区，每个区分为 94 个位，高字节表示区号，低字节表示位号，一个汉字的区号和位号分别加上 20H 后得到汉字的国标码，国标码加上 8080H 就得到汉字内码。如汉字“啊”位于 16 区 01 位，其区位码为十进制数 1601D，即十六进制数 1001H。因此，汉字“啊”的国标码为 3021H （1001H+2020H），机内码为 B0A1H（3021H+8080H）；同样，汉字“波”的区位码为 1808D，即十六进制数表示为 1208H。 因此，汉字“波”的国标码为 3228H（1208H+2020H），机内码为 B2A8H（3228H+8080H）。

3. 汉字内码

计算机输入汉字的外码后，还得经过内码的转换才能在计算机内部进行的存储、传递和运算等操作。一个汉字的内码一般用两个字节表示，但也有三字节和四字节的汉字内码。国标基本集规定每个符号都有两个字节代码表示。从前面我们知道，汉字内码与国标码有比较简明的对应关系。

4. 汉字输出码

汉字输出码也称汉字字形码。它是对汉字字形点阵数字化后的一串二进制数的字形代码。点阵密度越大，输出的汉字和图形符号越美观，但占据的存储空间也越大。在汉字字形的点阵中，每个点阵用一位二进制数表示。因此，一个 16 点阵 × 16 点阵的字形码需要占据 32 字节的存储空间。

PART 2

第 2 章 Windows 7 操作系统

2.1 Windows 7 的基本操作

Windows 7 是微软公司继 Windows Vista 之后推出的一款新的多用户、多任务、图形界面操作系统。Windows 7 包含 6 个版本。分别是 Windows 7 Starter（初级版）、Windows 7 Home Basic（家庭基础版）、Windows 7 Home Premium（家庭高级版）、Windows 7 Professional（专业版）、Windows 7 Enterprise（企业版）、Windows 7 Ultimate（旗舰版）。其中，Windows 7 家庭高级版和 Windows 7 专业版是两大主打版本，前者面向家庭用户，后者针对商业用户。Windows 7 旗舰版拥有 Windows 7 所有版本的功能，这个版本也是公认 Windows 7 系列中最好的版本。本书介绍的 Windows 7 操作系统的各种相关操作是基于 32 位旗舰版的。

2.1.1 Windows 7 的运行环境

微软公司官方发布的安装 Windows 7 计算机系统的要求如下。

① 处理器。1 GHz 32 位或 64 位处理器。

② 内存。1 GB 内存（基于 32 位）或 2 GB 内存（基于 64 位）。

③ 硬盘。16 GB 可用硬盘空间（基于 32 位）或 20 GB 可用硬盘空间（基于 64 位）。

④ 带有 WDDM 1.0 或更高版本驱动程序的 DirectX 9 图形设备。

Windows 7 是专门为与今天的多核处理器（CPU）配合使用而设计的。所有 32 位版本的 Windows 7 最多可支持 32 个处理器核，而 64 位版本最多可支持 256 个处理器核。Windows 7 专业版、企业版和旗舰版允许使用两个物理处理器，以在这些计算机上提供最佳性能。Windows 7 初级版、家庭基础版和家庭高级版只能识别一个物理处理器。

2.1.2 Windows 7 的启动与退出

安装 Windows 7 之后，开启和关闭计算机的过程实质上就是登录和退出 Windows 7 的过程。

【任务 2-1】Windows 7 的启动。

打开计算机电源，Windows 7 就会自动启动，系统自检完成后，出现 Windows 7 的登录界面（见图 2-1）。选择用户并输入密码后，按 Enter 键便可登录。

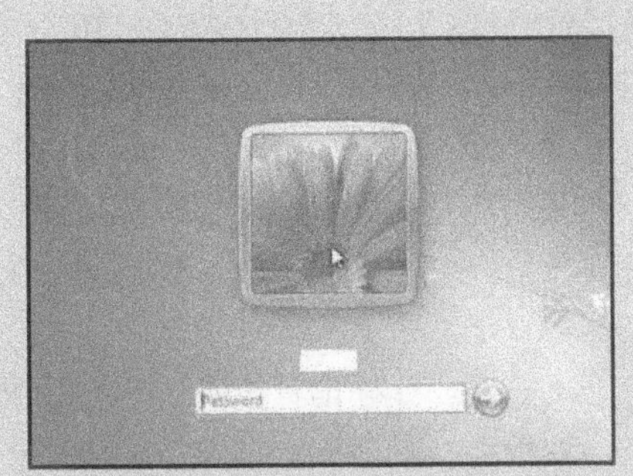

图 2-1 Windows 7 登录界面

【任务 2-2】Windows 7 的退出。

如果在没有退出 Windows 系统的情况下关机（拔下它的插头或者手动关机），系统将认为是非法关机。非法关机情况下，可能会丢失文件或破坏程序。

当不再使用计算机时，可选择“开始”→“关机”命令，计算机将关闭所有打开的程序以及 Windows 本身，然后关闭计算机。关机不会自动保存未保存的工作，因此必须首先保存文件（见图 2-2）。

单击“关机”右侧的▸按钮，弹出“电源按钮”操作列表（见图 2-3）。

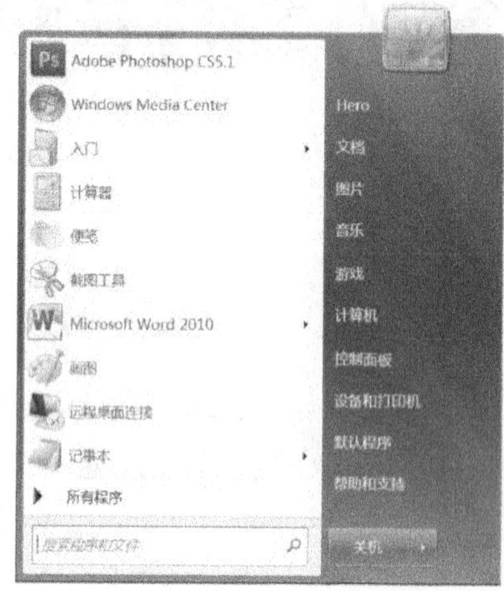

图 2-2 “开始”菜单

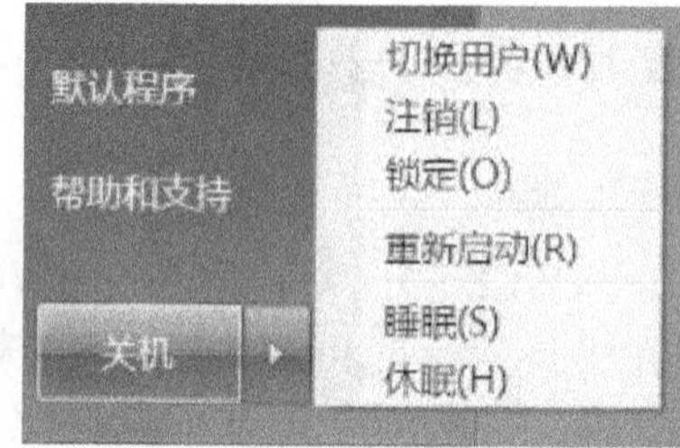

图 2-3 “电源按钮”操作列表

① 切换用户。Windows 7 支持多用户登录，可在不同的登录用户之间切换。

② 注销。将保存设置，关闭当前登录用户。

③ 锁定。相当于普通的锁屏。当需要临时离开计算机时，锁屏是个好习惯，以防计算机被其他人使用。

④ 重新启动。关闭操作系统，不关闭电源，然后重启操作系统。

⑤ 睡眠。把当前操作系统的状态保存到硬盘，然后切断计算机所有电源。启动时，从硬盘读取上次保存的系统状态，直接恢复使用。

⑥ 休眠。把当前操作系统的状态保存在内存中，除内存电源外，切断计算机所有其他电源。启动时，从内存读取上次保存的系统状态，直接恢复使用。

2.1.3 鼠标的操作

鼠标是用户操作计算机过程中进行人机交互时使用最频繁的设备之一，Windows 系统几乎所有的操作都要用到鼠标。

【任务 2-3】鼠标的使用。

Windows 7 是一个图形界面的操作系统，使用鼠标是操作 Windows 7 的基本方式，它具有快捷、准确、直观的屏幕定位和选择能力。移动鼠标时，与它相对应的在屏幕上的指针也随之移动。鼠标的操作方法主要有以下几种。

① 指向。移动鼠标，将鼠标指针移到屏幕的一个特定位置或指定对象。

② 单击。将鼠标指向目标物快速按一下鼠标左键。

③ 双击。将鼠标指针指向目标物快速地连续按两下鼠标左键。

④ 右击。鼠标指针指向目标物后快速按一下鼠标右键。

⑤ 拖动。鼠标指针指向目标物后按住鼠标左键并移动鼠标。

⑥ 释放。松开按住鼠标按键的手指。

在操作鼠标时，鼠标指针的形状（见表 2-1）取决于它所在的位置，以及和其他屏幕元素的相互关系。

表 2-1 鼠标指针的形状及意义

意义	形状	意义	形状	意义	形状
标准选择	↖	文字选择	I	对角线调整 1	↘
帮助选择	↖?	手写	╲	对角线调整 2	↗
后台操作	↖⧗	不可用	⊘	移动	✥
忙	⧗	调整垂直大小	↕	其他选择	↑
精度选择	+	调整水平大小	↔	链接选择	☝

2.1.4 Windows 7 的桌面

启动计算机，完成 Windows 7 的登录后，所看到的屏幕界面就是桌面（见图 2-4）。桌面是用户和计算机交互的窗口，桌面上放置着各种各样的图标，桌面的底部是任务栏。用户可以根据自己的需要在桌面上添加、删除各种快捷图标，系统默认状态下，双击图标就能够快速启动相应的程序或文件。

图 2-4 Windows 7 的桌面

1. 桌面图标

桌面上的每一个图标通常代表一个应用程序或一个文件夹、一个文件，它包含图形、说明文字两部分，如果把鼠标指针放在图标上停留片刻，桌面上会出现对图标所表示内容的说明或者是文件存放的路径，双击图标就可以打开相应的内容。

Windows 7 的系统桌面图标主要有计算机、用户文件、网络、回收站和控制面板。

① 计算机。通过“计算机”可以对计算机的资源（硬件资源和软件资源）进行管理。

② 用户文件。它是一个便于存取的桌面文件夹，主要供快速访问保存在其中的文档、图形和其他文件，是系统默认的文档保存位置。

③ 网络。提供对网络上计算机和设备的便捷访问。用户可以查看网络计算机的内容，并查找共享文件和文件夹，还可以查看并安装网络设备。

④ 控制面板。使用“控制面板”可以更改 Windows 的设置，使其适合用户的需要。这些设置几乎控制了有关 Windows 外观和工作方式的所有设置。

⑤ 回收站。回收站是系统在系统硬盘中专门划出的一块区域，在默认情况下，用户在Windows中删除的文件或文件夹都被放入回收站。当用户还没有清空回收站时，可以从中还原被删除的文件或文件夹。双击该图标可打开“回收站”窗口（见图2-5）。

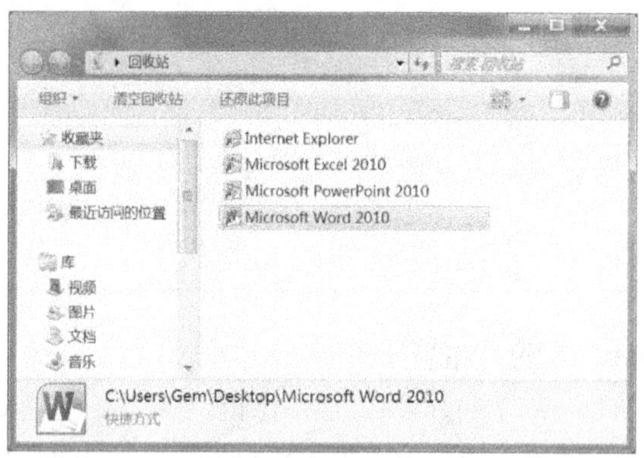

图2-5 “回收站”窗口

a. 还原。选择单个或多个需还原的文件或文件夹，单击工具栏上的“还原此项目”（或“还原选定项目”）按钮，选择的文件或文件夹被还原至原来的保存位置。

b. 删除。选择单个或多个需从回收站中删除的文件或文件夹，右击，在弹出的快捷菜单中选择“删除”命令，选择的文件或文件夹将从回收站中删除。做此操作后，不能再从回收站中还原被删除的文件。

c. 清空回收站。单击工具栏上的“清空回收站”按钮，回收站中的所有文件或文件夹将被删除。

【任务2-4】添加系统图标。

初次使用Windows 7，桌面上只会显示“回收站”图标。如果要添加其他桌面图标，可按以下步骤操作。

① 右击桌面空白处，在弹出的快捷菜单中选择“个性化”命令，打开“个性化”窗口，见图2-6。

② 单击左侧窗格中的“更改桌面图标”链接，在弹出“桌面图标设置”对话框中选中“桌面图标”选项组中要显示图标的复选框，见图2-7。

③ 单击“确定”按钮，选择的图标已显示在桌面上。

图2-6 “个性化”窗口

2-7 “桌面图标设置”对话框

【**任务 2-5**】添加桌面快捷方式图标。

除了在桌面上添加系统图标，还可以在桌面上添加常用程序或文件的快捷方式图标。快捷方式图标是一个表示计算机中文件、文件夹或程序的链接图标。双击快捷方式图标可以打开它所代表的文件、文件夹或程序。如果删除快捷方式图标，仅仅只会删除这个图标，而不会删除所代表的文件、文件夹或程序。

① 选择“开始”→“所有程序”→“附件”命令（见图 2-8）；

② 右击“计算器”图标，在弹出的快捷菜单中选择“发送到”→“桌面快捷方式”命令（见图 2-9），此时系统就会在桌面上创建一个“计算器”快捷方式图标。

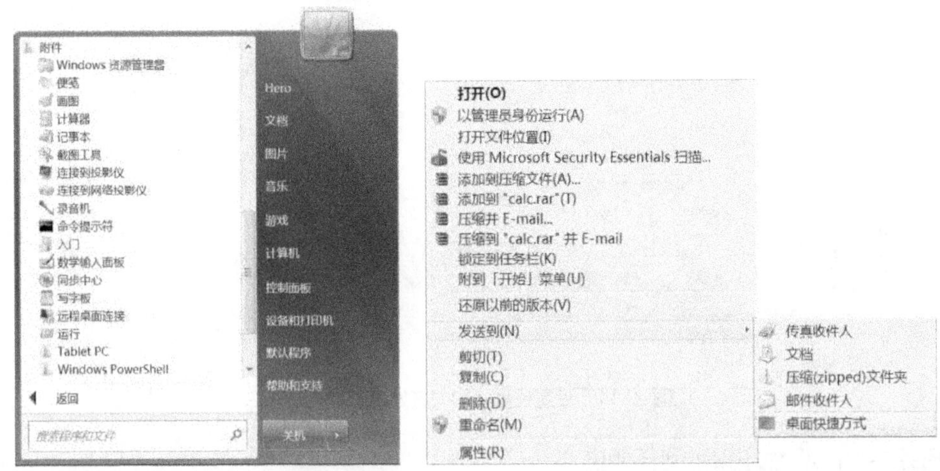

图 2-8 “附件”程序组　　　　图 2-9 快捷菜单

2．任务栏

任务栏是位于桌面的下方的条状区域（见图 2-10），它由“开始”按钮、程序按钮栏、语言栏、通知区域和“显示桌面”按钮组成。

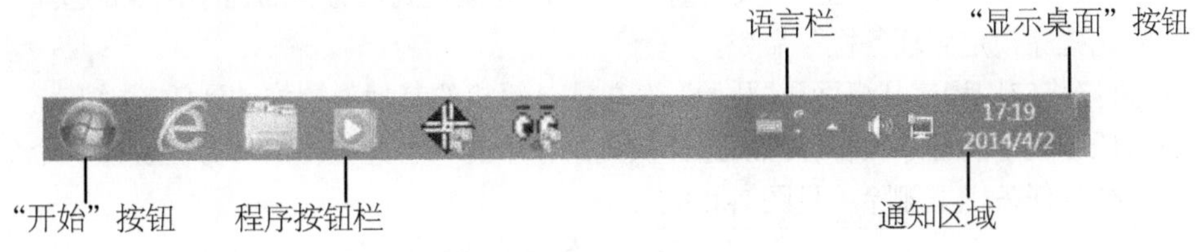

图 2-10 任务栏

① “开始”按钮。单击该按钮，可打开“开始”菜单。

② 程序按钮栏。集成了常用的应用程序图标，单击即可启动程序。还可以显示已打开的程序或文档，单击进行切换。

③ 语言栏。显示的输入法状态。单击该按钮，可以选择各种语言输入法。

④ 通知区域。包括时钟、音量、网络以及其他一些显示特定程序和计算机设置状态的图标。

⑤ “显示桌面”按钮。将鼠标指针移动到该按钮上，可以预览桌面，若单击该按钮可以快速返回桌面。

【**任务 2-6**】更改任务栏的位置。

默认情况下，任务栏在 Windows 7 桌面的底部显示。系统允许用户将任务栏显示在顶部、左侧或右侧。

① 右击任务栏的空白处，在快捷菜单选择“属性”命令，弹出“任务栏和「开始」菜单”对话框（见图 2-11a）。

② 单击“任务栏”选项卡“任务栏外观”选项组中的“屏幕上的任务栏位置”下拉列表中选择相应的选项，然后单击“确定”按钮应用设置（见图 2-11b）。

此外，当任务栏处于非锁定状态时，单击任务栏空白处并拖动鼠标至顶部、左侧或右侧，也可改变任务栏的显示位置。

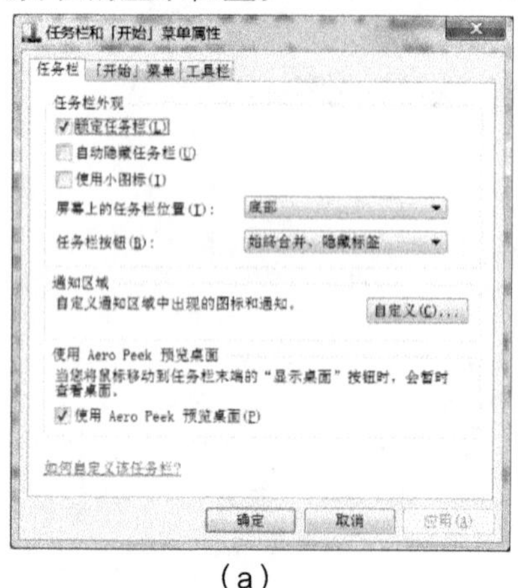

（a）

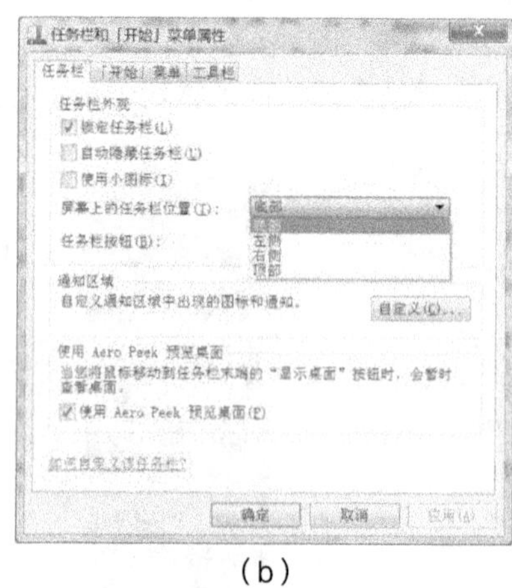

（b）

图 2-11 设置任务栏和“开始”菜单属性

【任务 2-7】 将程序锁定到任务栏。

使用 Windows 7 时，可以将常用的程序直接锁定到任务栏，以便快速地打开应用程序。选择下列方法之一，都可将程序锁定到任务栏。

① 如果要锁定的程序正在运行，则右击任务栏上的该程序图标，然后选择快捷菜单中的“将此程序锁定到任务栏”命令（见图 2-12a）。

② 单击“开始”按钮，在“开始”菜单中右击要锁定到任务栏的程序，然后选择快捷菜单中的“将此程序锁定到任务栏”命令。

③ 直接将应用程序从桌面、“开始”菜单或计算机的其他位置拖动到任务栏上。

右击任务栏上的程序图标，然后选择快捷菜单中的“将此程序从任务栏解锁”命令，该程序图标将被从任务栏上删除（见图 2-12b）。

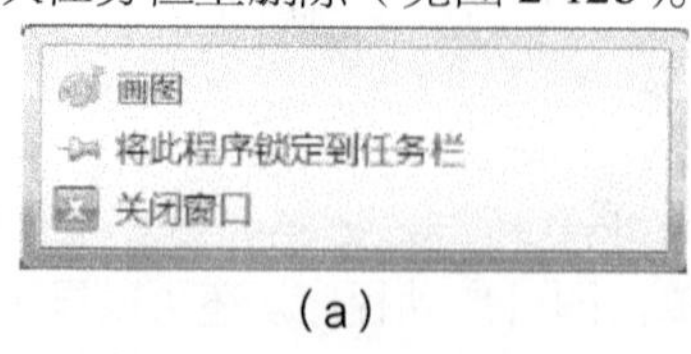

（a）

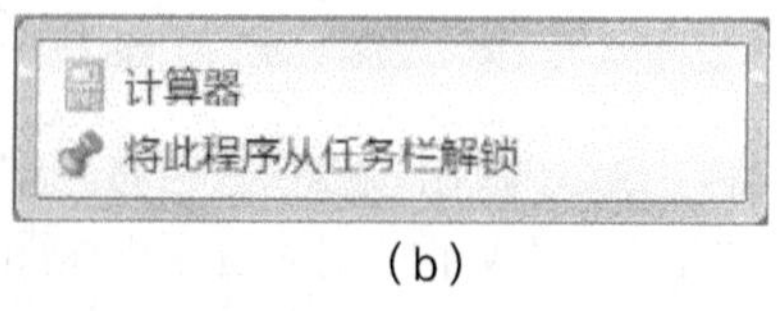

（b）

图 2-12 将程序锁定到任务栏及从任务栏解锁

3. “开始”菜单

“开始”菜单是使用 Windows 7 访问文件、文件夹和进行计算机设置的主要途径。使用“开始”菜单可以打开或搜索系统中常用的文件或文件夹、启动系统中安装的程序、调整系统设置、获取 Windows 7 系统的帮助信息、关闭计算机、注销或切换用户等操作。

单击屏幕左下角的“开始”按钮或按“Windows”键（Windows 徽标键），可以打开“开始”菜单。它大体上可分为 3 个部分，见图 2-13。

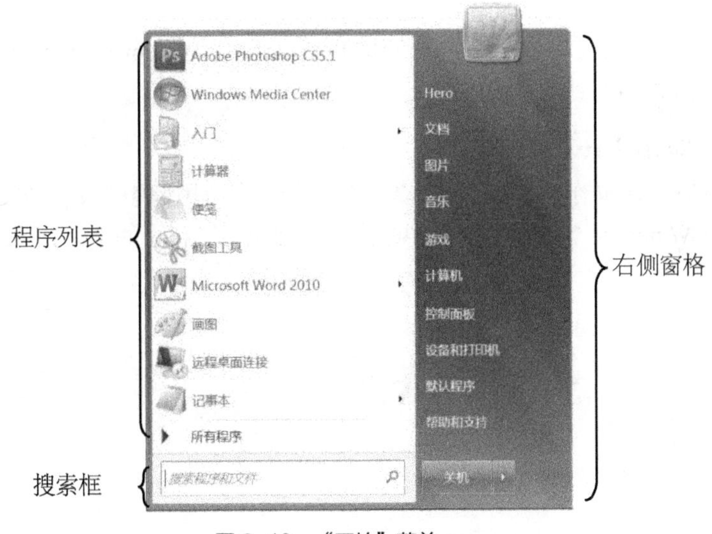

图 2-13 “开始”菜单

① 程序列表。显示用户经常使用的程序列表。单击程序列表下方的“所有程序”，可显示完整的程序列表。

② 搜索框。在搜索框中输入要查找文件或文件夹的关键词，可快速查找系统中的文件或文件夹。

③ 右侧窗格。提供了用户常用文件夹、计算机功能设置及帮助和支持的 Windows 链接。还可注销 Windows 或关闭计算机。

a. 个人文件夹。在 Windows 7 中，个人文件夹是以登录系统的用户名命名的。单击它，会打开“个人文件夹”窗口，该窗口包括 “联系人”、“链接”、“收藏夹”、“搜索”、“我的视频”、“我的图片”、“我的文档”、“我的音乐”、“下载”和“桌面”等文件夹。

b. 文档。用于打开 Windows 7 的“文档库”。可以在该文件夹中保存或打开文本文件、电子表格、演示文稿以及其他类型的文档。

c. 图片。用于打开 Windows 7 的“图片库”。可以将自己喜爱的图片或照片保存在该文件夹中，并且可以使用“放映幻灯片”功能查看文件夹中存放的图片。

d. 音乐。用于打开 Windows 7 的“音乐库”。可以在该文件夹中保存和播放自己喜爱的音乐及其他音频文件。单击工具栏上的“全部播放”按钮，将会使用系统默认的播放软件打开该文件夹下的所有音乐文件。

e. 游戏。可以在该文件夹中访问计算机上的所有游戏。单击工具栏上的“家长控制”按钮，设置游戏分组系统，防止儿童沉迷于游戏。

f. 计算机。从“计算机”文件夹中，可以访问各个位置，如硬盘、CD 或 DVD 驱动器以及可移动媒体。还可以访问可能连接到计算机的其他设备，如外部硬盘驱动器和 USB 闪存驱动器。

g. 控制面板。可以在该窗口中设置计算机的外观和功能、安装或卸载程序、设置网络连接和管理用户账户等。

h. 设备和打印机。安装、查看、管理连接到用户计算机的所有设备，使用其中一个设备，或对未正常工作的设备进行故障排除。

i. 默认程序。可以在该窗口中设置打开各种类型文件的默认程序，改变某种类型文件的关联程序。

j. 帮助和支持。可以在该窗口中浏览和搜索有关使用 Windows 和计算机的帮助主题，解决使用 Windows 过程中遇到的疑难问题。

2.1.5 Windows 7 的窗口

窗口是 Windows 操作系统的基本对象。当打开一个应用程序、文件或文件夹时，都会出现一个窗口。在 Windows 7 的各种窗口中，大部分都包括了相同的组件，图 2-14 为一个典型的 Windows 窗口。

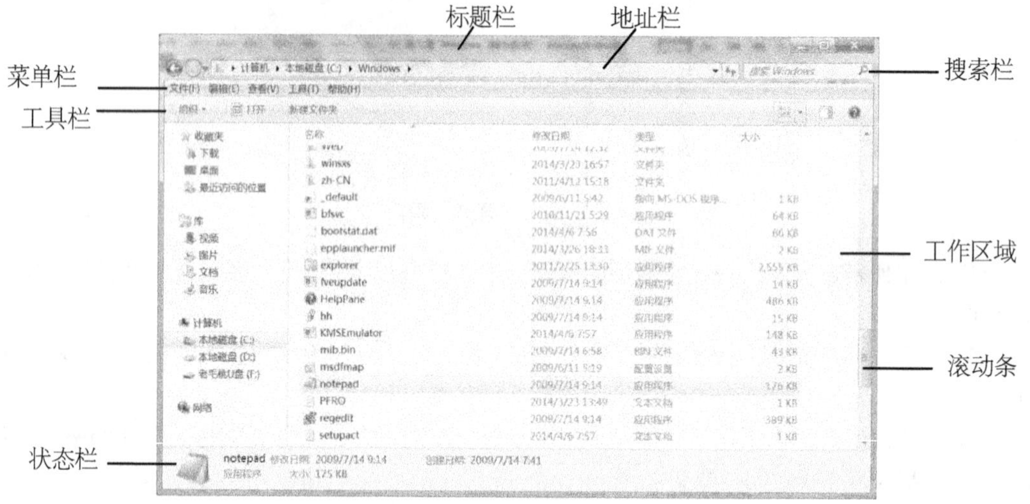

图 2-14 窗口组成

① 标题栏。位于窗口的最上部，它标明了当前窗口的名称，右侧有最小、最大化（或还原）以及关闭按钮。

② 地址栏。用来输入文件或文件夹的路径，方便地访问本地或网络的文件或文件夹。也可以直接在地址栏中输入网址，访问互联网。

③ 搜索栏。按输入搜索栏中的关键字在计算机或网络搜索对应的文件或文件夹。

④ 菜单栏。在标题栏的下面，它提供了在操作过程中要用到的各种命令。Windows 7 系统窗口默认情况下不显示菜单栏，按 Alt 键方能显示。

⑤ 工具栏。其中包括一些常用的功能按钮，在使用时可以直接从中进行选择。工具栏上的按钮会根据查看的内容不同而有所变化。

⑥ 状态栏。它在窗口的最下方，显示了当前选定的文件或文件夹的相关信息。

⑦ 工作区域。它在窗口中所占的比例最大，显示应用程序界面或文件夹中的全部内容。

⑧ 滚动条。当工作区域的内容太多而不能全部显示时，窗口将自动出现滚动条，可以通过拖动水平或者垂直滚动条来查看所有内容。

【任务 2-8】窗口的操作。

对窗口的操作，除了使用鼠标外，还可以使用快捷键来操作。

（1）移动窗口

移动窗口时只需要在标题栏上按下鼠标左键拖动，移动到合适的位置后再释放，即可完成移动的操作。

如果需要精确地移动窗口，可以在标题栏上右击，在弹出的快捷菜单（见图 2-15）中选择

"移动"命令，当标题栏上出现"✣"标志时，然后用方向键来移动窗口，到达合适的位置后单击或者按 Enter 键确认。

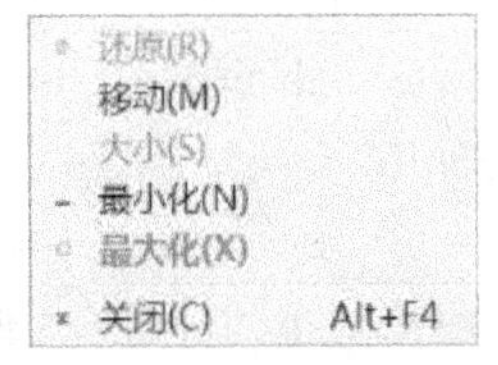

图 2-15 窗口控制菜单

（2）缩放窗口

窗口不但可以移动到桌面上的任何位置，还可以随意改变大小将其调整到合适的尺寸。要改变窗口的尺寸，只需将鼠标指针移到窗口的垂直或水平边框上，当鼠标指针变成双箭头形状时，单击并且沿箭头方向拖动鼠标，就可在垂直或水平方向上改变窗口的大小。如要对窗口进行等比缩放时，可以把鼠标指针移动到窗口边框的任意角上，当鼠标指针变成双箭头形状时拖动鼠标即可。

使用 Alt + Space 组合键，在弹出的控制菜单中选择"大小"命令，然后用 4 个方向键对窗口进行放大或缩小操作，完成后单击或者按 Enter 键确认。

（3）最小化、最大化、还原、关闭窗口

在对窗口进行操作时，根据需要，可对窗口进行最小化、最大化、还原、关闭操作。

最小化窗口：当单击"最小化"按钮时，窗口便会缩小成任务栏上的一个程序按钮。当单击该按钮时，窗口便会恢复到最小化之前的大小。窗口最小化后，窗口对应的程序转入系统后台运行。

最大化窗口：当单击该按钮时，窗口便会放大至整个屏幕。

还原窗口：当窗口被最大化后，"最大化"按钮会自动变成"还原"按钮，单击"还原"按钮，窗口会恢复到最大化之前的大小。在标题栏上双击可以在最大化与还原两种状态之间切换。

关闭窗口：单击该按钮时，窗口便会关闭。关闭窗口意味着退出与之相对应的程序。关闭窗口还有如下几种方式。

① 双击控制菜单按钮。

② 右击标题栏空白处，在弹出的快捷菜单中选择"关闭"命令。

③ 按 Alt + F4 组合键。

④ 如果打开的窗口是应用程序，选择"文件"→"退出"命令也能关闭窗口。

⑤ 如果所要关闭的窗口处于最小化状态，可以在任务栏上右击该窗口的按钮，然后在弹出的快捷菜单中选择"关闭窗口"命令。

在关闭窗口之前要保存所创建的文档或者所做的修改，如果忘记保存，当选择了"关闭"命令后，会弹出一个对话框，询问是否要保存所做的修改，如图 2-16 所示，单击"保存"按钮，保存文档并关闭窗口；单击"不保存"按钮，不保存文档并关闭窗口，单击"取消"按钮则不关闭窗口，可以继续使用该窗口。

图 2-16 "保存"对话框

（4）切换窗口

当打开多个窗口后，只有一个窗口处于激活状态，活动窗口总是位于桌面的最上面，并覆盖在其他窗口之上。切换窗口的方法有以下几种。

① 按 Alt + Tab 组合键。先按 Alt 键，再按 Tab 键，这时将弹出一个缩略图面板（见图 2-17），重复按 Tab 键或滚动鼠标滚轮，将循环切换所有打开的窗口和桌面，释放 Alt 键可以显示所选的窗口。

② 使用 Aero 三维窗口切换功能。先按 Windows 键，再按下“Tab”键，桌面上会显示以三维形式排列的窗口（见图 2-18），重复按 Tab 键或滚动鼠标滚轮可以循环切换打开的窗口，释放 Windows 键可以显示最前面的窗口。

③ 使用任务栏。每打开一个窗口，在任务栏的程序按钮栏中就会出现一个相应的按钮。单击该按钮就可以切换到相应的程序窗口。

图 2-17 缩略图面板

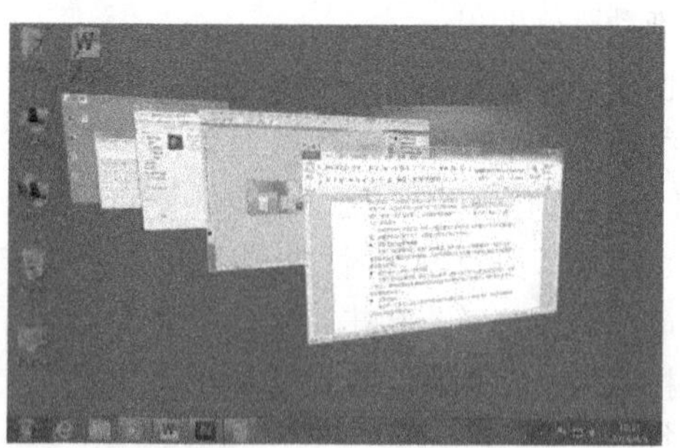

图 2-18 Aero 三维窗口

（5）排列窗口

如果桌面上打开的窗口过多就会显得杂乱无章，Windows 允许用户按层叠、堆叠或并排方式对显示在桌面上的窗口进行排列。

右击任务栏空白处，在弹出的快捷菜单中选择 3 种窗口排列方式中的一种即可（见图 2-19）。

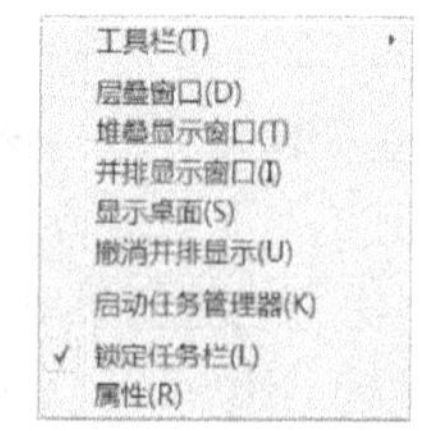

图 2-19 任务栏快捷菜单

（6）Windows 7 窗口处理新方法

Windows 7 提供了 3 种看似简单，但是非常强大的对窗口处理的新方法。

① Aero 晃动。当打开多个窗口时，如果要快速查看其中的一个窗口，只需单击要查看的窗口，然后轻轻晃动鼠标，此时，除该窗口外，其他已经打开的所有窗口即刻全部最小化。再次晃动鼠标，这些最小化的窗口又会重新出现。

② Aero 桌面透视。将鼠标指针放置在任务栏最右边的“显示桌面”按钮上，可将打开的窗口变为透明，此时，桌面会毫无遮拦地显示在用户面前。

③ 鼠标拖曳操作。如果将窗口拖放到屏幕顶端，可以将窗口最大化；如果将窗口拖放到屏幕左侧，然后将另一个窗口拖放到屏幕右侧，就可以将这两个窗口并排显示。

2.1.6 Windows 7 的对话框

1. 对话框的组成

对话框是用户与计算机系统之间进行信息交流的窗口，通过对话框可实现“人机交互”。对话框与窗口有相似之处，也有不同，它们都可以被移动，顶部均有标题栏，但对话框中没有菜单栏、工具栏、状态栏，而且，对话框的大小是固定的，不能像窗口那样被最大化或最小化。对话框一般包含有标题栏、选项卡和标签、文本框、列表框、命令按钮、单选框和复选框等几部分（见图 2-20）。

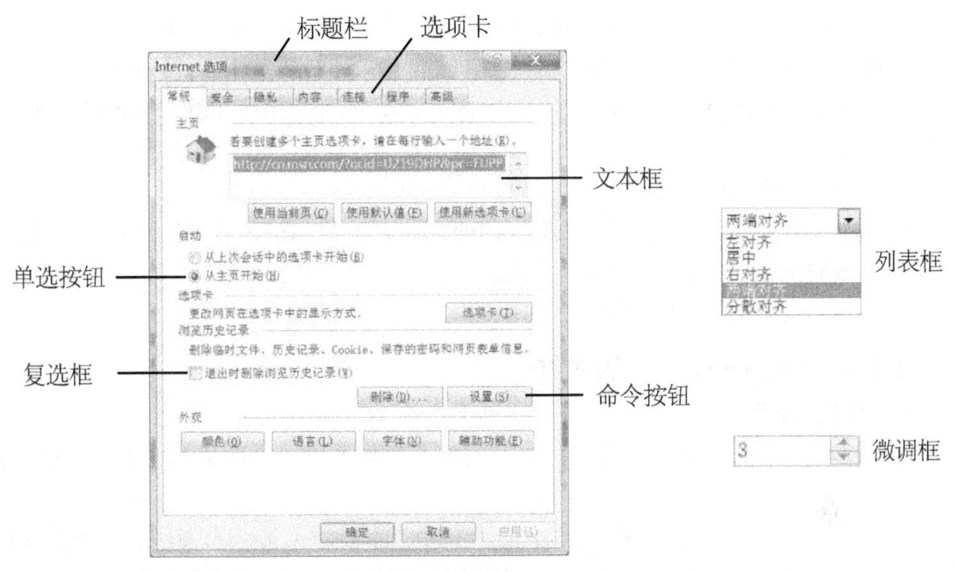

图 2-20 对话框

① 标题栏。位于对话框的顶部，包含了对话框的名称、帮助按钮和关闭按钮。

② 选项卡和标签。在系统中有很多对话框都是由多个选项卡构成的，选项卡上写明了标签，以便于进行区分。通过单击选项卡可以在对话框的几组功能中选择一组。

③ 列表框。列表框显示多个可选项，由用户选择其中一项。

④ 命令按钮。立即执行一个命令。如果命令按钮呈灰色，表示该按钮不可选；如果一个命令按钮后跟有省略号“…”，表示将打开一个对话框。

⑤ 文本框。用于输入文本信息，通常在右端有一个下拉按钮。用户可直接输入信息，或从下拉框中选取信息。

⑥ 微调框。代表输入数据的矩形框，可以单击微调框，将光标定位到框中，然后在框中输入、修改数据，也可以单击框右端的上下箭头按钮来改变框中的数值。

⑦ 单选按钮。它通常是一个小圆形，其后面有相关的文字说明，当选中后，在圆形中间会出现一个小圆点，在对话框中通常是一个选项组中包含多个单选按钮，仅且只能选择其中的一个选项。

⑧ 复选框。它通常是一个小正方形，在其后面有相关的文字说明，用于列出可以选择的任选项，可以根据需要选择一个或多个。复选框被选中后，在框中会出现“√”，再次单击被选中的复选框可取消选择。

【任务 2-9】对话框的操作。

① 对话框的移动和关闭。要移动对话框时，可以在对话框的标题上按下鼠标左键拖动到目标位置再松开。也可以在标题栏上右击，选择“移动”命令，然后按方向键来改变对话框的位置，到达目标位置时，单击或者按 Enter 键确认，即可完成移动操作。

a. 单击对话框中的“确认”按钮，可在关闭对话框的同时保存在对话框中所做的修改。单击“应用”按钮，表示立即应用设置。

b. 如果要取消所做的改动，可以单击“取消”按钮，或者直接在标题栏上单击“关闭”按钮，也可以按 Esc 键关闭对话框。

② 选项卡的切换。

a. 可以单击要选择的选项卡来进行切换，也可以先选择一个选项卡，当该选项卡出现一个虚线框时，然后按方向键来移动虚线框，这样就能在各选项卡之间进行切换。

b. 利用 Ctrl + Tab 组合键从左到右切换各个选项卡，而 Ctrl + Tab + Shift 组合键为反向顺序切换。

③ 选项卡中选项的切换。

a. 在不同的选项组之间切换，可以按 Tab 键以从左到右或者从上到下的顺序进行切换，而按 Shift + Tab 组合键则按相反的顺序切换。

b. 在相同的选项组之间的切换，可以使用方向键来完成。

2.1.7 Windows 7 的菜单

1. 菜单的类型

Windows X 中的菜单主要有“开始”菜单、控制菜单、快捷菜单、下拉菜单以及级联菜单等。

① “开始”菜单。它包含了系统的绝大部分功能，是实施所有操作的一个完整的菜单。

② 控制菜单。每个窗口都有一个控制菜单，用于处理窗口的各种操作。

③ 快捷菜单。将鼠标指针指向某个已经选中的对象或屏幕的某个位置，右击即可打开一个快捷菜单。快捷菜单具有很强的针对性，对于不同的操作对象，菜单内容会有很大差异。

④ 下拉菜单。位于应用程序窗口上方的菜单栏，均采用下拉式菜单方式。

⑤ 级联菜单。级联菜单不是一个独立的菜单，是由菜单中的一个功能选项扩展出来的下一级子菜单，并多层嵌套。除了控制菜单外，其他几种菜单都可能具有级联菜单。

2. 菜单的约定

一个菜单通常包含若干个项目，它们分别代表不同的命令。尽管命令的内容各有不同，但其操作方式却有相似之处。Windows 为了方便用户操作时对不同类型菜单的识别，在一些菜单项的前面或后面加上了某些特殊标记，不同的标记代表不同的含义。

① 菜单具有分组线。菜单中含有若干条命令，为了便于使用，命令按功能分组，分别放在不同的菜单项里，中间用横线分隔。

② 菜单具有虚实选项。当前能够执行的有效菜单命令以实字（黑色）显示，不能使用的无效命令则以虚字（灰色）显示。

③ 命令后带“…”。当选中这类命令时，将弹出一个对话框，要求输入必要的信息或做进一步的设置。

④ 命令后带“▸”。表示在它下面有级联菜单，当鼠标指针指向该命令时会出现下一级子菜单。

⑤ 命令后带组合键。表示该命令具有快捷键，直接按下此组合键就可执行该命令。

⑥ 命令后带字母。加下画线的字母是该命令的命令代码。打开菜单后，直接输入该字母即可执行相应的命令。

⑦ 命令前有“√”。“√”是复选标记，即在同一组选项中可以同时选中多项。复选项的功能是交替进行的，选中后再次单击将取消选定。

⑧ 命令前有 “●”。实心圆点是单选标记，即在同一组选项之间只能选中一个选项。

【任务 2-10】 菜单的打开和关闭。

① 打开。

a. “开始”菜单。单击“开始”按钮或按“Windows”键。

b. 快捷菜单。右击对象或空白处。

c. 控制菜单。单击窗口标题栏最左端的图标或按 Alt + Space 组合键。

d. 窗口菜单栏上的菜单。单击菜单栏上相应的菜单按钮或按 Alt+菜单名后括号内加下画线字母键，也可按 Alt 或 F10 键激活菜单栏，用鼠标选择相应的菜单。

② 关闭。打开一个菜单后，若想关闭该菜单，只需在空白处单击或再次选择打开菜单的菜单名即可，也可按 Esc 键关闭。

2.2 Windows 7 的文件和文件夹管理

在日常生活、工作中，计算机的使用与文件和文件夹有着密不可分的关系。例如，拍摄的数码照片、下载的 MP3、电影、动画等，都以文件的形式存储在计算机中，而这些存储不同类型数据的文件则存储在文件夹中。管理文件和文件夹是 Windows 操作系统中最重要的功能之一。

2.2.1 文件、文件夹和库

1. 文件

文件就是一组相关信息的集合。计算机处理的所有信息最终都以文件的形式保存在磁盘中，文件中的数据可以是文字、图形、图像、声音、动画等。为了区分不同的文件，每一个文件必须有一个文件名。文件名是由主文件名和扩展名两部分组成的，文件名和扩展名之间用点分隔。主文件名通常是文件创建者为标识文件而取的，一般可以修改。文件扩展名通常用来表示文件的类型，一般不能修改。

2. 文件夹

在计算机中，各种信息都是以文件形式存储和管理的，文件夹是保存和管理文件的一个工具（见图 2-21）。由于计算机中保存着大量的文件，试想一下，如果把所有的文件都存放在同一个地方，而要在其中查找某个需要的文件无异于大海捞针。为了方便管理和查找，有必要将这些文件分门别类地放在不同的文件夹中，如用来存放图像文件的文件夹、用来存放声音的文件夹、用来存放文章的文件夹等。在文件夹中，不但可以存放文件，还可以存放其他的文件夹，文件夹中包含的其他文件夹称为子文件夹。

（a）空文件夹

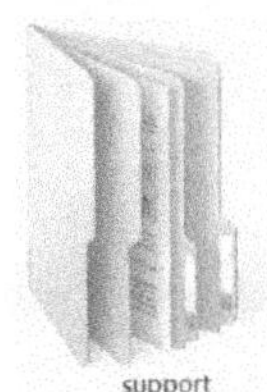

（b）包含文件的文件夹

图 2-21　空文件夹和包含文件的文件夹

3. Windows 7 中文件和文件夹的命名规则

① 在文件或文件夹名中，最多可以有 255 个字符。其中还包含驱动器和完整路径信息，因此用户实际使用的字符数小于 255。

② 每一文件一般都有 3 个字符组成的文件扩展名，用以标识文件类型。

③ 文件名或文件夹名中不能包含的字符有 \、/、:、*、?、"、<、>、|。

④ 不区分英文字母大小写，例如，A1 与 a1 是同一个文件名。

⑤ 文件名和文件夹名中可以使用汉字。

⑥ 可以使用多分隔符的名字，如 tool.computer.file.doc。

⑦ 同一个文件夹中，不能出现同名的文件或文件夹。

⑧ 文件夹与它包含的子文件夹可以同名。

4. 路径

路径是指文件和文件夹在计算机中的具体存放位置，在“计算机”和“资源管理器”窗口中，路径的形式被形象地表示成树状结构。一个文件完整的路径格式如下。

<盘符>:\<文件夹 A>\<文件夹 B>\<……>\文件名

5. 库

库是用于管理文档、音乐、图片和其他文件的位置。库可以将用户需要的文件和文件夹统统集中到一起，就如同网页收藏夹一样，只要单击库中的链接，就能快速打开添加到库中的文件夹，而不管它们原来存储在本地计算机或局域网的任何位置。库中包含的文件夹会随着原始文件夹的变化而自动更新。删除库及其内容时，并不会影响到那些真实的文件。

在某些方面，库类似于文件夹，在库中也可以包含各种各样的子库与文件等。但是其本质上跟文件夹有很大的不同，在文件夹中保存的文件或者子文件夹都是存储在同一个地方的。而在库中存储的文件则可以是存储在多个位置中的文件。这是一个细微但重要的差异。

2.2.2 打开资源管理器

对文件进行任何管理操作之前，必须打开相应的文件浏览窗口。在 Windows 中，通过资源管理器（见图 2-22）打开各个文件夹窗口，在文件夹窗口中浏览、管理文件和文件夹。打开 Windows 7 资源管理器的方法如下。

① 单击任务栏上的“Windows 资源管理器”按钮 。

② 右击“开始”按钮，在快捷菜单中选择“打开 Windows 资源管理器”命令。

③ 按 Windows + E 组合键。

④ 选择“开始”→“所有程序”→“附件”→“Windows 资源管理器”命令。

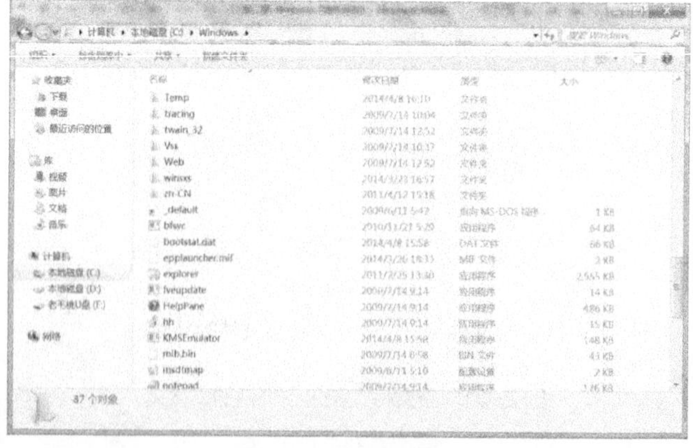

图 2-22 资源管理器

【任务 2-11】 更改文件和文件夹的显示方式。

单击资源管理器工具栏右侧的“视图”按钮 右侧的箭头，弹出显示方式列表（见图 2-23），选择列表中某一种显示方式，即可切换到相应视图显示方式。也可向上或向下滚动鼠标滚轮来改变显示方式。

【任务 2-12】 排序文件和文件夹。

可以按照“名称”、“修改日期”、“类型”、“大小”等方式对文件和文件夹进行排序，以有序的方式查看文件和文件夹。右击资源管理器文件列表的空白处，在弹出的快捷菜单中选择某种排序方式对文件和文件夹按递增（或递减）进行排序（见图 2-24）。

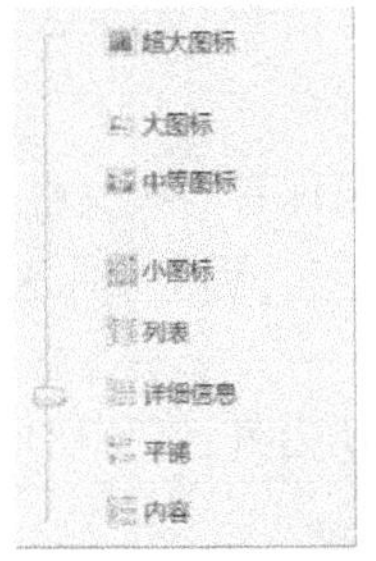

图 2-23 显示方式列表

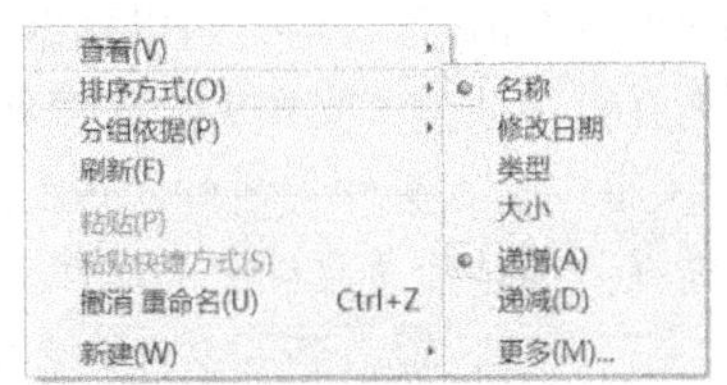

图 2-24 排序快捷菜单

【任务 2-13】 新建库。

在 Windows 7 中有 4 个默认库，分别是“视频”、“图片”、“文档”和“音乐”，这 4 个默认库分别包含了系统中的相关文件夹。可用以下任何一种方法新建自己的库。

① 单击资源管理器左侧导航区中的“库”图标，再单击工具栏上的“新建库”按钮，库名称将处于编辑状态（蓝色反白显示），输入新的库名称后，单击空白处。

② 右击资源管理器左侧导航区中的“库”图标，选择快捷菜单中的“新建”→“库”命令，输入新的库名称后，按 Enter 键。

【任务 2-14】将文件夹添加到库中。

新库建立后，可将需要管理的文件夹添加到库中，这样在访问这些文件夹时，就不需要来回进入这些文件夹进行访问，只需打开对应的库，即可快速访问目标文件。使用以下任何一种方法，都可将文件夹添加到相应的库中。

① 在资源管理器中找到要包含到库中的文件夹，然后右击该文件夹，选择快捷菜单中的“包含到库中”命令，在出现的级联菜单中可选择 4 个默认库中的某一个，也可选择“创建新库”命令即可。

② 右击新建的库图标，选择快捷菜单中的“属性”命令。

③ 单击弹出对话框中的“包含文件夹”按钮。

④ 在打开的窗口中选择要包含到库的文件夹即可。

当将库中包含的文件夹相对应的目标文件夹移动到其他位置时，库链接并不会失效，它会自动更新路径。

2.2.3 文件和文件夹的操作

【任务 2-15】 选择文件和文件夹。

在对文件或文件夹进行各种操作前，必须先选定操作的对象，被选择的文件或文件夹呈反向显示。选择文件或文件夹对象有以下几种情况。

① 选择单个文件或文件夹。单击需选择的文件或文件夹，被选中的文件或文件夹蓝色反白显示。

② 选择多个连续的文件或文件夹。先单击第一个（或最后一个）文件或文件夹，接着按住 Shift 键并单击最后一个（或第一个）文件或文件夹。

③ 选择多个不连续的文件或文件夹。按住 Ctrl 键并逐个单击需要选择的文件或文件夹，直至选择完所有的文件或文件夹。

④ 选择全部文件或文件夹。选择“组织”→“全选”命令，或按 Ctrl＋A 组合键就可选定当前文件夹中的全部文件和文件夹。

当要取消所做的选择时，只需在空白处单击即可。

【任务 2-16】 新建文件夹。

为了有效地存储和管理文件，可以根据需要创建新的文件夹来保存各类文件。

① 打开要在其中创建子文件夹的文件夹对象，单击工具栏中的“新建文件夹”按钮，在闪烁的新建文件夹框中输入文件夹名称，然后按“Enter”键。

② 打开要在其中创建子文件夹的文件夹对象，右击文件夹的空白处，选择快捷菜单中的“新建”→“文件夹”命令，输入新的文件夹名称，然后单击空白处。

【任务 2-17】 移动、复制文件和文件夹。

移动、复制文件和文件夹是两种不同的操作，做复制操作时，文件和文件夹被复制到目的位置后，自身还保存在原来的位置上，就好像用复印机复印一样。而做移动操作后，文件或文件夹则被直接移动到了新的位置上，原来的位置不再保存。

（1）剪贴法

① 选择需要移动（或复制）的文件或文件夹。

② 使用下列方法中的一种。

a. 按 Ctrl＋X（或 Ctrl＋C）组合键。

b. 右击选择的对象，选择快捷菜单中的“剪切”（或“复制”）命令。

c. 选择“组织”→“剪切”（或“复制”）命令。

③ 打开目标文件夹。

④ 选择下列方法中的一种。

a. 按 Ctrl＋V 组合键。

b. 右击打开的目标文件夹空白处，选择快捷菜单中的“粘贴”命令。

c. 选择“组织”→“粘贴”命令。

（2）拖动法

① 选择需要移动（或复制）的文件或文件夹。

② 当移动（或复制）的对象所在的文件夹与目的位置在同一磁盘时。

a. 移动：直接用鼠标将其拖动至目的位置后，释放鼠标按键即可。

b. 复制：按住 Ctrl 键，将其拖动至目的位置后，释放鼠标按键即可。

③ 当移动（或复制）的对象所在的文件夹与目的位置不在同一磁盘时：

a. 移动：按住 Shift 键，将其拖动至目的位置后，释放鼠标按键即可。

b. 复制：直接用鼠标将其拖动至目的位置后，释放鼠标按键即可。

（3）使用“移动项目”（或“复制项目”）对话框

按住 Alt 键，选择“编辑”→“移动到文件夹”（或“复制到文件夹”）命令，在弹出的“移动项目”（或“复制项目”）对话框中选择目的位置后，单击“移动”（或“复制”）按钮，完成移动（或复制）操作。

【任务 2-18】 重命名文件和文件夹。

重命名文件和文件夹就是给文件和文件夹重新命名一个新的名称，使其可以更符合用户的标识要求。文件或文件夹重命名时必须遵守前面讲到的命名规则。

① 选择要重命名的文件或文件夹。

② 右击选择对象，选择快捷菜单中的“重命名”命令，或选择“组织”→“重命名”命令，或按 F2 键。

③ 文件或文件夹的名称将处于编辑状态（蓝色反白显示），输入新的名称后，按 Enter 键或单击空白处。

也可在文件或文件夹名称处直接单击两次（两次单击间隔时间应稍长一些，以免使其变为双击），使其处于编辑状态，输入新的名称进行重命名操作。

【任务 2-19】 删除文件和文件夹。

当有的文件或文件夹确定不再使用时，可以将其删除，以节约存储空间。系统默认情况下，删除后的文件或文件夹将被放到“回收站”中。实质上，这只是一种逻辑删除，在“回收站”中，可以选择将其彻底删除或还原到原来的位置。

① 选定要删除的文件或文件夹。

② 选择下列方法中的一种。

a. 选择“组织”→“删除”命令。

b. 按 Delete 键（或小键盘的 Del 键）。

c. 右击选择的对象，选择快捷菜单中的“删除”命令。

d. 按 Ctrl + X 组合键。

在按上述方法操作的同时，若按下 Shift 键，则被删除的文件或文件夹将不会放到回收站中，而是被彻底删除。

③ 在弹出的“删除文件”对话框中，单击“是”按钮。

【任务 2-20】 查看、更改文件和文件夹的属性。

文件和文件夹包含 3 种属性：只读、隐藏和存档。若将文件或文件夹设置为“只读”属性，则该文件或文件夹不允许更改和删除；若将文件或文件夹设置为“隐藏”属性，则该文件或文件夹在默认情况下将不显示；若将文件或文件夹设置为“存档”属性，则表示该文件或文件夹已存档，有些程序用此选项来确定哪些文件需做备份。

① 选择要更改属性的文件或文件夹。

② 选择“组织”→“属性”命令，或右击选择对象，选择快捷菜单中的“属性”命令。

③ 在弹出的“属性”对话框中，可查看已选择文件或文件夹的属性。单击“常规”选项卡，在“属性”选项组中，根据需要选择相应的属性复选框。

④ 单击“确定”按钮，完成更改。

【任务 2-21】 搜索文件和文件夹。

随着时间的推移，保存在计算机上的文件和文件夹越来越多，当需要查看某个文件或文件夹的内容时，却忘记了该文件或文件夹存放的具体的位置或名称，使用 Windows 7 的搜索功能就可以很容易查找到相应的文件或文件夹。

方法一：

① 单击“开始”按钮，打开“开始”菜单，在搜索框中输入与搜索文件或文件夹相应的关键字，输入完成后，与输入关键字相匹配的文件和文件夹将出现在“开始”菜单上；

② 单击搜索结果下方的“查看更多结果”链接，打开窗口查看搜索到的结果。

方法二：

在资源管理器窗口的搜索框中输入与搜索文件或文件夹相关的关键字，输入完成后，窗口就会显示与关键字相匹配的文件和文件夹。输入的关键字越详细，查找的结果就越精确。

单击搜索结果下方的“计算机”或“库”按钮，系统就会在计算机或库中进行搜索。单击“自定义”按钮，用户可以更改搜索的位置。单击 Internet 按钮，系统会打开 IE 浏览器进行搜索。

2.3 Windows 7 系统的个性化设置

在使用 Windows 7 操作系统时，可以根据喜好对系统进行个性化设置，让 Windows 系统更符合个人的工作习惯，从而提高工作效率。

2.3.1 外观与主题

【任务 2-22】 使用不同的主题。

Windows 7 自带的主题包括 Aero 主题和高对比度主题两大类，不同的主题包含不同的设置，如桌面颜色、图标、字体等。可以从中选择系统自带的主题，也可以通过设置不同的背景图片、窗口颜色、声音等来自定义自己的主题。

① 右击桌面空白处，选择快捷菜单中的“个性化”命令，打开“个性化”窗口，在主题列表框中列出了所有可用主题（见图 2-25）。

② 选择要设置的主题，然后关闭窗口，完成设置。

【任务 2-23】 设置桌面背景图片。

用户可根据个人喜好从系统自带的桌面背景图片中选择一幅作为桌面背景，以美化桌面。如果对这些图片不满意，还可以选择其他图片，例如，使用数码相机拍摄或者从网络上下载的照片。

（1）使用系统自带图片。

① 右击桌面空白处，选择快捷菜单中的“个性化”命令，打开“个性化”窗口。

单击窗口底部的“桌面背景”链接，打开“桌面背景”窗口，在图片列表中列出了可以选择的背景图片（见图 2-26）。

图 2-25 “个性化”窗口

图 2-26 “桌面背景”窗口

③ 选择一幅要作为背景的图片，此时，选中的图片文件图标左上角会出现一个复选框，并标记为选中状态。

④ 单击“保存修改”按钮，即可将选中的图片设置为桌面背景。

（2）使用用户自己的图片。

① 单击“桌面背景”窗口上方“图片位置”右侧的“浏览”按钮，弹出“浏览文件夹”对话框（见图 2-27）。

② 在“浏览文件夹”对话框列表中选择要作为桌面背景的图片所在的文件夹，如选择“我的图片”文件夹。

③ 单击“确定”按钮。“我的图片”文件夹中的图片就会被全部添加到“桌面背景”窗口的图片列表中。

在设置桌面背景图片时，Windows 系统允许用户对图片进行“填充”、“适应”、“拉伸”、“平铺”和“居中”设置。选择“图片位置”下方的 “填充”选项，弹出“填充方式”列表，如图 2-28，从中选择一种桌面背景图片的填充方式，单击“保存修改”按钮完成设置。

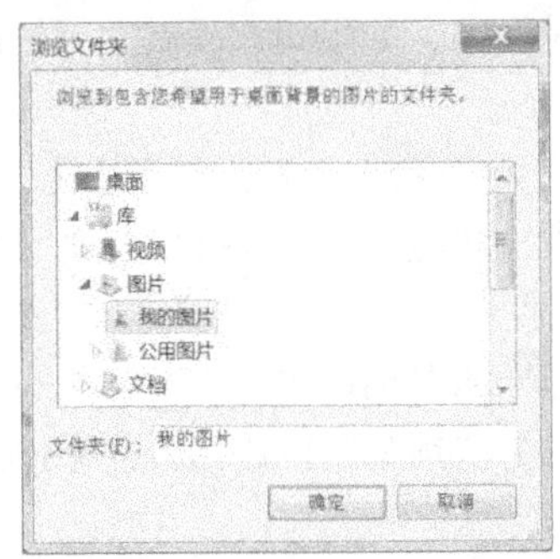

图 2-27“浏览文件夹”对话框

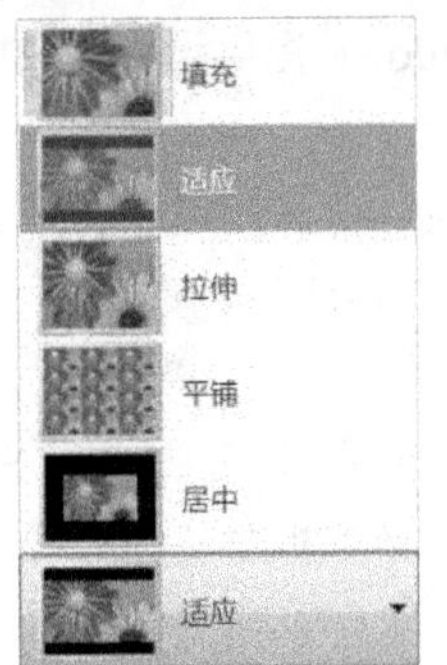

图 2-28 “填充方式”列表

(3) 使用纯色桌面背景

① 单击“桌面背景”窗口上方“图片位置”右侧的下拉列表框按钮。

② 在下拉列表中选择“纯色”选项，窗口中就会列出所有可选的颜色。

③ 选择一种颜色，单击“保存更改”按钮，即可将选择的颜色设置为桌面背景。

【任务 2-24】 播放桌面背景幻灯片。

还可以使用幻灯片（一组定时切换的图片）作为桌面背景。这组图片既可以是 Windows 系统自带的图片，也可以是用户自己的图片，它们必须放在同一个文件夹中。

(1) 使用系统自带图片

① 右击桌面空白处，选择快捷菜单中的“个性化”命令，打开“个性化”窗口。

② 在主题列表框中选择喜爱的主题。

③ 单击窗口底部的“桌面背景”链接，打开“桌面背景”窗口。

④ 单击“更改图片时间间隔”列表中的项目选择幻灯片变换图片的时间间隔。如果选中“无序播放”复选框，可使图片以随机方式播放。

⑤ 如果要将其他主题中的图片添加到幻灯片中，则需选中这些图片左上角的复选框或按住 Ctrl 键，然后单击要添加的每张图片。

⑥ 单击“保存更改”按钮，名称为“未保存主题”的幻灯片将显示在“我的主题”中。

(2) 使用用户自己的图片

① 单击“桌面背景”窗口上方“图片位置”右侧的“浏览”按钮。

② 在弹出的“浏览文件夹”对话框中，选择图片所在的文件夹，单击“确定”按钮。

③ 单击“保存更改”按钮，完成幻灯片的创建。

【任务 2-25】 设置窗口颜色。

在 Windows 7 中，默认窗口的颜色是淡蓝色，如果对这个颜色不太中意，可以自定义窗口的颜色和外观。

① 右击桌面空白处，选择快捷菜单中的“个性化”命令，打开“个性化”窗口。

② 单击窗口底部的“窗口颜色”链接，打开“窗口颜色和外观”窗口（见图 2-29）。

③ 在打开的窗口中选择其中一个颜色方案，用鼠标拖动“颜色浓度”滑块，调整所选颜色

的浓度。如果觉得列出的颜色不够丰富，还可以使用“颜色混合器”来选择新的颜色。选择窗口底部的“高级外观设置”选项，可对窗口进行高级设置。

④ 单击“保存更改”按钮，应用设置。

【任务 2-26】 设置屏幕保护程序。

显示器屏幕上的画面若长时间保持不变，就会对屏幕造成一定的损害，如老化或缩短显示器的寿命。Windows 提供屏幕保护功能，在间隔时间内，如果用户没有进行任何操作，屏幕保护程序就会启动。

① 右击桌面空白处，选择快捷菜单中的“个性化”命令，打开“个性化”窗口。

② 单击窗口底部的“屏幕保护程序”链接，弹出“屏幕保护程序设置”对话框（见图 2-30）。

③ 在“屏幕保护程序”下拉列表中选择一种保护程序（如果选择了“三维文字”和“照片”这两种屏幕保护程序，单击“设置”按钮，在弹出的对话框中还可对相关的参数进行设置），接着在“等待”文本框中设置需要等待的时间，单击“预览”按钮对屏幕保护程序进行预览，单击“确定”按钮保存设置。

如果选中“在恢复时显示登录屏幕”复选框，并设置了登录密码，则在恢复时，会显示 Windows 7 登录界面，必须输入正确的密码才可以返回 Windows 桌面。使用此选项可以防止他人对计算机的非法访问。

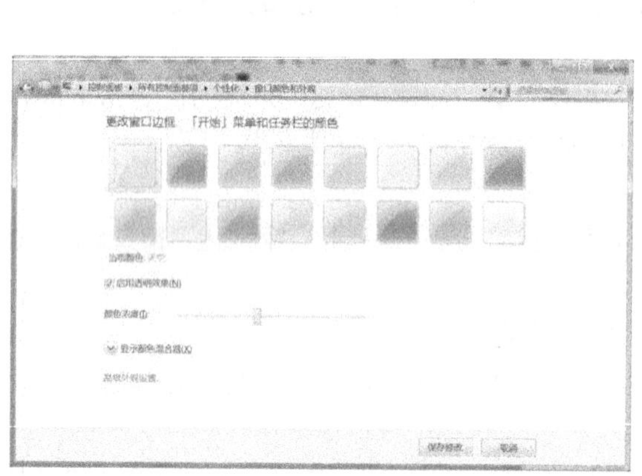

图 2-29 “窗口颜色和外观”窗口

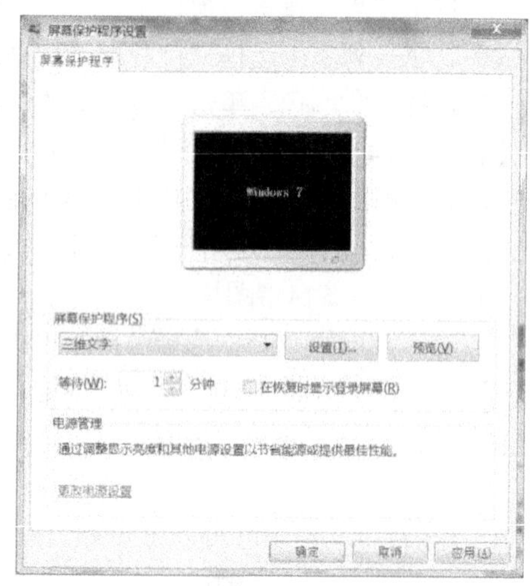

图 2-30 “屏幕保护程序”对话框

【任务 2-27】 修改显示分辨率。

显示分辨率是指显示器上显示的像素数量，它以水平和垂直像素来衡量。分辨率低时（如 640 像素 × 480 像素），在屏幕显示的项目就少，但尺寸比较大。分辨率高时（如 1 600 像素 × 900 像素），在屏幕显示的项目就多，但尺寸比较小。

① 右击桌面空白处，选择快捷菜单中的“屏幕分辨率”命令，打开“屏幕分辨率”窗口（见图 2-31）。

② 在“分辨率”下拉列表拖动滑块调整屏幕分辨率。

③ 单击“确定”按钮，应用设置。

【任务 2-28】 调整屏幕字体大小。

用户可将屏幕上的文本或其他项目（如图标）变得更大，无需更改显示器或便携式计算机屏幕的屏幕分辨率即可实现该操作。这样便允许用户在保持显示器或便携式计算机设置为其最佳分辨率的同时增加或减小屏幕上文本和其他项目的大小。

① 右击桌面空白处，在弹出的快捷菜单中选择“个性化”命令，单击“个性化”窗口中的“显示”链接，打开“显示”窗口（见图 2-32）。

② 窗口中有 3 个单选按钮，选择其中的一个。系统默认选中“较小（S）-100%”单选按钮。

③ 单击“应用”按钮，系统会注销 Windows，更改在重新登录后生效。

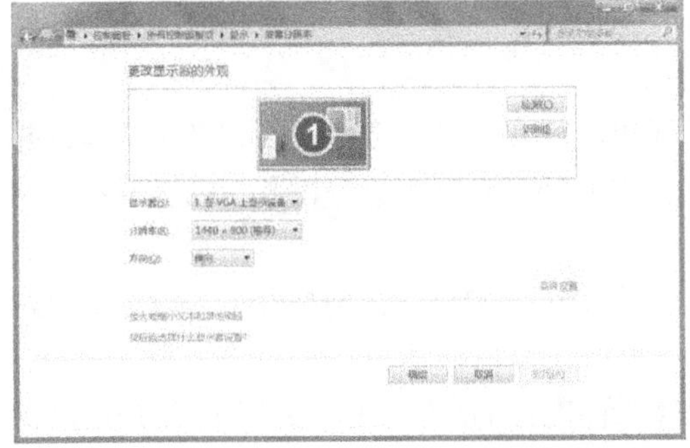

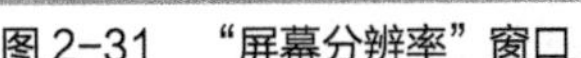

图 2-31 “屏幕分辨率”窗口

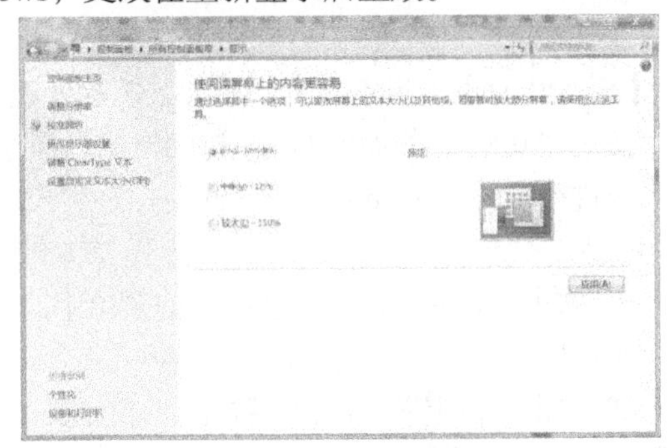

图 2-32 “显示”窗口

2.3.2 “开始”菜单和任务栏

【任务 2-29】 设置电源按钮操作模式。

“开始”菜单中的电源按钮是快速执行电源操作的方法，对该按钮进行设置，可以快速地执行指定的操作。系统默认的电源按钮显示为“关机”。

① 右击“按钮”，选择快捷菜单中的“属性”命令，弹出“任务栏和「开始」菜单属性”对话框（见图 2-33）。

② 在“电源按钮操作”下拉列表选择一种电源操作选项。

③ 单击“确定”按钮，保存设置。

属性(R)
打开 Windows 资源管理器(P)

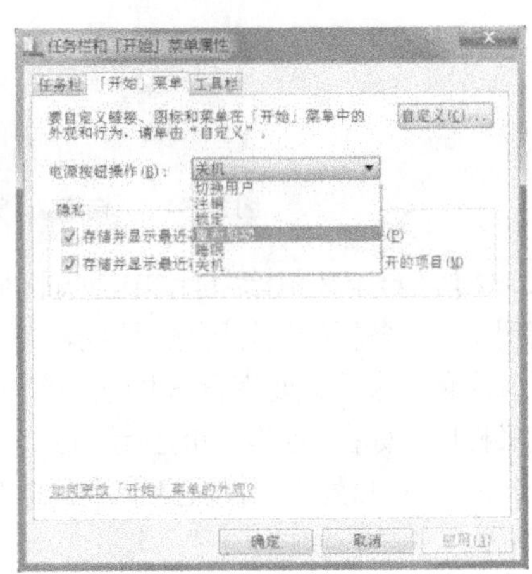

图 2-33 “任务栏和「开始」菜单属性”对话框

【任务 2-30】 设置“开始”菜单隐私选项。

打开程序或文件时，系统默认会在“开始”菜单中做记录。如果不希望其他用户看到打开过的程序或文件，可以对“开始”菜单进行设置，以清除其中显示的最近打开的程序或文件。

① 右击“开始”按钮，选择快捷菜单中的“属性”命令，打开“任务栏和「开始」菜单属性”对话框。

② 在“隐私”项下方。

a. 取消选中“存储并显示最近在「开始」菜单中打开的程序”复选框，清除用户最近打开的程序。

b. 取消选中“存储并显示最近在「开始」菜单和任务栏中打开的项目”复选框，清除最近打开的文件。

③ 单击“确定”按钮，应用设置。

【任务 2-31】 自定义“开始”菜单的外观和行为。

使用“开始”菜单可以快速访问常用的程序，还可以打开控制面板、设备和打印机等，并对系统进行设置。Windows 7 允许用户对“开始”菜单的外观和行为进行设置，以满足不同用户的要求。

① 右击“开始”按钮，选择快捷菜单中的“属性”命令，弹出“任务栏和「开始」菜单属性”对话框。

② 单击“自定义”按钮，弹出 “自定义「开始」菜单”对话框（见图 2-34），用户可以根据需要在列表框中设置相应的选项，自定义“开始”菜单。

③ 单击“确定”按钮，应用设置。

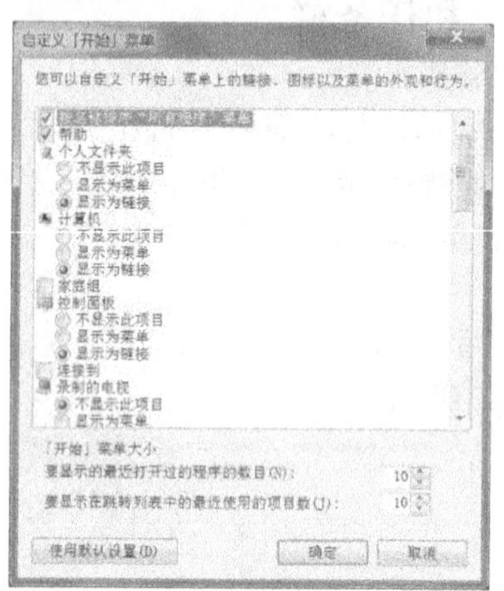

图 2-34 “自定义「开始」菜单”对话框

【任务 2-32】 自定义图标和通知在通知区域出现的方式。

默认情况下，任务栏的通知区域只显示“操作中心”、“网络”和“音量”图标，其他的程序图标被系统隐藏起来了，要查看这些隐藏的程序图标需要单击通知区域左侧的向上箭头。用户可以自定义程序图标在通知区域的显示方式。

① 右击任务栏空白处，选择快捷菜单中的“属性”命令，弹出“任务栏和「开始」菜单属性”对话框。

② 单击“自定义”按钮，打开“通知区域图标”窗口（见图 2-35），在程序图标下拉菜单中选择需要的选项。

a. 显示图标和通知。在任务栏的通知区域中图标始终保持可见并且显示所有通知。

b. 隐藏图标和通知。隐藏图标并且不显示通知。

c. 仅显示通知。隐藏图标，当有新的通知出现时，则在任务栏上显示该程序。

如果想让所有的图标和通知都显示在任务栏上，需选中窗口底部的“始终在任务栏上显示所有的图标和通知”复选框。

③ 单击“确定”按钮。

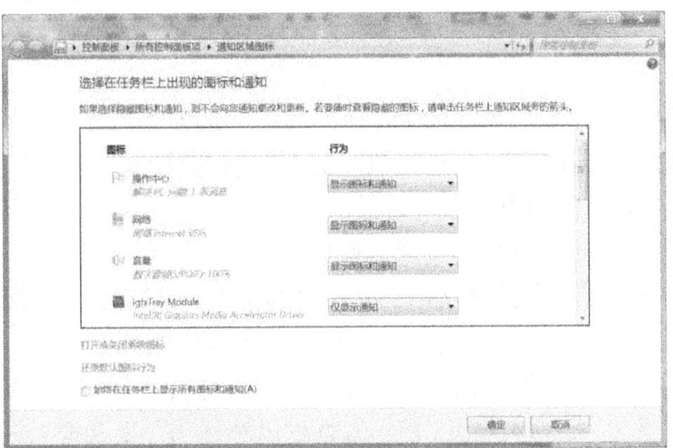

图 2-35 “通知区域图标”窗口

2.3.3 文件夹选项

【任务 2-33】 设置单击或双击打开项目。

当打开一个项目时（文件、文件夹、图标、程序等），系统默认状态下是双击打开，也可设置为单击打开。

① 在资源管理器窗口中，选择“组织”→“文件夹和搜索选项”命令，弹出“文件夹选项”对话框。

② 在“常规”选项卡中的“打开项目的方式”选项组中选中“通过单击打开项目”或“通过双击打开项目”单选按钮（见图 2-36）。

③ 单击“确定”按钮，应用设置。

【任务 2-34】 隐藏或显示文件和文件夹。

当将文件和文件夹的属性设置为隐藏时，系统默认状态下，这些文件和文件夹是不可见的。通过以下的操作，用户可以隐藏或显示这些文件和文件夹。

① 在打开的“文件夹选项”对话框中选择“查看”选项卡。

② 在“高级设置”列表框中，选择“不显示隐藏的文件、文件夹或驱动器”或“显示隐藏的文件、文件夹或驱动器”单选按钮（见图 2-37）。

③ 单击“确定”按钮，应用设置。

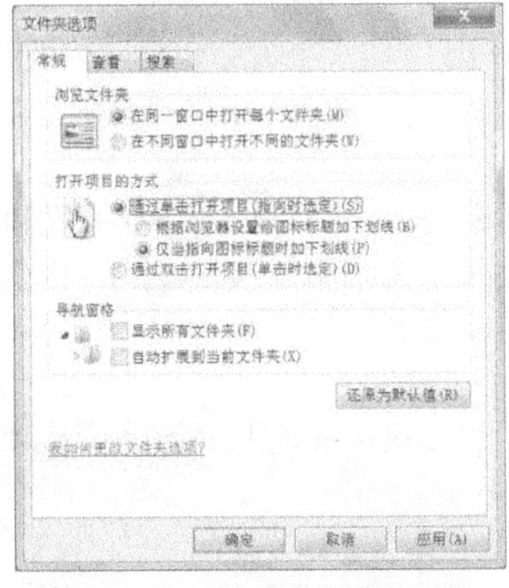

图 2-36 设置单击或双击打开项目

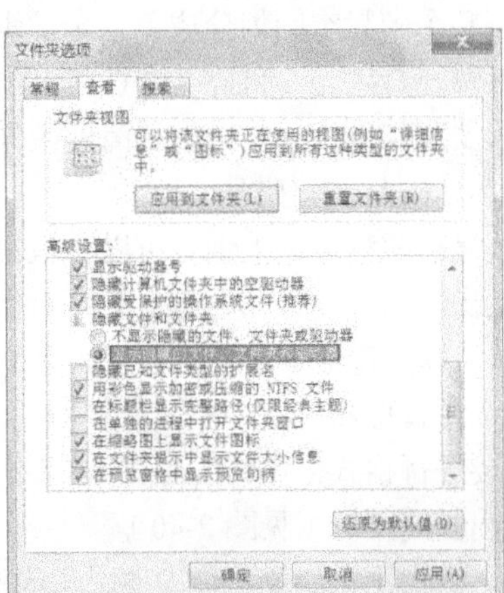

图 2-37 隐藏或显示文件和文件夹

【任务 2-35】 显示文件的扩展名。

系统默认状态下，已知文件类型的扩展名是不显示的。想看到这些文件的扩展名，可以按以下步骤操作。

① 在打开的“文件夹选项”对话框中选择“查看”选项卡。

② 在“高级设置”列表框中取消选中“隐藏已知文件类型的扩展名”复选框（见图 2-38）。

③ 单击“确定”按钮，应用设置。

【任务 2-36】 显示文件、文件夹选择复选框。

在 Windows 7 中增加了一种选择文件、文件夹的新方式，即通过单击文件或文件夹左上角的复选框来选中文件或文件夹。系统默认状态下，该复选框是不显示的。

① 在打开的“文件夹选项”对话框中选择“查看”选项卡。

② 在“高级设置”列表框中选中“使用复选框以选择项”复选框（见图 2-39）。

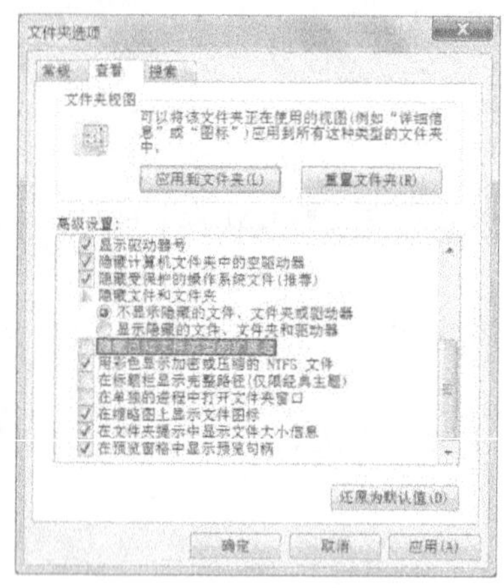

图 2-38 显示文件扩展名

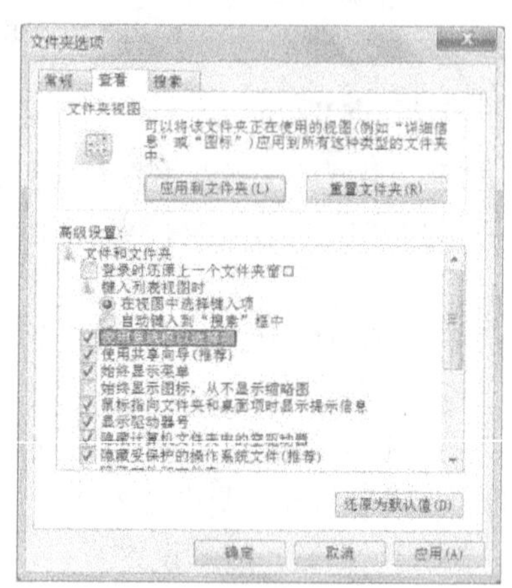

图 2-39 显示选择复选框

③ 单击“确定”按钮，应用设置。

2.4 磁盘操作

硬盘是计算机中最重要的存储装置，为更有效地对存储在计算机硬盘上的程序和数据进行管理，往往将整个硬盘空间划分成若干个逻辑区域，这些逻辑区域被称为计算机硬盘的逻辑分区，也可以叫做逻辑盘。人们常说的 C 盘（C:）、D 盘（D:）等都是逻辑盘。计算机使用一定时间后，常常需要对其进行一些维护和清理操作。

【任务 2-37】 格式化磁盘。

格式化就是在磁盘分区上划分可以存放文件的磁道和扇区，以方便存取程序和数据。对磁盘进行格式化操作后，保存在磁盘上的所有信息将被删除。因此，在进行格式化之前，一定要备份重要资料，以免造成损失。格式化磁盘的操作步骤如下。

① 打开资源管理器。

② 右击要进行格式化操作的磁盘（默认情况下，C 盘是系统盘，系统不允许对其进行格式化操作），弹出快捷菜单（见图 2-40）。

③ 选择“格式化”命令，弹出格式化的对话框（见图 2-41）。

对话框中的参数一般就按默认值设定。如选中“快速格式化”复选框，在格式化磁盘时系统不扫描磁盘的坏扇区，只是快速删除磁盘上的所有信息。

④ 单击“开始”按钮，将弹出“格式化警告”对话框，单击“确定”按钮，开始进行格式化操作。

⑤ 格式化完毕，将出现“格式化完毕”的提示，单击“确定”按钮完成格式化操作。

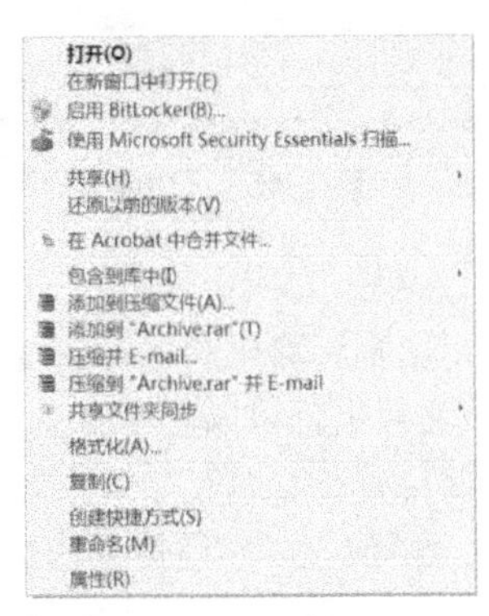

图 2-40　快捷菜单

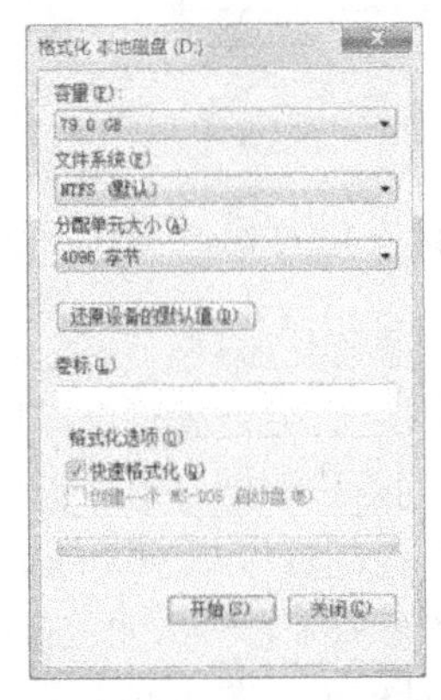

图 2-41　格式化的对话框

【任务 2-38】　清理磁盘。

使用磁盘清理程序可以释放磁盘空间，删除临时文件、Internet 缓存文件和不需要的程序文件，腾出它们占用的系统资源，以提高系统性能。根据使用计算机的频率，用户应在间隔一段时间后，对磁盘进行清理工作。

① 选择“开始”→“所有程序”→“附件”→“系统工具”→“磁盘清理”命令，弹出选择驱动器对话框（见图 2-42）。

② 选择要进行清理的驱动器（磁盘），单击“确定”按钮，计算被清理磁盘可以释放多少空间。几分钟后，弹出该驱动器的磁盘清理对话框（见图 2-43）。

③ 在“要删除的文件”列表框中列出了可删除的文件类型及其所占用的磁盘空间大小，选中要删除文件类型复选框。

此时在“占用磁盘空间总数”中显示了若删除所有选中复选框的文件类型后，可得到的磁盘空间总数。

在“描述”框中显示了当前选择的文件类型的描述信息。单击“查看文件”按钮，可查看该文件类型中包含文件的具体信息。

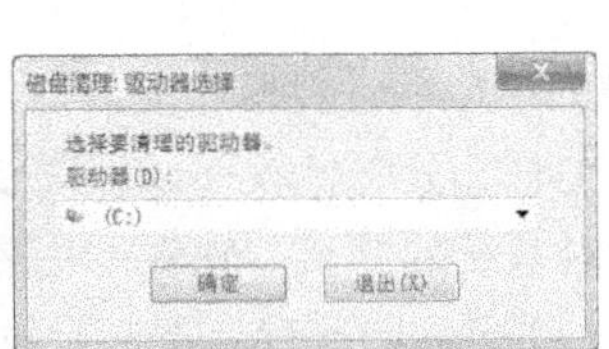

图 2-42　选择驱动器对话框

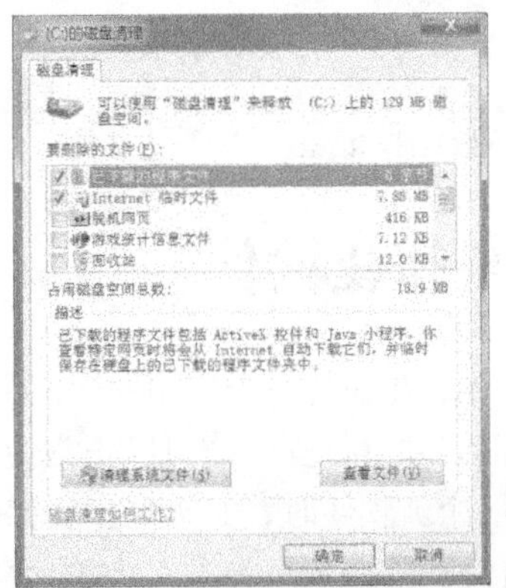

图 2-43　“磁盘清理”对话框

④ 单击“确定”按钮，弹出“磁盘清理”确认对话框（见图 2-44）。

⑤ 单击“是”按钮，开始磁盘清理（见图 2-45）。

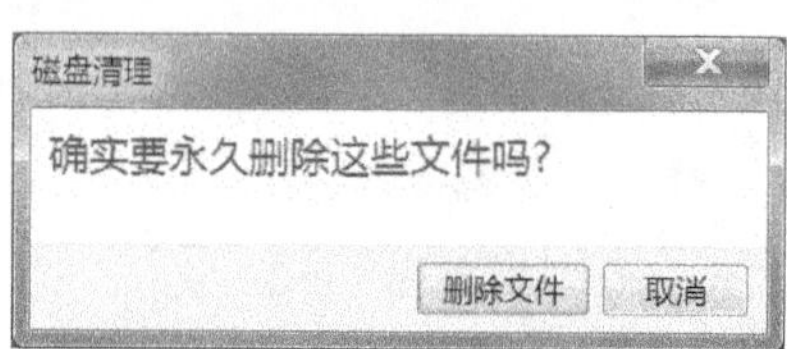

图 2-44 “磁盘清理”确认对话框

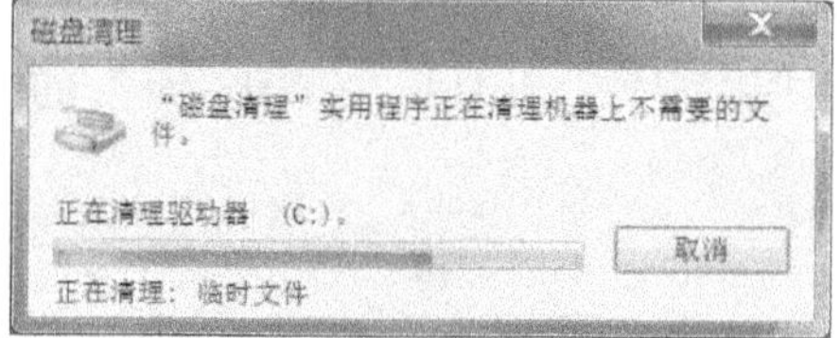

图 2-45 “磁盘清理”对话框

【任务 2-39】 磁盘碎片整理。

计算机使用时间长了，会产生许多碎片，严重影响计算机的运行速度。磁盘碎片整理程序可以重新排列硬盘中的碎片数据，以便每个文件或文件夹都可以占用磁盘上单独而连续的空间。这样，系统就可以更有效地访问文件和文件夹，以及更有效地保存新的文件和文件夹。

① 在资源管理器窗口中，右击要进行碎片整理的硬盘，然后选择快捷菜单中的“属性”命令，弹出磁盘属性对话框（见图 2-46）。

② 选择“工具”选项卡，单击“立即进行碎片整理”按钮，弹出“磁盘碎片整理程序”窗口（见图 2-47）。

③ 单击“分析磁盘”按钮，开始分析磁盘的碎片状态。分析完成后，会显示磁盘碎片的百分比。

④ 单击“磁盘碎片整理”按钮，开始整理磁盘碎片。

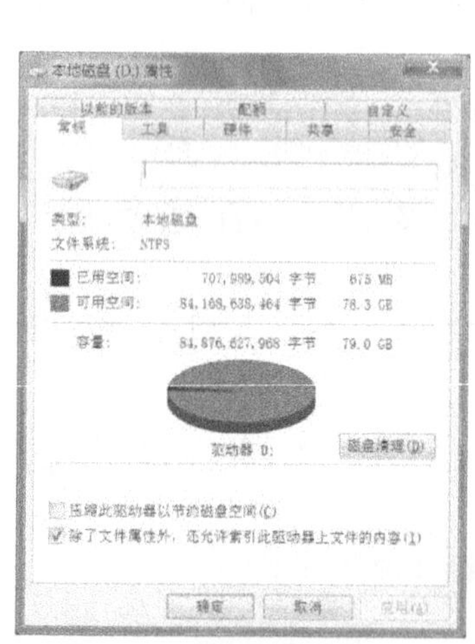

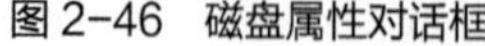

图 2-46 磁盘属性对话框

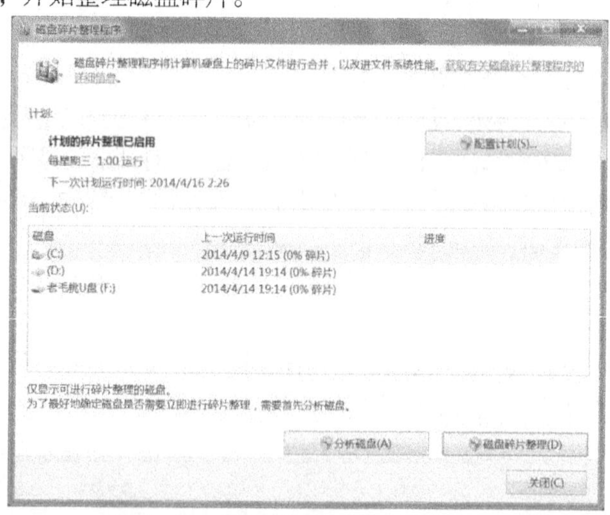

图 2-47 “磁盘碎片整理程序”窗口

2.5 安装与卸载软件

在 Windows 中，要安装一个应用程序，并不是简单地在计算机中复制应用程序的文件。大部分软件在使用前必须进行安装才可以正常使用，也有部分绿色软件，只需要复制到计算机中就可运行。安装一个新软件时，必须考虑软件运行对系统的要求、软件占用磁盘空间的大小、安装到计算机的位置等因素。软件安装的途径，一是通过光盘安装或下载安装，二是使用 Windows 提供的“添加或删除程序”功能。

当某个应用程序不需要时，可以将其卸载，以释放更多的磁盘空间。许多应用程序是通过安装程序来安装到系统里的，它生成的文件不只是在一个文件夹里面，还有的在系统文件夹和注册表文件里面。因此，直接把程序的文件夹删除的方法，是不可取的。用户可以利用 Windows 提供的“添加或删除程序”功能，也可以使用软件自带的卸载程序来进行卸载。

下面以安装和卸载即时通信软件 QQ 为例，介绍在 Windows 中安装和卸载软件的方法。

【任务 2-40】 安装 QQ 软件。

① 从 QQ 软件官方网站下载安装程序。

② 运行安装程序，Windows 系统将弹出“用户账户控制”对话框，单击“是”按钮，继续安装；在弹出的“欢迎”对话框（见图 2-48）中选中“我已阅读并同意软件许可协议和青少年上网安全指引”复选框，单击“下一步”按钮。

③ 在弹出的选项对话框（见图 2-49）中，可根据需要选择自定义安装选项和快捷方式选项，然后单击“下一步”按钮。

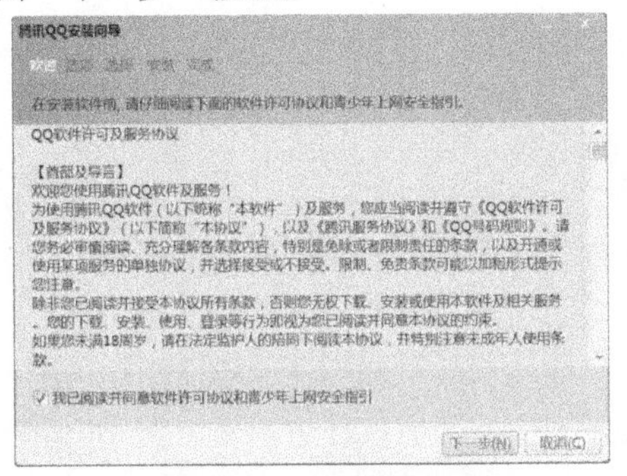

图 2-48 “欢迎”对话框

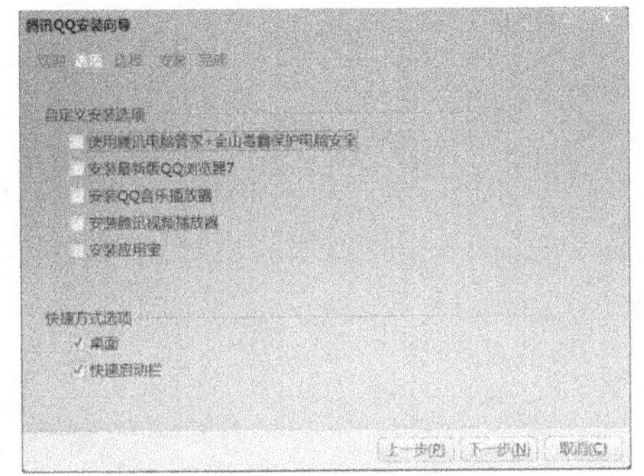

图 2-49 “选项”对话框

④ 在弹出的“选择”对话框（见图 2-50）中选择程序安装的位置和个人文件夹的保存位置。系统默认的软件安装位置是“C:\Program Files\Tencent\QQ”，如果想安装到其他位置，可单击“浏览”按钮进行选择。同样，如果不想把个人文件夹保存到“我的文档”，只需选中“自定义”单选按钮进行设置即可。单击“安装”按钮，开始安装软件。

⑤ 安装结束时，弹出软件安装完成对话框（见图 2-51），单击“完成”按钮，至此，软件安装工作全部完成，在“开始”菜单中便可看到已安装好的软件图标了。

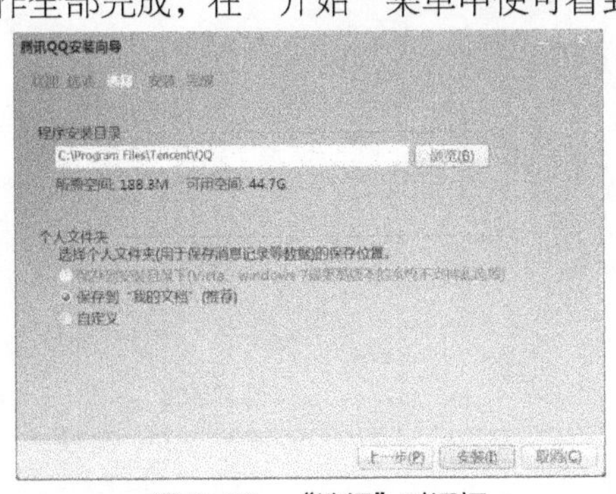

图 2-50 “选择”对话框

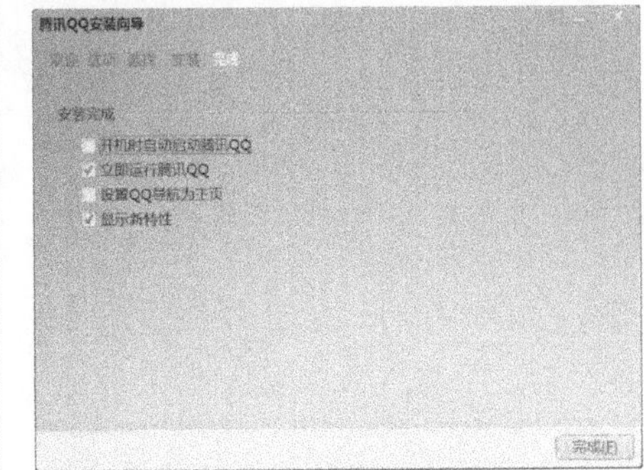

图 2-51 安装完成对话框

【任务 2-41】 卸载 QQ 软件。

① 选择“开始”→“控制面板”命令。

② 在打开的“控制面板”窗口中，单击“程序”链接下方的“卸载程序”链接，打开“程序和功能”窗口（见图 2-52）。

③ 在应用程序列表中选择腾讯 QQ，单击列表框上方的“卸载”按钮（见图 2-53）。

④ 在随后出现的软件卸载向导的指引下按步骤操作就可完成软件的卸载。

图 2-52 “控制面板”窗口

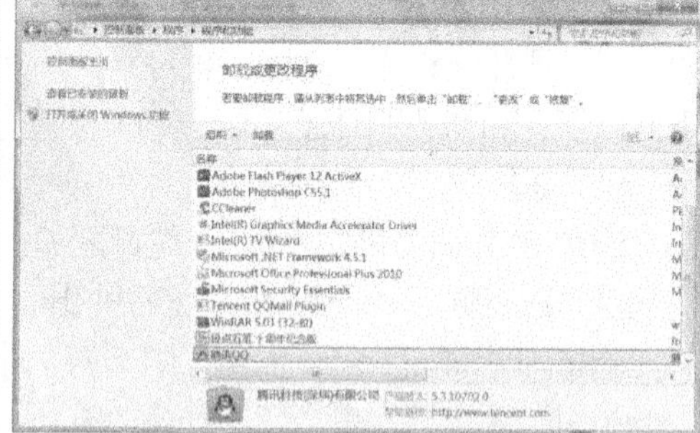

图 2-53 “程序和功能”窗口

PART 3

第 3 章 计算机网络及 Internet 应用

3.1 计算机网络基础

3.1.1 计算机网络的概念

计算机网络是计算机技术与通信技术高度发展、紧密结合的产物。在计算机网络发展的不同阶段，人们对计算机网络提出了不同的定义。当前较为准确的定义为“以能够相互共享资源的方式互连起来的自治计算机系统的集合”，即分布在不同地理位置上的具有独立功能的多个计算机系统，通过通信设备和通信线路互相连接起来，实现数据传输和资源共享的系统。从资源共享的角度理解计算机网络，需要把握以下两点。

① 计算机网络提供资源共享的功能。资源包括硬件资源、软件资源及数据资源。

② 组成计算机网络的计算机设备是分布在不同地理位置的独立的“自治计算机”。

计算机网络的特征如下。

① 通过通信媒体互相连接的计算机群体。

② 网络中的每一台计算机都是独立的，任何一台计算机不干预其他计算机的工作。

③ 计算机之间通过通信协议实现通信。

功能：资源共享、数据通信、分布式处理、提高计算机的可靠性、均衡负载的互相协作。

注意：建立计算机网络的主要目的在于实现资源共享（硬件资源、软件资源和数据资源）。

3.1.2 数据通信

数据通信是通信技术和计算机技术相结合而产生的一种新的通信方式。数据通信是指在两个计算机或终端之间以二进制的形式进行的信息交换、传输数据的操作。下面介绍几个常用术语。

1．信道

信道是信息传输的媒介或渠道，它的作用是把携带信息的信号从它的输入端传递到输出端。根据传输媒介的不同，信道可分为有线信道和无线信道两类。常见的有线信道包括双绞线、同轴电缆、光缆等；无线信道有微波、短波、超短波、人造卫星中继等。

2．数字信号和模拟信号

通信的目的是为了传输数据，信号是数据的表现形式。信号可以分为数字信号和模拟信号两类。数字信号是一种离散的脉冲序列，计算机产生的电信号用两种不同的电平表示 0 和 1。模拟信号是一种连续变化的信号，如电话线上传输的按照声音强弱幅度连续变化所产生的电信号就是一种典型的模拟信号，可以用连续的电波表示。

3．调制与解调

普通电话线是针对语音通话而设计的模拟信道，适用于传输模拟信号。但是计算机产生的是离散脉冲表示的数字信号，因此，要利用电话交换网实现计算机的数字脉冲信号的传输，就必须先将数字脉冲信号转换成模拟信号。将发送端数字脉冲信号转换成模拟信号的过程称为调制（Modulation）；将接收端模拟信号还原成数字脉冲信号的过程称为解调（Demodulation）。将调制和解调两种功能结合在一起的设备称为调制解调器（Modem），如图 3-1 所示。

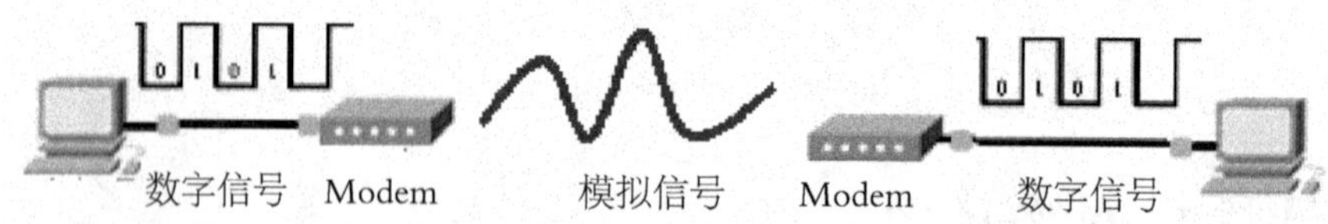

图 3-1　调制解调器原理

4．带宽与传输速率

在模拟信道中，以带宽表示信道传输信息的能力。带宽是以信号的最高频率和最低频率之差表示，即频率的范围。频率（Frequency）是模拟信号波每秒的周期数，以 Hz、kHz、MHz 或 GHz 作为单位。在某一特定带宽的信道中，同一时间内，数据不仅能以某一种频率传送，而且还可以用其他不同的频率传送。因此，信道的带宽越宽（带宽数值越大），其可用的频率就越多，传输的数据量就越大。

在数字信道中，用数据传输速率（比特率）表示信道的传输能力，即每秒传输的二进制位数（bit/s，比特／秒），单位为 bit/s、Kbit/s、Mbit/s、Gbit/s 与 Tbit/s 等。其中，$1\text{Kbit/s} = 1\times10^3\text{bit/s}$，$1\text{Mbit/s} = 1\times10^6\text{bit/s}$，$1\text{Gbit/s} = 1\times10^9\text{bit/s}$，$1\text{Tbit/s} = 1\times10^{12}\text{bit/s}$。带宽与数据传输速率是通信系统的主要技术指标之一。

5．误码率

误码率是指二进制比特在数据传输系统中被传错的概率，是通信系统的可靠性指标。数据在通信信道传输中一定会因某种原因出现错误，传输错误是正常的和不可避免的，但是一定要控制在某个允许的范围内。在计算机网络系统中，一般要求误码率低于 10^{-6}。

3.1.3　计算机网络的形成与分类

从计算机网络的形成与发展历史来看，计算机网络的发展大致可以分为 4 个阶段。

第一阶段是 20 世纪五六十年代，面向终端的具有通信功能的单机系统。

第二阶段是从美国的 ARPANET 与分组交换技术开始。ARPANET 是计算机网络技术发展中的里程碑，它使网络中的用户可以通过本地终端使用计算机的软件、硬件与数据资源。

第三阶段可以从 20 世纪 70 年代开始。国际标准化组织（ISO）提出了著名的 ISO/OSI 参考模型，对网络体系结构的形成与网络技术的发展起到了主要的作用。

第四阶段从 20 世纪 90 年代开始，迅速发展的 Internet、信息高速公路、无线网络与网络安全，使信息时代全面到来。

根据网络覆盖的地理范围和规模分类是最普遍采用的分类方法，它能较好地反映网络的本质特征。依据这种分类标准，可以将计算机网络分为 3 种：局域网、城域网和广域网。

1．局域网

局域网（Local Area Network，LAN）是一种在有限区域内使用的网络，其传送距离一般在几千米之内，最大距离不超过 10 千米。典型的局域网如办公室网络、企业与学校的主干局域网、机关和工厂等有限范围内的计算机网络。局域网具有高数据传输速率（10Mbit/s ~ 10Gbit/s）、低误码率、成本低、组网容易、易管理、易维护、使用灵活方便等优点。

2．城域网

城域网（Metropolitan Area Network，MAN）是介于广域网与局域网之间的一种高速网络，它的设计目标是满足几十千米范围内的企业、学校、公司的多个局域网的互连需求，以实现大量用户之间的信息传输。

3．广域网

广域网（Wide Area Network，WAN）又称为远程网，所覆盖的地理范围要比局域网大得多，从几十千米到几千千米，传输速率比较低，一般在 96Kbit/s ~ 45 Mbit/s。广域网覆盖一个国家、地区，甚至横跨几个洲，形成国际性的远程计算机网络。广域网可以使用电话交换网、微波、卫星通信网或它们的组合信道进行通信，将分布在不同地区的计算机系统互连起来，以达到资源共享的目的。

3.1.4 计算机网络拓扑结构

计算机网络拓扑是将构成网络的结点和连接节点的线路抽象成点和线，用几何关系表示网络结构。常见的网络拓扑结构主要有星状、环状、总线型、树状和网状等几种。

1．星状拓扑

图 3-2（a）描述了星状拓扑结构。在星状拓扑中，每个节点与中心节点连接，中心节点控制全网的通信，任何两个节点之间的通信都要通过中心节点。因此，要求中心节点有很高的可靠性。星状拓扑结构简单、易于实现和管理，但是由于它是集中控制方式的结构，一旦中心节点出现故障，就会造成全网的瘫痪，可靠性较差。

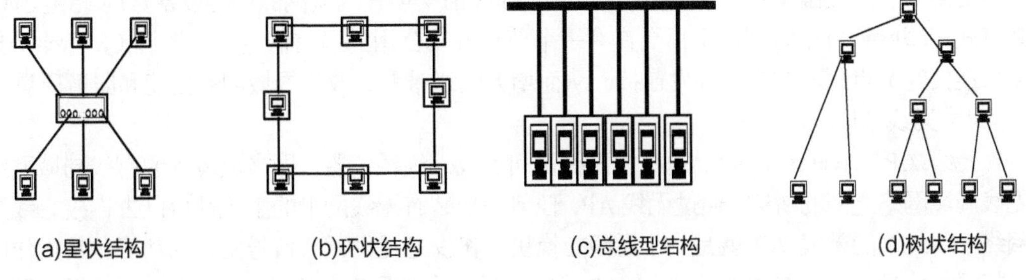
(a)星状结构　(b)环状结构　(c)总线型结构　(d)树状结构

图 3-2　常见的网络拓扑结构

2．环状拓扑

图 3-2（b）描述了环状拓扑结构。在环状拓扑结构中，各个节点通过中继器连接到一个闭合的环路上，环中的数据沿着一个方向传输，由目的节点接收。环状拓扑结构简单、成本低，适用于数据不需要在中心节点上处理而主要在各自节点上进行处理的情况。但是环中任意一个节点的故障都可能造成网络瘫痪，成为环状网络可靠性的瓶颈。

3．总线型拓扑

图 3-2（c）描述了总线型拓扑结构。网络中各个节点由一根总线相连，数据在总线上由一个节点传向另一个节点。总线型拓扑结构的优点是：节点加入和退出网络都非常方便，总线上某个节点出现故障也不会影响其他站点之间的通信，不会造成网络瘫痪，可靠性较高，而且结构简单、成本低，因此这种拓扑结构是局域网普遍采用的形式。

4．树状拓扑

图 3-2（d）描述了树状拓扑结构。节点按层次进行连接，像树一样，有分支、根节点、叶子节点等，信息交换主要在上、下节点之间进行。树状拓扑可以看成星状拓扑的一种扩展，主要适用于汇集信息的应用要求。

5．网状拓扑

网状拓扑结构没有上述 4 种拓扑结构那么明显的规则，节点的连接是任意的，没有规律。网状拓扑的优点是系统可靠性高，但是由于结构复杂，就必须采用路由协议、流量控制等方法。广域网中基本都采用网状拓扑结构。

3.1.5　网络硬件

与计算机系统类似，计算机网络系统也由网络软件和硬件设备两部分组成。下面主要介绍常见的网络硬件设备。

1．传输介质

局域网中常用的传输介质有同轴电缆、双绞线和光缆。随着无线网的深入研究和广泛应用，无线技术越来越多地用来进行局域网的组建。

2．网络接口卡

网络接口卡（NIC，简称网卡）是构成网络必需的基本设备，用于将计算机和通信电缆连接起来，以便经电缆在计算机之间进行高速数据传输。因此，每台连接到局域网的计算机（工作站或服务器）都需要安装一块网卡。通常网卡都插在计算机的扩展槽内。网卡的种类很多，它们各有自己适用的传输介质和网络协议。

3．交换机

交换概念的提出是对于共享工作模式的改进，而交换式局域网的核心设备是局域网交换机。共享式局域网在每个时间片上只允许有一个节点占用公用的通信信道。交换机（Switch）支持端口连接的节点之间的多个并发连接，从而增大网络带宽，改善局域网的性能和服务质量。

4．无线 AP

无线 AP（Access Point）也称为无线访问点或无线桥接器，即当成传统的有线局域网络与无线局域网络之间的桥梁。通过无线 AP，任何一台装有无线网卡的主机都可以去连接有线局域网络。单纯性的无线 AP 就是一个无线交换机，仅仅是提供无线信号发射的功能，其工作原理是将网络信号通过双绞线传送过来，AP 将电信号转换成无线电信号发送出来，形成无线网的覆盖。不同的无线 AP 型号具有不同的功率，可以实现不同程度、不同范围的网络覆盖，一般无线 AP 的最大覆盖距离可达 300 米，非常适合于在建筑物之间、楼层之间等不便于架设有线局域网的地方构建无线局域网。具有无线网卡和有线网卡的计算机（如笔记本电脑），只要安装 Wi-Fi 精灵等软件，便可以实现无线 AP 的功能。

5．路由器

路由器（Router）是实现局域网与广域网互连的主要设备。路由器可检测数据的目的地址，对路径进行动态分配，根据不同的地址将数据分流到不同的路径中。如果存在多条路径，则根据路径的工作状态和忙闲情况，选择一条合适的路径，动态平衡通信负载。

3.1.6　网络软件

通信协议就是通信双方都必须遵守的通信规则，是一种约定。打个比方，当人们见面，某一方伸出手时，另一方也应该伸手与对方握手表示友好，如果后者没有伸手，则违反了礼仪规则，那么他们后面的交往可能就会出现问题。

计算机网络中的协议是非常复杂的，因此网络协议通常都按照结构化的层次方式来进行组织。TCP／IP 协议是当前最流行的商业化协议，被公认为是当前的工业标准或事实标准。1974 年，出现了 TCP／IP 参考模型，如图 3-3 所示，是 TCP／IP 参考模型的分层结构，它将计算机网络划分为 4 个层次。

应用层
传输层
互连层
主机至网络层

图 3-3　TCP/IP 参考模型

① 应用层。负责处理特定的应用程序数据，为应用软件提供网络接口，包括 HTTP（超文本传输协议）、Telnet（远程登录）、FTP（文件传输协议）等协议。

② 传输层。为两台主机间的进程提供端到端的通信。主要协议有 TCP（传输控制协议）和 UDP（用户数据报协议）。

③ 互连层。确定数据包从源端到目的端如何选择路由。互连层主要的协议有 IPv4、ICMP（网际网控制报文协议）以及 IPv6 等。

④ 主机至网络层。确定数据包从一个设备的网络层传输到另一个设备的网络层的方法。

3.1.7　无线局域网

在无线网络的发展史上，从早期的红外线技术到蓝牙（Bluetooth），都可以无线传输数据，多用于系统互连，但却不能组建局域网。在 WLAN 中有许多计算机，每台计算机都有一个无线调制解调器和一条天线，通过该天线可以与其他的系统进行通信。通常在室内的墙壁或天花板上也有一个条线，所有机器都与它通信，然后彼此之间就可以相互通信了，如图 3-4 所示。

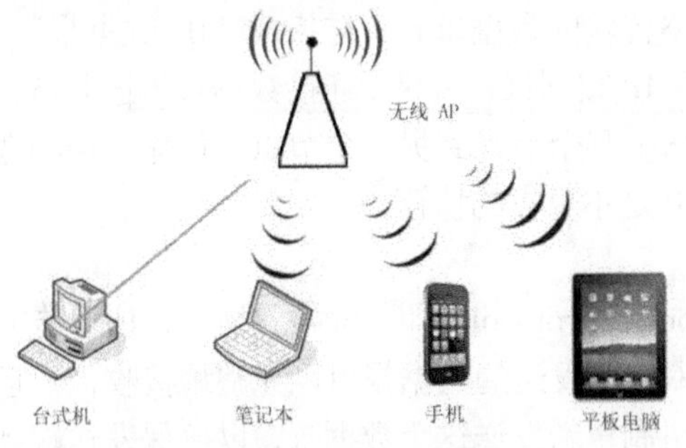

图 3-4　无线网络的结构

在无线局域网的发展中，Wi-Fi（Wireless Fidelity）由于其较高的传输速度、较大的覆盖范围等优点，发挥了重要的作用。Wi-Fi 不是具体的协议或标准，它是无线局域网联盟（WLANA）为了保障使用 Wi-Fi 标志的商品之间可以相互兼容而推出的，在如今许多的电子产品如笔记本电脑、手机、平板电脑等上面都可以看到 Wi-Fi 的标志。针对无线局域网，IEEE（Institute of Electrical and Electronics Engineers，美国电气和电子工程师学会）制定了一系列无线局域网标准，即 IEEE 802.11 家族，包括 802.1la、802.1lb、802.11g 等，802.11 现在已经非常普及了。随着协议标准的发展，无线局域网的覆盖范围更广，传输速率更高，安全性、可靠性等也大幅提高。

3.2　Internet 基础

【任务 3-1】Internet 的基本概念和原理；Internet IP 地址和域名的工作原理；Internet 的接入方式；正确设置 Windows 7 的 TCP/IP 协议。

3.2.1 什么是 Internet

Internet 始于 1968 年美国国防部高级研究计划局（ARPA）提出并资助的 ARPANET 网络计划，其目的是将各地不同的主机以一种对等的通信方式连接起来，最初只有 4 台主机。此后，大量的网络、主机与用户接入 ARPANET，很多地区性网络也接入进来，于是这个网络逐步扩展到其他国家与地区。在 ARPANET 的发展过程中，提出了 TCP／IP 协议，为 Internet 的发展奠定了基础。1985 年，美国国家科学基金会（NSF）发现 Internet 在科学研究上的重大价值，投资支持 Internet 和 TCP／IP 的发展，美国五大超级计算机中心连接起来，组成 NSFNET，推动了 Internet 的发展，最终 Internet 是一个信息资源极其丰富的世界上最大的计算机网络。

我国于 1994 年 4 月正式接入 Internet，从此我国的网络建设进入大规模发展阶段。到 1996 年初，我国的 Internet 已经形成了中国科技网（CSTNET）、中国教育和科研计算机网（CERNET）、中国公用计算机互联网（CHINANET）和中国金桥信息网（CHINAGBN）四大具有国际出口的网络体系。前两个网络主要面向科研和研究机构，后两个网络向社会提供 Internet 服务，以营利为目的，属于商业性质。

3.2.2 TCP/IP 协议的工作原理

传输层的协议 TCP 和互连层的协议 IP 是众多协议中最重要的两个核心协议。

1．IP

IP（Internet Protocol）是 TCP/IP 协议体系中的网络层协议，它的主要作用是将不同类型的物理网络互连在一起。为了达到这个目的，需要将不同格式的物理地址转换成统一的 IP 地址，将不同格式的帧（物理网络传输的数据单元）转换成“IP 数据报”，从而屏蔽了下层物理网络的差异，向上层传输层提供 IP 数据报，实现无连接数据报传送服务；IP 的另一个功能是路由选择，简单地说，就是从网络上某个节点到另一个节点的传输路径的选择，将数据从一个节点按路径传输到另一个节点。IP 是不可靠的协议。

2．TCP

TCP（Transmission Control Protocol）即传输控制协议，位于传输层。TCP 协议向应用层提供面向连接的服务，确保网上所发送的数据报可以完整地接收，一旦某个数据报丢失或损坏，TCP 发送端可以通过协议机制重新发送这个数据报，以确保发送端到接收端的可靠传输。依赖于 TCP 协议的应用层协议主要是需要大量传输交互式报文的应用，如远程登录协议（Telnet）、简单邮件传输协议（SMTP）、文件传输协议（FTP）、超文本传输协议（HTTP）等。TCP 协议是可靠的协议。

3.2.3 Internet 中的客户机/服务器体系结构

在 Internet 的 TCP/IP 环境中，连网计算机之间进程相互通信的模式主要采用客户机/服务器（Client/Server）模式，简称为 C/S 结构。在这种结构中，客户机和服务器分别代表相互通信的两个应用程序进程，所谓“Client”和“Server”并不是人们常说的硬件中的概念，特别要注意与通常称为服务器的高性能计算机区分开。图 3-5 给出了 C／S 结构的进程通信相互作用示意图，其中客户机向服务器发出服务请求，服务器响应客户机的请求，提供客户机所需要的网络服务。提出请求，发起本次通信的计算机进程叫做客户机进程，而响应、处理请求，提供服务的计算机进程叫做服务器进程。

Internet 中常见的 C／S 结构的应用有 Telnet、FTP、HTTP、电子邮件服务、DNS（域名解析服务）等。

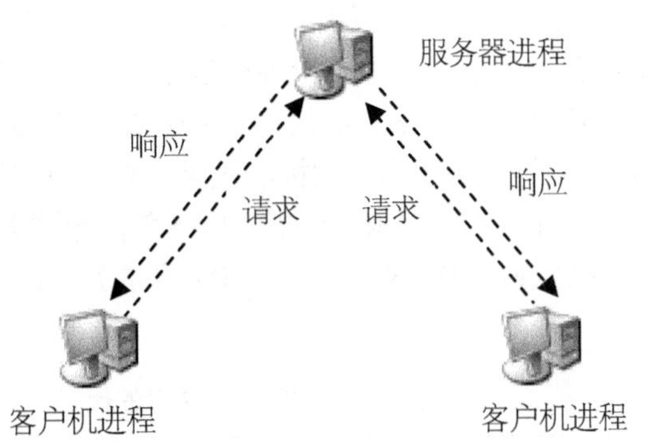

图 3-5　C/S 结构进程通信

3.2.4　IP 地址和域名的工作原理

Internet 通过路由器将成千上万个不同类型的物理网络互连在一起，是一个超大规模的网络。为了使信息能够准确到达 Internet 上指定的目的节点，必须给 Internet 上每个节点（主机、路由器等）指定一个全局唯一的地址标识，就像每一部电话都具有一个全球唯一的电话号码一样。在 Internet 通信中，可以通过 IP 地址和域名实现明确的目的地指向。

1．IP 地址

IP 地址是 TCP/IP 协议中所使用的互连层地址标识。IP 协议经过近 30 年的发展，主要有两个版本：IPv4 协议和 IPv6 协议，它们的最大区别就是地址表示方式不同。目前 Internet 广泛使用的是 IPv4，即 IP 地址第四版本。IPv4 地址用 32 位比特（4 字节）表示，为了便于管理和配置，将每个 IP 地址分为 4 段（一个字节为一段），每一段用一个十进制数来表示，段和段之间用圆点隔开。可见，每个段的十进制数范围是 0～255。例如，202.205.16.23 和 10.2.8.11 都是合法的 IP 地址。一台主机的 IP 地址由网络号和主机号两部分组成，IP 地址的结构如图 3-6 所示。

网络号	主机号

图 3-6　IP 地址的结构

IP 地址由各级 Internet 管理组织进行分配，它们被分为不同的类别。根据地址的第一段分为 5 类：0～127 为 A 类，128～191 为 B 类，192～223 为 C 类，D 类和 E 类留做特殊用途。但是，由于近年来 Internet 上的节点数量增长太快，IP 地址逐渐匮乏，很难达到 IP 设计初期希望给每一台主机都分配唯一 IP 地址的期望。因此在标准分类的 IP 地址上，又可以通过增加子网号来灵活分配 IP 地址，减少 IP 地址浪费。20 世纪 90 年代又出现了无类别域间路由技术与 NAT 网络地址转换技术等对 IPv4 地址进行改进的方法。

为了解决 IPv4 协议面临的各种问题，新的协议和标准诞生了，那就是 IPv6。在 IPv6 协议中包括新的协议格式、有效的分级寻址和路由结构、内置的安全机制、支持地址自动配置等特征，其中最重要的就是长达 128 位的地址长度。IPv6 地址空间是 IPv4 的 296 倍，能提供超过 3.4×10^{38} 个地址。可以说有了 IPv6，在今后 Internet 的发展中，几乎可以不用再担心地址短缺的问题了。

2．域名

用数字形式的 IP 地址标识 Internet 上的节点，对于计算机来说是合适的。但是对于用户来说，记忆一组数字相当困难。为此，TCP／IP 引进了一种字符型的主机命名制，这就是域名（Domain Name）。

域名的实质就是用一组由字符组成的名字代替 IP 地址。为了避免重名，域名采用层次结构，各层次的子域名之间用圆点“.”隔开，从右至左分别是第一级域名（或称顶级域名），第二级域名……直至主机名。其结构如下：“主机名.…….第二级域名.第一级域名”，例如，www.tsinghua.edu.cn。第一级域名采用通用的标准代码，它分组织机构和地理模式两类。由于 Internet 诞生在美国，所以其第一级域名采用组织机构域名，美国以外的其他国家和地区都采用主机所在地的名称为第一级域名，如 CN（中国）、JP（日本）、KR（韩国）、UK（英国），等等，如表 3-1 所示。

表 3-1 常用一级域名的代码

域 名 代 码	意 义
COM	商业机构
EDU	教育机构
GOV	政府机构
MIL	军事部门
NET	主要网络支持中心
ORG	其他组织
INT	国际组织
CN	中国
JP	日本
US	美国

3．DNS 的原理

域名和 IP 地址都表示主机的地址，它们是一一对应的。用户可以使用主机的 IP 地址，也可以使用它的域名。从域名到 IP 地址或者从 IP 地址到域名的转换由域名解析服务器 DNS（Domain Name Server）完成。

当用域名访问网络上某个资源地址时，必须获得与这个域名相匹配的真正的 IP 地址。这时用户将希望转换的域名放在一个 DNS 请求信息中，并将这个请求发送给 DNS 服务器。DNS 从请求中取出域名，将它转换为对应的 IP 地址，然后在一个应答信息中将结果地址返给用户。

3.2.5 下一代 Internet

什么是下一代 Internet（NGI）？简单地说，就是地址空间更大、更安全、更快、更方便的 Internet。NGI 涉及多项内容，其中最核心的就是 IPv6 协议，它在扩展网络的地址容量、安全性、移动性、服务质量（QoS）以及对流的支持方面都具有明显优势。IPv6 和 IPv4 一样仍然是网络层的协议，它的主要变化就是提供了更大的地址空间，从 IPv4 的 32 位增大到了 128 位，这意味着如果每个地球表面都覆盖着计算机，那么 IPv6 允许每平方米分配 7×10^{32} 个地址，也就是说可以为地球上的每一粒沙子都分配一个地址。假如地址耗尽速度是每秒分配 100 万个地址，则需要 10^{19} 年的实践才能将所有可能的地址分配完。因此，可以说使用 IPv6 之后再也不用考虑地址耗尽的问题。除此之外，IPv6 还提供了更灵活的首部结构，允许协议扩展，支持自动配置地址，强化了内置安全性。

我国早在 2004 年，就开通了世界上规模最大的纯 IPv6 Internet——CERNET2（第二代中国教育和科研计算机网）。

3.2.6 Internet 的接入方法

1．ADSL

目前用电话线接入 Internet 的主流技术是 ADSL（非对称数字用户线路），这种接入技术的非对称性体现在上、下行速率的不同，高速下行信道向用户传送视频、音频信息，速率一般在 1.5 ~ 8Mbit/s，低速上行速率一般在 16 ~ 640k bit/s。使用 ADSL 技术接入 Internet 对使用宽带业务的用户是一种经济、快速的方法。

采用 ADSL 接入 Internet，除了需要一台带有网卡的计算机和一条直拨电话线外，还需向电信部门申请 ADSL 业务。由相关服务部门负责安装话音分离器、ADSL 调制解调器和拨号软件。完成安装后，就可以根据提供的用户名和口令拨号上网了。

2．ISP

要接入 Internet，寻找一个合适的 Internet 服务提供商（Intenet Service Provider，ISP）是非常重要的。一般 ISP 提供的功能主要有：分配 IP 地址和网关及 DNS、提供连网软件、提供各种 Internet 服务、接入服务。除了前面提到的 CHINANET、CERNET、CSTNET、CHINAGBN 这 4 家政府资助的 ISP 外，还有大批 ISP 提供 Internet 接入服务，如首都在线（263）、163、169、联通等。

3．无线连接

无线局域网的构建不需要布线，因此提供了极大的便捷，省时、省力，并且在网络环境发生变化、需要更改的时候，也易于更改维护。那么如何架设无线网呢？首先需要一台前面介绍过的无线 AP，AP 很像有线网络中的集线器或交换机，是无线局域网络中的桥梁。有了 AP，装有无线网卡的计算机或支持 Wi-Fi 功能的手机等设备就可以与网络相连，通过 AP，这些计算机或无线设备就可以接入 Internet。普通的小型办公室、家庭有一个 AP 就已经足够，甚至在几个邻居之间都可以共享一个 AP。

3.2.7 Windows 7 的 TCP/IP 协议设置

在 windows 7 下，要连接到局域网或 Internet 服务提供商（ISP），若局域网或提供商没有提供 DHCP（动态主机分配协议），则需要配置 TCP/IP 协议才能连接到网络。具体配置如下。

① 右击桌面上的“网络”图标，选择“属性”命令，进入“网络和共享中心”窗口，如图 3-7 所示。

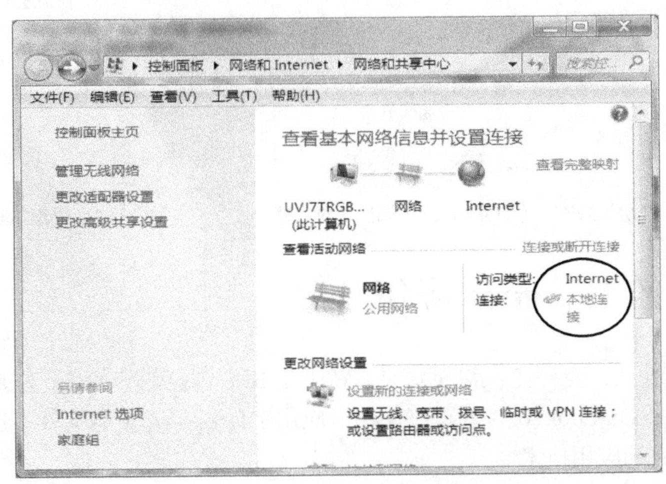

图 3-7 网络和共享中心窗口

② 在图 3-7 中选择“Internet 本地连接”，进入“本地连接状态”对话框，如图 3-8 所示。

③ 单击图 3-8 中的“属性”按钮，进入“本地连接属性”对话框，如图 3-9 所示。

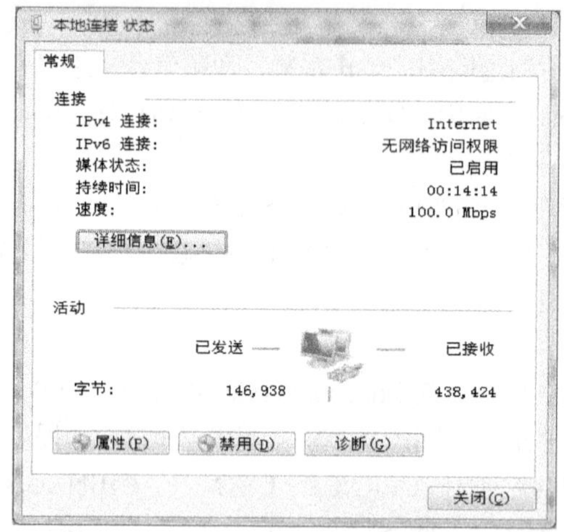

图 3-8 “本地连接状态”对话框

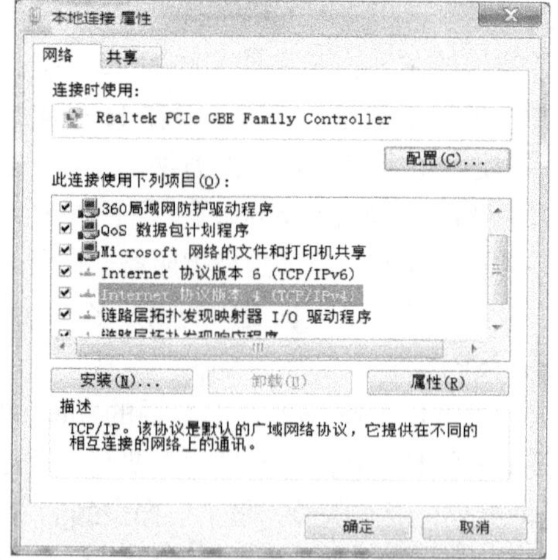

图 3-9 “本地连接属性”对话框

④ 选择图 3-9 中的“Internet 协议版本 4（TCP/IPv4）”单击“属性”按钮，进入“Internet 协议版本 4（TCP/IPv4）属性”对话框，如图 3-10 所示。在其中选择“使用下面的 IP 地址”单选按钮，输入 IP 地址、子网掩码、默认网关、DNS 服务器等信息。若不知道这些信息，可以询问你的 ISP。

⑤ 在图 3-8 中，单击“详细信息”按钮，还可以获得网络连接的详细信息，见图 3-11。

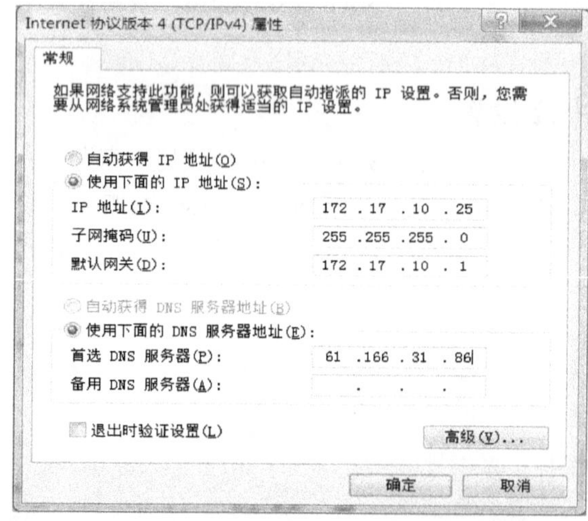

图 3-10 “Internet 协议版本 4（TCP/IPv4）属性”对话框

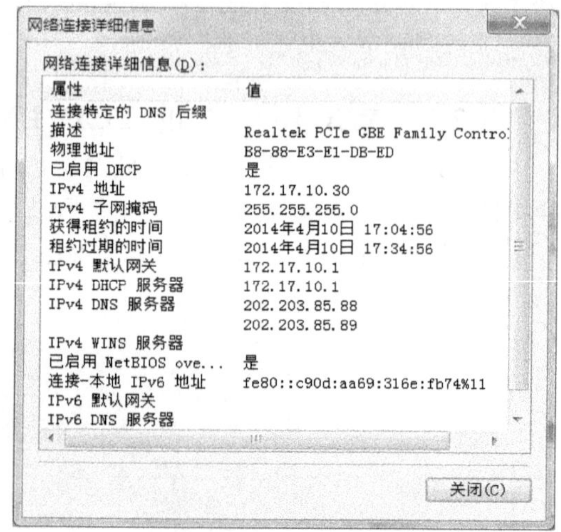

图 3-11 网络连接详细信息

3.3 简单的 Internet 应用

【任务 3-2】使用浏览器上网浏览信息，特别是 IE 8 浏览器的使用；注册和使用免费电子邮箱收发电子邮件；OutLook2010 的正确使用；应用 FTP 上传/ 下载文件；应用百度、谷歌等搜索引擎等 Internet 的应用技术。

3.3.1 网上漫游

1．相关概念

（1）万维网

万维网（Word Wide Web，WWW）有不少名字，如3W、WWW、Web、全球信息网等。WWW是一种建立在Internet上的全球性、交互、动态、分布式、超文本超媒体信息查询系统，也是建立在Internet上的一种网络服务，其最主要的概念是超文本（Hypertext），遵守超文本传输协议（Hyper Text Transmission Protocol，HTTP）。

WWW网站中包含很多网页（又称Web页）。网页是使用超文本标记语言（HTML）编写的，并在HTTP协议支持下运行。一个网站的第一个Web页称为主页或首页，它主要体现这个网站的特点和服务项目。每一个Web页都由一个唯一的地址（URL）来表示。

（2）超文本和超链接

超文本（Hypertext）中不仅包含文本信息，还可以包含图形、声音、图像和视频等多媒体信息，因此称之为“超”文本，更重要的是超文本中还可以包含指向其他网页的链接，这种链接叫做超链接（Hperlink）。在一个超文本文件里可以包含多个超链接，它们把分布在本地或远程服务器中的各种形式的超文本链接在一起，形成一个纵横交错的链接网。用户可以打破传统阅读文本时顺序阅读的规矩，而从一个网页跳转到另一个网页进行阅读。当鼠标指针移动到含有超链接的文字或图片时，指针会变成手形指针，文字也会改变颜色或加一个下画线，表示此处有一个超链接，可以单击它转到另一个相关的网页。这对浏览来说非常方便。可以说超文本是实现浏览的基础。

（3）统一资源定位符

WWW用统一资源定位符（Uniform Resource Locator，URL）来描述Web网页的地址和访问它时所用的协议。

URL的格式。

协议：//IP地址或域名/路径/文件名。

其中，协议就是服务方式或获取数据的方法，常见的有HTTP协议、FTP协议等；协议后的冒号加双斜杠表示接下来是存放资源的主机的IP地址或域名；路径和文件名是用路径的形式表示Web页在主机中的具体位置（如文件夹、文件名等）。

（4）浏览器

浏览器是用于浏览WWW的工具，安装在用户的机器上，是一种客户机软件。它能够把用超文本标记语言描述的信息转换成便于理解的形式。此外，它还是用户与WWW之间的桥梁，把用户对信息的请求转换成网络上计算机能够识别的命令。浏览器有很多种，目前最常用的Web浏览器是Google公司的Chrome和Microsoft公司的Internet Explorer（简称IE）。除此之外，还有很多浏览器，如Opera、Firefox、Safari、QQ、360等。

（5）FTP

FTP（File Transfer Protocol）即文件传输协议，是Internet提供的基本服务。FTP使用C/S模式工作，一般在本地计算机上运行FTP客户机软件，由这个客户机软件实现与Internet上FTP服务器之间的通信。一般专有的FTP站点只允许使用特许的账号和密码登录。还有一些FTP站点允许任何人进入，但是用户也必须输入账号和密码，这种情况下，通常可以使用“anonymous”作为账号，使用用户的电子邮件地址作为密码即可，这种FTP站点被称为匿名FTP站点。

2．浏览网页

浏览 WWW 必须使用浏览器。下面以 Windows 7 系统上的 Internet Explorer 8（IE8，或简称 IE）为例，介绍浏览器的常用功能及操作方法。本书中使用的浏览器除另作说明外，均指 IE 8。

（1）IE 的启动和关闭

选择“开始”→“所有程序”→ Internet Explorer 命令就可以打开 IE 浏览器了。

有如下 4 种方法关闭 IE。

① 单击 IE 窗口右上角的“关闭”按钮。

② 单击 IE 窗口左上角，在弹出菜单中选择“关闭”命令。

③ 在任务栏的 IE 图标右击，选择“关闭窗口”命令。

④ 选中 IE 窗口后，按 Alt+F4 组合键。

注意：IE 8 是一个选项卡式的浏览器，也就是可以在一个窗口中打开多个网页。因此在关闭时会提示选择“关闭所有选项卡”或“关闭当前的选项卡”。

（2）IE 8 的窗口

当启动 IE 后，首先会发现该浏览器经过简化的设计，界面十分简洁。窗口内会打开一个选项卡，即默认主页。例如，图 3-12 所示为百度的页面，可以看出 IE 8 界面上没有以往类似 Windows 应用程序窗口上的功能按钮，以便用户有更多的空间来浏览网站。

图 3-12　IE 8 窗口

IE 8 窗口上方罗列了最常用的功能，如图 3-13 所示。

① 前进按钮。回到以前访问过的页面。

② 后退按钮。回到刚访问过的页面。

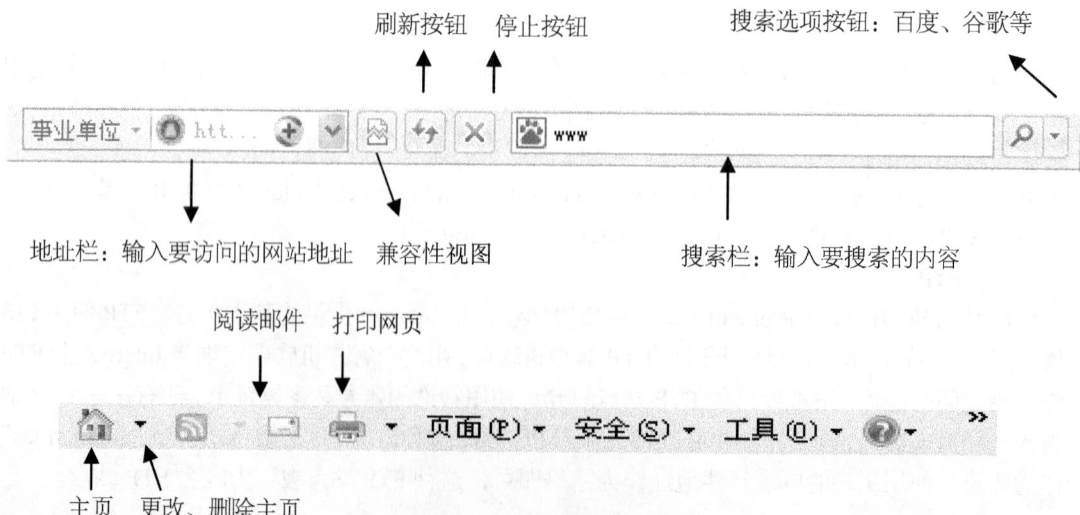

图 3-13　IE 8 窗口的常用功能

③ 主页。每次打开 IE 浏览器会自动打开一个选项卡，选项卡中默认显示主页。主页的地址可以在 Internet 选项中设置，并且可以设置多个主页，这样打开 IE 就会打开多个选项卡显示多个主页的内容。

④ 收藏夹。IE 8 将收藏夹、历史记录等集成在一起了，单击收藏夹就可以展开小窗口。

⑤ 工具。单击工具，可以看到“打印”、“文件”、“Internet 选项”等按钮。

IE 窗口右上角是 Windows 窗口常用的 3 个窗口按钮，依次为“最小化”、“最大化/还原”、“关闭”。

注意：如果有多个选项卡存在时，单击 IE 窗口右上角的“关闭”按钮，会提示“关闭所有选项卡”还是“关闭当前的选项卡”，如图 3-14 所示。如果选中“总是关闭所有选项卡”复选框，则以后都会默认关闭所有选项卡。

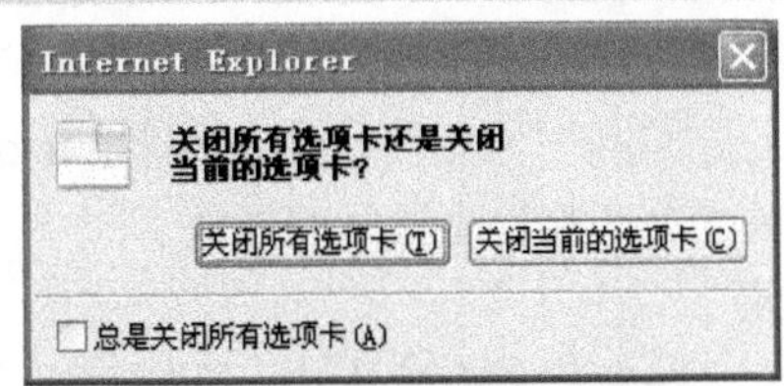

图 3-14　IE 8 浏览器的关闭提示

如果用户使用过以前的 IE 6、IE 7 等老版本浏览器，会发现 IE 8 界面上没有了状态栏、菜单栏等。在 IE 8 中只需在浏览器窗口上方空白区域右击，或在左上角单击，即可弹出一个菜单，如图 3-15 所示，可在上面选择需要在 IE 上显示的工具栏。

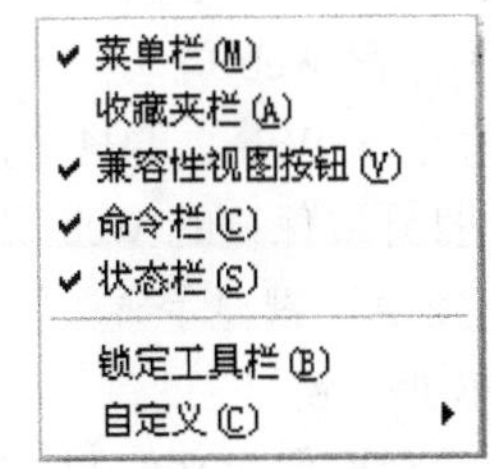

图 3-15　IE 8 显示工具栏菜单

（3）页面浏览

浏览一个页面没有严格的顺序要求，只要注意一般的约定和习惯就可以顺利浏览了。浏览通常会用到如下操作。

① 输入 Web 地址。将插入点移到地址栏内单击就可以输入 Web 地址了。IE 为地址输入提供了很多方便，如不用输入像“http://”、“ftp://”这样的协议开始部分，IE 会自动补上。还有，第一次输入某个地址时，IE 会记忆这个地址，再次输入这个地址时，只需输入开始的几个字符，IE 就会检查保存过的地址并把开始几个字符与用户输入的字符符合的地址罗列出来供选择。用户可以用鼠标上下移动选择其一，然后单击即可转到相应地址。如图 3-16 所示，当输入字母“b”后，IE 会列出多个域名第一个字母为“b”的页面地址，只要从中选择所需的网址就可以了，不必输入完整的 URL。

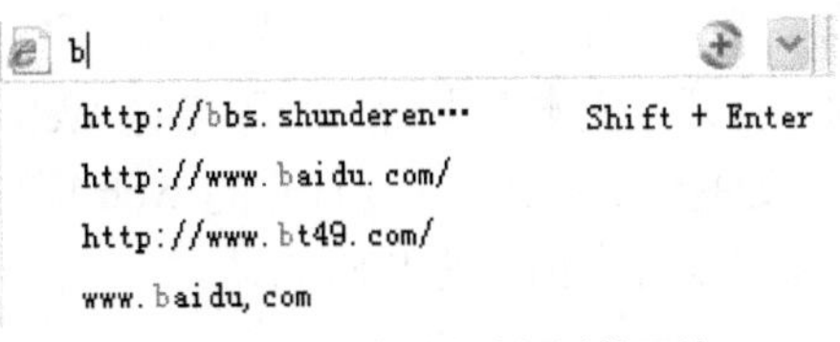

图 3-16　自动列出访问过的网站

此外，单击地址列表右端的下拉按钮，会出现曾经浏览过的 Web 地址记录，用鼠标单击相当于输入了这个地址并回车。输入 Web 地址后，按 Enter 键或单击“转到”按钮，浏览器就会按照地址栏中的地址转到相应的网站或页面。这个过程通常需要等待片刻，因为浏览器从

Internet 上下载页面需要一点时间。

② 浏览页面。某个 Web 站点的第一页称为主页或首页，主页上通常都有类似目录一样的网站索引，表述网站设有哪些主要栏目、近期要闻或改动等。

a. 单击“主页”按钮可以返回启动 IE 时默认显示的 Web 页。

b. 单击“后退”按钮可以返回上次访问过的 Web 页。

c. 单击“前进”按钮可以返回单击“后退”按钮前看过的 Web 页。

d. 在单击“后退”和“前进”按钮时，可以按住，会打开一个下拉列表，列出最近浏览过的几个页面，单击选定的页面，就可以直接转到该页面。

e. 单击“停止”按钮，可以终止当前的链接继续下载页面文件。

f. 单击“刷新”按钮，可以重新传送该页面的内容。

IE 浏览器还提供了许多其他的浏览方法，以方便用户的使用，例如，利用“历史”、“收藏夹”等实现有目的的浏览，提高浏览效率。此外，很多网站（如 Yahoo、Sohu 等）都提供到其他站点的导航，还有一些专门的导航网站（如百度网址大全、hao123 网址之家等），可以在上面通过分类目录导航的方式浏览网页，都是比较好的方法。

3. Web 页面的保存和阅读

在浏览过程中，常常会遇到一些精彩或有价值的页面需要保存下来，待以后慢慢阅读，或拷贝到其他地方。而且有的 Internet 接入方式是按上网时间计费，因此将 Web 页保存到硬盘上也是一种经济的上网方式。

（1）保存 Web 页

保存全部 Web 页的具体操作步骤如下。

① 打开要保存的 Web 页面。

② 按 Alt 键显示菜单栏，选择“文件”→“另存为”命令，打开“保存网页”对话框，或按 Ctrl+S 组合键。

③ 选择要保存文件的盘符和文件夹。

④ 在“文件名”框内输入文件名。

⑤ 在“保存类型”框中，根据需要可以从“网页，全部”、“Web 档案，单个文件”、“网页，仅 HTML”、“文本文件”4 类中选择一种。文本文件节省存储空间，但是只能保存文字信息，不能保存图片等多媒体信息。

⑥ 单击“保存”按钮保存。

（2）打开已保存的 Web 页

对已经保存的 Web 页，可以不用连接到 Internet 打开阅读，因为网页的内容已经保存在本机上了，不再需要上网下载了。打开已保存 Web 页的具体操作如下。

① 在 IE 窗口上选择“文件”→“打开”命令，显示“打开”对话框。

② 在“打开”对话框的“打开”文本框中输入所保存的 Web 页的盘符和文件夹名。也可以单击“浏览”按钮，直接从文件夹目录中选择要打开的 Web 页文件。

③ 单击“确定”按钮，就可以打开指定的 Web 页。

（3）保存部分 Web 页内容

有时候需要的并不是页面上的所有信息，这时可以灵活运用 Ctrl+C（复制）和 Ctrl+V（粘贴）两个组合键将 Web 页面上部分感兴趣的内容复制、粘贴到某一个空白文件上。具体操作步骤如下。

① 用鼠标选定想要保存的页面文字。

② 按下 Ctrl+C 组合键，将选定的内容复制到剪贴板。

③ 打开一个空白的 Word 文档或记事本，按 Ctrl+V 组合键将剪贴板中的内容粘贴到文档中。

④ 给定文件名和指定保存位置，保存文档。

注意：保存在记事本里的文字不会保留在页面上时的字体和样式，超链接的文字保存在记事本里也会失效。

（4）保存图片、音频等文件

WWW 网页内容是非常丰富的，浏览时除了保存文字信息，还经常会保存一些图片。保存图片的具体操作步骤如下。

① 在图片上右击。

② 在弹出的菜单中选择“图片另存为”命令，打开“保存图片”对话框。

③ 在对话框内选择要保存的路径，输入图片的名称。

④ 单击“保存”按钮。

Internet 上的超链接都指向一个资源，这个资源可以是一个 Web 页面，也可以是声音文件、视频文件、压缩文件等文件。要下载保存这些资源，具体操作步骤如下。

① 在超链接上右击。

② 在弹出的菜单中选择“目标另存为”命令，打开“另存为”对话框。

③ 在对话框内选择要保存的路径，输入要保存的文件的名称。

④ 单击“保存”按钮。

4．更改主页

这里的“主页”是指每次启动 IE 后最先显示的页面，为了节约时间，可以将它设置为最频繁查看的网站。更改主页的步骤如下。

① 打开 IE 窗口。

② 单击“工具”按钮，打开“Internet 选项”对话框。

③ 选择“常规”选项卡，如图 3-17 所示。

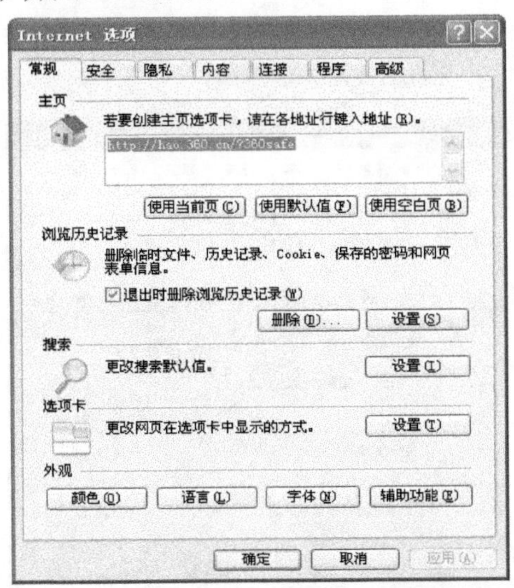

图 3-17 “Internet 选项”对话框

④ 在“主页”组中，单击“使用当前页”按钮，此时，地址框中就会填入当前 IE 浏览的 Web 页的地址。另外，还可以在地址框中输入想设置为主页的页面地址。如果希望 IE 启动的时

候不显示任何一个网站的页面，只是显示空白窗口（这样打开 IE 的速度会比较快），那么可以单击“使用空白页”按钮。如果单击“使用默认页”按钮，地址栏里会变成操作系统为 IE 设置的一个默认页面地址。

⑤ 如果想设置多个主页，可在地址框中另起一行，输入地址。

⑥ 上面设置好主页地址之后，还没有生效，必须单击“确定”按钮，如图 3-17。单击“确定”按钮会关闭“Internet 选项”对话框，而“应用”会使之前所做的更改生效，但是不会关闭“Internet 选项”对话框，以便用户继续更改其他选项。

5．“历史记录”的使用

（1）“历史记录”的浏览

操作步骤如下。

① 在 IE 窗口上单击IE 窗口左侧会打开一个“查看收藏夹、源和历史记录”的窗口。

② 选择“历史记录”选项卡。历史记录的排列方式包括按日期查看、按站点查看、按访问次数查看、按今天的访问顺序查看，以及搜索历史记录。

③ 在默认的“按日期查看”方式下，单击指定日期进入下一级文件夹，如图 3-18 所示。

④ 单击希望选择的网页文件夹图标。

⑤ 单击访问过的网页地址图标，就可以打开此网页进行浏览。

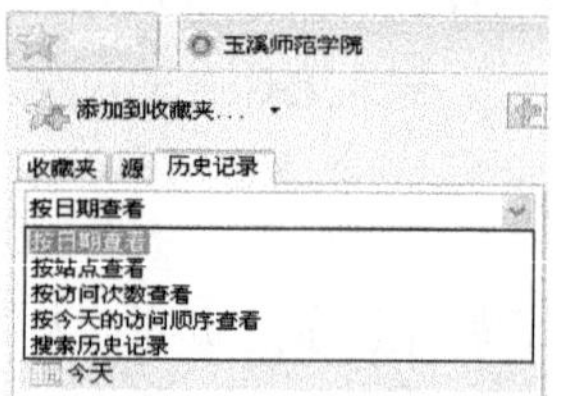

图 3-18　IE 历史记录

（2）“历史记录”的设置和删除

对“历史记录”设置保存天数和删除的操作如下。

① 单击“工具”按钮打开“Internet 选项”对话框。

② 选择“常规”选项卡，见图 3-19。

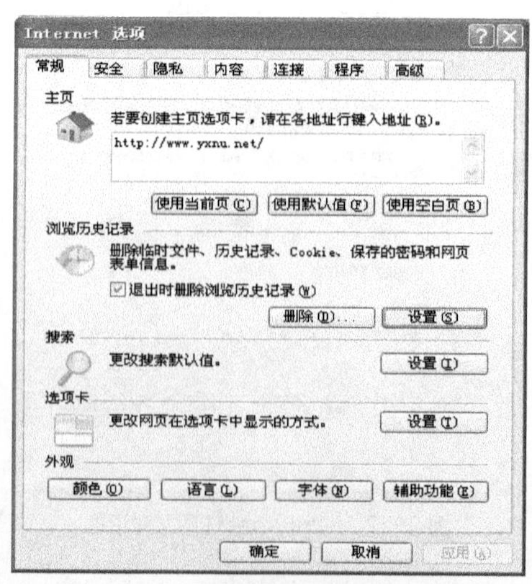

图 3-19　“Internet 选项”对话框

③ 单击“浏览历史记录”组中的“设置”按钮打开设置窗口，在下方输入天数，系统默认为 20 天。

④ 如果要删除所有的历史记录，单击“删除”按钮，在弹出的确认窗口（见图 3-20）中选择要删除的内容，如果选中“历史记录”复选框，就可以清除所有的历史记录（注意，这个删除操作会立刻生效）。

⑤ 单击“确定”按钮，关闭“Internet 选项”对话框。

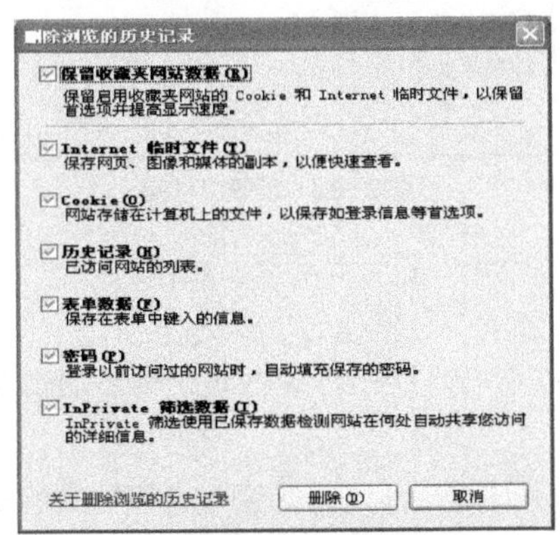

图 3-20　删除所有的历史记录

6. 收藏夹的使用

下面介绍如何将网页地址添加到收藏夹和整理收藏夹的具体步骤。

（1）将 Web 页地址添加到收藏夹

往收藏夹里添加 Web 页地址的方法很多，而且都很方便。常用的方法如下。

① 打开要收藏的网页（本例中为“计算机世界”的主页）。

② 单击 IE 上的☆按钮，在打开的窗口中选中“收藏夹”选项卡，如图 3-21 所示。

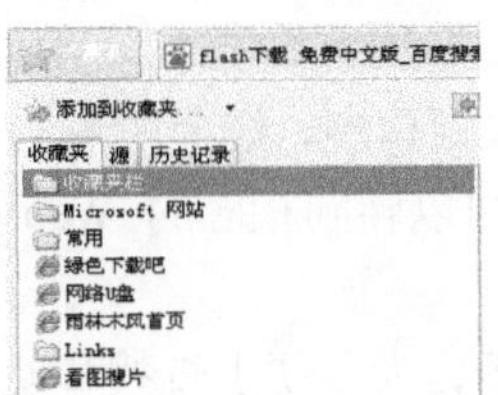

图 3-21　“收藏夹”选项卡

③ 单击“添加到收藏夹”按钮，打开图 3-22 所示的对话框。单击“创建位置”后的下拉框可以展开或收起下面的文件夹。可以单击某个文件夹，选择要保存的位置。

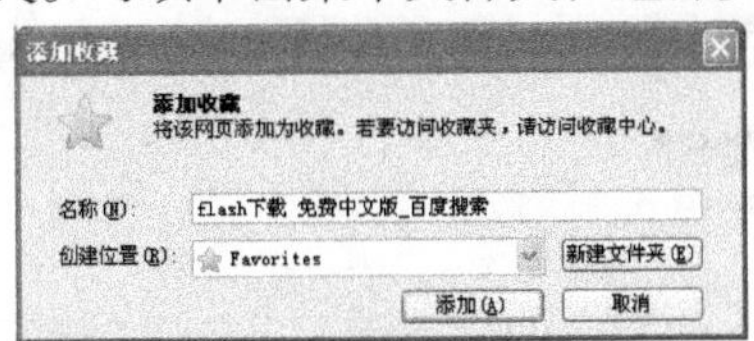

图 3-22　“添加收藏夹”对话框

④ 如果要改名字，可以将插入点移到“文件夹名”文本框中，输入给定的名字。也可以直接使用系统给定的名字。

⑤ 单击“确定”按钮，则在收藏夹中就添加了一个网页地址。

（2）在收藏夹中创建新文件夹

收藏夹下可以包含若干个子文件夹，将收藏的页面地址分门别类地组织到各文件夹中，以便于使用。创建新文件夹并将 Web 页收藏在所建文件夹下的操作步骤如下。

① 单击“添加收藏”对话框中的“新建文件夹”按钮，打开如图 3-23 所示的“创建文件夹”对话框。

图 3-23 创建文件夹

② 在“文件夹名”文本框中输入新文件夹名，单击“确定”按钮，关闭“创建文件夹”对话框。此时，在收藏夹下就添加了一个新建的文件夹。

③ 单击“确定”按钮，就将当前打开的 Web 页地址添加到新建的文件夹中。

（3）拖动收藏法

拖动网页图标到收藏夹或其中某个子文件夹中是一种快捷的收藏方法。具体操作如下。

① 打开要收藏的网页。

② 打开收藏夹窗口，单击“固定收藏中心”，收藏夹会固定到 IE 窗口左边，并且不会自动消失。

③ 拖动地址框中网页地址前面的图标 e 到收藏夹中，或某一个文件夹（如“计算机网络”文件夹）中。鼠标指针所过之处会依次出现一条黑线，它表示鼠标的位置，此时放开左键，网页地址就会存于黑线所指处。当黑线落在某个文件夹上时，稍候该文件夹会自动展开，如果此时放开左键，则网页地址就存放在该文件夹下了。

（4）使用收藏夹中的地址

收藏地址是为了方便使用。单击 IE 上的☆按钮，在打开的窗口中选中“收藏夹”选项卡。类似操作资源管理器那样，在收藏夹窗口中，选择所需的 Web 页名称（或先打开文件夹，再选择其中的 Web 页名称）并单击，就可以转向相应的 Web 页。

（5）整理收藏夹

当收藏夹中的网页地址越来越多，为了便于查找和使用，就需要利用整理收藏夹的功能进行整理，使收藏夹中的网页地址存放更有条理，如图 3-24 所示，在收藏夹选项卡中，在文件夹或 Web 页上右击就可以选择移动、重命名、删除、新建文件夹等操作，还可以使用拖曳的方式移动文件夹和 Web 页的位置，从而改变收藏夹的组织结构。

图 3-24 整理收藏夹

3.3.2 信息的搜索

实际上，Internet 上有不少好的搜索引擎，如百度（www.baidu.com）、谷歌（www.google.com）、搜狐（www.sohu.com）、搜狗（www.sogou.com）等都是很好的搜索工具。这里，以利用百度为例，介绍一些最简单的信息检索方法，以提高信息检索效率。

1．简单搜索

① 在 IE 的地址栏中输入 www.baidu.com 打开百度搜索引擎的页面。在搜索栏输入关键词，如“计算机网络”，如图 3-25 所示。

② 单击“百度一下”按钮，开始搜索，得到搜索结果如图 3-26 所示。

图 3-25 百度搜索引擎主页

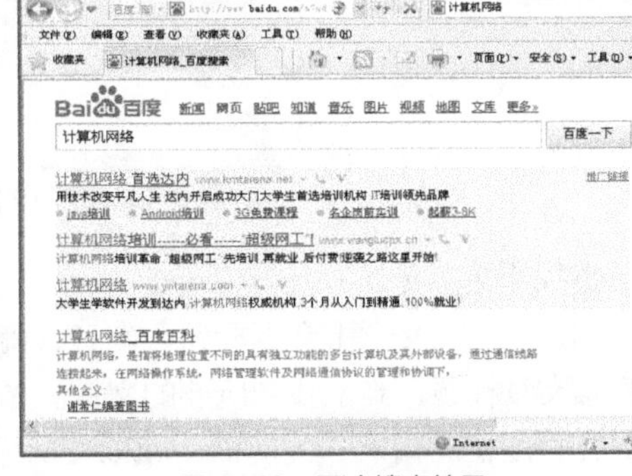

图 3-26 百度搜索结果

③ 在搜索结果页面中列出了所有包含关键词“计算机网络”的网页地址，单击某一项就可以转到相应网页查看内容了。另外，从图 3-26 上可以看到，关键词文本框上方除了默认选中的“网页”外，还有“新闻”、“知道”、“音乐”、“图片”、“视频”等标签。在搜索的时候，选择不同的标签就可以针对不同的目标进行搜索，大大提高了搜索的效率。其他搜索引擎的使用和百度的使用基本类似。

2．定制搜索

（1）搜索特定网站上的信息

在百度框内输入：“要搜索的信息 site:定制网站”，例如：“放假 site:yxnu.net”，则百度搜索引擎只搜索玉溪师范学院网站上有关“放假”的信息，如图 3-27 所示。

搜索结果如图 3-28 所示，只显示了“玉溪师范学院放假”的信息。

图 3-27 定制网站搜索

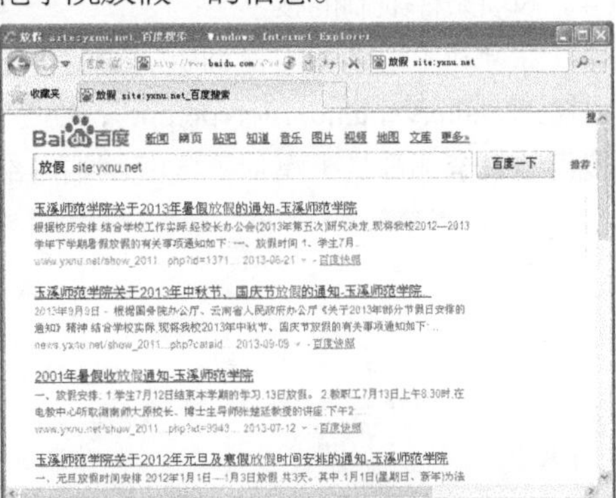

图 3-28 定制网站搜索结果

（2）定制文件类型搜索

在百度框中输入："要搜索信息 filetype:文件类型"，这样可以快速搜索到自己需要的文件类型。其中文件类型可以是 DOC、PPT、PDF、RTF、XLS 等。

例如，输入"计算机网络 filetype:doc"，如图 3-29 所示。

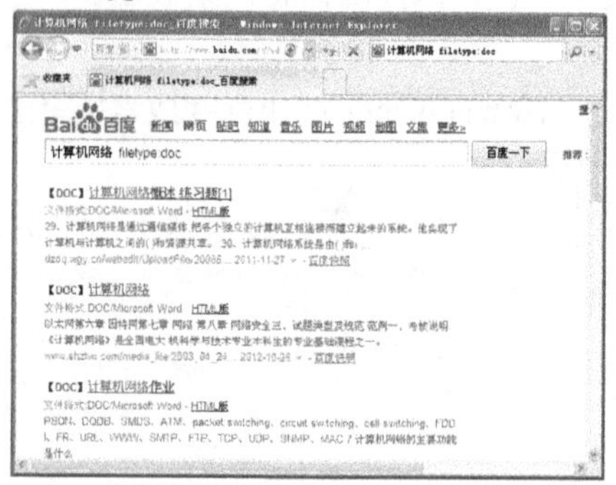

图 3-29 定制文件类型搜索结果

（3）查找论文（文章）

大家知道，一篇文章由文章标题、作者、摘要、关键词和正文等组成，要查找一篇文章，如果只搜索文章标题，难于找到所要的文章。如果查找与摘要和关键词有关的文章，那么就容易得多。在百度框中输入"关键词 intitle:文章标题"，例如，"神经网络 intitle:人工智能"，则可以查找含有关键词"神经网络"、标题为"人工智能"的所有网页，如图 3-30 所示。

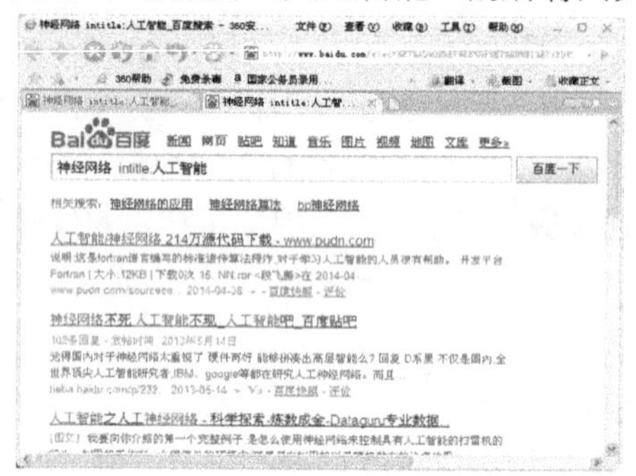

图 3-30 定制文章关键词搜索结果

（4）多项条件限制的搜索

可以综合利用定制条件查询所需要的信息，例如，要查找玉溪师范学院的 PPT 课件。在搜索框内输入"site:yxnu.net filetype:ppt"，如图 3-31 所示。

搜索结果全部都是玉溪师范学院网站内部的 PPT 文件，如图 3-32 所示。

图 3-31 综合条件搜索

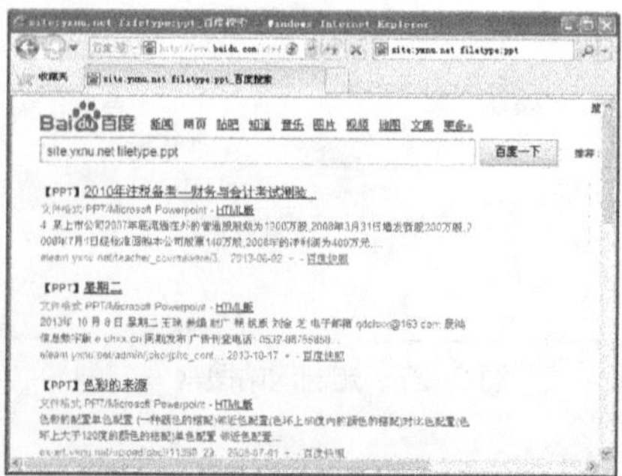

图 3-32 定制综合条件搜索结果

如果要定制搜索玉溪学院内与化学关键词有关的 PPT 课件可以输入“化学 site:yxnu.net filetype:ppt”，如图 3-33 所示。

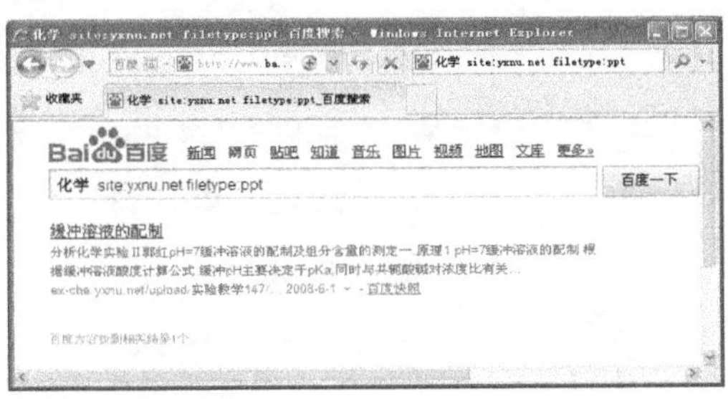

图 3-33　定制综合条件搜索结果

3.3.3　使用 FTP 传输文件

前面章节简单介绍了 FTP（文件传输协议）的原理，它的应用也非常简单，这里主要介绍如何在 FTP 站点上浏览和下载文件。使用 IE 浏览器访问 FTP 站点并下载文件的操作步骤如下。

① 打开 IE 浏览器，在地址栏中输入要访问的 FTP 站点地址，按 Eneter 键。

② 如果该站点不是匿名站点，则 IE 会提示输入用户名和密码，然后登录；如果是匿名站点，IE 会自动匿名登录。登录成功后的界面如图 3-34 所示。

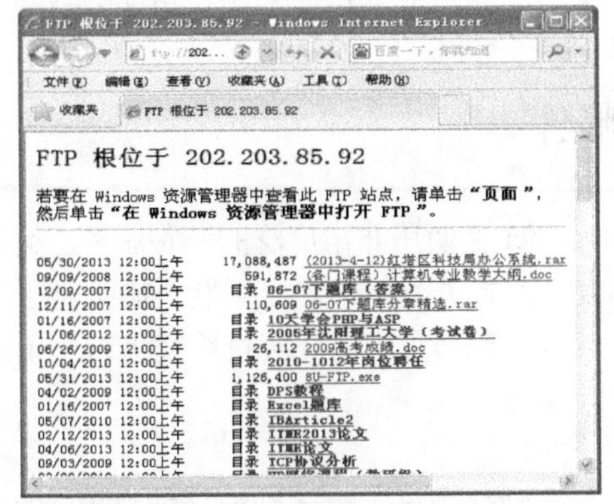

图 3-34　FTP 登录后的窗口

FTP 站点上的资源以链接的方式呈现，可以单击链接进行浏览。当需要下载某个文件时，可使用前面介绍的方法，在链接上右击，选择“目标另存为”命令，然后就可以下载到本地计算机上了。

另外，也可以在 Windows 资源管理器中查看 FTP 站点，这种方式避免了 IE 浏览器 FTP 带来的麻烦（每次访问一个文件夹都要输入密码），操作步骤如下。

① 在“开始”按钮上右击，选择“打开 Windows 资源管理器”命令，或在桌面上找到“计算机”图标并双击打开。

② 在资源管理器的地址栏输入 FTP 站点地址，按 Enter 键。如图 3-35 所示，就像访问本机的资源管理器一样。可以双击某个文件夹进入浏览。

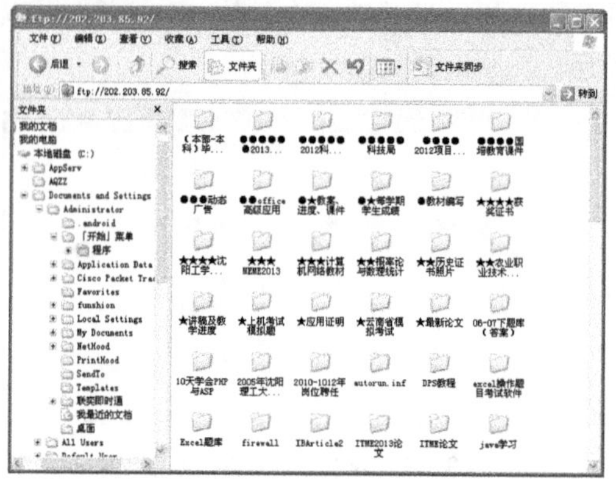

图 3-35 FTP 窗口

③ 当有文件或文件夹需要下载时，可以在该文件或文件夹的图标上右击，在快捷菜单中选择“复制到文件夹”命令，然后在弹出的“浏览文件夹”窗口中选择要复制到的目的文件夹，然后单击“确定”按钮关闭对话框。

④ IE 会弹出一个“正在复制”对话框，在这个对话框中，可以看到复制的文件名称、复制到的文件夹、下载进度条和估算的剩余时间。

⑤ 复制完成后，“正在复制”对话框会自动关闭，到复制到的文件夹中查看，就可以看到文件已经被下载到本地磁盘中了。

3.3.4 收发电子邮件

1．电子邮件

电子邮件（E-mail）是 Internet 上使用非常广泛的一种服务。类似于普通生活中邮件的传递方式，电子邮件采用存储转发的方式进行传递，根据电子邮件地址（E-mail Address）由网上多个主机合作实现存储转发，从发信源节点出发，经过路径上若干个网络节点的存储和转发，最终使电子邮件传送到目的邮箱。

（1）电子邮件地址

每个电子邮箱都有一个电子邮件地址，电子邮件地址的格式是固定的：<用户标识>@<主机域名>。它由收件人用户标识（如姓名或缩写）、字符“@”（读作“at”）和电子邮箱所在计算机的域名三部分组成。地址中间不能有空格或逗号。例如，benlinus@sohu.tom 就是一个电子邮件地址，它表示在“sohu.com”邮件主机上有一个名为 benlinus 的电子邮件用户。

（2）电子邮件的格式

电子邮件都有两个基本的组成部分：信头和信体。信头相当于信封，信体相当于信件内容，如图 3-44 所示。

信头中通常包括如下几项。

收件人：收件人的 E-mail 地址。多个收件人地址之间用英文分号（;）隔开。

抄送：表示同时可以接收到此信的其他人的 E-mail 地址。

主题：类似一本书的章节标题，它概括描述邮件的主题，可以是一句话或一个词。

信体就是希望收件人看到的正文内容，有时还可以包含有附件，如照片、音频、文档等文件都可以作为邮件的附件进行发送。

（3）申请免费邮箱

要使用电子邮件进行通信，必须先有自己的邮箱。一般大型网站，如新浪（www. sina.com.cn）、搜狐（www.sohu.com）、网易 163（www.163.com）、网易 126（www.126.com）等都提供免费邮箱。这里举例简单介绍在 www.126.com 注册免费邮箱。进入 www.126.com 主页后，单击“注册”链接进入注册免费邮件的页面，然后按要求逐一填写各项必要的信息，如用户名、口令等，进行注册。注册成功后，就可以登录此邮箱收发电子邮件了，如图 3-36 所示。

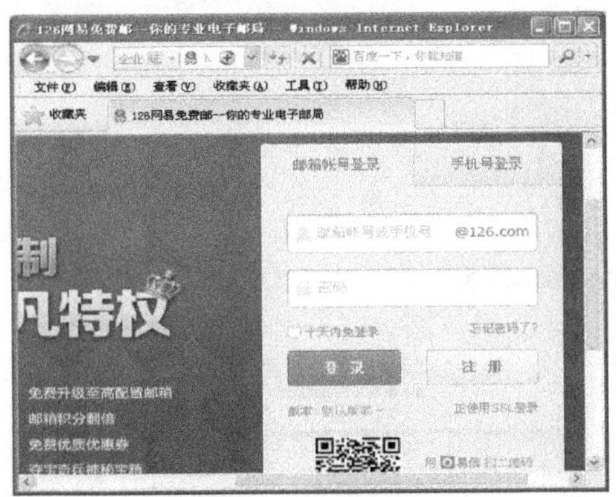

图 3-36 126 免费邮箱

2．Outlook 2010 的使用

除了在 Web 页上进行电子邮件的收发，还可以使用电子邮件客户机软件。在日常应用中，后者更加方便，功能也更为强大。目前电子邮件客户机软件很多，如 FoxMail、金山邮件、Outlook 等都是常用的收发电子邮件客户机软件。虽然各软件的界面不同，但其操作方式基本都是类似的。比如，要发电子邮件，就必须填写收件人的邮件地址、主题和邮件体。下面以 Microsoft Outlook 2010 为例详细介绍电子邮件的撰写、收发、阅读、回复和转发等操作。

（1）账号的设置

首次启动 Outlook 时会提示配置信息，如图 3-37 所示，单击“下一步”按钮，根据实际情况选择“是”或“否”单选按钮，如图 3-38 所示。单击“下一步”按钮，添加新账户，如图 3-39 所示。若不是首次启动 Outlook，则在使用 Outlook 收发电子邮件之前，必须先对 Outlook 进行账号设置。打开 Outlook 2010 后，在“文件”→“信息”中找到“添加账户”按钮，如图 3-39 所示，单击“下一步”按钮，打开图 3-40 所示的“添加新账户”对话框，选中“电子邮件账户”，单击“下一步”按钮。在图 3-41 中正确填写 E-mail 地址和密码等信息，单击“下一步”按钮，Outlook 会自动联系邮箱服务器进行账户配置，稍后就会显示图 3-42，说明账户配置成功。

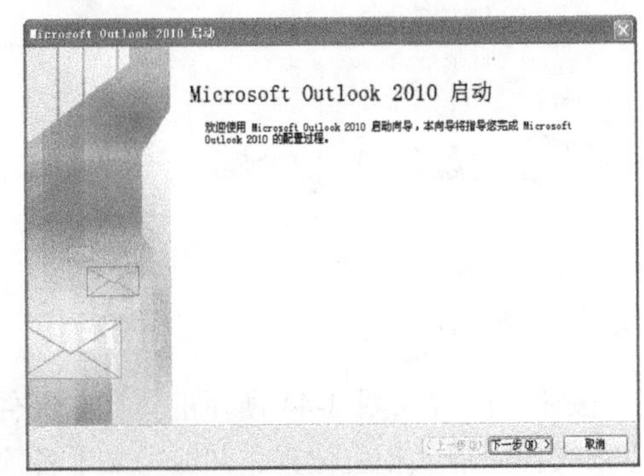

图 3-37 首次启动 Outlook

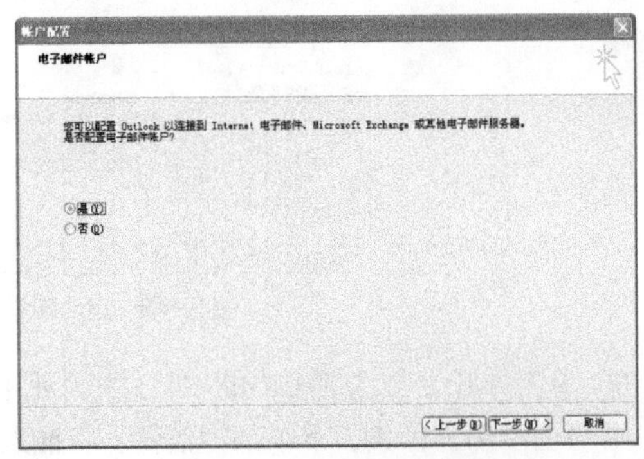

图 3-38 Outlook 账户配置

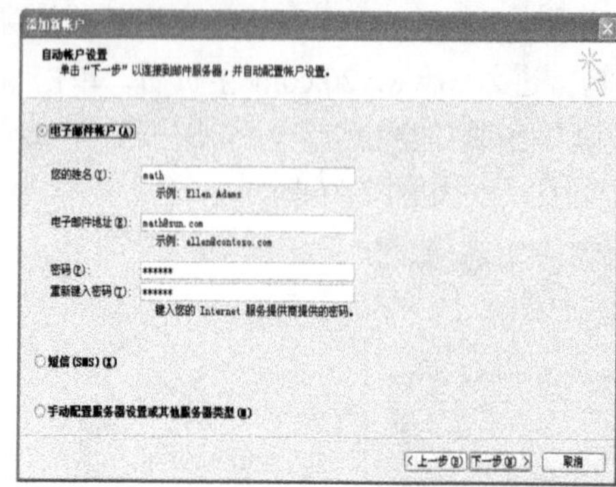

图 3-39　Outlook 添加新账户

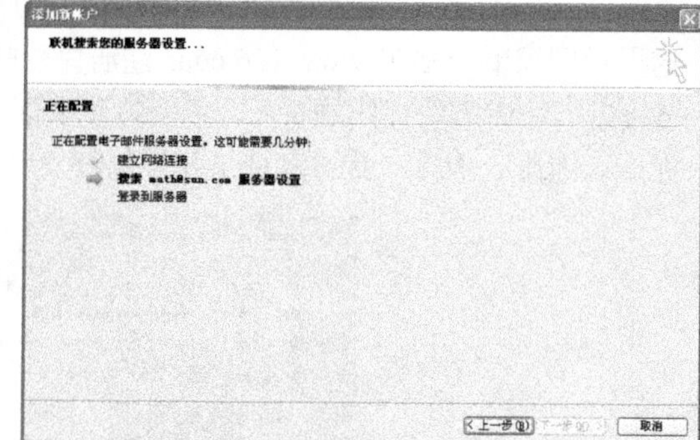

图 3-40　Outlook 添加新账户

图 3-41　允许网站配置账户

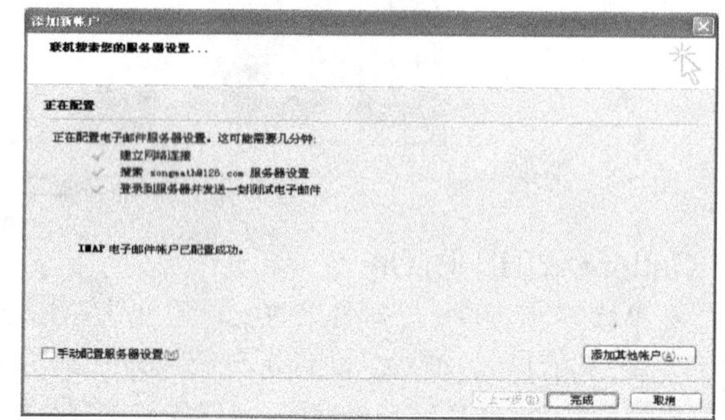

图 3-42　Outlook 配置成功

完成后，在“文件”→“信息”中的账户信息下就可看到刚设置的账户，此时就可以使用 Outlook 收发邮件了。

（2）撰写与发送邮件

账号设置好后就可以收发电子邮件了。先试着给自己发送一封实验邮件，具体操作如下。

① 在“程序”菜单组单击“Microsoft Outlook 2010”，启动 0utlook，如图 3-43 所示。

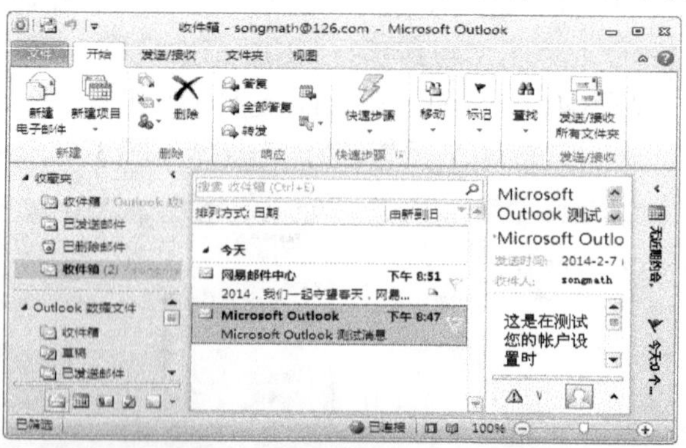

图 3-43　启动配置后的 Outlook 界面

② 单击“开始”选项卡中的“新建电子邮件”按钮，出现如图 3-44 所示的撰写新邮件窗口。窗口上半部为信头，下半部为信体。将插入点依次移到信头相应位置，并填写如下各项。

收件人：math@sun.com（假设给自己发邮件，这里用发件人的 E-mail 地址）

抄　送：john_10cke@163.com

主　题：测试邮件

③ 将插入点移到信体部分，输入邮件内容。

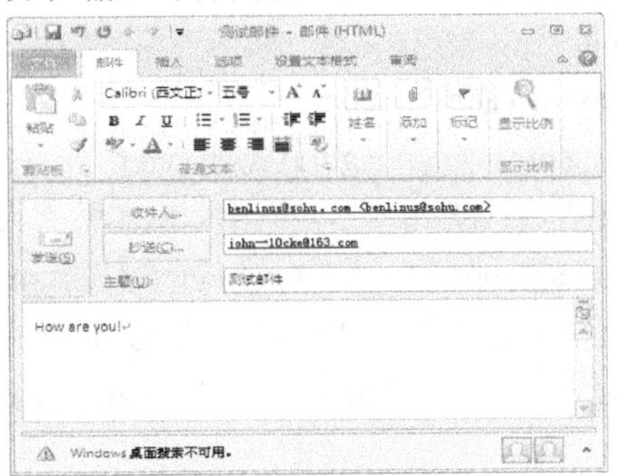

图 3-44　新建电子邮件

④ 单击“发送”按钮，即可发往上述各收件人。

如果脱机撰写邮件，则邮件会保存在“发件箱”中，待下次连接到 Internet 时会自动发出。邮件信体部分可以像我们编辑 Word 文档一样去操作，如可以改变字体颜色、大小，调整对齐格式，甚至插入表格、图形图片等。

（3）在电子邮件中插入附件

如果要通过电子邮件发送计算机中的其他文件，如 Word 文档、数码照片等，可以把这些文件当成邮件的附件随邮件一起发送。在撰写电子邮件的时候，可以按下列操作插入指定的计算机文件。

① 单击“邮件”选项卡上的“附加文件”按钮，如图 3-45 所示，打开“插入文件”对话框。

图 3-45　添加附件

② 在对话框中选定要插入的文件，然后单击“插入”按钮。

③ 在新撰写邮件的“附件”框中就会列出所附加的文件名，如图 3-46 所示。

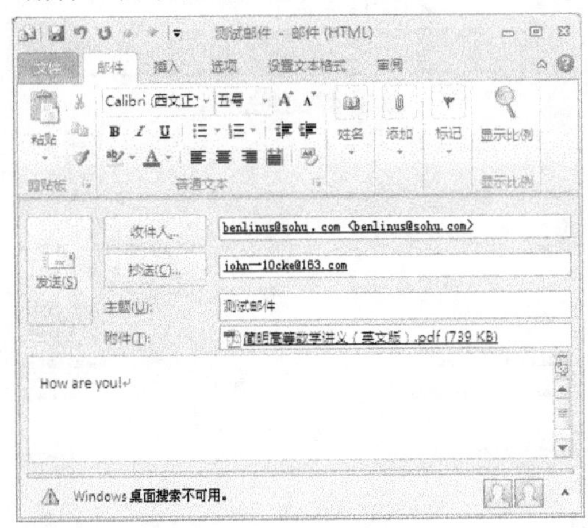

图 3-46　添加附件后的窗口

注意：另一种插入附件的简单方法，是直接把文件拖曳到发送邮件的窗口上，就会自动插入为邮件的附件。

（4）密件抄送

有时候需要将一封邮件发送给多个收件人，这时可以在抄送栏中填入多个 E-mail，地址之间用英文分号隔开。但是如果发件人不希望多个收件人看到这封邮件都发给了谁，就可以采取密件抄送的方式。举例来说，按如下所示发送邮件。

收件人：gaoyun@sina.com

抄　送：zhangtao@163.com;liyi@sohu.com

密件抄送：benlinus@sohu.corn;wangdongl011@sina.com

那么该邮件将发送给收件人、抄送和密件抄送中列出的所有人，但 zhangtao@163.com 和 liyi@sohu.com 不会知道 benlinus@sohu.eom 和 wangdongl011@sina.com 也收到了该邮件。密件抄送中列出的邮件接收人彼此之间也不知道谁收到了邮件。本例中，benlinus@sohu.com 不知道 wangdongl011@sina.com 也收到了该邮件的副本，但他知道 zhangtao@163.corn 和 liyi@sohu.corn 收到了邮件的副本。

使用密件抄送的步骤如下。

① 打开如图 3-47 所示的撰写新邮件窗口，默认情况下没有填写密件抄送邮件地址的位置，可以先将收件人和抄送的 E-mail 填写到对应的文本框，然后单击“抄送”按钮，弹出如图 3-48 所示的“选择姓名：联系人”对话框，在这里可以直接从联系人中选择 E-mail 地址，添加到右边的邮件收件人中。从图上可以看到用按钮“密件抄送”将 benlinus@sohu.com 添加到了密件抄送列表中，同时手工输入了另一个 E-mail 地址 wangdong1011@sohu.com，多个 E-mail 地址之间用分号隔开。

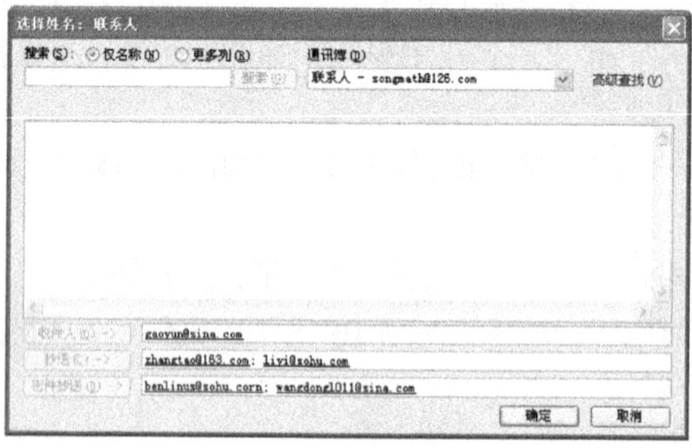

图 3-47　抄送密件

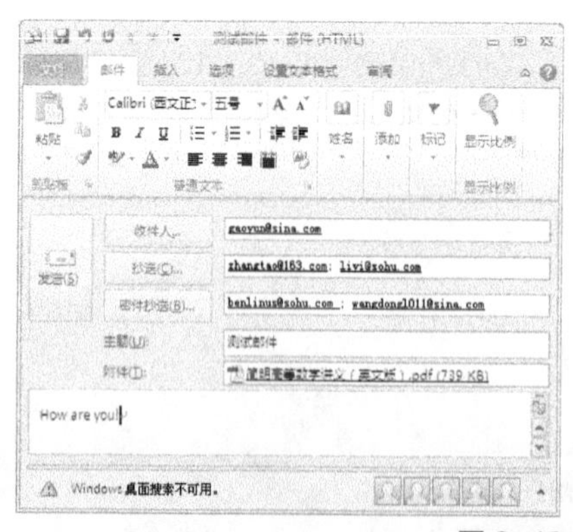

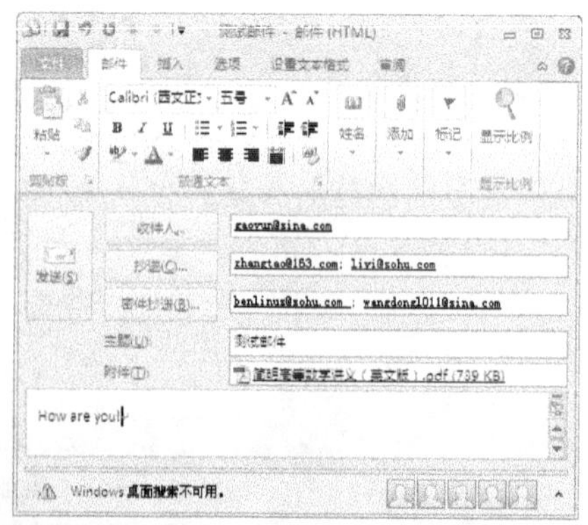

图 3-48　发送邮件

② 填写完毕，单击“确认”按钮，从图 3-47 所示的新邮件窗口可以看到，出现了“密件抄送”一栏，并且已填入了刚才输入的 E-mail 地址（本例中是 benlinus@sohu.com 和 wangdong1011@sina.com）。

③ 完成新邮件的其他部分，单击“发送”按钮，完成新邮件的发送。

（5）接收和阅读邮件

一般情况下，先连接到 Internet，然后启动 Outlook。如果要查看是否有电子邮件，则单击工具栏上的“发送/接收”按钮。此时会出现一个邮件发送和接收的对话框，当下载完邮件后，就可以阅读查看了。阅读邮件的操作如下。

① 单击 Outlook 窗口左侧的 Outlook 栏中的“收件箱”按钮（见图 3-49），便出现一个预览邮件窗口。该窗口左部为 Outlook 栏，中部为邮件列表区，收到的所有信件都在此列出，右部是邮件预览区。若在邮件列表区中选择一个邮件并单击，则该邮件内容便显示在邮件预览区中。

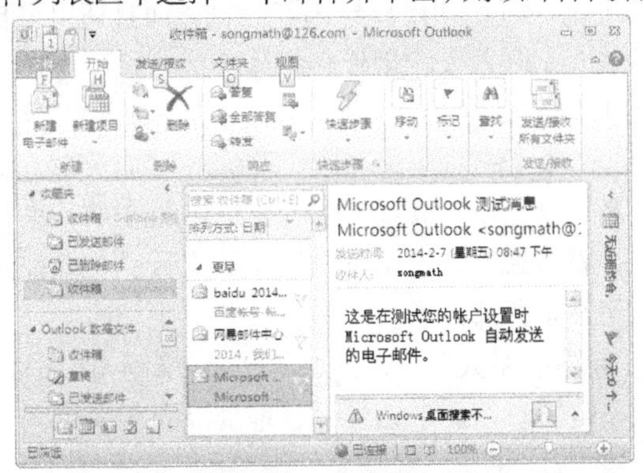

图 3-49 阅读邮件

② 若要简单地浏览某个邮件，单击邮件列表区中的某个邮件即可。若要详细阅读或对邮件做各种操作，可以双击它打开。现在双击列表区中的邮件“测试邮件”，将弹出阅读邮件窗口，如图 3-49 所示。当阅读完一封邮件后，可直接单击窗口“关闭”按钮，结束此邮件的阅读。

（6）阅读和保存附件

如果邮件含有附件，则在邮件图标右侧会列出附件的名称，需要查看附件内容时，可单击附件名称，在 Outlook 中预览。某些不是文档的文件无法在 Outlook 中预览，则可以双击打开。

如果要保存附件到另外的文件夹中，可右击文件名，在弹出快捷菜单中选择“另存为”命令，在打开的“保存附件”窗口中指定保存路径，并单击“保存”按钮。

（7）回信与转发

① 回复邮件。看完一封邮件需要回复时，请在图 3-49 所示的邮件阅读窗口中单击“答复”或“全部答复”图标，弹出回信窗口，这里的发件人和收件人的地址已由系统自动填好，原信件的内容也都显示出来作为引用内容。编写回信，这里允许原信内容和回信内容交叉，以便引用原信语句。回信内容写好后，单击“发送”按钮，就可以完成回信任务。

② 转发。如果觉得有必要让更多的人也阅览自己收到的这封信，如用邮件发布的通知、文件等，就可以转发该邮件，可进行如下操作。

a. 对于刚阅读过的邮件，直接在邮件阅读窗口上单击“转发”图标。对于收件箱中的邮件，可以先选中要转发的邮件，然后单击“转发”图标，均可进入类似回复窗口那样的转发邮件窗口，如图 3-50 所示。

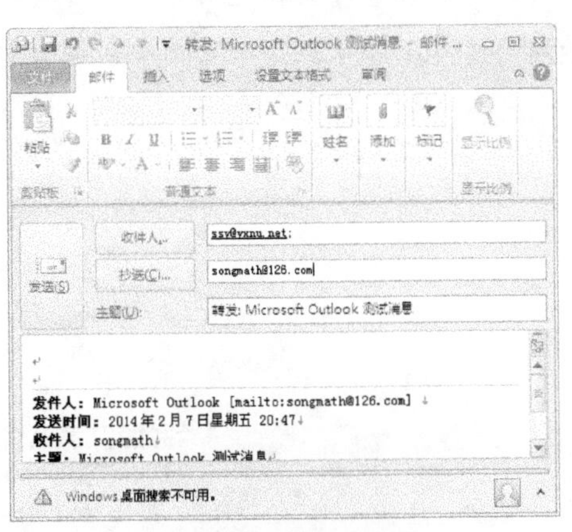

图 3-50 转发电子邮件

> **注意：** 图 3-50 中的窗口比图 3-47 简洁，原来的剪贴板、文本编辑等功能都不见了，这是因为使用了“功能区最小化”按钮，需要使用它时，可以再点击展开功能区。

b. 填入收件人地址，多个地址之间用逗号或分号隔开。

c. 必要时，在待转发的邮件之下撰写附加信息。最后，单击“发送”按钮，完成转发。

（8）联系人的使用

联系人是 Outlook 中十分有用的工具之一。利用它不但可以像普通通讯录那样保存联系人的 E-mail 地址、邮编、通信地址、电话和传真号码等信息，而且还可以自动填写电子邮件地址、电话拨号等功能。下面简单介绍联系人的创建和使用。

添加联系人信息的具体步骤如下。

① 在 Outlook“开始”选项卡的左下角选择“联系人”，打开联系人管理视图。可以在这个视图中看到已有的联系人名片，显示了联系人的姓名、E-mail 等摘要信息。双击某个联系人的名片，即可打开详细信息查看或编辑。选中某个联系人名片，在功能区上单击“电子邮件”按钮，就可以给该联系人编写并发送邮件了。

② 在功能区上单击“新建联系人”，打开联系人资料填写窗口，如图 3-51 所示，联系人资料包括姓氏、名字、单位、电子邮件、电话号码、地址以及头像等。

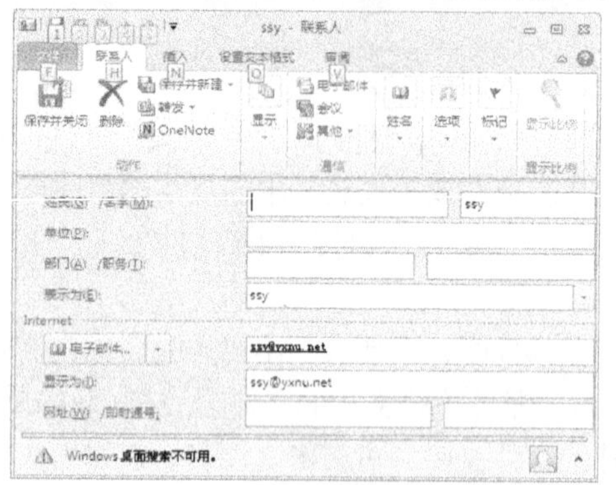

图 3-51　将联系人的信息建立在通信簿中

③ 将联系人的各项信息输入相关选项卡的相应文本框中，并单击“保存并关闭”按钮。

完成上述 3 步，就可将联系人的信息建立在通信簿中。

> **提示：** 在邮件的预览窗口中，可以在 E-mail 地址上右击，在弹出快捷菜单中选择“添加到 Outlook 联系人”命令，即可将该电子邮件地址添加到联系人中了，如图 3-52 所示。

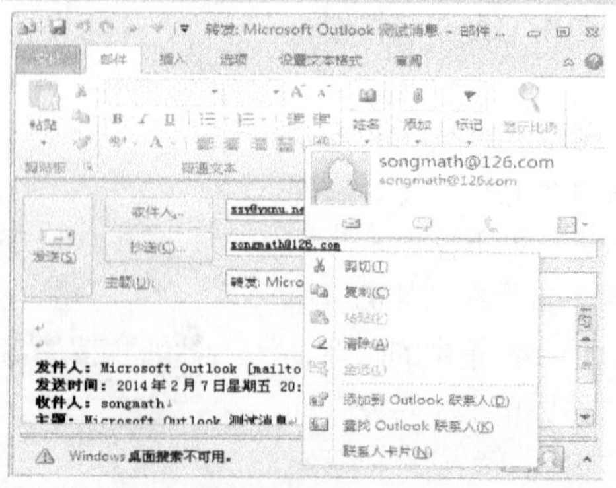

图 3-52　在邮件地址上右击

3.3.5 流媒体

流媒体提供了另一种在网上浏览“音/视频文件”的方式。流媒体是指采用流式传输的方式在Internet播放的媒体格式。流式传输时，“音/视频文件”由流媒体服务器向用户计算机连续、实时地传送。用户不必等到整个文件全部下载完毕，而只需要经过几秒或很短时间的启动延时即可进行观看，即“边下载边播放”，这样当下载的一部分播放时，后台也在不断下载文件的剩余部分。

1．流媒体原理

实现流媒体需要两个条件：合适的传输协议和缓存。使用缓存的目的是消除时延和抖动的影响，以保证数据报顺序正确，从而使媒体数据能够顺序输出。

流式传输的大致过程如下。

① 选择一个流媒体服务后，Web浏览器与Web服务器之间交换控制信息，把需要传输的实时数据从原始信息中检索出来。

② Web浏览器启动音／视频客户机程序，使用从Web服务器检索到的相关参数对客户机程序初始化，参数包括目录信息、音／视频数据的编码类型和相关的服务器地址等信息。

③ 客户机程序和服务器之间运行实时流协议，交换音／视频传输所需的控制信息，实时流协议提供播放、快进、快倒、暂停等命令。

④ 流媒体服务器通过流协议及TCP／UDP传输协议将音／视频数据传输给客户机程序，一旦数据到达客户机，客户机程序就可以进行播放。

目前的流媒体格式有很多，如.asf、.rm、.ra、.mpg、.flv等，不同格式的流媒体文件需要不同的播放软件来播放。常见的流媒体播放软件有RealNetworks公司出品的RealPlayer、微软公司的Media Player、苹果公司的QuickTime和Macromedia的Shockwave Flash。其中Flash流媒体技术使用矢量图形技术，使文件下载播放速度明显提高。

2．在Internet上浏览播放流媒体

越来越多的网站提供了在线欣赏音/视频的服务，如新浪播客、优酷、56、土豆网、酷6、you-tube等。下面以优酷网为例介绍如何在Internet上播放流媒体，具体操作如下。

① 打开IE浏览器，在地址栏输入www.youku.com，按Enter键进入优酷网的首页。

② 在主页可以看到一些视频推荐。也可以在搜索栏中输入关键字，单击“搜索”按钮搜索想观看的节目，如图3-53所示。

图3-53 优酷搜索界面

③ 进入搜索结果页面，可以看到一个节目列表，每个节目包括视频的截图、标题、时长等信息，单击一个视频，进入视频播放页面。

④ 在视频播放页面可以看到一个视频播放窗口，如图3-54所示，播放窗口包括视频画面、进度条、控制按钮（播放/暂停、快进、快退）、时间显示、音量调节等部分。

可以看出，并不需要等全部下载完才能播放，而是从一开始就播放，一边下载，一边播放，如图3-54所示。

图 3-54 边下载边播放

优酷网之类的视频共享网站不仅提供了浏览播放的功能，还包括上传视频、收藏夹、评论、排行榜等多种互动功能，吸引了大批崇尚自由创意、喜欢收藏或欣赏在线视频的网民。

3.4 360 云盘与百度云盘

【任务 3-3】学习云盘的使用，在线申请 360 云盘或百度云盘，在线上传文件和下载文件；利用客户端软件管理云盘和进行文件的上传和下载。

3.4.1 360 云盘的注册与使用

360 云盘是奇虎 360 科技的分享式云存储服务产品。为广大普通网民提供了存储容量大、免费、安全、便携、稳定的跨平台文件存储、备份、传递和共享服务。360 云盘为每个用户提供 36TB 的免费初始容量空间，360 云盘最高上限是没有限制的。

1. 注册 360 云盘

首先，必须具有 163、126 或其他网站上的邮箱，若没有可以在线注册（单击“没有邮箱”图标进行注册）。其次，在 IE 浏览器地址栏中输入“yunpan.360.cn/reg”，注册 360 云盘，如图 3-55 所示。

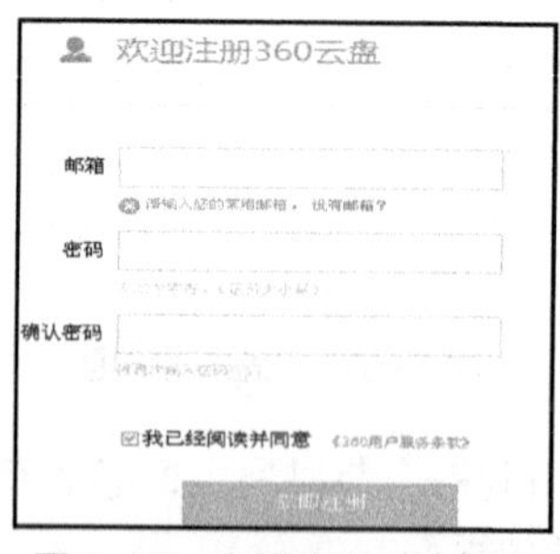

图 3-55 在线注册 360 云盘

在图 3-55 中输入已经注册的邮箱地址，如 abc@126.com，输入设定的密码，单击“立即注册”，就具有了 360 云盘。请一定记住邮箱地址和登录密码。

2. 在线访问你的 360 云盘

在 IE 浏览器地址栏中输入“yunpan.360.cn”，进入云盘登录界面，输入登录的邮箱地址和注册云盘时的密码，如图 3-56 所示。

图 3-56 360 云盘登录界面

3. 免费获得 36TB 的云盘空间

为了获得更大的云盘空间，单击图 3-56 右上角的“36T 免费空间”→“马上领取”，如图 3-57 所示。

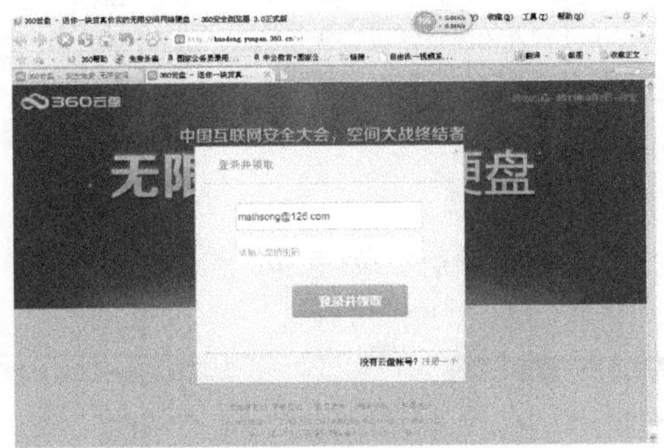

图 3-57 领取免费的 36TB 云盘空间

输入账号和密码，单击“登录并领取”，如图 3-57 所示。

下载并使用 PC 客户端软件，可以再获得 10TB 的永久云盘空间，如图 3-58、图 3-59 所示。

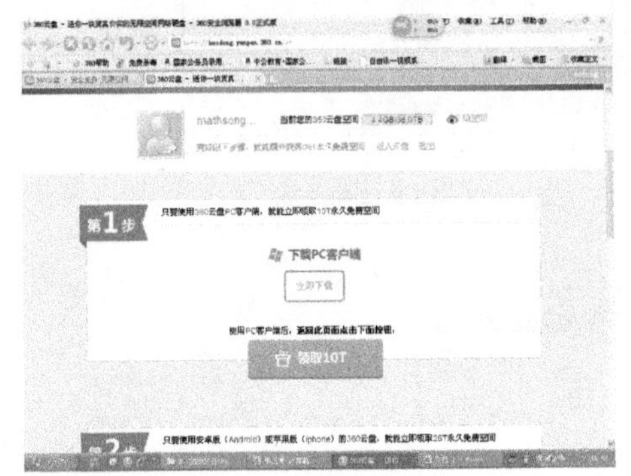

图 3-58 获得免费空间界面

图 3-59 获得 10TB 的免费空间

下载安装客户端软件，你的云盘就仿佛是本地硬盘一样。从“开始”→“程序”中启动 360 客户端软件，如图 3-60 所示。

在图 3-60 中输入用户名和密码，单击“登录”按钮。进入你的云盘，可以像使用本地盘一样使用。可以直接在云盘中进行编辑、保存文档，如图 3-61 所示。

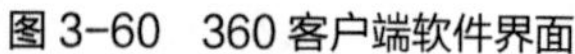
图 3-60　360 客户端软件界面

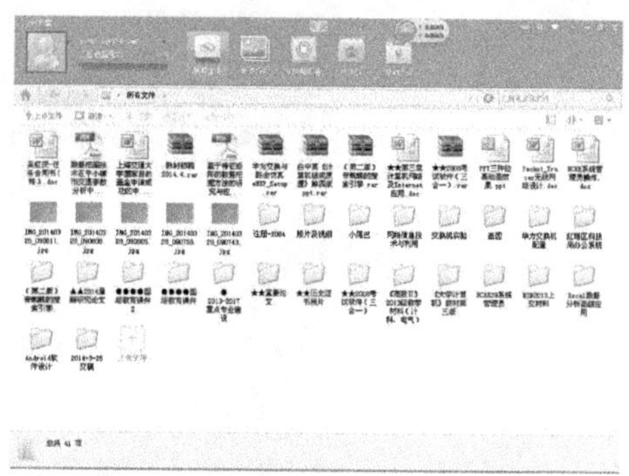
图 3-61　306 客户端登录后的云盘界面

3.4.2　百度云

百度云是百度公司推出的一款云服务产品。通过百度云，可以将照片、文档、音乐、通讯录数据在各类设备中使用，在众多朋友圈里分享与交流。百度云盘不需要客户客户端软件，直接登录使用，非常方便。360 云盘提供的空间较大，提供 10TB 的永久空间，注册 360 账号后可以使用 yunpan.360.cn 在线访问云盘空间，也可以下载客户端软件，并进行安装使用，这样云盘就仿佛是本地磁盘一样。

3.4.3　申请百度账户

进入百度主页，单击右上角的“注册”，如图 3-62 所示。

在图 3-63 中输入注册信息，单击注册即可。

图 3-62　百度首页

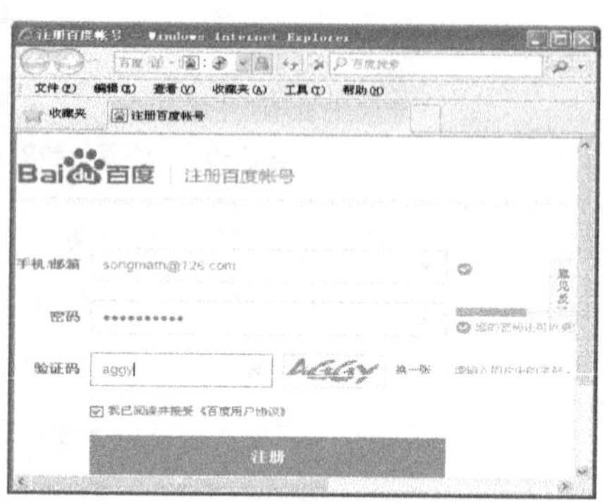

图 3-63　百度注册页面

到注册的邮箱中激活账户，如图 3-64 所示。

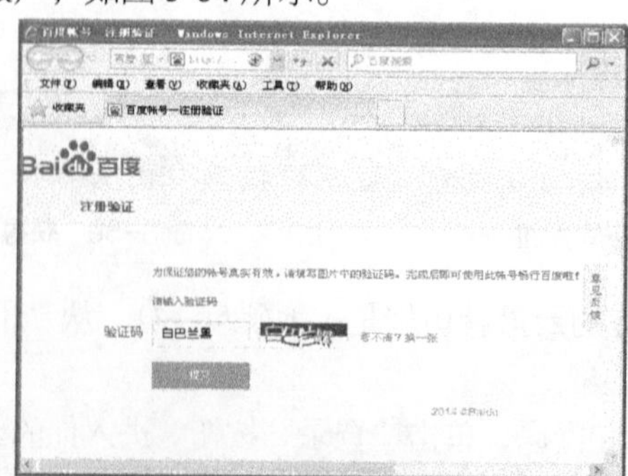

图 3-64　激活账户

回到百度首页，输入“百度云盘登录”，如图 3-65 所示。

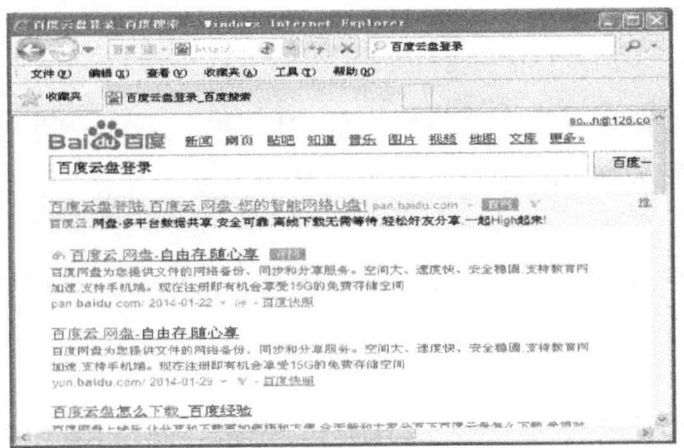

图 3-65　百度搜索

在单击第一条信息“百度登录”即可进入自己的云盘，如图 3-66 所示。也可以直接在 IE 浏览器地址中输入“pan.baidu.com”进入。

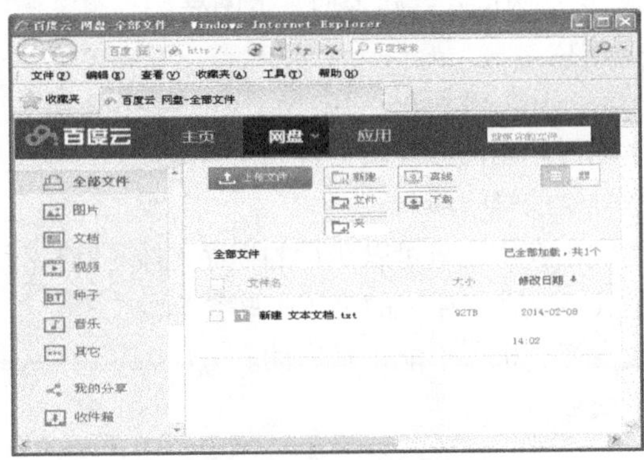

图 3-66　百度云盘界面

在图 3-66 中可以创建自己的文件夹、上传文件、下载文件等操作。

3.5　计算机病毒和网络安全

【任务 3-4】计算机病毒的基本概念、特征、分类和计算机病毒的防范；计算机网络安全及防火墙的概念。

3.5.1　计算机病毒及防治

1．计算机病毒的定义

《中华人民共和国计算机信息系统安全保护条例》明确定义，计算机病毒（Computer Virus）是指 “人为编制的或者在计算机程序中插入的破坏计算机功能或者破坏数据，影响计算机使用并且能够自我复制的一组计算机指令或者程序代码”。计算机病毒是一段特殊的计算机程序，可以在瞬间损坏系统文件，使系统陷入瘫痪，导致数据丢失。病毒程序的目标就是破坏计算机信息系统程序、毁坏数据、强占系统资源、影响计算机的正常运行。在通常情况下，病毒程序并不是独立存储于计算机中的，而是依附（寄生）于其他计算机程序或文件中，通过激活的方式运行病毒程序，对计算机系统产生破坏作用。

计算机病毒一般由病毒引导模块、病毒传染模块、病毒激发模块 3 大部分组成。

2. 计算机病毒的特征

计算机病毒具有以下几个特征。

（1）寄生性

计算机病毒寄生在其他程序之中，当执行这个程序时，病毒就起破坏作用，而在未启动这个程序之前，它是不易被人发觉的。

（2）传染性

计算机病毒不但本身具有破坏性，更有害的是具有传染性，一旦病毒被复制或产生变种，其速度之快令人难以预防。

（3）潜伏性

有些病毒像定时炸弹一样，让它什么时间发作是预先设计好的，如黑色星期五病毒，不到预定时间一点都觉察不出来，等到条件具备的时候一下子就爆发开来，对系统进行破坏。

（4）隐蔽性

计算机病毒具有很强的隐蔽性，有的可以通过病毒软件检查出来，有的根本就查不出来，有的时隐时现、变化无常，这类病毒处理起来通常很困难。

3. 计算机中毒的主要症状

当计算机出现以下现象之一时，就有可能中毒了。

① 屏幕出现一些异常的显示画面或问候语。

② 机箱的扬声器发出异常的蜂鸣声。

③ 可执行文件的长度发生变化或者可以执行的程序无故不能执行。

④ 程序或数据突然消失或文件夹中无故多了一些奇怪的文件。

⑤ 系统运行速度明显变慢，机器不能正常启动。

⑥ 系统启动异常或频繁死机。

⑦ 打印出现问题。

⑧ 生成不可见的表格文件或程序文件。

⑨ 硬盘指示灯无故闪亮或突然出现坏块、坏道。

⑩ 计算机经常无故启动一些应用程序或无故弹出一些莫名其妙的界面。

⑪ 系统不承认磁盘或者硬盘不能正常引导系统等。

4. 计算机病毒的分类

① 按设计者的意图和破坏性的大小，计算机病毒分为良性病毒和恶性病毒。

a. 良性病毒又称恶作剧型病毒。这些病毒大多在屏幕上出现一些语句或画面，不破坏数据和系统，仅干扰正常操作。

b. 恶性病毒具有明显的攻击性和破坏性。轻者丢失数据、删改文件，重者造成硬件损坏、系统崩溃、网络瘫痪。

② 按照寄生方式，计算机病毒可分为外壳型、源码型、入侵型和操作系统型。

a. 外壳型。此种病毒常依附于主程序的首尾，当合法的主程序运行时即被激活。一般不破坏原程序。

b. 源码型。这种病毒在程序被编译之前，插入高级语言编写的源程序，成为可执行程序的合法部分，破坏性较大。

c. 入侵型。这种病毒程序能插入合法的主程序，替换不常应用的功能模块部分。入侵型病毒查找和清除的难度都很大。

d. 操作系统型。这种病毒是在系统引导时，取代操作系统的部分操作。此种类型病毒较常见，破坏性也较大。

③ 按照病毒的发作时间，计算机病毒可分为定时发作病毒和随机发作病毒。

④ 宏病毒。宏病毒是 Windows 下使用某些应用程序自带的宏编程语言编写的病毒。目前世界上已发现了 3 类宏病毒：感染 Word 系统的 Word 宏病毒、感染 Excel 系统的 Excel 宏病毒和感染 Lotus AmiPro 的宏病毒。与其他的病毒相比，宏病毒具有以下特点。

a. 感染数据文件。以往病毒只感染程序，不感染数据文件，但现在的宏病毒专门感染数据文件。

b. 容易编写。宏病毒以容易阅读的源代码编写，因此编写和修改都很容易。

c. 容易传播。任何数据文件都可能被感染宏病毒，一篇文章、一个 E-mail 都可以感染宏病毒。

宏病毒是能实现多平台交叉感染，凡是能应用 Word、Excel 的工作平台上都能感染宏病毒。

5. 计算机病毒的传播途径及防范

（1）计算机病毒传播的主要途径

① 存储介质。包括软盘、硬盘、磁带、移动 U 盘和光盘等。在这些存储设备中，尤其以软盘和 U 盘是使用最广泛的移动设备，也是病毒传染的主要途径之一。

② 网络。随着 Internet 技术的迅猛发展，Internet 在给人们的工作和生活带来极大方便的同时，也成为病毒滋生与传播的温床，当人们从 Internet 下载或浏览各种资料的同时，病毒可能也就伴随这些有用的资料侵入用户的计算机系统。

③ 电子邮件。当电子邮件成为人们日常生活和工作的重要工具后，电子邮件病毒无疑是病毒传播的最佳方式，近几年出现的危害性比较大的病毒几乎全是通过电子邮件方式传播的。

（2）计算机病毒的防范

目前，防范计算机病毒可以从硬件和软件以及管理 3 个方面来考虑。

① 从软件方面看，可能的措施有：慎用来历不明的软件；软盘使用前最好使用杀毒软件进行检查；重要数据和文件定期做好备份，以减少损失；启动盘和装有重要程序的软盘要写保护；使用较好的杀毒软件进行病毒查找，确定是否染上病毒，尽早发现，尽早清杀。

② 在硬件方面，主要是采用防病毒卡、防火墙等来防范病毒的入侵。

③ 在管理方面，应该加强宣传，做到专机专用、专盘专用。对于机房中的公共用机尤其应该加强管理，最好采用新型的主动反病毒软件，以便及时查杀。随着 Internet 的广泛流行，也应该加强对于网络中病毒的检测与查杀，并对下载文件进行必要的管理。

（3）病毒检测工具

采用病毒检测的专用工具有两种不同的思想。一种是扫描病毒的关键字方法，这种方法一般准确、有效，但它只能对付已出现的病毒，对新病毒无可奈何。另一种是校验软件，这种软件根据某种算法，对所有可能受病毒攻击的数据进行校验并将结果保存起来，每次运行时先重算一遍再与前次的内容进行比较，若发现有被修改的文件则报告给用户，该方法能查到目标被改动的文件，但不能准确地确认病毒的名称。

目前，国内的病毒检测工具很多，一般都具有杀毒功能。但要注意，由于病毒不断产生新种和变种，质和量都在变化，因而使用任何病毒检测工具都不能完全防范病毒。

（4）病毒的消除

一旦发现病毒，就应该立即着手进行消除。但并不完全是对发现病毒的文件进行病毒消除，还要对那些可疑的或者无法确认安全的内容进行检测。

如果发现病毒感染了机器，假若在网上，则应立即使机器脱离网络，以防扩大传染范围，对已经感染的软件应进行隔离，在消除病毒之前不要使用。

发现病毒后，应使用未被感染过的备份软件重新启动机器，如果感染特别严重，可以考虑将其低级格式化，再做分区和高级格式化，以彻底清除病毒，然后运行 DOS 中的 SYS 命令，重新写入 BOOT 区。如果 CMOS 内存区被感染，则应该将主板上的电池取下，以清除此区域中的病毒。

目前最方便、最理想的方法是利用市场上数量众多的查杀病毒软件进行杀毒。如 360 安全卫士、瑞星杀毒软件、金山毒霸等。国外一些著名的杀毒软件，如 McAfee VirusScan、Norton AntiVirus 软件也被广泛使用。

另外，为了保证计算机中数据安全，必须定期地把有用数据复制到备份硬盘，或刻录到光盘上。对于接入 Internet 的计算机，为防止计算机黑客的入侵，应尽可能安装黑客防火墙。总之，必须随时做好计算机中数据的安全维护工作，尽量避免由于数据的丢失而产生无法挽回的损失。

3.5.2 计算机安全、信息安全和网络安全

安全，简单地说是指一种能够识别和消除不安全因素的能力。其基本含义是：客观上不存在威胁，主观上不存在恐惧。在讨论安全之前，我们先弄清计算机安全、信息安全和网络安全以及它们的内在联系。

1．计算机安全

按照国际化标准组织（ISO）的定义，计算机安全是指“为数据处理系统建立和采取的技术以及管理的安全保护，保证计算机硬件、软件和数据不因偶然和恶意的原因而遭到破坏和泄密”。

这里包含两方面的内容：物理安全和逻辑安全。物理安全是指计算机系统设备以及相关设备受到保护，免于被破坏、丢失等；逻辑安全则指保障计算机信息系统的安全，即保障计算机中处理信息的完整性、可用性及保密性。

2．信息安全

信息安全主要涉及信息存储的安全、信息传输的安全以及对网络传输信息的审计 3 方面内容。从广义来说，凡是涉及信息的完整性、保密性、真实性、可用性和可控性的相关技术和理论都是信息安全所要研究的领域。

3．网络安全

网络安全的具体含义会随着研究“角度”的变化而变化。比如，从用户的角度来说，他们希望涉及个人隐私或商业利益的信息在网络上传输时受到机密性、完整性和真实性的保护，避免其他人或对手利用窃听、冒充、篡改、抵赖等手段侵犯用户的利益和隐私，同时也避免其他用户的非授权访问和破坏。

从网络运行和管理者角度说，他们希望对本地网络信息的访问、读写等操作受到保护和控制，避免出现“陷门”、病毒、非法存取、拒绝服务、网络资源非法占用和非法控制等威胁，制止和防御网络黑客的攻击。

对安全保密部门来说，他们希望对非法的、有害的或涉及国家机密的信息进行过滤，避免机要信息泄露，避免对社会产生危害，对国家造成巨大损失。

3.5.3 防火墙技术

防火墙是一种计算机硬件和软件相结合的，在 Internet 和内部网之间的一个安全网关。它其实就是一个内部网与 Internet 隔开的屏障。防火墙内的网络一般称为“可信赖的网络”，外部的 Internet 称为“不可信赖的网络”。防火墙主要用来解决内部网和外部网的安全问题。“阻止”就是阻止某种类型的信号通过防火墙。“允许”的功能与“阻止”的功能恰恰相反。

防火墙从实现方式上分为硬件防火墙和软件防火墙。硬件防火墙是通过硬件和软件的结合来达到隔离内、外部网络的目的，效果较好，但价格较贵，一般小型企业和个人难以实现；软件防火墙是通过纯软件的方式实现的，价格较便宜，但这类防火墙只能通过一定的规则来达到限制一些非法用户访问内部网络的目的。

硬件防火墙如果从技术上来分又可分为标准防火墙和双归属网关防火墙。

标准防火墙系统包括一个 UNIX 工作站，该工作站的两端各连接一个路由器进行缓冲。其中一个路由器的接口是公用网，另一个则连接内部网。标准防火墙使用专门的软件，并要求较高的管理水平，而且在信息传输上有一定的延迟。

目前技术最为复杂且安全级别最高的防火墙是隐蔽智能网关，它将网关隐藏在公共系统之后使其免遭直接攻击。隐蔽智能网关提供了对互联网服务进行几乎透明的访问，同时阻止了外部未授权访问对专用网络的非法访问。一般来说，这种防火墙是最不容易被破坏的。

3.6 搜索引擎的使用技巧

【**任务 3-5**】搜索引擎的特殊应用技巧。

3.6.1 特殊搜索

特殊搜索包含以下所有链接到某个 URL 地址的网页。如搜索“Link：icgr.caas.net.cn”；查找与某个页面结构内容相似的页面，如搜索“related：icgr.caas.net.cn/default.html”；查找与某链接相关的一些信息，如搜索“Info：icgr.caas.net.cn”。

3.6.2 搜索技巧

关键词的选择在搜索中起到决定性的作用，所有搜索技巧中，关键词选择是最基本也是最有效的。

例 3-1 查找小麦的基本情况。

如果只用“小麦”做关键词，搜索结果将浩如烟海，没什么价值，因此必须要加更多的关键词，约束搜索结果。选择什么关键词好呢？可以猜到的是，类似的资料应该包含诸如“小麦属”、“起源”、“原产”、“分布”等词汇，可以搜索到“小麦属 起源 分布”。

例 3-2 找人。

一个人在网上揭示的资料通常有姓名、性别、年龄、毕业学校、工作单位、电话、电子邮箱、手机号码等。所以，如果要了解一下多年没见过的同学，那不妨用上述信息做关键字进行查询，也许会有大的收获。

例 3-3 找软件。

最简单的搜索当然就是直接以软件名称以及版本号为关键字查询。但是，仅仅有软件名称和目标网站显然还不行，因为搜索到的可能是软件的相关新闻。应该再增加一个关键字。考虑到下载页面上常有“单击此处下载”或者“download”的提示语，因此，可以增加“下载”或者“download”为关键字。

搜索某软件并下载，很多网站设有专门的下载目录，而且就命名为“download”，因此，可以用 INURL 语法直接搜索这些下载目录。

使用方法：在搜索栏中输入“winzip 8.0 inurl:download”，单击“搜索”按钮。

共享软件下载完之后，使用的时候，软件总跳出警示框，或者软件的功能受到一定限制，所以应该再找一个注册码。找注册码，除了软件的名称和版本号外，还需要有诸如“serial number”、“sn”、“序列号”等关键字。若要搜索 winzip8.0 的注册码，则输入“winzip 8.0 sn”。

例 3-4 找图片。

除了 Google 提供的专门图片搜索功能，还可以组合使用一些搜索语法，达到图片搜索之目的。

专门的图片集合，提供图片的网站通常会把图片放在某个专门目录下，如“photo”、“image”等。这样就可以使用 INURL 语法迅速找到这类目录。现在，试着找找水稻的照片集。

① rice inurl：photo。注释：提供图片集合的网页，在标题栏内通常会注明，这是谁的图片集合。于是就可以用 intitle 语法找到这类网页。

② intitle:rice picture。

例 3-5 找 MP3。

提供 MP3 的网站，通常会建立一个叫做 MP3 的目录，目录底下分门别类地存放各种 MP3 乐曲。所以，可以用 inurl 语法迅速找到这类目录。现在用这个办法找找老歌“say you say me”：“say you say me” inurl:mp3。也可以通过网页标题，找到这类提供 MP3 的网页：“say you say me” intitle:mp3。

3.6.3 使用谷歌、百度的地图功能

使用地图功能，能快速查找某地区的卫星地图、交通图等。操作步骤如下。

① 进入 www.google.com 主页或 www.baidu.com。

② 单击 www.google.com 主页下面或 www.baidu.com 主页上面的“地图”按钮（见图 3-67）。

③ 在文本框中输入要查询的地区名称，如“云南省玉溪市”，单击“搜索地图”按钮。单击“卫星”按钮，可以获得本地区的卫星图，单击“地图”按钮可以获得本地区的交通图，如图 3-68 所示。

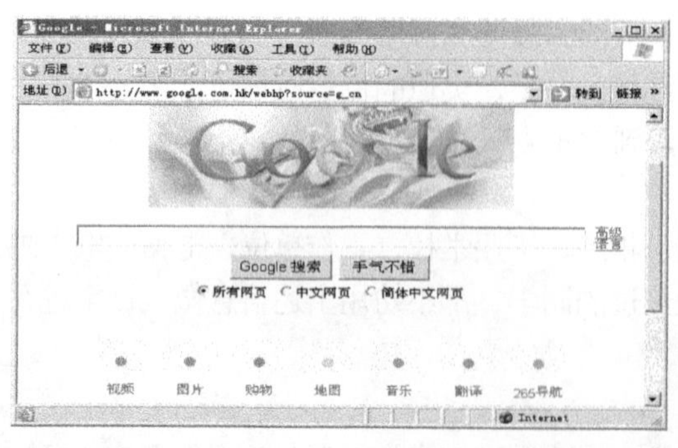

图 3-67 Google 主页

图 3-68 Google 卫星地图

3.7 快速下载 Flash 动画的方法

【任务 3-6】 快速下载 Falsh 动画。

近几年来，Flash 在网络上风光无限。矢量格式的动画，在网络带宽普遍不“宽”的今天，为多媒体应用提供了优秀的平台。随着它的流行，大量动画作品出现在网络上，其中不乏精品。因为不能使用右键的复制下载，怎样把这些好 Flash 动画下载到硬盘上就成了问题，下面介绍几种有效的方法解决这个问题。

3.7.1 利用超链接下载

当网页为 Flash 动画提供下载链接的时候直接点击下载即可，省去了查找下载地址的麻烦。如果没有下载链接，我们还有别的好办法。

（1）查看源文件

在 IE 中，选择“查看”→“源文件”命令，当前网页的代码会被记事本打开。在记事本中，按 Ctrl+F 组合键，弹出“查找”对话框，在“查找内容”框输入“.swf”，单击 “查找下一个”按钮，就可以找到 flash 文件的链接，用网际快车下载即可。

（2）站点资源探测器

网际快车提供了一个探测站点资源的工具，我们可以像操作本地的资源管理器一样查看并下载网站的文件。

打开网际快车，选择“工具”→“站点资源探测器”命令或按 F7 键，启动程序。在“地址”栏中填入要搜索的网址（见图 3-69），按 Enter 键。

图 3-69 站点资源探测器

选择“编辑”→“过滤”命令，选中“只显示以下类型”单选按钮，在下面的“文件类别”中修改为“.swf”（见图 3-70），单击“确定”按钮完成。

这样做的目的是只显示我们需要查找的文件类型。在列出的 Flash 文件上右击（见图 3-71），选择“下载”命令就会自动调用网际快车的下载工具下载。

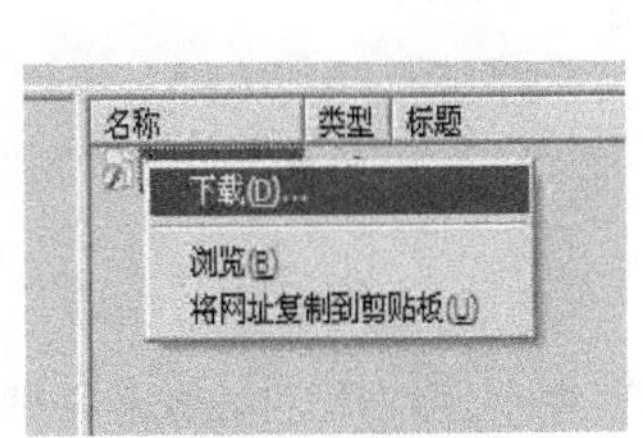

图 3-70 下载选项

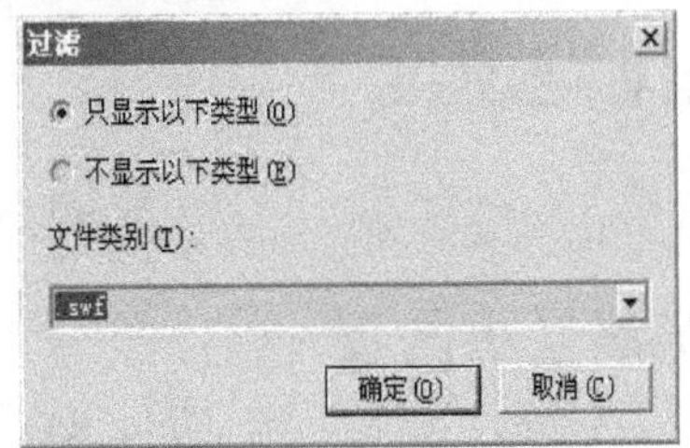

图 3-71 “过滤”对话框

3.7.2 利用临时文件夹获取

我们知道，使用 IE 上网，浏览过的网页会被放在 IE 临时文件夹里面，所以可以在那里找到 Flash 文件。IE 临时文件夹默认位置是在系统盘中，有人早已把它移出了系统盘，现在看看怎样查找它的所在位置。

在 IE 中选择“工具”→“Internet 选项”命令打开“Internet 选项”对话框，单击“Internet 临时文件”下的“设置”按钮（见图 3-72），弹出“设置”对话框，单击“查看文件”按钮（见图 3-73），打开 IE 临时文件夹。

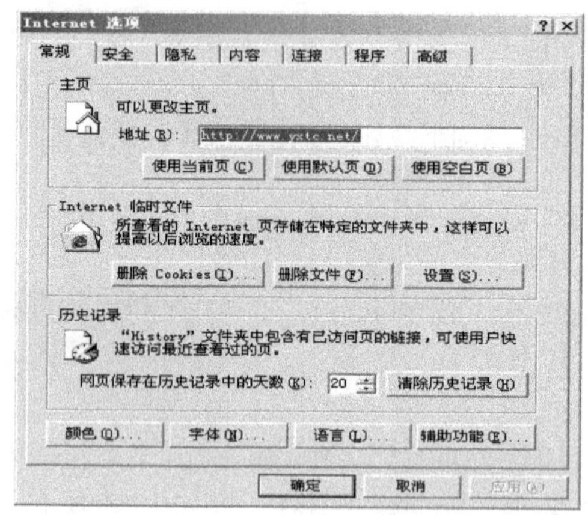

图 3-72　“Internet 选项”对话框

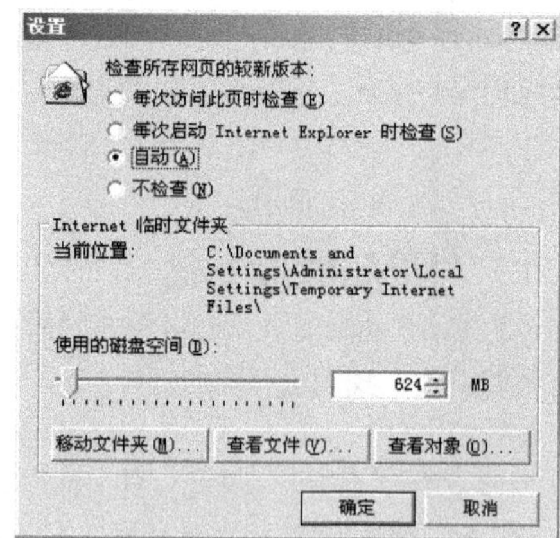

图 3-73　查看文件

在空白处右击，选择“查看”→“详细信息”命令，再单击“类型”列中的“类型”按钮。再找到后缀名为 swf 的文件。

IE 临时文件夹属于系统文件夹，直接在里面搜索文件不能显示出文件大小，给我们带来了许多麻烦。复制一个 IE 临时文件夹可以避开这一点。进入 IE 临时文件夹后，单击工具栏上的“向上”按钮，再复制该文件夹。然后在备份的文件夹中按 Ctrl+F 组合键进行查找，选“所有文件和文件夹”，在下一步中填入文件名：“*.swf”，再单击“查找”按钮。查找完后，单击大小栏中的大小按钮，让文件从大到小排列，一般我们要找的动画应该是比较大的文件（见图 3-74）。

图 3-74　查找文件

3.7.3　边看边存

如果用户的计算机安装的“迅雷”、“网际快车”等下载软件，当鼠标指针移动到 Flash 动画上时，会出现下载按钮，单击此按钮，即可下载。

3.8　加快浏览速度

【任务 3-7】为 IE 浏览加速。

3.8.1　快速显示网页

① 选择 IE 浏览器中“查看”→“Internet 选项”命令，打开“Internet 选项”对话框。

② 选择“高级”选项卡。

③ 在“多媒体”区域，取消选中“显示图片”、“播放动画”、“播放视频”和“播放声音”等复选框。这样，在下载和显示主页时，只显示文本内容，而不下载数据量很大的图像、声音、视频等文件，加快了显示速度。

3.8.2 快速显示以前浏览过的网页

① 选择 IE 浏览器中的“查看”→“Internet 选项”命令，打开选项“设置”对话框。

② “常规”选项卡的“临时文件”区域中，单击“设置”按钮，打开临时文件设置对话框。

③ 滑块向右移，适当增大保存临时文件的空间。这样，访问一些刚刚访问过的网页，如果临时文件夹中保存有这些内容，就不必再次从网络上下载，而是直接显示临时文件夹中保存的内容。

3.9 破解网页文章无法复制的方法

【任务 3-8】破解网页文章无法复制的方法。

在互联网上搜寻到感兴趣的资料后，想把相关主页的内容复制下来，但有些网站的主页复制不了，只能打印主页，而打印的主页有页眉、页脚，内容和格式编排也不合乎个人的需要。不能复制网页内容，大部分都是通过网页的客户端脚本控制实现的。

3.9.1 屏蔽右键的破解方法

1．出现版权信息类的情况

破解方法：在页面目标上右击，弹出限制窗口，这时不要松开右键，将鼠标指针移到窗口的“确定”按钮上，同时按下左键。现在松开鼠标左键，限制窗口被关闭了，再将鼠标指针移到目标上松开鼠标右键。

2．出现“添加到收藏夹”的情况

破解方法：在目标上右击，出现添加到收藏夹的窗口，这时不要松开右键，也不要移动鼠标指针，而是使用 Tab 键，移动光标到取消按钮上，按下空格键，这时窗口就消失了，松开右键看看，右键恢复了！将鼠标指针移动到想要的功能单击。

3. 超链接无法用快捷菜单打开的情况

破解方法：这时用上面的两种方法无法破解，采用在超链接上右击，弹出窗口，这时不要松开右键，按空格键，窗口消失了，这时松开右键，右键菜单又出现了，选择其中的“在新窗口中打开”命令就可以了。

在浏览器中选择“查看”→“源文件”命令，这样就可以看到 HTML 源代码了。不过如果网页使用了框架，就只能看到框架页面的代码，此方法就不灵了，这时按 Shift+F10 组合键试试，再按一下右边的 Ctrl 键，右键菜单直接出现了。在屏蔽鼠标右键的页面中点右键，出现限制窗口，此时不要松开右键，用左手按 ALT+F4 组合键，这时窗口就被关闭了，松开鼠标右键，菜单出现了。

3.9.2 不能复制的网页解决方法

① 启动 IE 浏览器后，选择“工具”→“Internet“选项”命令，在出现的对话框中选择“安全”选项卡，接下来单击“自定义级别”按钮，在弹出的窗口中将所有脚本全部选择禁用，确定。然后按 F5 键刷新页面，这时我们就能够对网页的内容进行复制、粘贴等操作。当收集到自己需要的内容后，再用相同步骤给网页脚本解禁，这样就不会影响到我们浏览其他网页了。将文件另存，格式为 TXT，然后排版也可以。

② 左键限制，不让拖动，无法选择内容：右击，选择“查看源文件”命令，将之前的内容全部删除，另存为*.HTM，再打开，可以拖动了。

③ 选择“查看”→“源文件”命令，使用替换法把其替换成空格，再保存为 HTML 格式的文件，注意在文件名两头要加上英文的“”，或在保存类型下拉列表里选择“所有类型”，文件名样例为“001.htm”，或者直接在 IE 中选择“文件”→“保存”或“另存为”命令。

④ 如果只为了保存文字以备以后查阅，最简单的方法是另存为“Web 页，仅 HTML”类型。选择“文件”→“另存为”命令，在“保存类型”下拉列表中选择“Web 页，仅 HTML”类型，在“保存在”下拉列表中选择要存放的位置，然后单击“保存”按钮即将该网页保存到计算机（这种保存方式的缺点是只保存文字，没有图片）。

注意：这种保存后的网页只是便于收藏和查看，网页内容还是不能复制，如果要复制文字内容，还是要提高浏览器的安全级别后才能复制。

⑤ 把该事件的 JavaScript 处理代码去掉即可。以微软的 IE 浏览器为例，具体处理过程如下：选择“查看”→“源文件”命令（当主页文本小于 64KB 时，自动调用记事本程序打开；否则，用写字板程序打开），寻找语句，语句类似。将其中的子句删除。将此删除后的源文件另存为一个文本文件。然后用将此文本文件名的后缀改名为“.htm”。最后用 IE 浏览器打开此文件。就可以用复制、粘贴的方法将所需的内容按需要格式保存起来了。

⑥ 选择“文件”→“另存为”命令，把“保存类型”改为“文本文件（*.TXT）”，把网页另存为文本文件。

⑦ 对网页禁止复制和屏蔽右键的通用破解方法：小工具——超星图书浏览器！安装上软件后在需要复制的页面上点右键，会出现“导出当前页到超星图书浏览器”，然后会通过这个工具打开页面，此时无论操作都可以！右键菜单全出来了！方法很简单！需要复制页面的。

3.10 网络相册

【任务 3-9】学会使用网络相册。

3.10.1 注册网络相册

进入 photo.163.com 网站，注册网络相册，如图 3-75 所示。

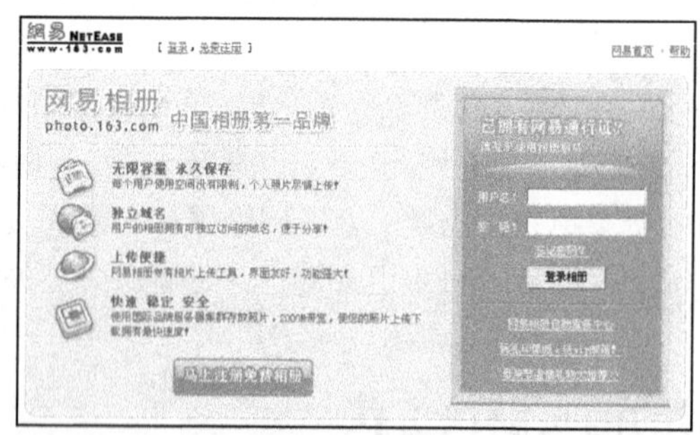

图 3-75 网络相册

3.10.2 下载压缩伪装专家软件：将相册变成超大网络硬盘

下载地址：http://www.jz5u.com/Codelist/Catalog162/1976.html（含使用方法）

说明：把任何想上传的东西压缩以后通过这个软件与某张小图片相结合，伪装成那张图片，然后上传到相册里。从网上看是一张图片，但实际上下载以后用 rar 打开就是你上传的东西了。

3.11 网络硬盘

3.11.1 网络硬盘的概念

网络硬盘是指“通过网络连接管理使用的远程硬盘空间”，可用于传输、存储和备份计算机的数据文件，方便用户管理使用。

注册地址如下。

① http://163disk.com。

② http://www.800disk.com。

③ http://g.zhubajie.com。

3.11.2 网易网络硬盘

① 进入 http://163disk.com 网站，如图 3-76 所示。

图 3-76 163 邮箱注册界面

② 单击“注册”按钮，进入注册界面（见图 3-77）输入有关信息，带***的为必填项。

③ 单击“现在注册”，显示注册成功，单击“确定”按钮，见图 3-78。

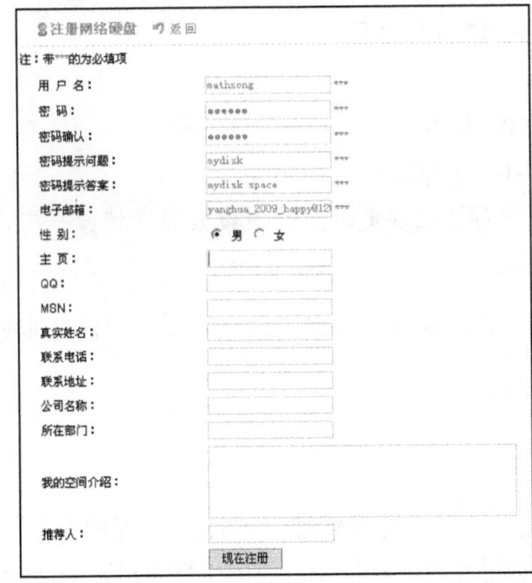

图 3-77 填写邮箱注册信息

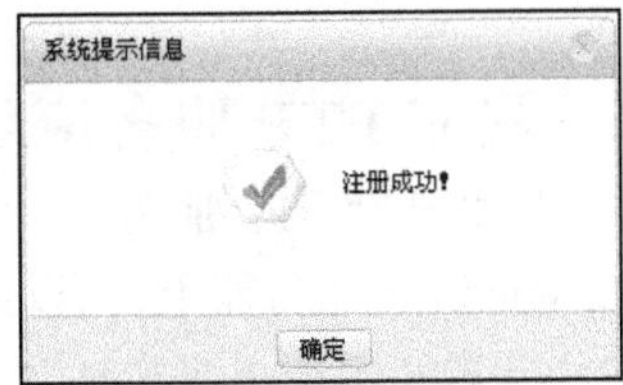

图 3-78 注册成功信息

④ 进入网络磁盘，可以上传、下载文件等，如图 3-79 所示。

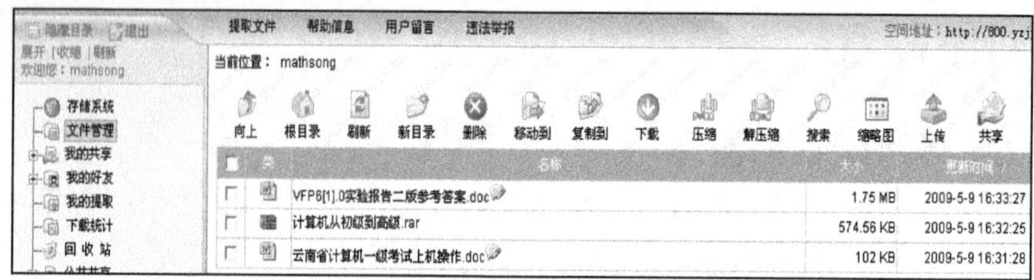

图 3-79　网络磁盘

3.12　文件传输 FTP

【任务 3-10】文件传输 FTP。

FTP 是 File Transfer Protocol 的缩写，即文件传输协议。FTP 是 Internet 上的另一项主要服务，该项服务的名字是由该服务使用的协议引申而来的，各类文件存放于 FTP 服务器，可以通过 FTP 客户程序连接 FTP 服务器，然后利用 FTP 协议进行文件的“下载”或“上传”。

在 Internet 中，并不是所有的 FTP 服务器都可以随意访问以及获取资源。FTP 主机通过 TCP/IP 协议以及主机上的操作系统可以对不同的用户给予不同的文件操作权限（如只读、读写、完全）。有些 FTP 主机要求用户给出合法的注册账号和口令，才能访问主机。而那些提供匿名登录的 FTP 服务器一般只需用户输入账号——anonymous，密码——用户的电子邮件，就可以访问 FTP 主机了。

3.12.1　申请免费主页

先登录到提供免费资源服务的网站，然后申请一个免费的主页空间。获取一个免费主页账号和密码，例如，账号 boyo，密码 12345。

提供免费主页空间并支持 FTP 服务的一些站点如下。

① 网易空间：http://www.netease.net。

② 广州飞捷：http://fjwww.guangzhou.gd.cn。

③ 中国中小学教育网：http://www.k12.com.cn。

说明：站点是否开通 FTP 空间，根据当前情况确定，最好用搜索引擎搜索一下，获得免费的 FTP 空间（主页空间）。

一般情况下，站点系统管理员通过电子邮件通知你主页空间已开通，可以往服务器上传文件了。

3.12.2　建立 FTP 服务应用

1．在服务器端开设 FTP 服务

如果是在 Windows 服务器上，可以通过选择“计算机管理”→“服务与应用程序”→“Internet 信息服务”命令开启 FTP 服务来实现。在这里介绍一种使用广泛的 FTP 服务器软件 Serv-U。安装 Serv-U 后，启动服务，可以看到图 3-80 所示的窗口。

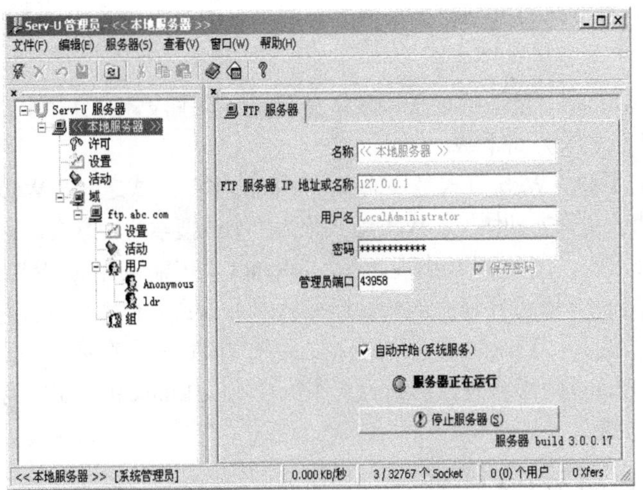

图 3-80 启动并设置 Serv-U

启动服务后，可以按照下面的步骤来设置服务器。

① IP address（IP 地址）。例如，输入“202.114.45.5”。

② Domain name（域名）。例如，输入“我的下载服务”。

③ Install as SYSTEM server（安装成一个系统服务器吗）：选择 Yes。

④ Allow anonymous access（接受匿名登录吗）。如果选择 Yes，则允许匿名登录。

⑤ Anonymous home directory（匿名主目录）。此处可输入（或选择）一个供匿名用户登录的主目录。

⑥ Lock anonymous users in to their home directory（将用户锁定在刚才选定的主目录中吗？）。是否将上步的主目录设为用户的根目录，一般选择 Yes。

⑦ Create named account（建立其他账号吗）。此处询问是否建立普通登录用户账号，一般选择 Yes。

⑧ Account login name（用户登录名）。普通用户账号名，如输入“ruc”。

⑨ Password（密码）。设定用户密码。由于此处是用明文（而不是*）显示所输入的密码，因此只输一次。

⑩ Home directory（主目录）。输入（或选择）此用户的主目录。

Lock anonymous users in to their home directory（将用户锁定在主目录中吗）。这里选择 Yes。

Account admin privilege（账号管理特权）。一般使用它的默认值“No privilege”（普通账号）。

最后单击 Finish（结束）按钮完成设置。

2．在客户端访问使用 FTP 服务

使用搜索引擎查找 FTP 搜索引擎的网站，如 http://grid.ustc.edu.cn 就是 FTP 搜索引擎。用浏览器或者其他 FTP 客户端软件（如 CuteFTP、LeechFTP 等）登录 FTP 服务器，先输入 FTP 地址，如上述的“ftp://202.114.45.5”，选择“文件”→“下载”命令。以下载文件为例，当启动 FTP 从远程计算机复制文件时，事实上启动了两个程序：一个是本地机上的 FTP 客户程序，它向 FTP 服务器提出复制文件的请求；另一个是启动在远程计算机上的 FTP 服务器程序，它响应用户的请求并把指定的文件传送到用户的计算机中。FTP 采用客户机服务器方式，客户端要在自己的本地计算机上安装 FTP 客户程序。FTP 客户程序有字符界面和图形界面两种。字符界面的 FTP 的命令复杂、繁多。图形界面的 FTP 客户程序操作上要简捷、方便得多。常见的 FTP

客户程序有命令行程序 FTP、图形化客户程序 CuteFTP 或浏览器等。

3. **文件下载**

文件下载（Download）是从网上获得软件资源的重要手段，文件下载的方式主要有两种：Web 服务器下载和 FTP 服务器下载。

① Web 服务器下载。Web 方式是目前文件下载的主要方式之一，Web 站点采用网页形式的界面，使软件的查找更为方便快捷。Web 方式分为分类或搜索两种方式，实现方法同搜索引擎。

② FTP 服务器下载。在 WWW 出现之前，Internet 上传输文件的主要方式是 FTP。FTP 方式的下载必须要先与 FTP 服务器建立连接，连接后即可看到远程主机的文件目录。FTP 的特点是在查看远程计算机的文件目录时，这些文件按原有的格式显示在你的计算机屏幕上。如果远程计算机使用的是 Linux 操作系统，看到的文件目录就以 Linux 的格式显示出来。相对而言，FTP 方式速度要快一点。

3.12.3 绿色版 FTP 软件

你是否有大的文档和影音、照片文件需要和朋友分享但苦于找不到足够的网络空间？用 Quick Easy FTP Server，在自己的计算机上创建一个 FTP，把需要共享东西放进去，然后将 IP 地址、用户名和密码告诉朋友，马上分享你的快乐。软件支持上传、创建目录，还可以限制上传下载速度，马上体验一下吧。

Quick Easy FTP Server 是一个全中文 FTP 服务器软件，它反应迅速、操作方便，可实现标准 FTP 服务器所具有的功能。

该软件具有以下特点。

① 软件安装程序极小，但性能毫不逊色于专业 FTP 服务器软件。

② 功能全面，具备完整的账户管理、便捷的服务器配置、安全性设置、在线用户信息、服务器日志、实时数据统计、检查更新等功能。

③ 支持断点续传。

④ 完整的帮助系统。

⑤ 全中文，更适合中国人使用。

3.13 IIS 的安装与使用

【任务 3-11】 IIS 的安装、设置和使用。

3.13.1 在 Windows 7 下安装 IIS

在本节中，我们以 Windows 7 为例来安装和设置 IIS。

① 打开 Windows 7 的控制面板，打开“程序和功能”窗口，如图 3-81 所示。

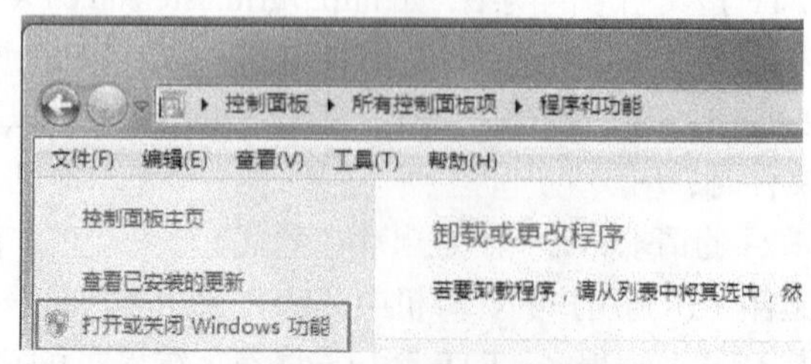

图 3-81 “程序和功能”窗口

② 按图 3-82 选择需要的功能。现在出现了安装 Windows 功能的选项菜单，注意选择的项目，这里需要手动选择需要的功能，下面这张图片把需要安装的服务都已经选择了，大家可以按照图片选择功能。

③ 单击“确定”按钮。这时需要等待数分钟完成安装（见图 3-83）。

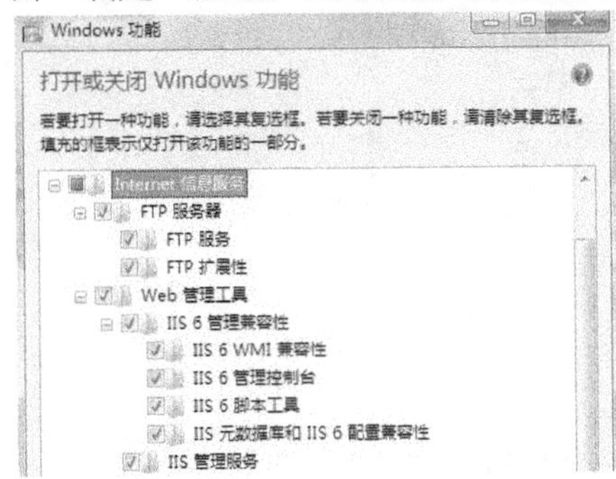

图 3-82　IIS 的功能选择

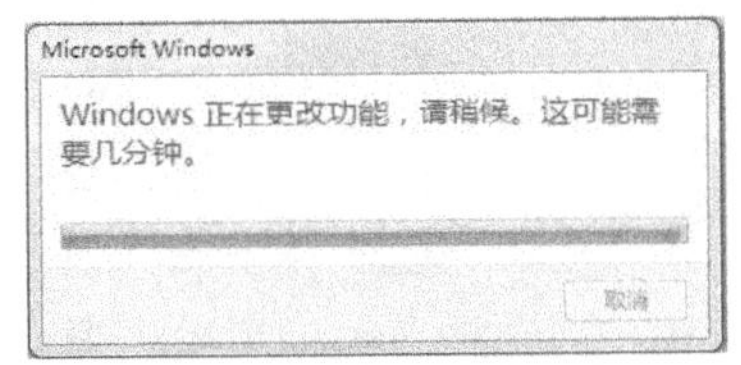

图 3-83　安装 IIS 的过程

3.13.2　IIS 的基本设置

① 选择“控制面板”→“管理工具”→“IIS 管理器”，如图 3-84 所示。

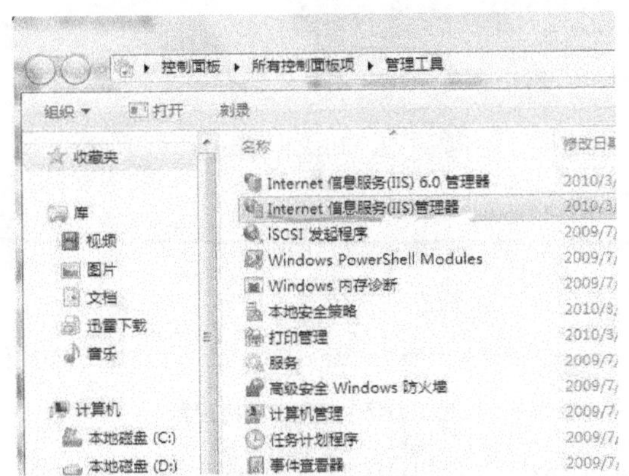

图 3-84　打开 IIS 管理器

② 展开左侧的目录树，选择 Default Web Site，如图 3-85 所示。

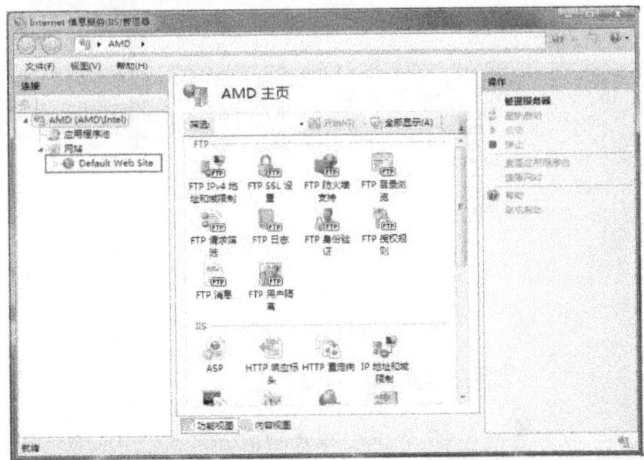

图 3-85　选择 Default Web Site

③ 再打开的中间的框中，双击 IIS 下的 ASP，如图 3-86 所示。

图 3-86　启用父路径

④ 把启用父路径设置为 true，如图 3-87 所示。

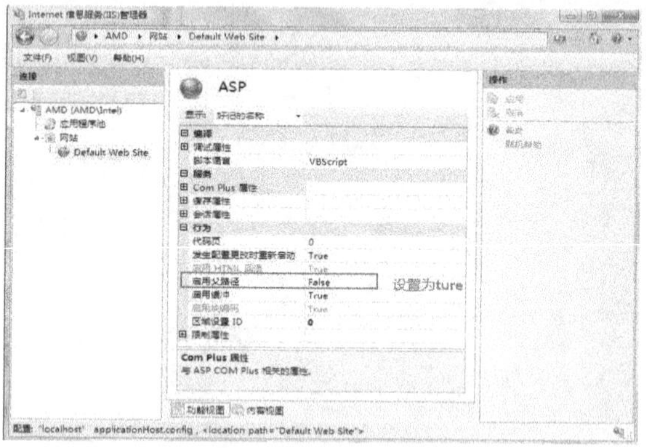

图 3-87　启用父路径设置

⑤ 再回到 Default Web Site，单击右侧的“高级设置”，设置一个自己的路径（网站的目录）（见图 3-88）。

图 3-88　设置网站目录

至此完成，在浏览器里输入 http://localhost 会显示默认的欢迎页，表示设置成功。

PART 4

第 4 章 Word 2010 字处理软件

假如你即将毕业，那么你的毕业论文怎样编辑、排版，规定的格式怎样设置？你是否会设计出吸引人、给人印象深刻的自荐书、求职信、个人简历等，这些问题可以使用 Word 字处理软件来解决。

4.1 Office 2010 简介

【**任务 4-1**】什么是办公软件？

办公软件指进行文字处理、表格制作、幻灯片制作、简单数据库处理等方面工作的软件，主要是为了帮助人们在工作中快速方便地制作和处理文字、文件、数据、报表、幻灯片等。我们常用的办公软件有 Microsoft Office 系列、金山 WPS 系列、永中 Office 系列等。

Office 2010 是 Microsoft 公司推出的新一代办公处理软件，与以前版本相比，它的功能更强大、操作更方便、使用更安全和稳定。它的变化首先体现在界面上，Office 2010 采用了 Ribbon 新界面主题，界面更加简洁明快、干净整洁；其次体现在功能上，Office 2010 做了许多功能上的改进，也增加了很多新的功能，特别是在线应用，可以让用户更加方便地表达想法、解决问题以及与他人联系。Office 2010 共有 6 个版本，分别是初级版、家庭及学生版、家庭及商业版、标准版、专业版和专业高级版，本书介绍 Microsoft Office 2010 专业版，其集成组件如表 4-1 所示。

表 4-1　Microsoft Office 2010 集成组件举例

软件名称	软件类别
Word 2010	图文编辑工具，用来创建和编辑具有专业外观的文档，如信函、论文、报告和小册子
Excel 2010	数据处理程序，用来计算、分析信息、可视化电子表格中的数据
PowerPoint 2010	幻灯片制作程序，用来创建、编辑和播放的演示文稿
Access 2010	数据库管理系统，用来创建数据库和程序来跟踪与管理信息
Outlook 2010	电子邮件客户端，用来发送和接收电子邮件；管理日程、联系人、任务以及记录活动
Publisher 2010	出版物制作程序，用来创建新闻稿和小册子等专业品质出版物及营销素材

4.2 认识 Word 2010

Word 2010 主要用于文字处理，它旨在提供文档格式设置工具，利用它还可更轻松、高效地组织和编写文档。

4.2.1 Word 2010 的功能特点

1. 更强的视觉效果

① 对文本、图片、图表和 SmartArt 图形的形状上可以使用许多图片和文字特效。

② 新增和改进的图片编辑工具，可以微调文档中的各个图片，使其看起来效果更佳。

③ 使用自定义的 Office 主题可以调整文档中的颜色、字体和图形格式效果。

④ 利用新增的 SmartArt 图形图片布局，可以为照片或其他图像添加说明性文本。

⑤ 通过微调图片的颜色强度（饱和度）和色调（色温）使图像更为引人注目、有震撼力，调整图片的亮度、对比度、清晰度、模糊度、颜色以便更适合文档内容。

2. 效率更高，工作更简化

Word 2010 提供了节省时间和简化工作的导航窗格和查找工具。改进的导航窗格提供了文档的直观表示形式，可对所需内容进行快速浏览、排序和查找。新增的改进查找体验，可以按照图形、表、脚注和注释来查找内容。能够恢复已经关闭，但没有保存的文档草稿。

3. 协同工作

使用新增的共同创作功能，可编辑论文，可同时与其他位置的其他工作组成员编辑同一个文档，甚至可以在工作时直接使用 Word 进行即时通信，可以从任何地点访问和共享文档。

4.2.2 Word 2010 的启动与退出

1. 启动 Word 2010

① 选择“开始”→“所有程序”→“Microsoft Office”→“Microsoft Office Word 2010”命令。

② 双击已建立的 Microsoft Office Word 2010 快捷方式图标。

③ 双击保存过的 Word 文件。

2. 退出 Word 2010

① 单击标题栏右侧的“关闭”按钮。

② 选择“文件”→“退出”命令。

③ 按 Alt+F4 组合键。

④ 双击窗口左上角的控制菜单按钮。

注意：退出 Word 时，若对文档进行编辑修改后没有保存，Word 会弹出图 4-1 所示的询问对话框，询问是否进行保存操作；单击“保存”按钮，Word 会先将所提示的文档保存，然后退出；单击“不保存”按钮，Word 将不会保存而直接退出；单击“取消”按钮，则重新回到 Word 界面。

图 4-1 询问对话框

4.2.3 Word 2010 的窗口

1．窗口的组成

Word 2010 窗口中的选项卡和功能区代替了旧版本的菜单栏和工具栏，可以通过单击选项卡快速展开各功能区工具，如图 4-2 所示。

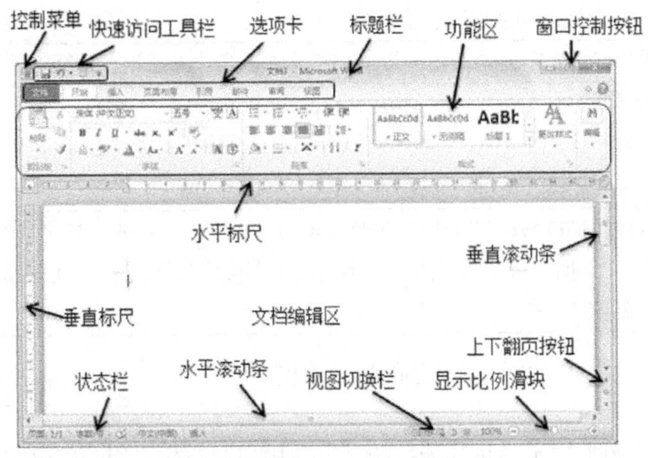

图 4-2 Word 2010 窗口的组成

① 标题栏。位于窗口最上方，左侧显示常用的工具按钮，中间显示正在编辑的文档名称和程序名称 Microsoft Word，右侧显示窗口的最小化、最大化和关闭控制按钮。

② “文件”选项卡。显示“保存”、“另存为”、“打开”等常用命令按钮。

③ 其他选项卡。有“开始”、“插入”、“页面布局”、“引用”、“邮件”、“审阅”、“视图”选项卡。每个选项卡又细分为几个组，每个组有多个命令按钮。

④ 快速访问工具栏。位于标题栏的左侧，显示常用的命令，可以根据需要添加个人常用命令（单击快速访问工具栏右侧的下三角按钮，在下列拉表中选择需要的命令即可）。

⑤ 文档编辑区。位于窗口的中央，用于文档的输入与编辑。其中闪烁的竖线形光标称为插入点，用于指示当前文字的插入位置。

⑥ 标尺。包括水平标尺和垂直标尺，分别位于窗口的顶端及左侧，用来显示窗口中文字的位置，也可以利用标尺调整段落缩进和边界。

⑦ 滚动条。包括水平滚动条和垂直滚动条，分别位于窗口的底端和右侧，用于调整文档的显示位置。

⑧ 状态栏。位于窗口最底部，用于显示当前编辑文档的状态信息及一些编辑信息。

⑨ 视图。视图是用户在进行文档编辑时查看文档内容和结构的屏幕显示。视图按钮位于窗口的右下方，由左至右 5 个按钮分别为“页面视图”、“阅读版式视图”、“Web 版式视图”、“大纲视图”和“草稿”，其功能如表 4-2 所示。

表 4-2 Word 2010 视图模式

视 图	功 能
页面视图	按照文档的打印效果显示文档，具有“所见即所得”的效果，在页面视图中，可直接看到文档的外观、图形、文字、页眉、页脚等在页面的位置，常用于对文本、段落、版面或者文档的外观进行修改
阅读版式视图	适合用户查阅文档，用模拟书本阅读的方式让人感觉在翻阅书籍
Web 版式视图	以网页的形式来显示文档中内容
大纲视图	用于显示、修改或创建文档的大纲，它将所有的标题分级显示出来，层次分明，适合多层次文档，使得查看文档的结构变得很容易
草稿	类似之前的 Word 2003 或 2007 中的普通视图，该视图只显示字体、字号、字形、段落及行间距等最基本的格式，但是将页面布局简化，适合于快速键入或编辑文字并编排文字的格式

⑩ 显示比例。拖动滑块可调整文档的显示比例。

2. 各功能区

各功能区使用分组来展示各种功能按钮，方便用户查找和使用，其分组如表 4-3 所示。

表 4-3 Word 2010 各功能区分组

功能标签	分 组
开始	剪贴板、字体、段落、样式和编辑
插入	页、表格、插图、链接、页眉和页脚、文本、符号和特殊符号
页面布局	主题、页面设置、稿纸、页面背景、段落、排列
引用	目录、脚注、引文与书目、题注、索引和引文目录
邮件	创建、开始邮件合并、编写和插入域、预览结果和完成
审阅	校对、语言、中文简繁转换、批注、修订、更改、比较和保护
视图	文档视图、显示、显示比例、窗口和宏
设计	表格专属功能， 包括表格样式选项、表格样式、绘图边框分组
布局	表格专属功能，包括表、行和列、合并、单元格大小、对齐方式、数据
格式	图片专属功能，包括调整、图片样式、排列、大小
加载项	默认情况下只包括“菜单命令”一个分组，可通过 Word 选项对话框加载选项卡

3. Word 2010 界面设置

（1）自定义外观

单击“文件”选项卡中的“选项”命令按钮，打开“Word 选项”对话框，选择“常规”选项卡，在“配色方案”选择需要的配色方案，如图 4-3 所示。

图 4-3 “Word 选项”对话框

(2) 自定义功能区

Word 2010 允许用户自定义功能区，还可以在功能区下创建组。在“Word 选项”对话框中选择“自定义功能区”选项，选中相应的选项即可，如图 4-4 所示。若要创建新的功能区，则单击“新建选项卡”按钮，右击“新建选项卡（自定义）”，选择“重命名”命令。

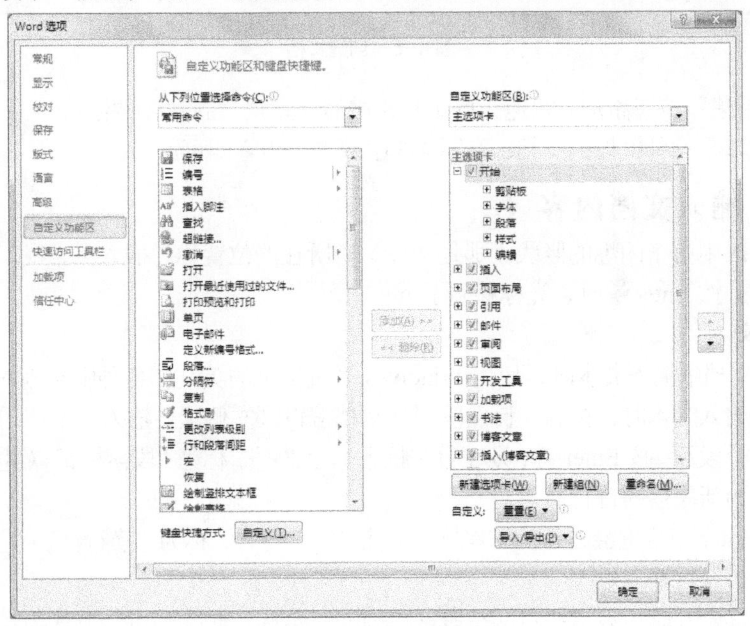

图 4-4 自定义功能区

使用“Word 选项”对话框还可以自定义文档的保存格式和位置，以及设置文档内容在屏幕上的显示方式和打印显示方式等。

4.3 文档的基本操作

【任务 4-2】自荐书的撰写。

准备一份美观大方、能打动招聘人员的自荐书，对于应聘是至关重要的，下面将通过文档的基本操作来讲解如何撰写自荐书。

4.3.1 创建文档

启动 Word 2010 后，系统自动创建一个基于默认模板的名为“文档 1”的空白文档，方法如下。

① 单击“文件”选项卡中“新建”命令按钮，选择“空白文档”，单击“创建”按钮，如图 4-5 所示。

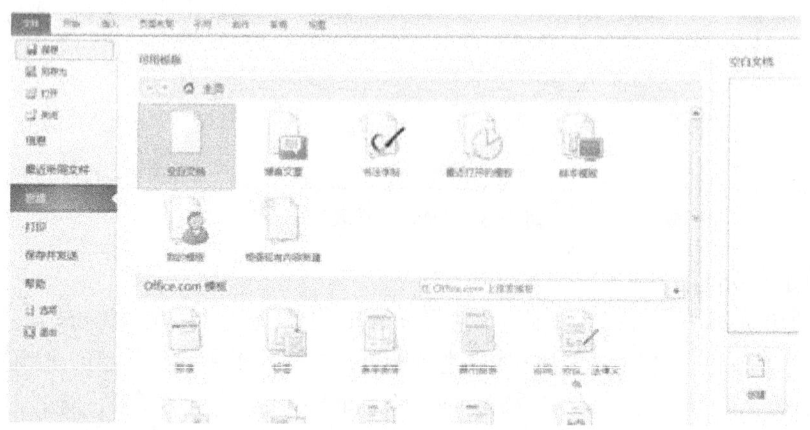

图 4-5 创建文档

② 将“新建”按钮添加到快速访问工具栏中后，单击“新建”按钮。

若要创建基于某种模板的文档，在图 4-5 中双击模板名即可。

4.3.2 输入文档内容

文档编辑区中有个闪烁的竖线，那是光标，它所在的位置称为插入点，我们输入的文字将会从那里出现。按 Enter 键时，光标移到了下一个段落。

1．输入文本

在 Word 文档中输入文本时，使用 Windows 系统提供的英文和各种中文输入法来输入文字和标点符号。输入文本时，标题和自然段都从文档编辑区左侧顶格输入，不使用空格留空。

要生成一个段落，按 Enter 键，则在行尾插入一个“↵”，称为“段落标记”（也叫硬回车符），并将插入点移到新段落的首行。

按 Shift+Enter 组合键会在行的末尾插入一个“↓”符号，称为“换行符”（也叫软回车符），以便在这个段落换行输入。

将两个段落合并时，只需要将两个段落之间的段落标记删除即可，方法为：选择两段之间的段落标记↵，按 Delete 键。

要删除输入的错误文字，按 Delete 键可删除插入点后面的字符，按 Backspace 键可删除插入点前面的字符。

注意：插入和改写状态，可以通过按 Insert 键切换，在状态栏上有变化。

2. 插入符号

输入文本时除了常用的汉字和英文字符外，还需要输入一些特殊符号。

单击"插入"选项卡中"符号"组的"符号"按钮，在下拉列表中选择"其他符号"命令，打开"符号"对话框，选择需要的特殊符号，如图4-6所示，单击"插入"按钮。

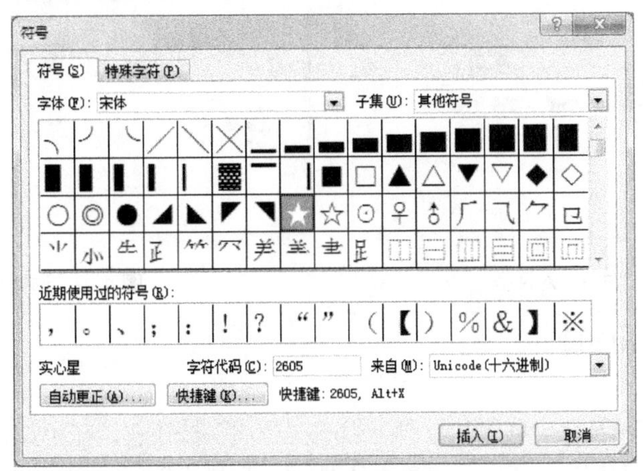

图4-6 "符号"对话框

注意：也可以使用软键盘来输入特殊符号。

3. 插入日期和时间

单击"插入"选项卡中"文本"组的"日期和时间"按钮，打开"日期和时间"对话框，选择日期和时间格式，如图4-7所示，单击"确定"按钮。

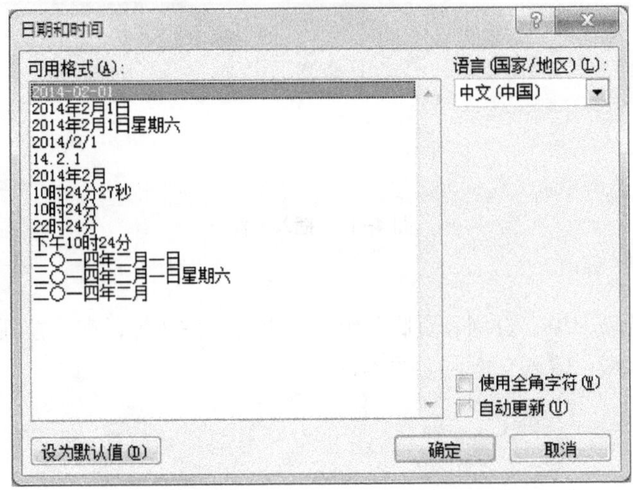

图4-7 "日期和时间"对话框

4. 插入对象

单击要插入对象的位置，单击"插入"选项卡中"文本"组的"对象"按钮，打开"对象"对话框。选择"由文件创建"选项卡，如图4-8所示，单击"浏览"按钮，查找要插入对象的位置，选择对象，单击"插入"按钮，如图4-9所示。

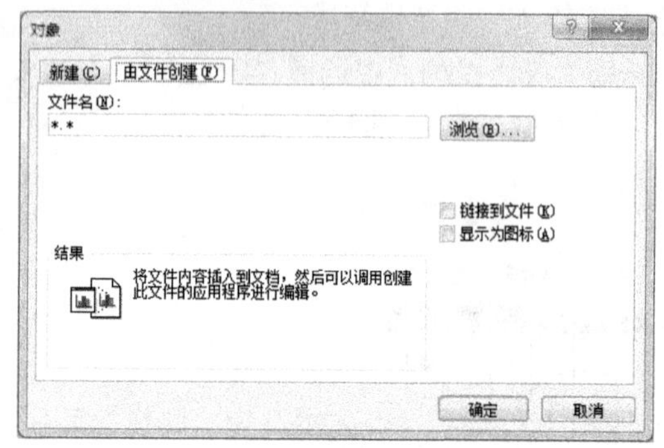

图 4-8 “对象”对话框

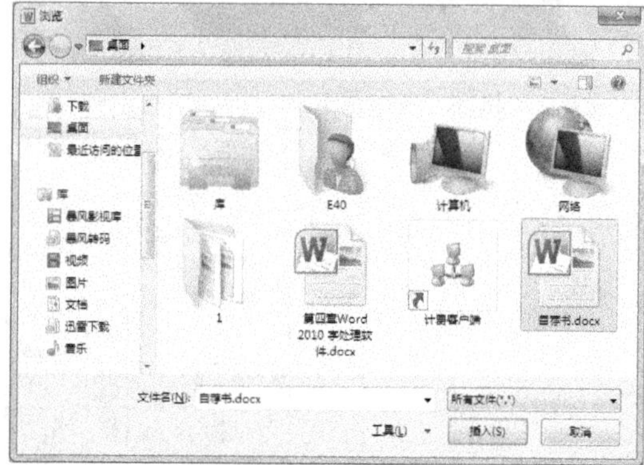

图 4-9 选择插入对象

5. 插入简单页眉和页脚

（1）插入页眉

单击“插入”选项卡中“页眉和页脚”组的“页眉”按钮，在下拉列表中选择需要的页眉模板，在页眉文本域中输入文本，如图 4-10 所示。页眉设置完后单击“关闭页眉和页脚”按钮退出。

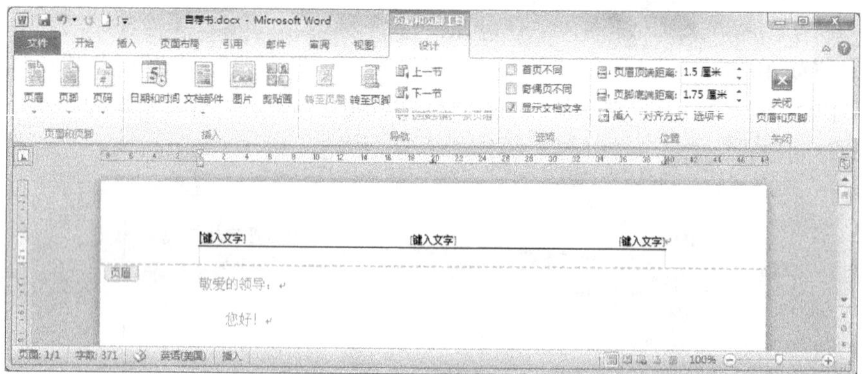

图 4-10 插入页眉

（2）插入页脚

单击“插入”选项卡中“页眉和页脚”组的“页脚”按钮，在下拉列表中选择需要的页脚模板，在页脚文本域中输入文本，如图 4-11 所示。

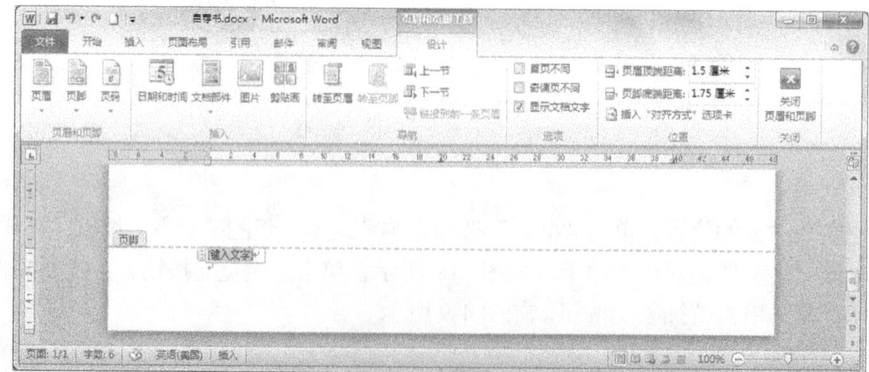

图 4-11 插入页脚

（3）插入页码

单击“插入”选项卡中“页眉和页脚”组的“页码”按钮，单击所需的页码位置，滚动浏览库中的选项，选择所需的页码格式，设置完后单击“关闭页眉和页脚”按钮返回文档编辑状态。

也可以选择“页码”下拉列表中的“设置页码格式”选项，打开“页码格式”对话框，从中对页码的格式进行修改，如图 4-12 所示。

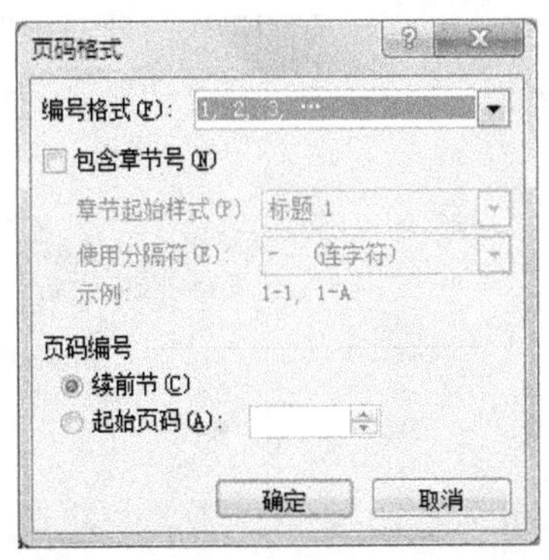

图 4-12 “页码格式”对话框

6. 插入脚注和尾注

写文章时需要对引用的内容加上注释称为“脚注”或“尾注”，脚注放在页面的底端，尾注放在文档结尾处。

单击“引用”选项卡中“脚注”组右下角的“显示‘脚注和尾注’对话框”按钮，打开“脚注和尾注”对话框，如图 4-13 所示，设置脚注或尾注，单击“插入”按钮。

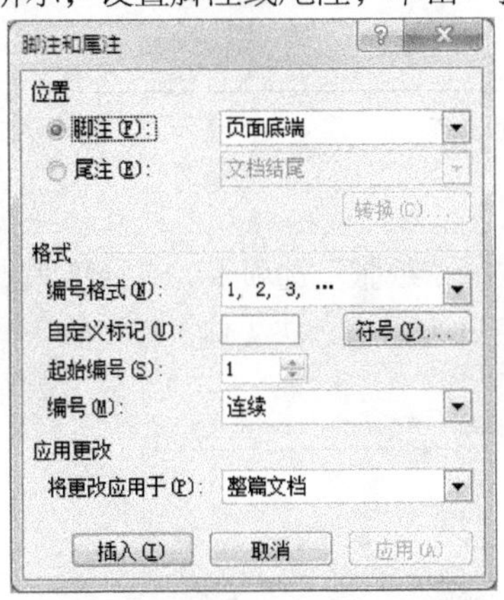

图 4-13 “脚注和尾注”对话框

要删除脚注或尾注，可以选中脚注或尾注在文档中的位置，按 Delete 键。

4.3.3 页面设置

很多人深有体会，排版时设置好了段落和文字的格式，但更改了纸张大小、页边距后，排版效果就变了。所以，先进行页面设置，可以直观地看到页面中的内容和排版是否适宜，避免事后修改。

1. 页边距

（1）使用预定的页边距

单击“页面布局”选项卡中“页面设置”组的“页边距”按钮，选择提供的内置页边距，如图 4-14 所示。

（2）自定义页边距

需要自定义页边距时，可以单击图 4-14 中的“自定义边距”命令，也可以单击“页面布局”选项卡中“页面设置”组右下角的“显示‘页面设置’对话框”按钮，打开“页面设置”对话框，选择“页边距”选项卡，设置上、下、左、右页边距，装订线及位置，纸张方向等，如图 4-15 所示。

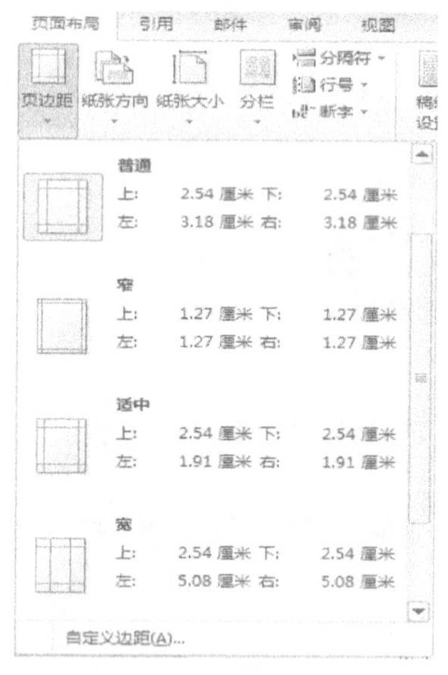

图 4-14　选择内置页边距

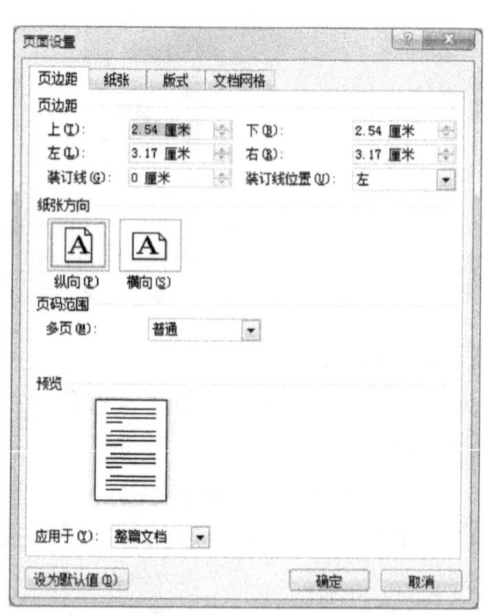

图 4-15　“页边距”选项卡

2. 纸张大小

在“页面设置”对话框中选择“纸张”选项卡，选择纸张类型，如图 4-16 所示。也可以使用预定的纸张大小，方法和预定页边距的方法类似。

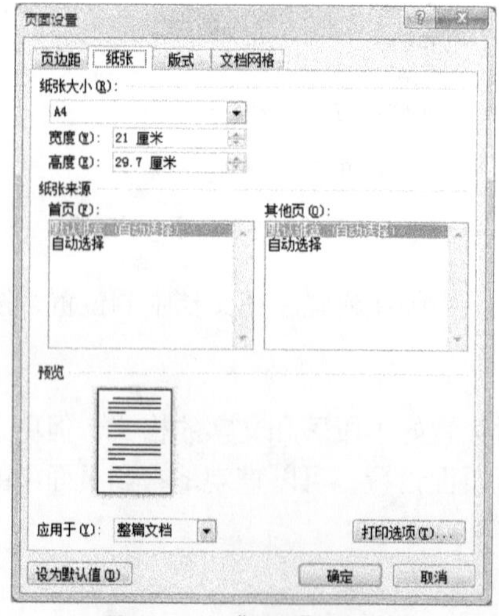

图 4-16　“纸张”选项卡

3. 版式

在“页面设置”对话框中选择“版式”选项卡，可设置页眉页脚奇偶页不同、首页不同，页眉、页脚距边界的位置，页面的垂直对齐方式，行号和边框等，如图 4-17 所示。

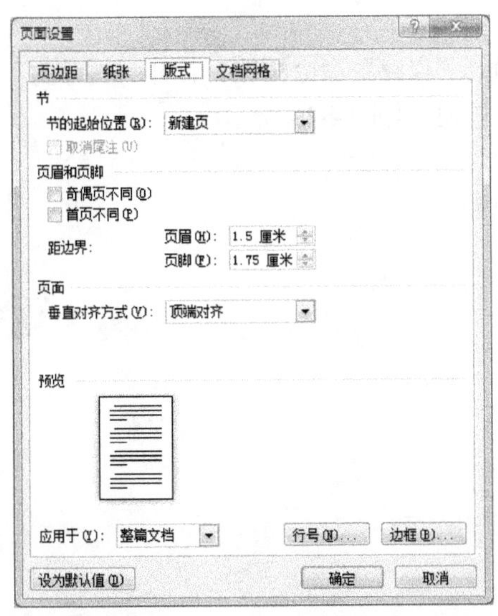

图 4-17 “版式”选项卡

4. 文档网格

当密密麻麻的文字阅读起来比较费力时，可在页面设置中调整字与字、行与行之间的间距，即使不增大字号，也能使内容看起来更清晰。

在“页面设置”对话框中选择“文档网格”选项卡，如图 4-18 所示。可以设置文字的方向、分栏，设定每行字符数、每页行数，设置网格线，设置字体。

例如，选中“指定行和字符网格”单击按钮，在“字符数”设置中，默认为“每行 39 个字符”，可适当减小（如改为 37 个字符），在“行数”设置中，默认为“每页 44 行”，可以适当减小（如改为 42 行）。这样，文字的排列就更清晰了。

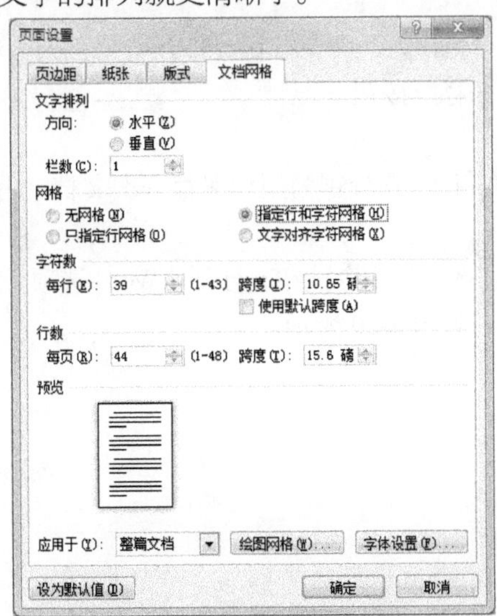

图 4-18 “文档网格”选项卡

4.3.4 保存文档

输入了文本内容后，仅是保存于内存并显示在显示器上，为了防止内容丢失，应及时命名保存到磁盘上。

1．保存新文档

单击“文件”选项卡中的“保存”命令按钮，打开“另存为”对话框，选择保存位置、输入文件名称，单击“保存”按钮，如图4-19所示。

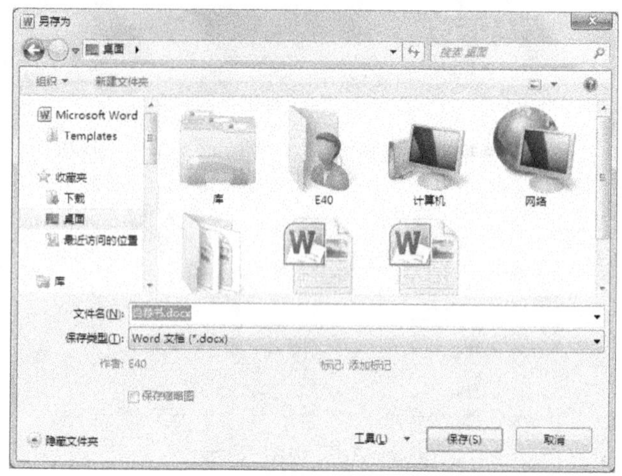

图4-19　“另存为”对话框

单击快速访问工具栏中的“保存”按钮或按Ctrl+S组合键，也会打开图4-19所示的对话框。

2．保存已经命名的文档

对于已经命名保存过的文档，进行编辑修改后要再次保存。通过单击“保存”按钮或按Ctrl+S组合键或单击“文件”选项卡中的“保存”按钮。

3. 另存为

打开原来的文档进行编辑、修改后，希望留下修改之前的内容，这就需要将当前修改后的文档换名保存。

单击“文件”选项卡中“另存为”命令按钮，打开“另存为”对话框，重新选择保存位置、输入文件的新名称，单击“保存”按钮。

4. 自动保存

默认情况下，Word 2010每隔10分钟为用户保存一次文档。用户可以自行设置保存的时间间隔。

单击“文件”选项卡中“选项”命令按钮，打开“Word选项”对话框，选择“保存”选项，可以设置自动保存时间间隔，如图4-20所示。

图 4-20 “自动保存时间间隔”设置

4.3.5 打开文档

对于已经保存过的文件，若要再次查看和修改，必须先打开文档。

单击“文件”选项卡中“打开”命令按钮，打开“打开”对话框，如图 4-21 所示。单击“打开”按钮右侧的下三角按钮，选择“以副本方式打开”、“以只读方式打开”、“打开并修复”等选项，选择文件位置、文件类型、文件名称，单击“打开”按钮。

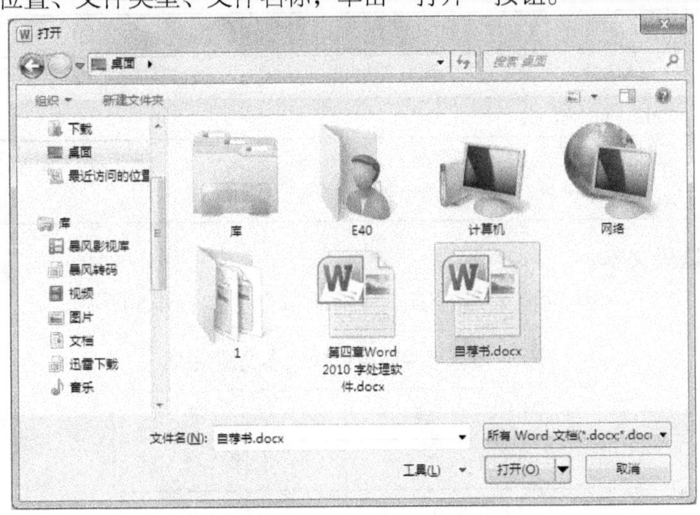

图 4-21 “打开”对话框

4.3.6 关闭文档

要关闭当前正在浏览的文档，方法与 Windows 中关闭窗口的方法相似，但要注意关闭 Word 文档窗口和关闭 Word 程序窗口的不同。

4.4 文档的编辑

【任务 4-3】自荐书的修改。

自荐书的内容已经输入，页面已经设置好，文字怎样放置看起来更合理呢？这就要对内容进行一些调整和修改。

4.4.1 选择文本

要对文本进行复制、移动、删除、设置格式等操作，必须先选择文本。选择文本可以使用键盘，也可以使用鼠标，选定的文本变为反向显示。

1. 使用鼠标选择文本

选择文本的常用方法是使用鼠标，常用操作如表 4-4 所示。

表 4-4 用鼠标选择文本的常用操作方法

选择内容	鼠标操作方法
文本	按住鼠标左键从文字的开始位置拖动到结束位置松开
英文单词	双击单词
一句话	按住 Ctrl 键，单击一句话中任意位置
一行文本	将鼠标指针移动到该行的左侧，当鼠标指针变成斜向右上方的箭头↗时单击
多行文本	将鼠标指针移动到该行的左侧，当鼠标指针变成斜向右上方的箭头↗时上下拖动
一个段落	将鼠标指针移动到该行的左侧，当鼠标指针变成斜向右上方的箭头↗时双击，或在该段任意位置三击
多个段落	单击第一个段落文字之前，按住 Shift 键单击最后一个段落的末尾
一块矩形文本	按住 Alt 键，将光标定位到要选取的开始位置，按下左键并拖动鼠标指针拉出一个矩形的选择区域
全文	将鼠标指针移动到该行的左侧，当鼠标指针变成斜向右上方的箭头↗时三击；或按住 Ctrl 键在文本选择区单击

2. 使用键盘选择文本

按住 Shift 键并按能够移动插入点的键，常用操作方法如表 4-5 所示。

表 4-5 常用键盘选择文本的组合键

组 合 键	功 能
Shift + ↑	上移一行
Shift + ↓	下移一行
Shift + ←	左移一个字符
Shift + →	右移一个字符
Shift + PageUp	上移一屏
Shift + PageDown	下移一屏
Ctrl + A	选择全文

4.4.2 复制、移动和删除文本

1. Office 剪贴板

Windows 剪贴板只能保留最近一次剪切或复制的内容，而Office 2010提供的剪贴板在Word中以任务窗格的形式出现，它具有可视性，允许用户存放24个复制或剪切的内容，而且在Office系列软件中，剪贴板信息是共用的，这样可以在Office文档内或文档之间进行更复杂的复制和移动操作。

要打开剪贴板任务窗格，可以单击“开始”选项卡中“剪贴板”组右下角的“显示‘Office 剪贴板’任务窗格”按钮，如图4-22所示。

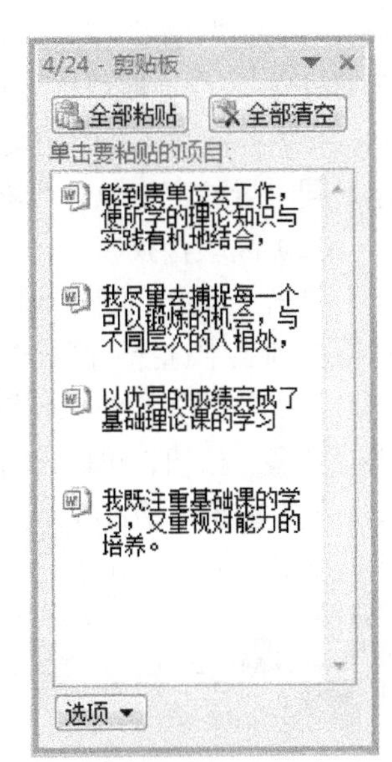

图4-22 剪贴板

说明：

① 单击“全部粘贴”按钮，剪贴板中的内容将从下至上全部粘贴到当前光标所在位置。

② 单击“全部清空”按钮，可以将剪贴板中的内容全部清空。

2. 复制文本

剪贴法：选择要复制的文本，单击“开始”选项卡中“剪贴板”组的“复制”按钮（或右击，选择“复制”命令或按Ctrl+C组合键），单击目标位置，单击“开始”选项卡中“剪贴板”组的“粘贴”按钮（或单击右键，选择“粘贴选项”命令中的粘贴类型或按Ctrl+V组合键）。

拖放法：选择要复制的文本，将鼠标指针指向选定的文本，按住Ctrl键，按住鼠标左键拖动到目标位置后放开。

3. 移动文本

移动文本就是剪切文本，和复制文本操作类似，移动和复制不同的操作是将“复制”变为“剪切”，剪切的快捷键是Ctrl+X。用拖放法实现移动时直接拖动到目标位置即可。

4. 删除文本

选择要删除的文本，按Delete键或单击“开始”选项卡中“剪贴板”组的“剪切”按钮。

4.4.3 撤销与恢复

在编辑文本的过程中，若进行了不当操作而想返回原来的状态，可以通过单击“快速访问工具栏”上的“撤销”按钮或“恢复”按钮来实现撤销或恢复操作。

撤销可以保留最近执行的操作，可以按从后到前的顺序撤销若干步操作，但不能有选择地撤销不连续的操作。

也可以使用快捷键实现撤销与恢复，撤销的快捷键为Ctrl+Z，恢复的快捷键为Ctrl+Y。

【任务4-4】在一篇文章中如何找到需要的文字？如何将找到的文字替换为新的内容？

4.4.4 查找和替换

1. 查找

如果在很多页的文章中寻找某个词，就需要用到“查找”功能。查找功能分为“初级查找”和“高级查找”。

（1）初级查找

选择要查找的范围（若不选择查找范围，则将对整个文档进行查找），单击“开始”选项卡中“编辑”组的“查找”按钮（或按快捷键 Ctrl+F），在导航窗格搜索框中输入要查找的关键字，如图 4-23 所示，系统将自动在选中的文本中进行查找，并将找到的文本以高亮显示，同时导航窗格包含搜索文本的标题也会高亮显示。

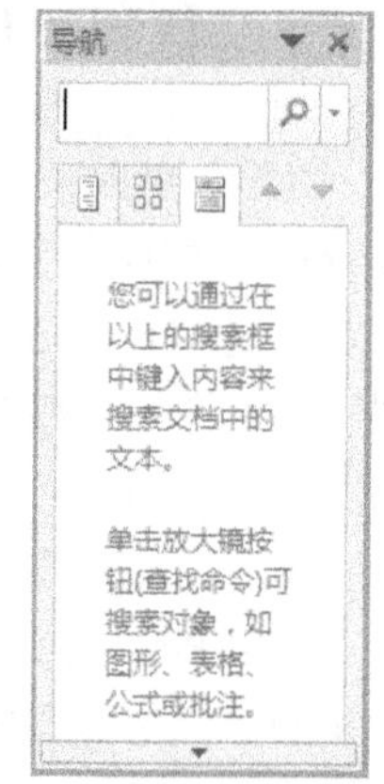

图 4-23　初级查找

（2）高级查找

单击“开始”选项卡中“编辑”组的“查找”右侧的下三角按钮，在下拉列表中选择“高级查找”命令，打开“查找和替换”对话框→在“查找”选项卡的“查找内容”文本框中输入需要查找的内容，单击“更多”按钮，可以设置搜索选项，如图 4-24 所示。单击“查找下一处”按钮开始查找，若找到则文本的背景使用特定颜色显示。若查找不到，则会弹出提示对话框，如图 4-25 所示。

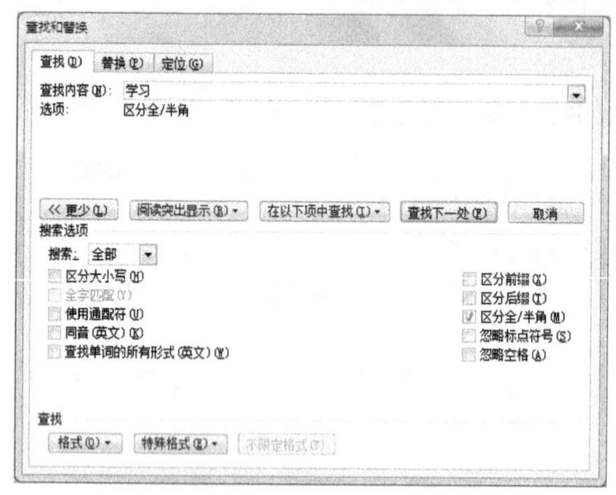

图 4-24　高级查找

图 4-25　提示对话框

2. 替换

如果查找到的词还需要替换成另外一个词，就需要使用“替换”功能。

（1）初级替换

单击“开始”选项卡中“编辑”组的“替换”按钮或者按 Ctrl+H 组合键，打开“查找和替换”对话框。选择“替换”选项卡，在“查找内容”框中输入要查找的文本，在“替换为”框中输入替换的内容，如图 4-26 所示，单击“替换”或“全部替换”按钮。

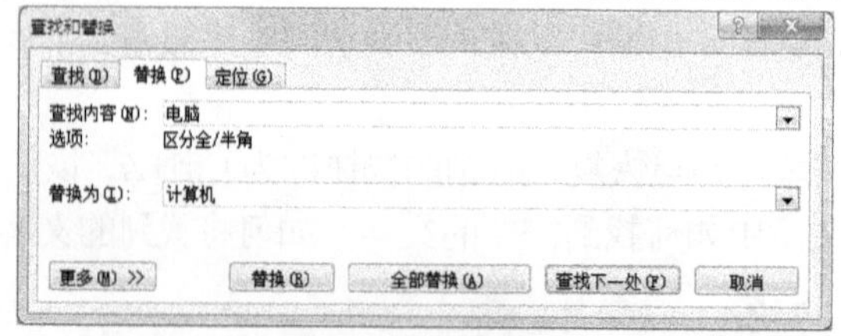

图 4-26　初级查找

“替换”按钮的作用是一个一个地替换，“全部替换”按钮的作用是一次全部替换。

注意：在单击“全部替换”按钮后会出现替换提示框，询问是否替换其他部分，如图 4-27 所示。若单击“是”按钮将完成全文的替换，单击“否”按钮则只在选定的内容中替换。

图 4-27　提示对话框

（2）高级替换

在“查找和替换”对话框的“替换”选项卡中单击“更多”按钮，可以设置要替换文字的格式。

【任务 4-5】将文章中的“电脑”替换为红色、加粗的“计算机”，具体设置如图 4-28 所示。

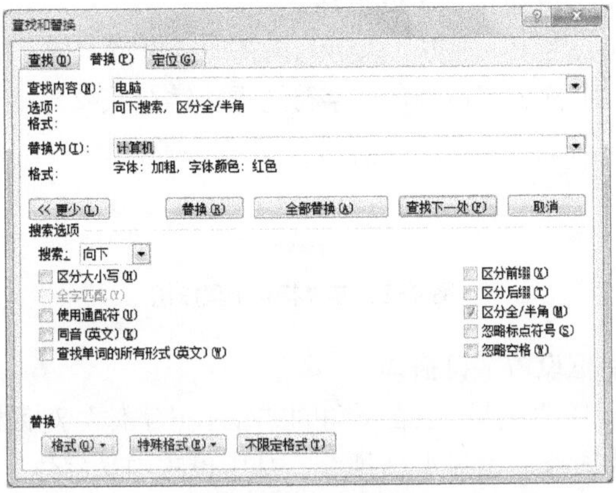

图 4-28　高级替换

如果希望删除文章中某些相同文字，也可以使用替换来完成。在“替换”选项卡中“查找内容”框中输入要删除的文字，“替换为”框中不进行设置（即不输入任何内容），单击“全部替换”按钮即可。

如果要将文章中多处换行符↓更改为段落标记↵，也可使用替换完成。在“替换”选项卡中单击“查找内容”框，单击“特殊格式”按钮，选择“手动换行符”，单击“替换为”框并在“特殊格式”中选择“段落标记”，如图 4-29 所示，单击“全部替换”按钮。

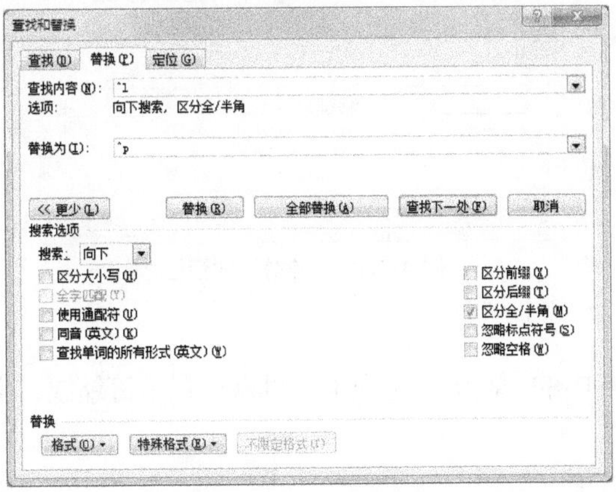

图 4-29　替换换行符

4.5　文档的排版

【任务 4-6】自荐书格式设置：自荐书已经编辑好了，还需要设置文字、段落的格式，使其看起来更加美观。

4.5.1　字符格式设置

Word 2010 输入文字默认情况下中文是宋体、五号字，英文是 Times New Roman 体、五号字。用户可以设置字体、字形、字号对文字进行修饰。

1. 利用“字体”组中的按钮设置字符格式

可以利用“开始”选项卡中“字体”组中的格式按钮设置字体、字形、字号、加粗、倾斜、下画线、删除线、下标、上标、字体颜色、字符边框、字符底纹等格式，如图 4-30 所示。

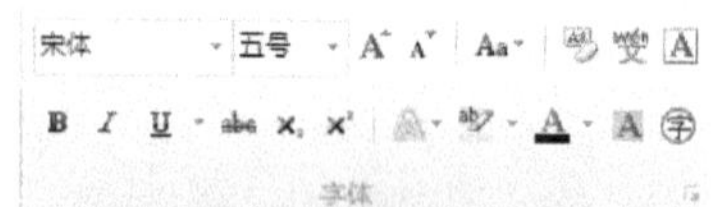

图 4-30　字体格式工具按钮

2. 利用“字体”对话框设置字符格式

单击“开始”选项卡中“字体”组右下角的“显示‘字体’对话框”按钮，打开“字体”对话框，选择“字体”选项卡，如图 4-31 所示。从中设置中文字体、西文字体、字形、字号、字体颜色、下画线线型、下画线颜色、着重号、文字效果等。

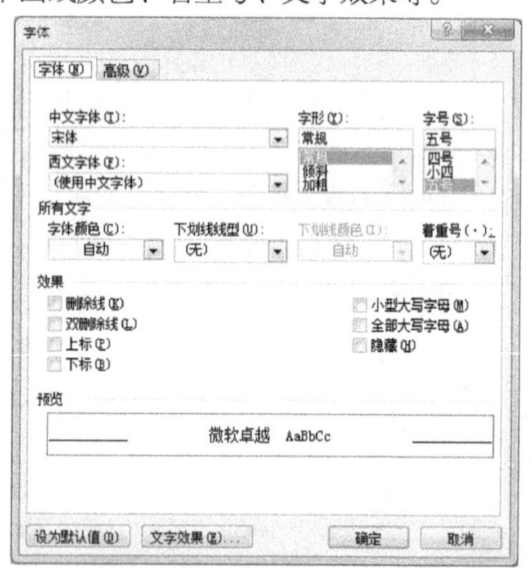

图 4-31　“字体”对话框

3. 字符间距设置

单击“字体”对话框中的“高级”选项卡，可以设置字符缩放、字符间距、字符位置等，如图 4-32 所示。

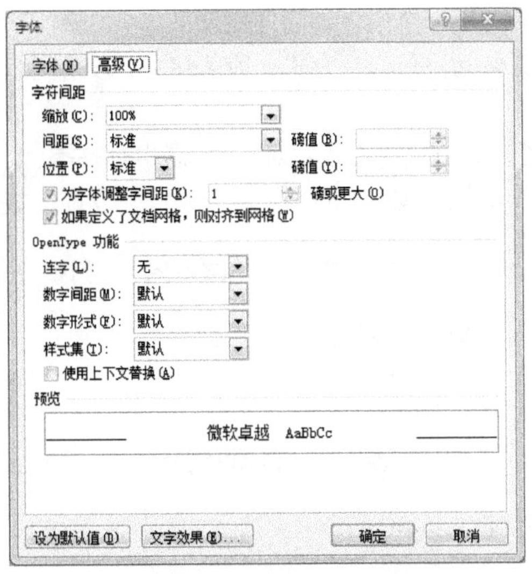

图 4-32 “字符间距”设置

4. 文字效果设置

若要设置文字效果，则可以单击图 4-32 中的“文字效果”按钮，打开“设置文本效果格式”对话框，选择并设置需要的文本效果，如图 4-33 所示。

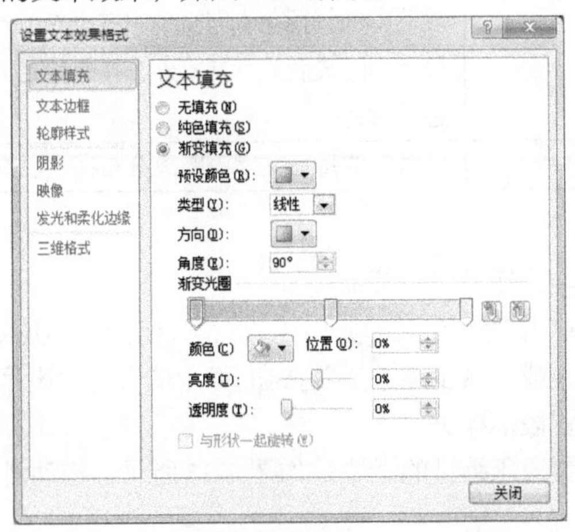

图 4-33 “设置文本效果格式”对话框

注意：文字效果只在屏幕上观察，不能打印。

5. 西文字体设置

在图 4-31 所示的“字体”对话框中，在“中文字体”下拉列表中选择需要的中文字体，在“西文字体”下拉列表中选择需要的西文字体，单击“确定”按钮。

若西文文字要设置成中文字体，则在“中文字体”下拉列表中选择需要的中文字体，在“西文字体”下拉列表中选择“使用中文字体”，这样就可以让西文文字也使用中文字体。

注意：在“字体”对话框中设置字体时，中文字体只对中文字符起作用，西文字体只对西文字符起作用，但是使用“字体”工具按钮设置字体时，可以使中文和西文字符同时有效。

4.5.2 段落格式设置

Word 2010 中一个回车符就是一个段落标记，一定数量的文字和后面的段落标记就组成了一个段落。段落标记不但标记了一个段落，而且记录了这个段落的格式信息。

对段落进行格式设置，包括段落对齐方式、段落缩进、段落间距、行距等。

1．对齐方式

在 Word 中常用的段落对齐方式有文本左对齐、居中对齐、文本右对齐、两端对齐和分散对齐5 种，在“开始”选项卡中的“段落”组进行设置，如图 4-34 所示。

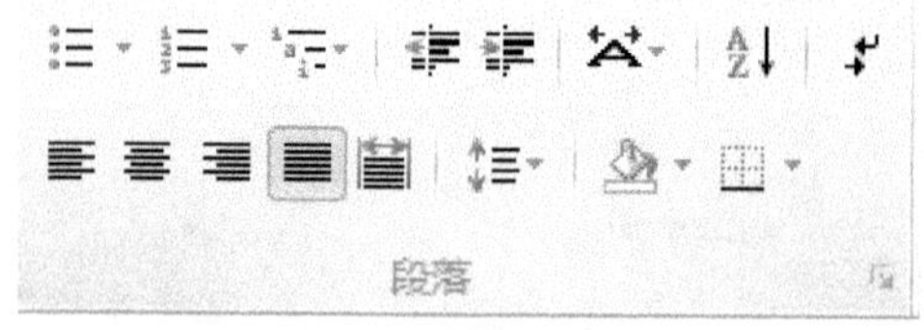

图 4-34　段落对齐方式

段落对齐方式按钮的功能如表 4-6 所示。

表 4-6　段落对齐方式功能说明

段落对齐方式按钮	功　　能
文本左对齐	段落中的每行文本向文档的左边界对齐
居中对齐	段落放在页面的中间
文本右对齐	段落中的每行文本向文档的右边界对齐
两端对齐	段落中除最后一行文本外，其他行文本左、右两端分别向左、右边界对齐
分散对齐	段落中的每行文字等距离分布在左、右文本边界之间

2．段落缩进

（1）使用“段落”组中按钮设置段落缩进

选择要缩进的段落，单击“开始”选项卡中“段落”组的“增加缩进量”按钮（单击一次段落向右缩进 1 个字符）或“减少缩进量”按钮（单击一次段落向左缩进 1 个字符）。

（2）使用“标尺”设置段落缩进

水平标尺上有 4 个设置段落缩进的滑块，如图 4-35 所示，拖动滑块可以调整段落的缩进。

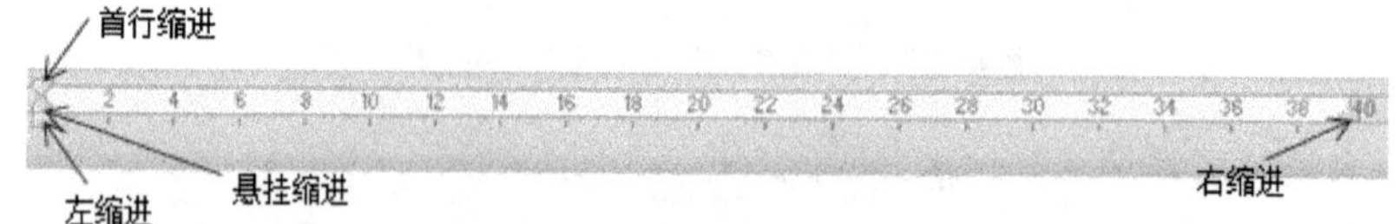

图 4-35　标尺调整缩进

（3）使用“段落”对话框设置段落缩进

选择要缩进的段落，单击“开始”选项卡中“段落”组右下角的“显示‘段落’对话框”按钮，打开“段落”对话框。在左、右缩进中设置缩进值，在“特殊格式”中设置“首行缩进”或“悬挂缩进”，如图 4-36 所示。

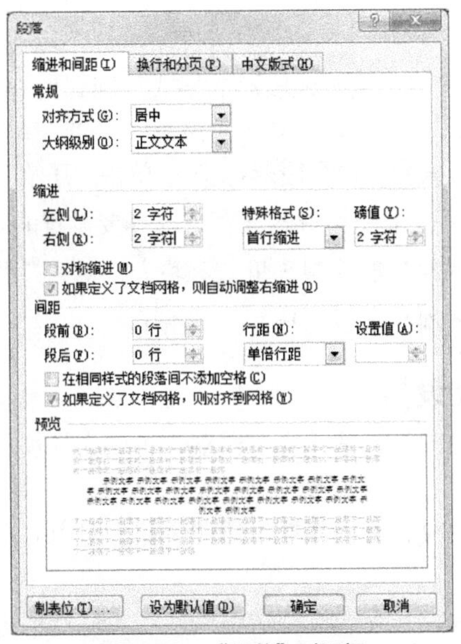

图 4-36 “段落”对话框

3. 段落间距和行距

间距是两个相邻段落之间的距离，行距是行与行之间的距离。

单击“开始”选项卡中“段落”组右下角的“显示‘段落’对话框”按钮，打开“段落”对话框，设置相应段前间距、段后间距、行距，如图 4-37 所示。

注意：行距的单位有磅和倍。

① 设置行距为磅时：可选“固定值”或“最小值”。

② 设置行距为倍时：如果倍数是 1、1.5、2 时，可以直接选择（单倍行距、1.5 倍行距、2 倍行距）；如果是其他倍数，可以选中“多倍行距”，然后在右边的“设置值”中输入倍数。

还可以通过单击“页面布局”选项卡中“段落”组来设置段前间距、段后间距的值、左右缩进的值。

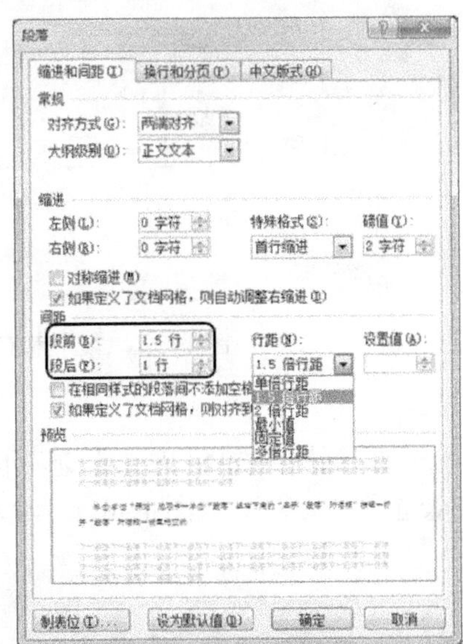

图 4-37 设置间距和行距

4. 格式刷的使用

“格式刷”的功能是将一个选定文本或段落的格式复制到另一个文本或段落上去，可以节省操作时间、保证格式的一致。

选择要复制格式的文字或段落（包含段落标记），单击“开始”选项卡中“剪贴板”组的“格式刷”按钮，按住鼠标左键拖选要设置的文字或选择要设置的段落。

注意：单击“格式刷”按钮只能复制应用一次格式；双击“格式刷”按钮可以应用多次格式（完成后再单击一次“格式刷”按钮或按 Esc 取消）。

4.5.3 边框和底纹设置

为了突出显示文档的某些内容，使其更加美观，可以为其加上边框和底纹。

1. 文字边框和底纹

为文字加简单的边框和底纹，可以直接使用“字体”组中的“字符边框”按钮和“字符底纹”按钮设置。

为文字加详细的边框和底纹，则通过“边框和底纹”对话框进行设置。

（1）文字边框

选择文字，单击“开始”选项卡中“段落”组的“下框线”右侧下三角按钮，在其下拉列表中选择“边框和底纹”命令，如图 4-38 所示。打开“边框和底纹”对话框，选择“边框”选项卡，设置边框、边框样式、颜色、宽度，在“应用于”下拉列表中选择“文字”，如图 4-39 所示，单击“确定”按钮。

图 4-38 边框选择

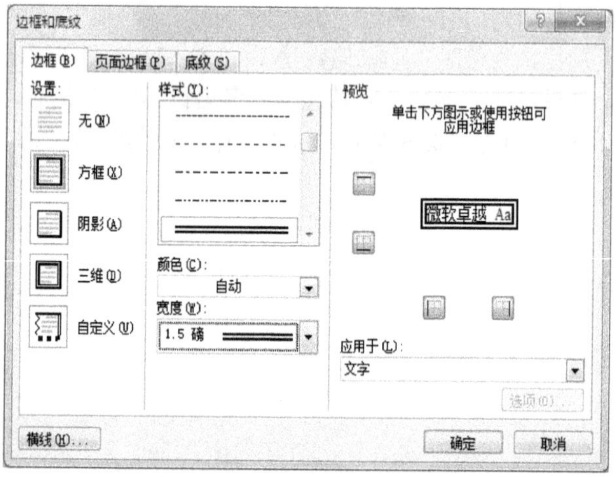

图 4-39 “边框和底纹”对话框

（2）文字底纹

选择文字，在“边框和底纹”对话框中选择“底纹”选项卡，设置填充颜色、图案（样式、颜色），在“应用于”下拉列表选择“文字”，如图 4-40 所示，单击“确定”按钮。

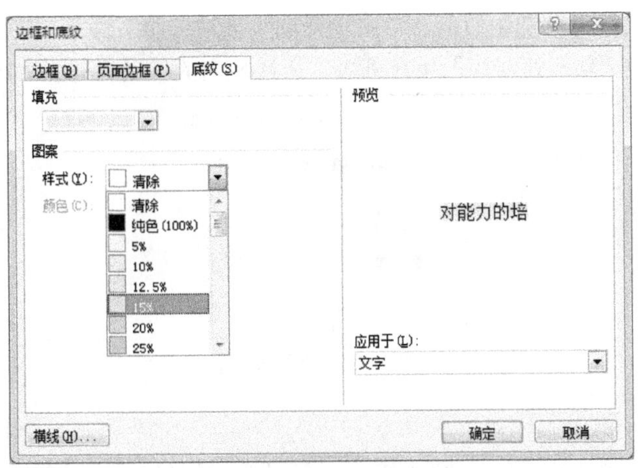

图 4-40 设置文字底纹

2. 段落边框和底纹

为段落加边框和底纹与文字边框和底纹操作方法一致，不同只在于应用范围不同，在图 4-39 和图 4-40 的“应用于”下拉列表中选择“段落”即可。

3. 页面边框和底纹

在“边框和底纹”对话框中选择“页面边框”选项卡，设置需要的边框或在“艺术型”下拉列表选择需要的艺术形状，在“应用于”下拉列表选择“整篇文档”，如图 4-41 所示，单击“确定”按钮。

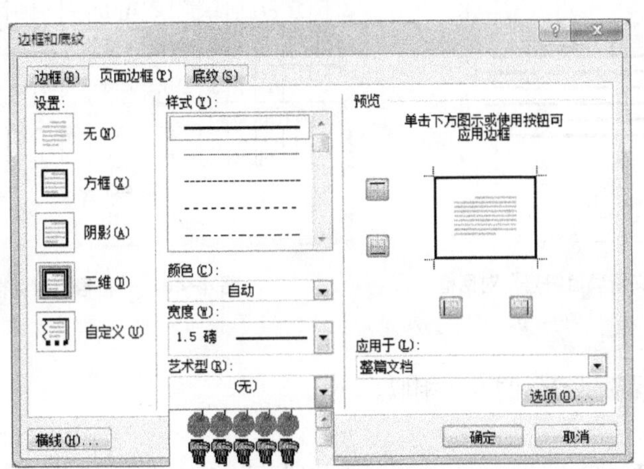

图 4-41 设置页面边框

4.5.4 项目符号和编号设置

为了更容易阅读和理解文章，可以添加项目符号和编号，Word 2010 具有自动创建项目符号和编号的功能。

1. 项目符号

段落起始位置出现的符号称为项目符号。一般在一些列举条件的地方会采用项目符号。

(1) 设置项目符号

简单项目符号的添加：选中段落，单击“开始”选项卡中“段落”组的“项目符号”按钮☰。再单击“项目符号”按钮，就可以将这个项目符号去掉。

复杂项目符号的添加：选中段落，单击“开始”选项卡中“段落”组的“项目符号”右侧下三角按钮 ，在“项目符号库”下拉列表中选择相应的项目符号，如图 4-42 所示。

图 4-42　项目符号库

（2）自定义项目符号

选中段落，在“项目符号库”列表中选择“定义新项目符号”，打开“定义新项目符号”对话框，如图 4-43 所示，单击“符号”按钮，打开“符号”对话框，选择需要的项目符号，如图 4-44 所示。单击“确定”按钮，返回“定义新项目符号”对话框，再单击“确定”按钮。

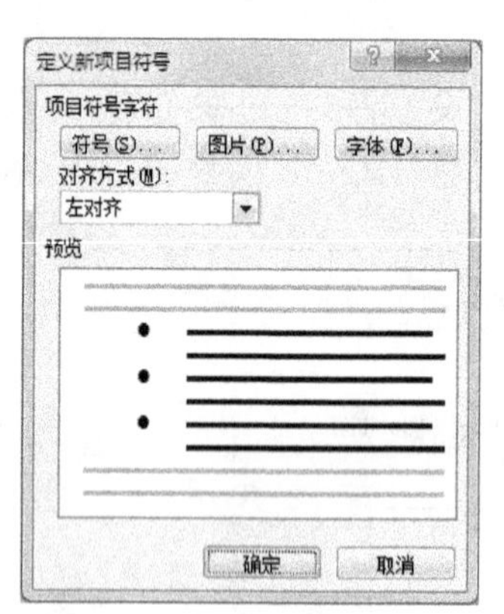

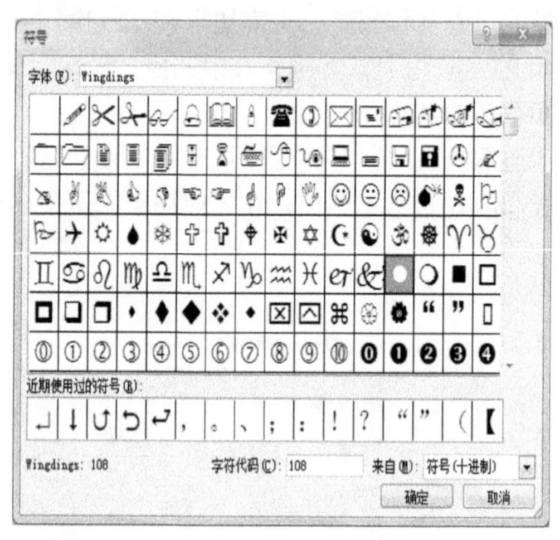

图 4-43　“定义新项目符号”对话框

图 4-44　“符号”对话框

2. 编号

设置编号与设置项目符号的方法相似。

（1）设置编号

简单编号可以通过单击“开始”选项卡中“段落”组的“编号”按钮 设置。复杂编号可以单击“编号”右侧下三角按钮 ，在“编号库”下拉列表中选择相应的编号，如图 4-45 所示。

（2）自定义编号

在“编号库”下拉列表中选择“定义新编号格式”，打开“定义新编号格式”对话框，如图 4-46 所示，从中设置编号样式、编号格式、对齐方式等，单击“确定”按钮。

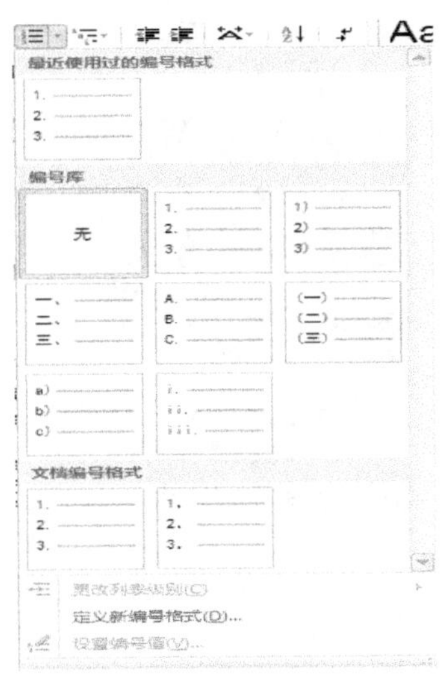

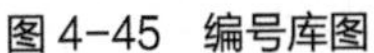
图 4-45 编号库图

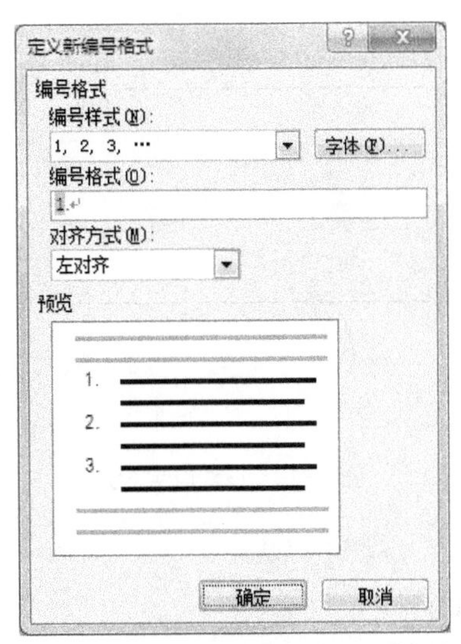

4-46 “定义新编号格式”对话框

【任务 4-7】请为文章的 3 个段落设置编号方式（X、Y、Z）。

在“定义新编号格式”对话框中，在“编号样式”列表中选择“A，B，C，…”，更改“编号格式”为“A、”，如图 4-47 所示，单击“确定”按钮。

这时还不是所需要的格式，还要选择图 4-45 所示编号库中的“设置编号值”选项（这时不再是灰色的了），打开“起始编号”对话框，在“值设置为”微调框中输入“X”，如图 4-48 所示，单击“确定”按钮。

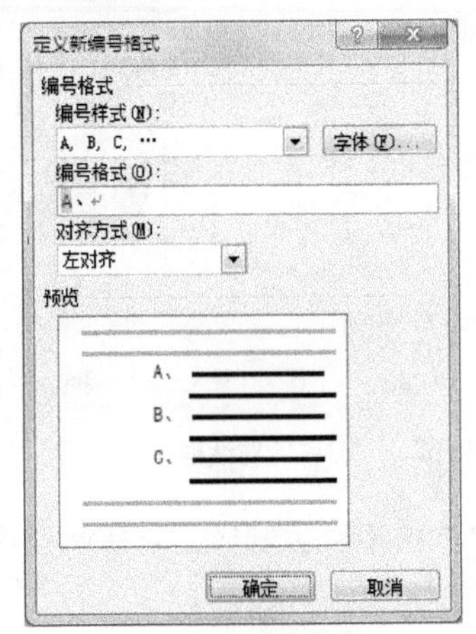

图 4-47 设置编号格式

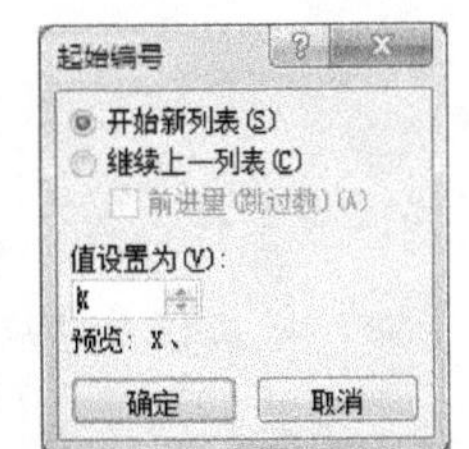

图 4-48 “起始编号”对话框

4.5.5 首字下沉设置

首字下沉是将一段的第一个字符放大并下沉到下面的几行中。

选择要设置的文字，单击“插入”选项卡中“文本”组的“首字下沉”按钮，在其下拉列表中选择“下沉”或“悬挂”，如图 4-49 所示。或者选择“首字下沉”列表中的“首字下沉选项”，打开“首字下沉”对话框，从中设置“下沉”或“悬挂”、字体、下沉行数以及距正文的距离等，如图 4-50 所示，单击“确定”按钮。

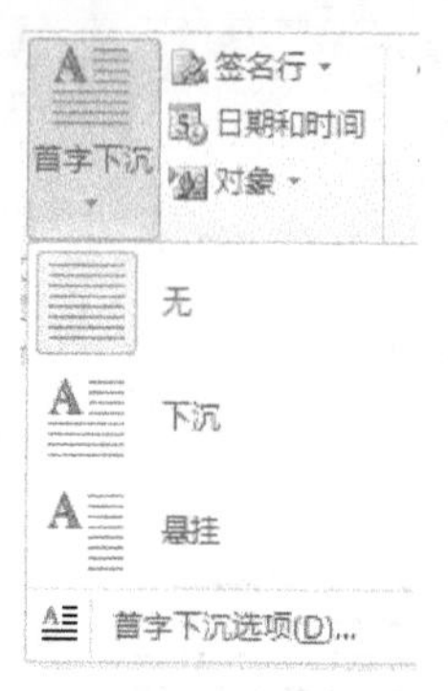

图 4-49　设置首字下沉

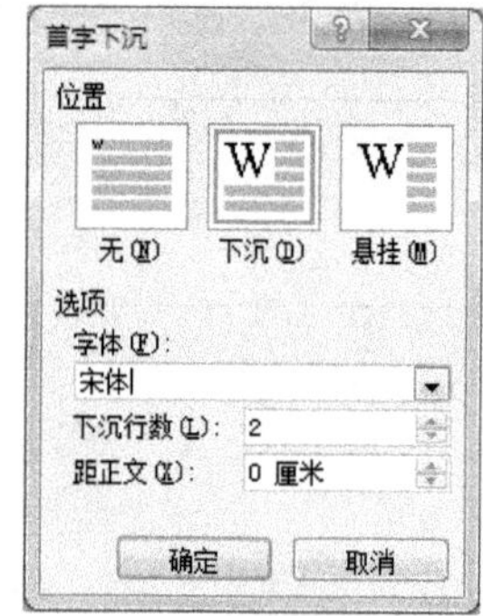

图 4-50　“首字下沉”对话框

4.5.6　分栏设置

1. 简单分栏

选择分栏内容，单击“页面布局”选项卡中“页面设置”组的“分栏”按钮，在“分栏”下拉列表中选择分栏方式，如图 4-51 所示。

2. 复杂分栏

选择分栏内容，在“分栏”下拉列表中选择“更多分栏”选项，打开“分栏”对话框，从中设置栏数、栏宽、间距、应用范围、分隔线，如图 4-52 所示，单击“确定”按钮。

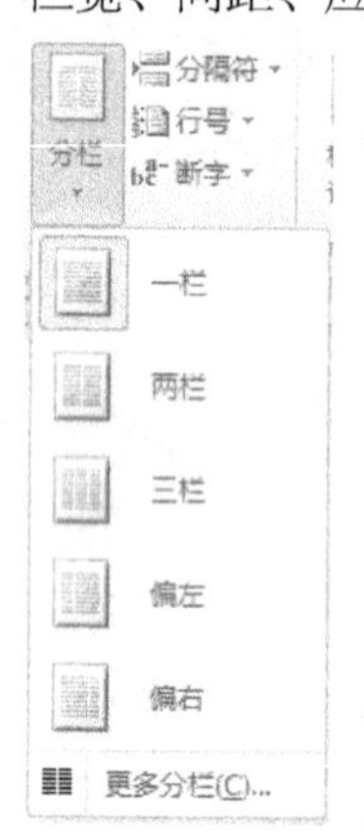

图 4-51　设置分栏

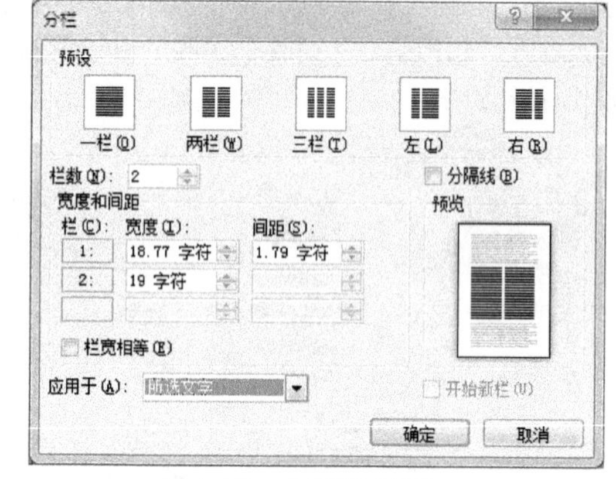

图 4-52　“分栏”对话框

注意：在“分栏”对话框中“应用于”选项中选择不同的选项，分栏效果将应用于不同的范围。

① “所选文字”。只有所选择的文字应用分栏设置，其他文字没有影响。

② “整篇文档”。整篇文档都应用分栏设置。

③ “插入点之后”。若不选择内容直接分栏，在“应用于”中则会出现此项，它的作用是将光标插入点之后的内容应用分栏设置。

4.6　表格处理

【任务 4-8】制作如图 4-53 所示的个人简历。

简历是招聘单位了解应聘者的第一个途径，通过简历引起用人单位的兴趣是比较重要的。

一份好的简历可以给招聘人员留下深刻印象，从而决定是否有面试的机会。

个　人　简　历

姓名			性别		贴照片
出生年月			籍贯		
政治面貌			民族		
学历			专业		
毕业院校			联系电话		
邮编			E-mail		
联系地址					
主要课程					
学习和工作经验		起止时间	工作单位及职务	岗位职责及业绩表现	
个人能力	专业技能				
	兴趣爱好				
	社会实践				
	奖励特长				
	英语水平				
	计算机水平				
求职意向					

图 4-53　个人简历

4.6.1　建立表格

表格是由不同行列的单元格构成，在单元格中可以输入文字、插入图片等。

1. 创建简单表格

单击“插入”选项卡中“表格”组的“表格”按钮，在其下拉列表中拖动选择需要插入表格的行数、列数，如图 4-54 所示。

图 4-54　创建简单表格

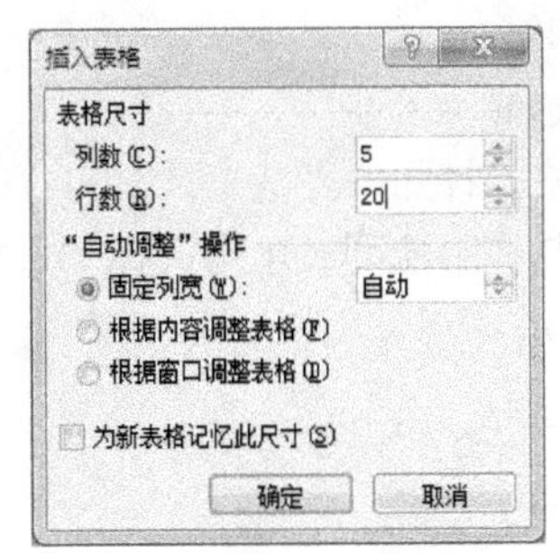

图 4-55　“插入表格”对话框

2. 创建复杂表格

在“表格”下拉列表中选择“插入表格”命令，打开“插入表格”对话框，从中设置表格的列数、行数，如图 4-55 所示，单击“确定”按钮。

3. 绘制表格

在“表格”下拉列表中选择“绘制表格”，鼠标指针变成铅笔形状，拖动鼠标指针绘制一个矩形外框，在矩形内绘制行、列线。此时会出现“表格工具”的“设计”选项卡，如图 4-56 所示。

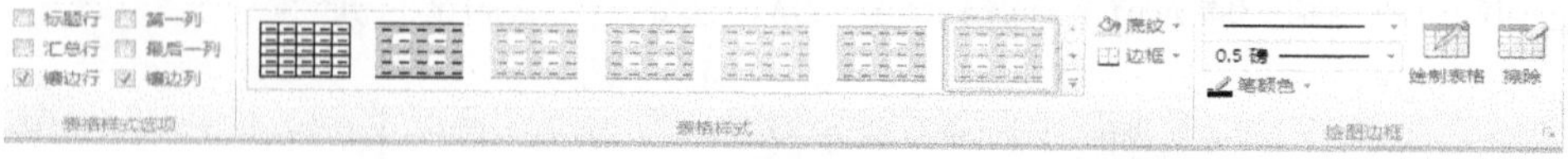

图 4-56　“表格工具”的“设计”选项卡

在“设计”选项卡可以绘制表格，设置表格样式、底纹、边框、笔样式、笔画粗细、笔颜色、擦除等。

4. 向表格输入文本

单击表格中某个单元格可以输入文字，插入符号、图片等。当输入的文字到达单元格的最右边，能自动换行并增加行高；按 Enter 键可在单元格中另起一段，可以使用多个快捷键快速移动插入点，操作方式如表 4-7 所示。

表 4-7　表格中使用快捷键定位

按　　键	功　　能
Tab	移动到下一个单元格
Shift + Tab	移动到上一个单元格
Alt + Home	移动到当前行的第一个单元格
Alt + End	移动到当前行的最后一个单元格
Alt + Page Up	移动到插入点所在列的首单元格
Alt + Page Down	移动到插入点所在列的尾单元格
↑	移到上一行
↓	移到下一行
←	向左移动一个单元格
→	向右移动一个单元格

4.6.2　编辑表格

1. 选择表格内容

（1）使用命令选择

选择表格单元格，打开“表格工具”的“布局”选项卡，如图 4-57 所示。单击“表”组中的“选择”按钮，其在下拉列表中可选择“选择单元格”、“选择列”、“选择行”、“选择表格”选项，如图 4-58 所示。

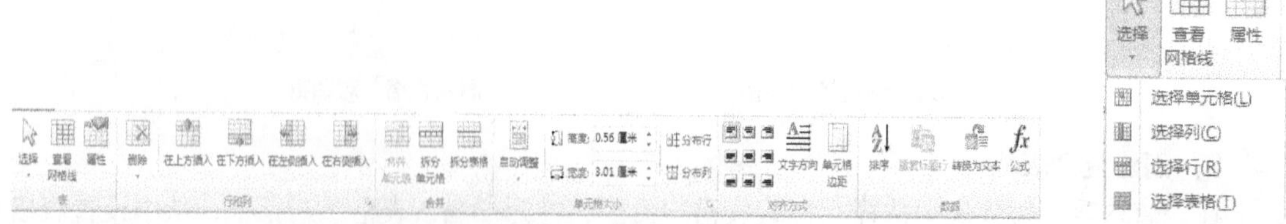

图 4-57　“表格工具”的“布局”选项卡

图 4-58　选择表格内容

（2）使用鼠标或键盘选择

使用鼠标或键盘选择操作如表 4-8 所示。

表 4-8　表格中选择内容操作

选 择 方 式	功　能
一个单元格	鼠标指向单元格左边框，鼠标指针变为↗，单击
一行	鼠标指向该行的左侧，鼠标指针变为↗，单击
一列	鼠标指向该列的顶端，鼠标指针变为↓，单击
多行	鼠标指向该行的左侧，鼠标指针变为↗，拖动鼠标
多列	鼠标指向该列的顶端，鼠标指针变为↓，拖动鼠标
整个表格	单击表格左上角的“全选”按钮

2．修改表格结构

（1）调整表格尺寸

使用鼠标调整的方法如下。

① 调整列宽。鼠标指针停留在要调整的列的边框上，当指针变为 拖动即可调整。

② 调整行高。鼠标指针停留在要调整的行的边框上，当指针变为 拖动即可调整。

③ 平均分布各行或各列。选择要平均分布的各行或各列，在“表格工具”的“设计”选项卡单击“平均分布各行”按钮或“平均分布各列”按钮。

使用“表格”属性调整的方法如下。

单击“表格工具”的“布局”选项卡中“表”组的“属性”按钮，打开“表格属性”对话框，可从中设置表格宽度、行高、列宽、单元格宽度，如图 4-59 所示。

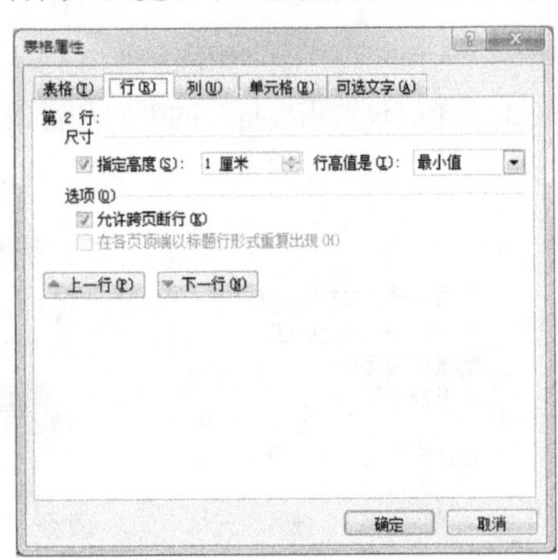

图 4-59　“表格属性”对话框

（2）插入行、列和单元格

① 插入行。单击“表格工具”的“布局”选项卡中“行和列”组的“在上方插入”按钮或“在下方插入”按钮；或者右击单元格，在快捷菜单中选择“插入”下的“在上方插入”或“在下方插入”命令。

② 插入列。单击“表格工具”的“布局”选项卡中“行和列”组的“在左侧插入”按钮或“在右侧插入”按钮。

③ 插入单元格。单击“表格工具”的“布局”选项卡中“行和列”组右下角“显示‘插入单元格’对话框”按钮，打开“插入单元格”对话框，从中选择相应的选项，如图 4-60 所示，单

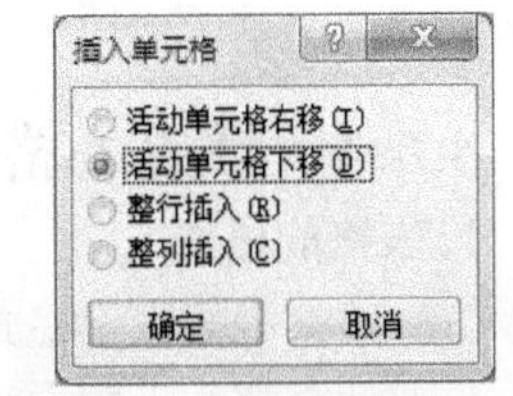

图 4-60　“插入单元格”对话框

击“确定”按钮。

在表格的最后增加新行的操作如下。

① 插入点在表格的最后一个单元格中时按 Tab 键。

② 在表格最后一行最右边的段落标记前面按 Enter 键。

（3）移动和复制单元格内容

移动和复制单元格内容与文档中的操作方法基本相同。

注意： 在复制行时，若选中的行不包含行结束标记，则只是将单元格中的文字复制到目标单元格，并覆盖单元格原内容，若选中的行包含行结束标记，则将该行完整复制到目标行的上方，并不覆盖单元格原内容。

（4）删除行、列和单元格

选择要删除的行或列的某个单元格，单击“表格工具”的“布局”选项卡中“行和列”组的“删除”按钮，在其下拉列表中选择要删除的选项，如图 4-61 所示。

注意： 删除单元格时，会出现一个“删除单元格”对话框，如图 4-62 所示。

3. 合并和拆分单元格

（1）合并单元格

选定要合并的单元格，单击“表格工具”的“布局”选项卡中“合并”组的“合并单元格”按钮。也可以右击选定的单元格，选择“合并单元格”命令。如个人简历表中合并贴照片的位置等。

（2）拆分单元格

选定要拆分的单元格，单击“表格工具”的“布局”选项卡中“合并”组的“拆分单元格”按钮，打开“拆分单元格”对话框，设置需要拆分的列数和行数，如图 4-63 所示，单击“确定”按钮。

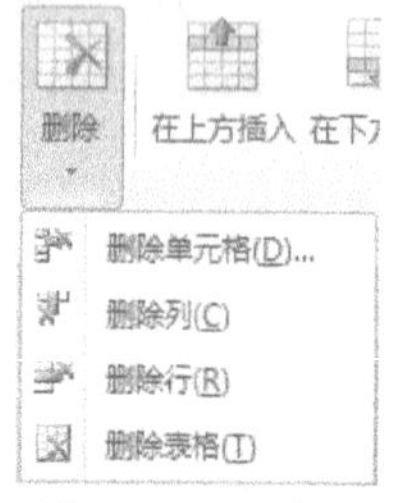

图 4-61　删除内容

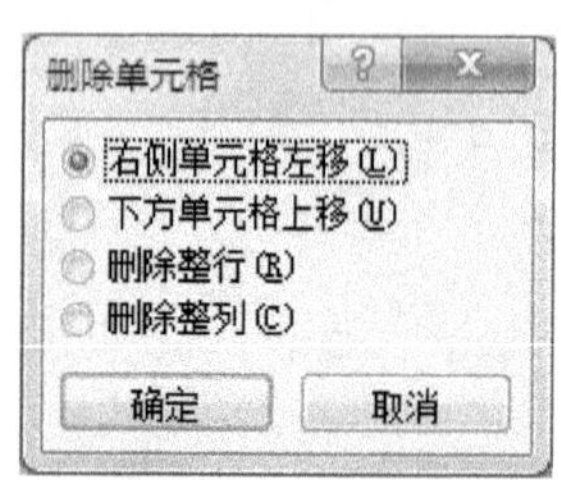

图 4-62　删除单元格

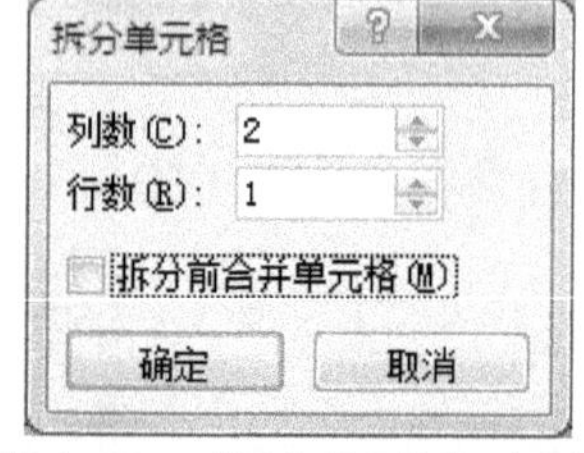

图 4-63　“拆分单元格”对话框

注意： 若在“拆分单元格”对话框中选择“拆分前合并单元格”选项，则会将选中的单元格合并为一个单元格后再拆分。

（3）拆分表格

单击要通过拆分创建第二个表格的首行，单击“表格工具”的“布局”选项卡中“合并”组的“拆分表格”按钮，即可将表格拆分成两个表格。

4.6.3　设置表格格式

1. 表格的格式

（1）表格中的文字格式

与普通文字的设置方式相同。

（2）单元格的对齐方式

选择要设置的单元格，单击“表格工具”的“布局”选项卡中“对齐方式”组的对齐方式，如图 4-63 所示。或者右击选择的单元格，选择“单元格对齐方式”命令下的对齐方式。

图 4-63　单元格对齐方式

（3）表格的对齐方式和文字环绕

选择表格，单击“表格工具”的“布局”选项卡中“表”组的“属性”按钮，打开“表格属性”对话框，选择“表格”选项卡，如图 4-64 所示，从中选择需要的对齐方式和文字环绕，单击“确定”按钮。

图 4-64　设置表格对齐方式和文字环绕

（4）表格样式

选择表格，单击“表格工具”的“设计”选项卡中“表格样式”组中的表格样式，使之应用到当前表格，如图 4-65 所示，单击右侧的滑块可以查看多种表格样式。

图 4-65　表格样式

（5）为表格添加标题

① 若表格前已经有文本，则单击文本后，按 Enter 健，输入表格标题即可。

② 若表格前没有文本，则单击表格中第一个单元格内容之前，按 Enter 健；或者单击表格第一行中任何一个单元格，单击“表格工具”的“布局”选项卡中“合并”组的“拆分表格”按钮。

（6）标题行重复

有时一个比较大的表格可能在一页上无法显示，当表格被分到多页上时，希望为每页的表格第一行设置一个标题行。

选择标题行，单击“表格工具”的“布局”选项卡中“数据”组的“重复标题行”按钮。

（7）更改单元格文字方向

选择单元格，单击“表格工具”的“布局”选项卡中“对齐方式”组的“文字方向”按钮。

2. 表格的边框和底纹

（1）设置表格的边框

简单设置：选择表格，单击“表格工具”的“设计”选项卡中“表格样式”组的“边框”右侧下三角按钮，在其下拉列表中选择需要的框线，如图 4-66 所示。

复杂设置：选择表格，选择图 4-66 列表中的“边框和底纹”，打开“边框和底纹”对话框，选择“边框”选项卡。从中设置框线、线条样式、颜色、宽度和应用范围，如图 4-67 所示。也可以根据需要自行定义，只需单击图 4-67 中的“自定义”按钮，分别设置表格的外框线和内框线（选择框线和格式后逐个单击“预览区”中的外框线或内框线即可）。

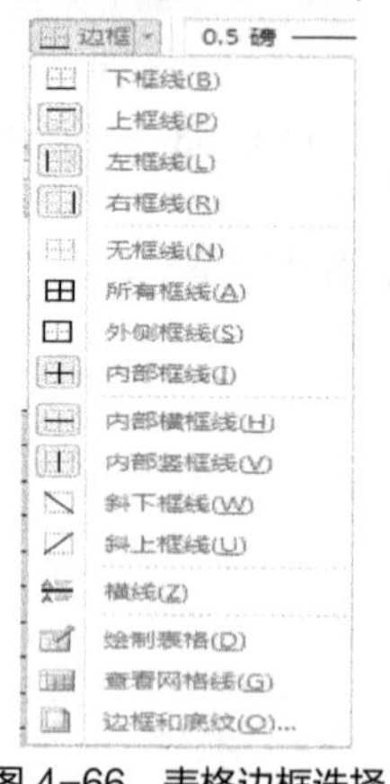

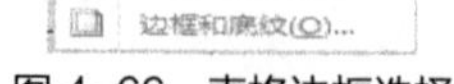

图 4-66　表格边框选择

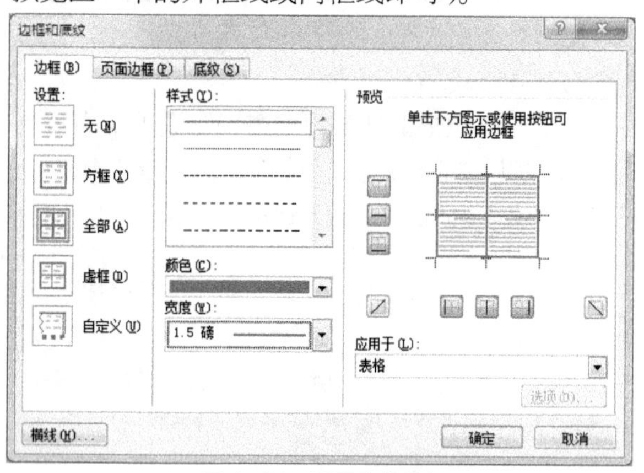

图 4-67　设置表格边框

（2）设置表格的底纹

简单设置：选择表格，单击“表格工具”的“设计”选项卡中“表格样式”组的“底纹”右侧下三角按钮，在其下拉列表中选择需要的颜色，如图 4-68 所示。

复杂设置：选择表格，在“表格与边框”对话框中选择“底纹”选项卡，从中设置填充色、样式和样式颜色，如图 4-69 所示。

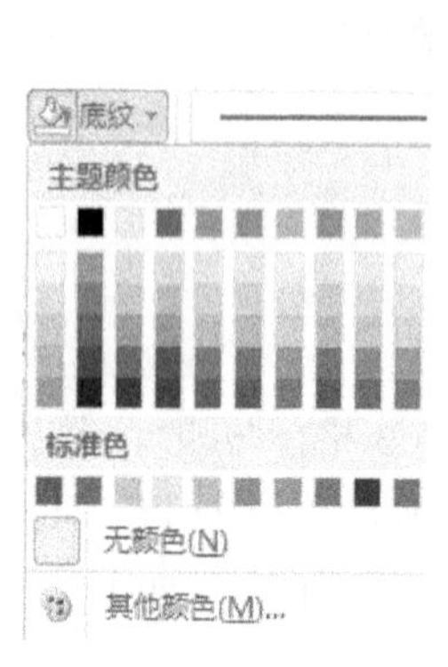

图 4-68　表格底纹选择

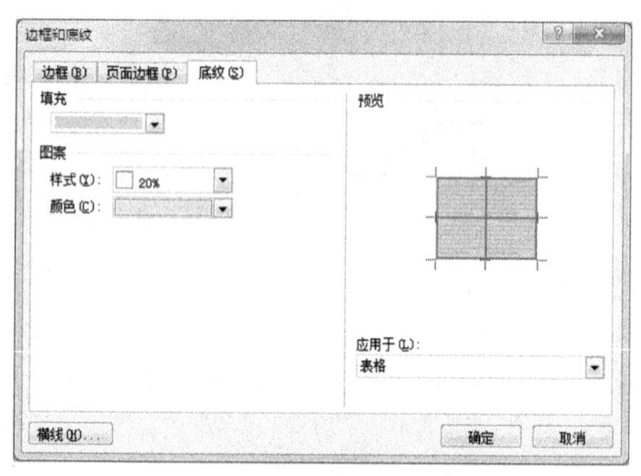

图 4-69　设置表格底纹

3. 绘制斜线表头

【**任务 4-9**】绘制图 4-70 所示的斜线表头。

销量 品名	一季度销量	二季度销量	三季度销量	四季度销量
洗衣机	12738	12456	10276	14724
冰箱	967	899	1032	938
电视机	13422	12987	13472	14223

图 4-70　绘制斜线表头

选择需要绘制斜线的单元格（第一个单元格），单击“表格工具”的“设计”选项卡中“表格样式”组的“边框”右侧下三角按钮，从中选择“斜下框线”命令（也可以单击“绘制表格”按钮绘制斜线），输入行标题和列标题，将行标题设置为“右对齐”。

4.6.4 表格与文字的相互转换

1. 将文本转换为表格

若我们有了一些排列规则的文字，如已经设置好制表位的文字，可将它们转换为表格。

选中需要转换成表格的文字，单击“插入”选项卡中“表格”组的“表格”按钮，在其下拉列表中选择“文本转换成表格”命令，如图 4-71 所示。打开“将文字转换成表格”对话框，设置表格尺寸、自动调整、文字分隔位置等，如图 4-72 所示，单击“确定”按钮。

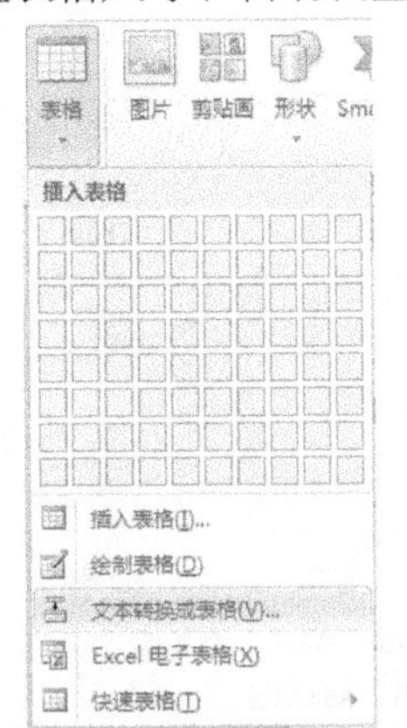

图 4-71 选择“文本转换成表格”命令

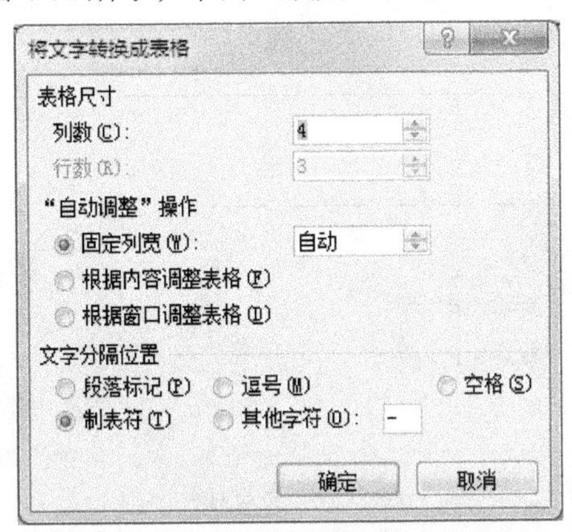

图 4-72 “将文字转换成表格”对话框

2. 将表格转换为文本

选中表格，单击“表格工具”的“布局”选项卡中“数据”组的“转换为文本”按钮，打开“表格转换成文本”对话框。从中选择需要的文字分隔符，如图 4-73 所示，单击“确定”按钮。

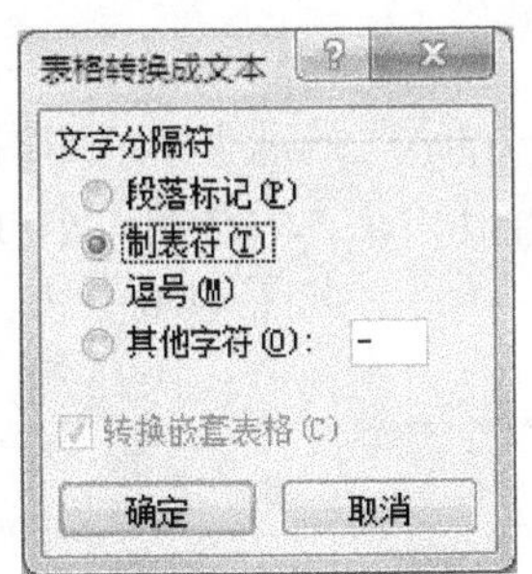

图 4-73 “表格转换成文本”对话框

4.6.5 表格数据处理

在 Word 中，表格中的单元格都有唯一的引用参数与之对应。表格中的行用数字表示，第 1 行为 1，第 2 行为 2，以此类推。表格中的列用英文字母表示，第 1 列为 A，第 2 列为 B，以此类推，单元格的名字由其所在列和行的编号组合而成，如 A1。

1. 数据计算

选择要放置计算结果的单元格，单击“表格工具”的“布局”选项卡中“数据”组的“公式”按钮f_x，打开“公式”对话框，如图 4-74 所示。当前默认是对上方求和，若要对左边求和

则应将公式修改为“=SUM（LEFT）”，单击“确定”按钮。

注意：除了求和公式以外，还有其他的一些公式，如求平均值用 AVERAGE()、求最大值用 MAX()、求最小值用 MIN()。

技巧：若有多行都要求和，可以采用选择第一行求和的结果，复制到下方各单元格中，然后选中这一列，按 F9 键，其余行的和就都出来了。因为按 F9 键是更新域，这些是公式域，把域更新一下就可以看到正确的结果了。

2. 数据排序

选择需要排序的单元格，单击“表格工具”的“布局”选项卡中“数据”组的“排序”按钮，打开“排序”对话框。在“主要关键字”框中选择排序关键字，选择类型、排序方式，如图 4-75 所示，单击“确定”按钮。

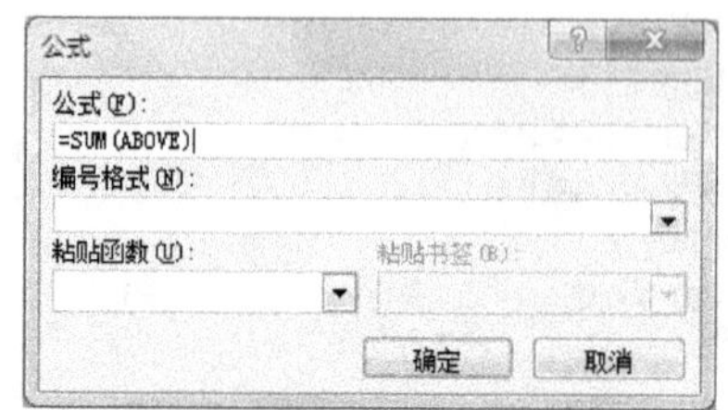

图 7-74　数据计算

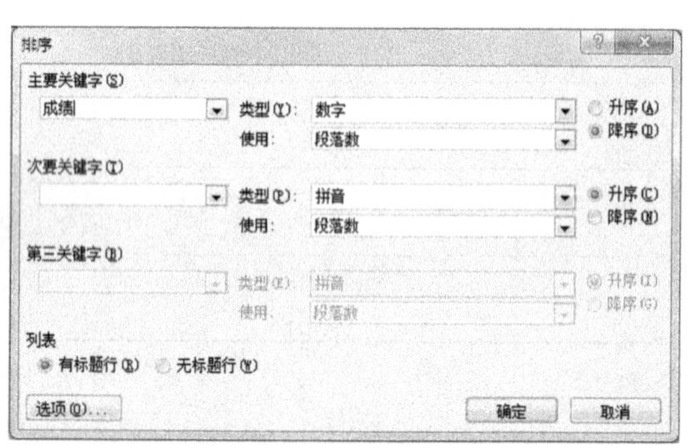

图 4-75　“排序”对话框

4.7　图文混排

【任务 4-10】制作图文并茂的个人简历封面。

4.7.1　图片与剪贴画

1. 插入图片和剪贴画

单击要插入图片的位置，单击“插入”选项卡中“插图”组的“图片”按钮，打开“插入图片”对话框。从中选择图片，单击“插入”按钮，也可以单击“插入”右侧下三角按钮选择“链接到文件”或“插入和链接”命令，如图 4-76 所示。

图 4-76　“插入图片”对话框

单击“插入”选项卡中“插图”组的“剪贴画”按钮，在“剪贴画”任务窗格中搜索相应的剪贴画类型，然后选择需要的剪贴画，就可以插入 Word 自带的一些图片。

插入图片后，单击图片会自动显示“图片工具”的“格式”选项卡，可以对图片进行相应的设置，如图 4-77 所示。

图 4-77　“图片工具”的“格式”选项卡

2．编辑图片

（1）选定图片：单击图片即可选定。

（2）调整图片的大小。单击图片后，图片四周会出现 8 个控制点，将鼠标指针移动到控制点，当鼠标指针变成水平、垂直、斜对角的双向箭头时，拖动可以改变图片的水平、垂直、斜对角方向的大小。也可利用“图片工具”的“格式”选项卡中“大小”组来调整图片的大小，如图 4-78 所示。

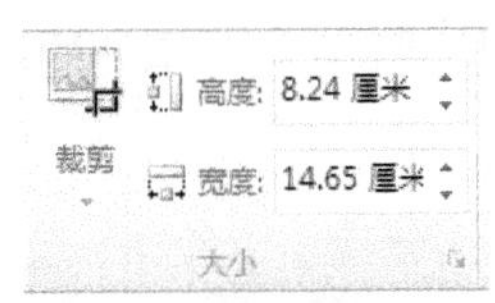

图 4-78　调整图片的大小

还可以利用“布局”对话框来设置图片大小。右击图片，选择“大小和位置”命令，打开“布局”对话框。选择“大小”选项卡，从中设置图片的高度、宽度、旋转、缩放等，如图 4-79 所示，单击“确定”按钮。

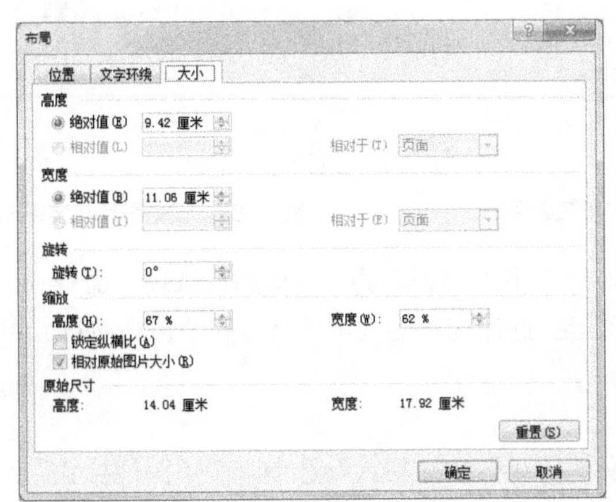

图 4-79　“布局”选项卡

（3）移动图片位置

选择图片，将鼠标指针置于选定的图片上，当鼠标指针变成移动指针形状后拖动到目标位置。

注意： 图片插入时默认为“嵌入型”图片，不能调整位置，可先设置图片的文字环绕方式后再调整位置。

（4）裁剪图片

选择图片，单击“图片工具”的“格式”选项卡中“大小”组的“裁剪”按钮或单击“裁剪”下方下三角按钮，在其下拉列表中选择“裁剪”命令，如图 4-80 所示，拖动图片周围的控制点即可裁剪图片。

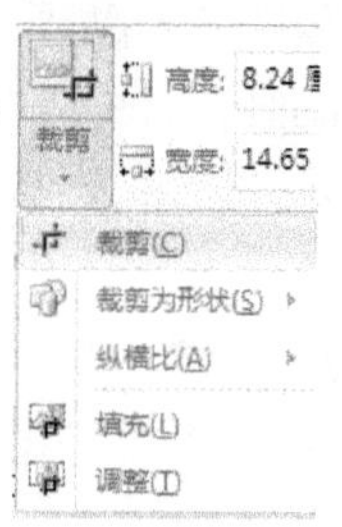

图 4-80　选择“裁剪”命令

3. 设置图片的文字环绕方式

选择图片，单击“图片工具”的“格式”选项卡中“排列”组的“自动换行”按钮，在其下拉列表中选择需要的文字环绕方式，如图 4-81 所示。

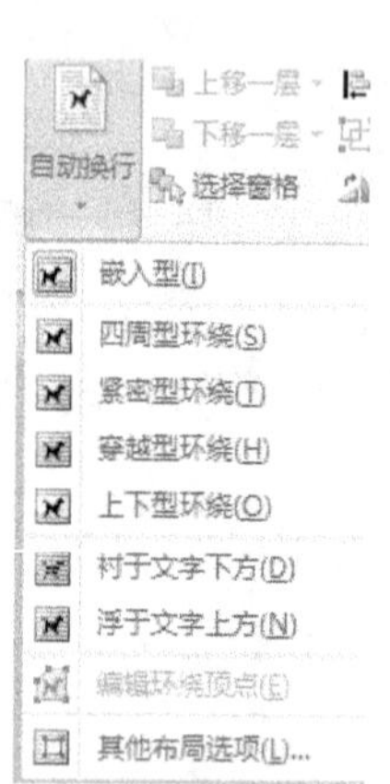

图 4-81　文字环绕选择

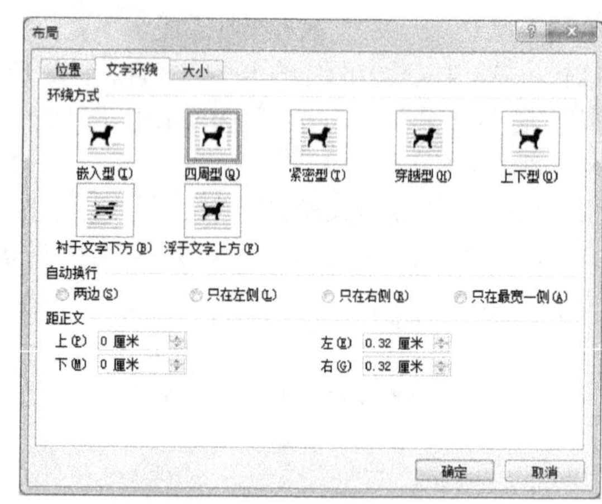

图 4-82　设置图片文字环绕

也可以单击“自动换行”下拉列表中的“其他布局选项”命令，打开“布局”对话框，从中选择“文字环绕”选项卡。选择需要的文字环绕方式、自动换行、距正文位置，如图 4-82 所示，单击“确定”按钮。

4. 设置图片格式

选择图片，单击“图片工具”的“格式”选项卡中“图片样式”组右下角的“显示‘设置形状格式’对话框”按钮，打开“设置图片格式”对话框，可以从中设置图片的亮度和对比度等，如图 4-83 所示。

5. 设置图片的透明色

选择图片，单击“图片工具”的“格式”选项卡中“调整”组的“颜色”按钮，在其下拉列表中选择“设置透明色”命令，这时鼠标指针变成了一支喷笔，单击需要设置为透明色的图片部分即可。

6. 为图片加边框

选择图片，单击“图片工具”的“格式”选项卡中“图片样式”组的“图片边框”右侧下三角按钮，在其下拉列表中选择需要的图片边框、线条粗细等，如图 4-84 所示。

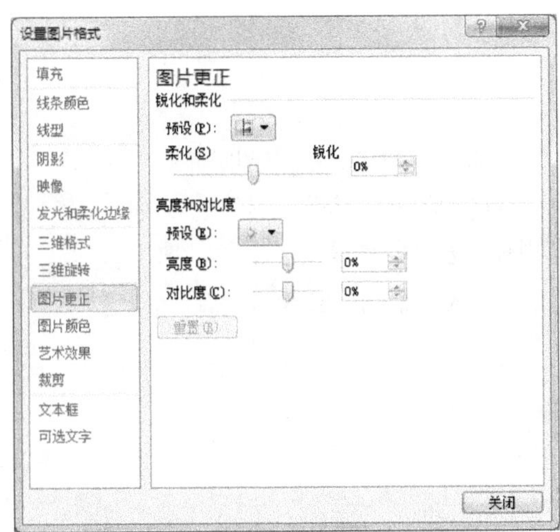

图 4-83 “设置图片格式”对话框

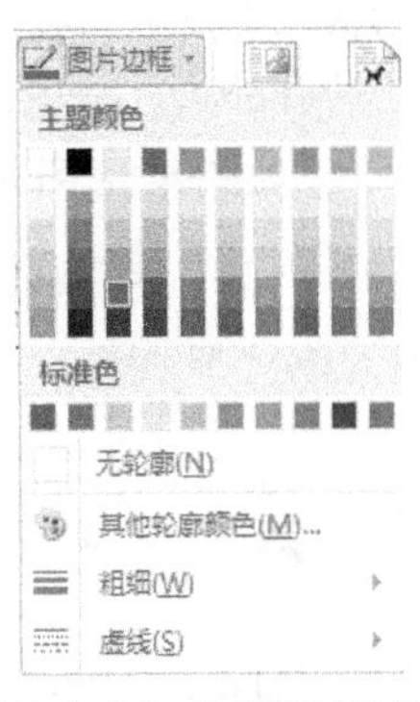

图 4-84 设置图片边框

7. 设置图片的外观样式

选择图片，单击“图片工具”的“格式”选项卡中“图片样式”组的“图片外观样式”右侧下三角按钮，在其下拉列表中选择需要的图片外观样式，如图 4-85 所示。

8. 重设图片

选择图片，单击“图片工具”的“格式”选项卡中“调整”组的“重设图片”按钮，取消图片的设置，恢复图片插入时的状态。

9. 截取屏幕图片

Word 提供屏幕截图功能，可以截取屏幕画面，也可以根据需要截取图片内容。

单击图片插入位置，单击“插入”选项卡中“插图”组的“屏幕截图”按钮，在其下拉列表中选择需要的屏幕图片，如图 4-86 所示。

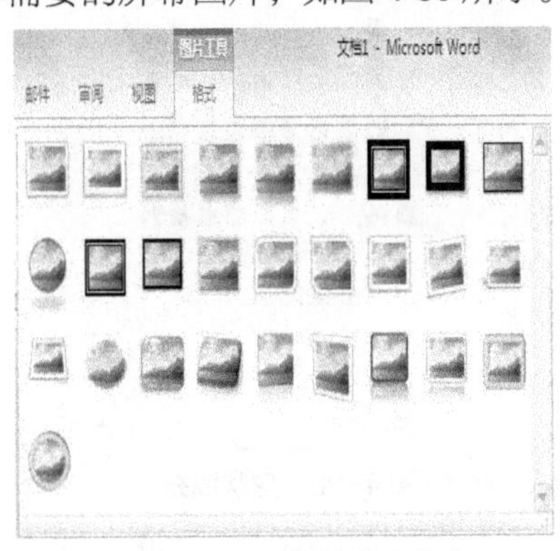

图 4-85 图片外观样式

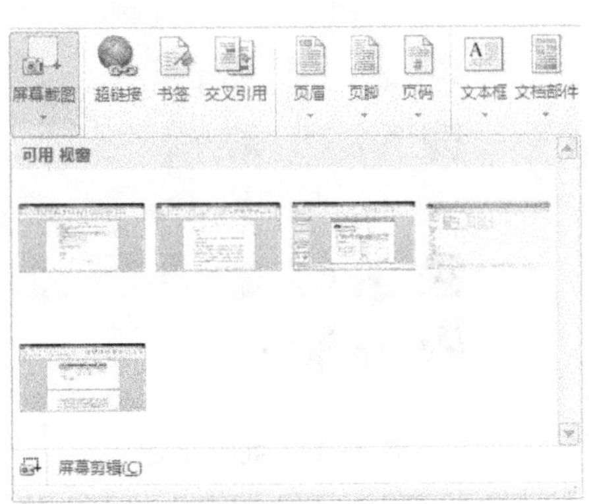

图 4-86 屏幕截图

若要截取需要的图片，可以单击“屏幕截图”下拉列表中的“屏幕剪辑”命令，在出现的灰色窗口中拖动鼠标截取需要的图片即可。

4.7.2 图形

1. “形状”工具

单击“插入”选项卡中“插图”组的“形状”按钮，在其下拉列表中可以选择各种图形，如图 4-87 所示。

2. 绘制图形

选择“形状”工具上需要的图形，当鼠标指针变成“+”后拖动到合适大小后放开即可。绘制好图形后，会自动打开“绘图工具”的“格式”选项卡，如图 4-88 所示，可以对图形进行各种设置。

注意：绘制正方形或圆时，单击“矩形”或“椭圆”按钮后按住 Shift 键后再拖动。

图 4-88 “绘图工具”的“格式”选项卡

图 4-87 “形状”工具

3. 调整图形

选择图形，拖动图形周围的控制点调整大小。

4. 设置图形格式

使用“绘图工具”的“格式”选项卡中“形状样式”组上的按钮可以设置图形的形状样式、形状填充、形状轮廓和形状效果。

① 单击“形状样式”组中“形状样式”右侧的下拉按钮，可以从中选择不同的形状，如图 4-89 所示。

② 单击“形状样式”组中“形状填充”右侧下三角按钮可更改图形的填充颜色、渐变、纹理等，如图 4-90 所示。

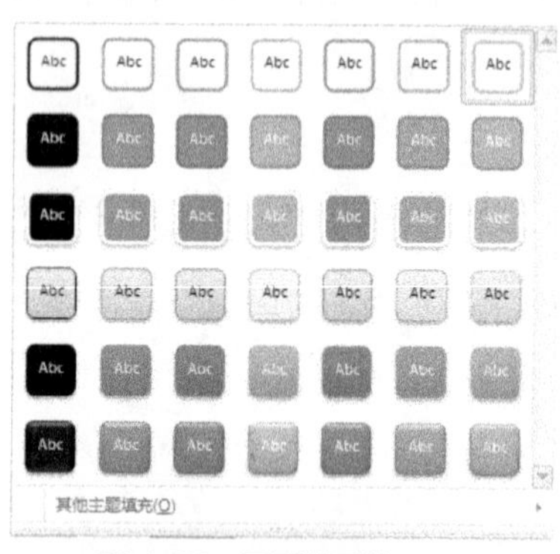

图 4-89 图形的形状

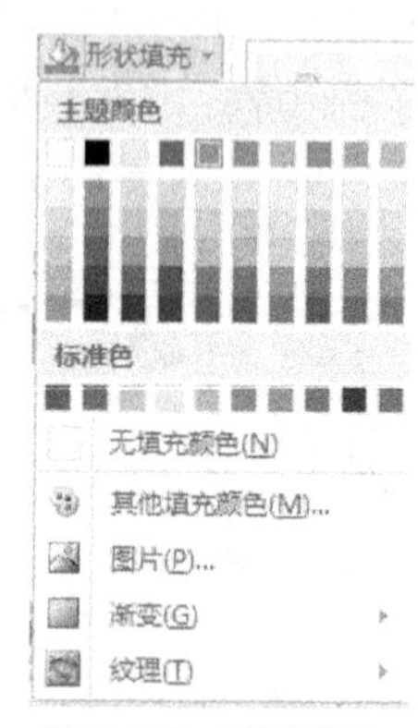

图 4-90 形状填充

③ 单击“形状样式”组中“形状轮廓”按钮右侧下三角按钮可设置图形的轮廓颜色、轮廓粗细、虚线等，如图 4-91 所示。

④ 单击“形状样式”组中“形状效果”右侧下三角按钮可设置图形的形状效果，如图 4-92 所示，也可以设置图形的阴影效果和三维效果。

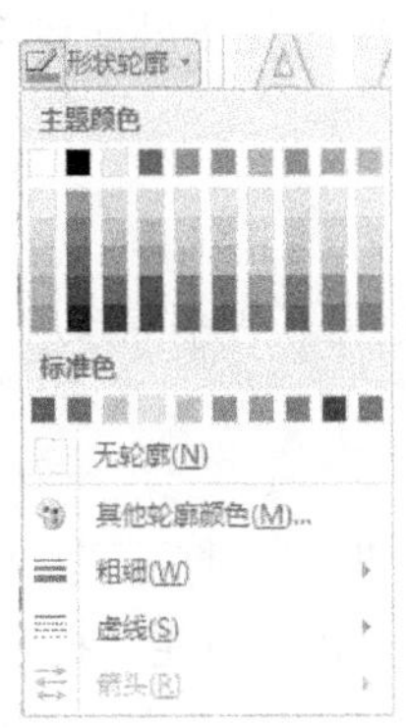

图 4-91 形状轮廓

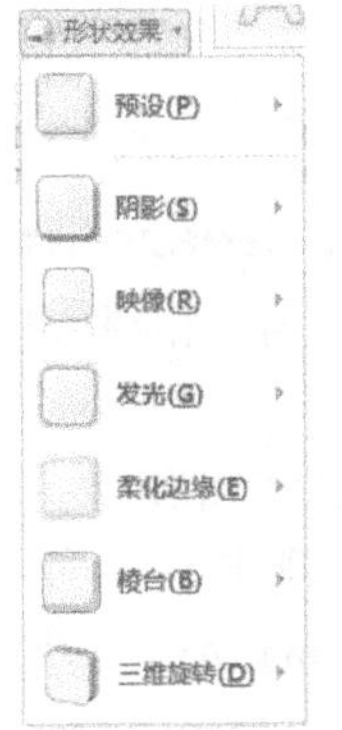

图 4-92 形状效果

5. 为图形添加文字

右击图形，选择“添加文字”命令，再输入文字即可。

6. 图形的组合、叠放次序与对齐

（1）图形的组合

按住 Shift 键（或 Ctrl 键）逐个单击要组合的多个图形，右击选择的图形，选择“组合”下的“组合”命令。或者单击“绘图工具”的“格式”选项卡中“排列”组的“组合”按钮，在其下拉列表选择“组合”命令。

取消组合：右击图形，选择“组合”下的“取消组合”命令。

（2）图形的叠放次序

当多个图形重叠放置的时候，最新绘制的图形会覆盖其他图形，可单击“绘图工具”的“格式”选项卡中“排列”组的“上移一层”或“下移一层”右侧的下三角按钮，在其下拉列表中选择叠放次序。

（3）图形的对齐

选择要对齐的多个图形，单击“绘图工具”的“格式”选项卡中“排列”组的“对齐”按钮，在其下拉列表中选择需要的对齐方式，如图 4-93 所示。

7. 图形的旋转

选择图形，单击“绘图工具”的“格式”选项卡中“排列”组的“旋转”按钮，在其下拉列表中选择需要的旋转方式，如图 4-94 所示。

图 4-93 图形的对齐

图 4-94 图形旋转

也可以将鼠标移到旋转控制点上（绿色控制点），此时鼠标指针变成形状，按下鼠标左键，此时鼠标指针变成形状，拖动即可自由旋转图形。

4.7.3 插入 SmartArt 图形

SmartArt 图形是信息和观点的视觉表示形式，可通过从多种不同布局中选择创建 SmartArt 图形。

1. 插入 SmartArt 图形

单击“插入”选项卡中“插图”组的“SmartArt”按钮，打开“选择 SmartArt 图形”对话框，选择需要的 SmartArt 图形类型，如图 4-95 所示，单击“确定”按钮。

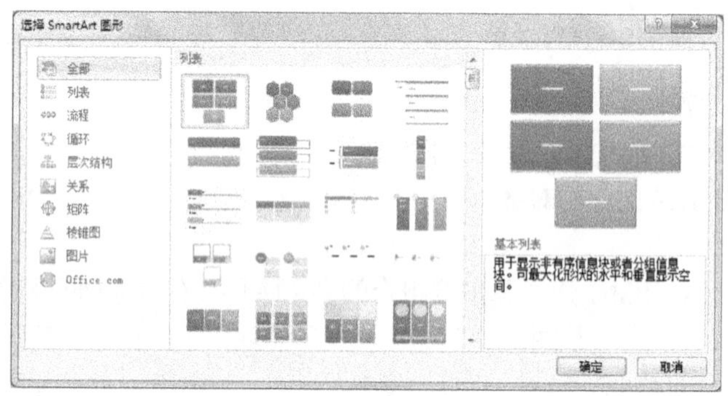

图 4-95 “选择 SmartArt 图形”对话框

2. 设置 SmartArt 图形的格式

选择 SmartArt 图形，会自动打开“SmartArt 工具”的“设计”或“格式”选项卡，在“设计”选项卡中可以设置 SmartArt 图形的布局和样式，如图 4-96 所示，在“格式”选项卡中可以设置 SmartArt 图形的形状、形状样式、艺术字样式、排列及大小等，如图 4-97 所示。

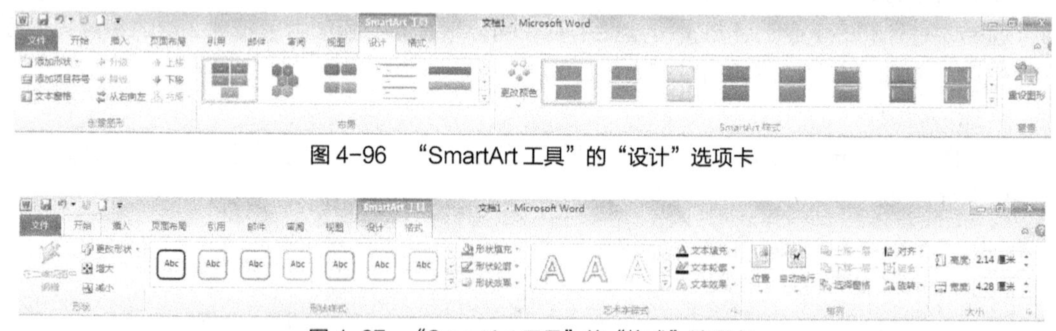

图 4-96 “SmartArt 工具”的“设计”选项卡

图 4-97 “SmartArt 工具”的“格式”选项卡

4.7.4 插入和编辑艺术字

1. 插入艺术字

单击“插入”选项卡中“文本”组的“艺术字”按钮，在其下拉列表中选择需要的艺术字样式，如图 4-98 所示。在出现的“艺术字文字编辑框”中输入艺术字文字，如图 4-99 所示。

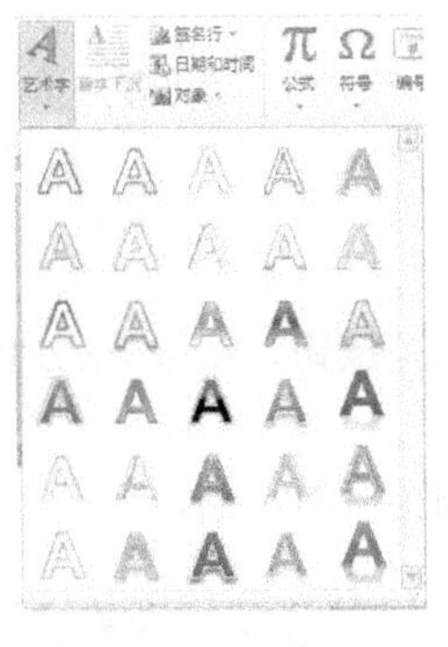
图 4-98 选择艺术字样式

图 4-99 输入艺术字文字

2. 编辑艺术字

（1）更改艺术字样式

单击设置好的艺术字，选择图 4-98 中新的艺术字样式。

（2）更改艺术字形状

选择设置好的艺术字，单击“绘图工具”的“格式”选项卡中“形状样式”组的“形状效果”右侧下三角按钮，在其下拉列表中选择艺术字的形状。

艺术字的旋转、填充颜色、阴影效果、三维效果与图形的设置方法相似。

4.7.5 插入文本框

文本框是一种可以移动、大小可调的存放文本、图片、图形的容器。文本框有横排和竖排两种。

1. 绘制文本框

单击“插入”选项卡中“文本”组的“文本框”按钮，在其下拉列表中选择“绘制文本框”或“绘制竖排文本框”命令，如图 4-100 所示。按住鼠标拖动可绘制出文本框，在文本框中输入文字或插入图片、图形即可。

或者单击“绘图工具”的“格式”选项卡中“插入形状”组的“文本框”右侧下三角按钮，在其下拉列表中选择“绘制文本框”或“绘制竖排文本框”命令，拖动鼠标进行绘制。

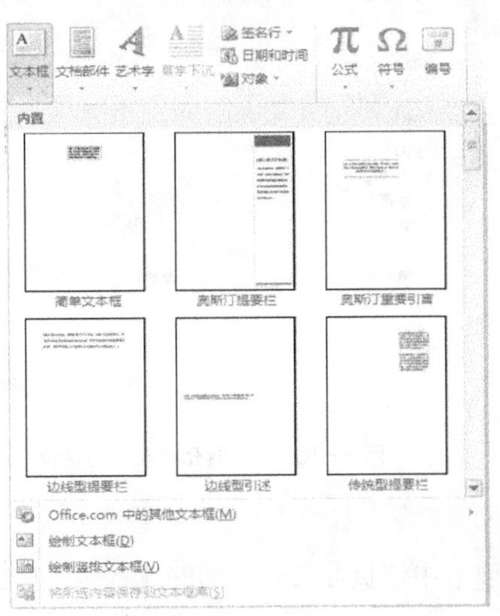

图 4-100 绘制文本框

2. 设置文本框格式

文本框的移动、改变大小、文字环绕、填充颜色、线条与图形的设置方法相似。

4.7.6 设置文档页面背景

1. 设置页面背景

单击“页面布局”选项卡中“页面背景”组的“页面颜色”按钮，在其下拉列表中选择需要的背景颜色，如图 4-101 所示。

若没有需要的颜色，可选择“其他颜色”命令，打开“颜色”对话框，从中选择需要的颜色，如图 4-102 所示，单击“确定”按钮。

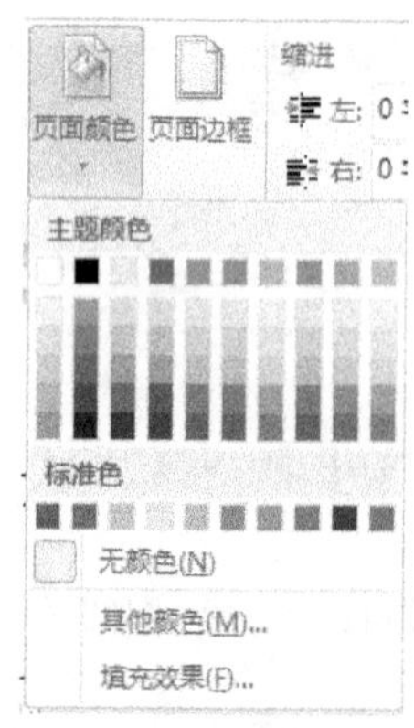

图 4-101　背景颜色选择

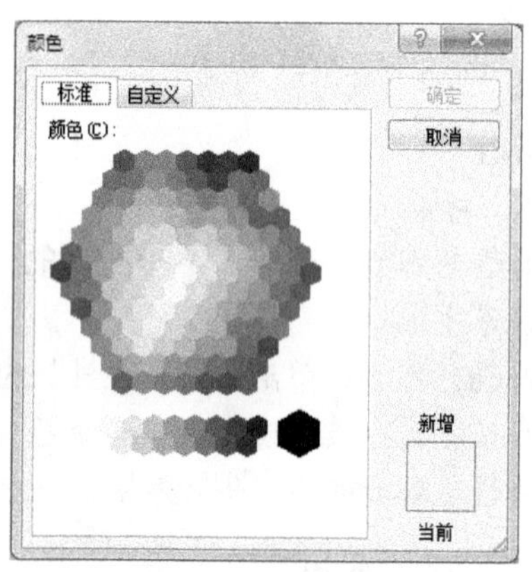

图 4-102　自定义背景颜色

2. 设置填充效果

在图 4-101 中选择“填充效果”命令，打开“填充效果”对话框。可以从中设置渐变、纹理、图案、图片为文档的填充效果，如图 4-103 所示，单击“确定”按钮。

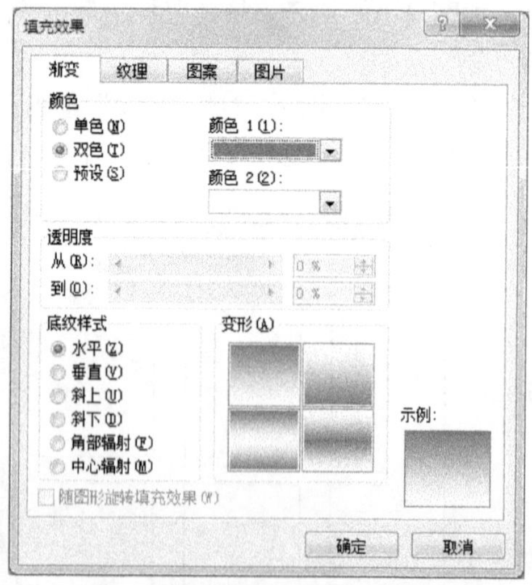

图 4-103　“填充效果”对话框

3. 设置水印

单击“页面布局”选项卡中“页面背景”组的“水印”按钮，在其下拉列表中选择需要的水印样式，如图 4-104 所示。

若默认的样式不符合要求，可在“水印”下拉列表中选择“自定义水印”命令，打开“水印”对话框。从中设置文字水印或图片水印等，如图 4-105 所示。

图 4-104 选择水印样式

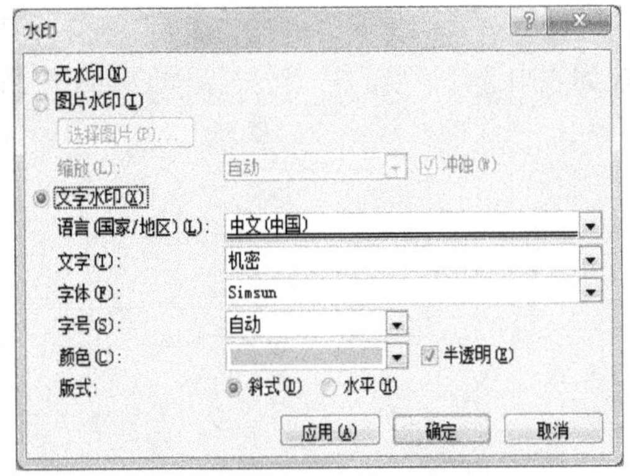

图 4-105 “水印”对话框

4.7.7 打印与打印预览

打印预览是打印前对将要打印的文档检查设置效果，若不满意则继续修改。

1. 打印预览

单击“文件”选项卡中的“打印”按钮，在右侧显示当前文档的“打印预览”效果，拖动右下角滑块可以调整单页或多页预览。

2. 打印

单击“文件”选项卡中“打印”按钮，设置打印选项和进行打印，如图 4-106 所示。

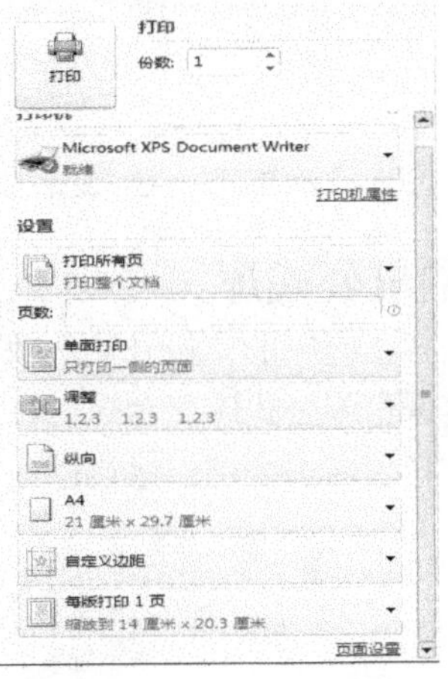

图 4-106 “打印”设置

4.8 公式编辑器

【**任务 4-11**】在文档中如下输入如下数学公式。

$$\sin\frac{a}{2}=\pm\sqrt{\frac{1-\cos a}{2}}$$

使用公式编辑器不仅可以输入符号，还可以输入数字和变量。

4.8.1 插入常用公式

单击要插入公式的位置，单击“插入”选项卡中“符号”组的“公式”π的下三角按钮，在其下拉列表中选择需要的常用公式，如图 4-107 所示。

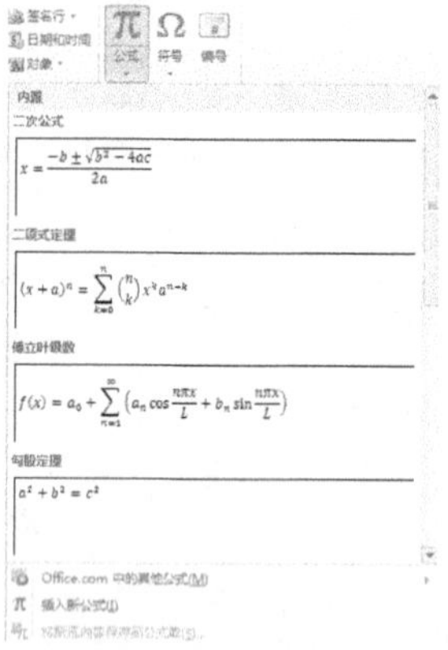

图 4-107 插入常用公式

4.8.2 使用“公式工具”的“设计”选项卡插入公式

单击要插入公式的位置，单击“插入”选项卡中“符号”组的“公式”按钮π（或者在图 4-107 中选择“插入新公式”命令），打开“公式工具”的“设计”选项卡，如图 4-108 所示。在文档中显示“在此处键入公式”编辑框，选择相应的结构和数学符号输入。

图 4-108 “公式工具”的“设计”选项卡

4.8.3 将公式添加到常用公式库

选择要添加的公式，单击“公式工具”的“设计”选项卡中“工具”组的“公式”按钮，在其下拉列表中选择“将所选内容保存到公式库”命令，如图 4-109 所示。打开“新建构建基块”对话框，从中输入公式名称、设置库、类别、保存位置、选项等，如图 4-110 所示，单击“确定”按钮。

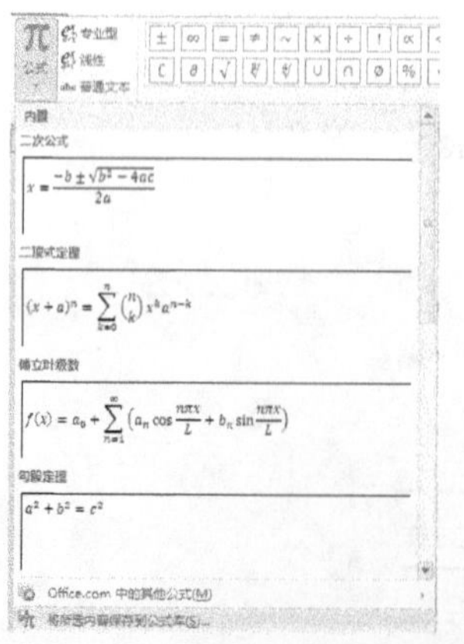

图 4-109 添加公式到公式库

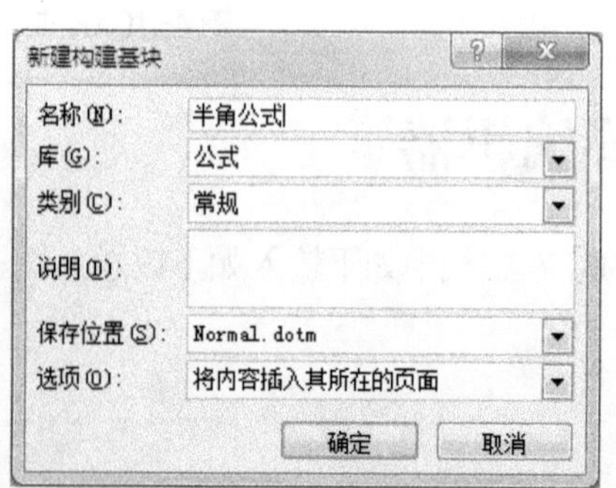

图 4-110 “新建构建基块”对话框

4.8.4 从公式库中删除公式

单击“公式工具”的“设计”选项卡中“工具”组的“公式”按钮，在其下拉列表中右击要删除的公式，选择“整理和删除”命令，打开“构建基块管理器”对话框。选择公式后单击“删除”按钮，如图 4-111 所示，在删除询问对话框中单击“是”按钮，如图 4-112 所示。

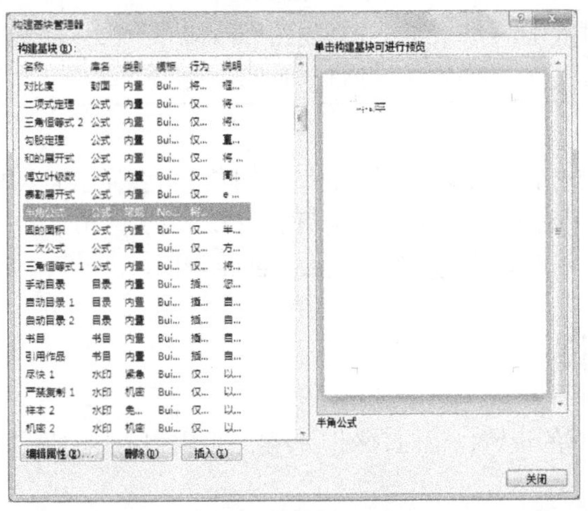

图 4-111 “构建基块管理器”对话框

图 4-112 询问对话框

4.9 分隔符

Word 提供的分隔符有分页符、分栏符、自动换行符以及分节符。

插入分隔符的方法为：单击“页面布局”选项卡中“页面设置”组的“分隔符”按钮，在其下拉列表中选择需要的分隔符，如图 4-113 所示。

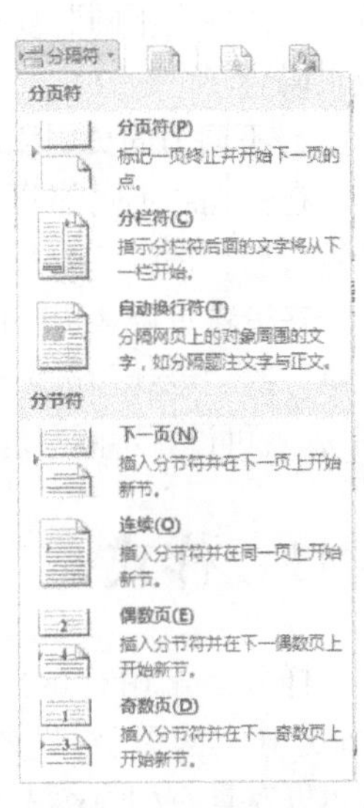

图 4-113 选择分隔符

4.9.1 分页符

使用分页操作可以有效地划分文档内容的布局，使排版变得更加高效、简洁。

单击要分页的位置，单击“页面布局”选项卡中“页面设置”组的“分隔符”按钮，在其下拉列表中选择“分页符”命令。

4.9.2 分节符

要在文档的不同部分使用不同的格式设置，则可以将文档分成多个“节”，然后再按“节”来设置格式。分节符是为了表示节结束而插入的标记，可以在不同的节里设置不同的格式，相应的分节符存储着该节的格式设置信息。节可以小至一个段落，大至整篇文档。

1. 插入分节符

单击要分节的位置，单击“页面布局”选项卡中“页面设置”组的“分隔符”按钮，在其下拉列表中选择“分节符”类别中需要的分节符，各分节符功能如表 4-9 所示。

表 4-9 分节符及其功能

分 节 符	功 能
下一页	插入分节符并在下一页上开始新节
连续	插入分节符并在同一页上开始新节
偶数页	插入分节符并在下一个偶数页上开始新节
奇数页	插入分节符并在下一个奇数页上开始新节

2. 删除分节符

单击“开始”选项卡中“段落”组的“显示/隐藏编辑标记”按钮，就会显示插入的分节符，选中分节符后按 Delete 键即可删除分节符，并使分节符前后的两节合并为一节。

或者切换到“草稿”视图方式下，选择要删除的分节符后按 Delete 键即可。

4.10 设置复杂页眉和页脚

在 4.3.2 节中已经介绍简单页眉和页脚的设置，下面介绍比较复杂页眉和页脚的设置方法。

1. 奇偶页不同的页眉和页脚

单击“插入”选项卡中“页眉和页脚”组的“页眉”或“页脚”按钮，在其下拉列表中选择“编辑页眉”或“编辑页脚”，打开“页眉和页脚工具”的“设计”选项卡。在“选项”组中选择“奇偶页不同”复选框，在奇数页上添加页眉、页脚或页码，在偶数页上添加页眉、页脚或页码。

2. 不同节的页眉和页脚

在文档的不同部分添加不同的页眉和页脚或页码，需要在不同的部分间创建分节符，按节设置页眉和页脚。

在设置页眉和页脚前先分节（具体参见 4.9.2 节），双击页眉区域部分，单击“页眉和页脚工具”的“设计”选项卡中“导航”组的“链接到前一条页眉”按钮，取消选中“与上一节相同”，就可设置不同节的页眉。页脚的设置方法相同。

4.11 样式

样式是指用有意义的名称保存的字符格式和段落格式的集合。Word 中有很多已经设置好的样式，如标题样式、正文样式等，使用样式可以对具有相同格式的段落和标题进行统一控制，还可以通过修改样式对使用该样式的文本格式进行统一的修改。

4.11.1 样式列表

单击“开始”选项卡中“样式”组右下角的“显示‘样式’窗口”按钮，打开“样式”列表，如图 4-114 所示。

样式列表中列出的是推荐的样式，要列出所有样式，则单击右下角的“选项”，打开“样式窗格选项”对话框，在“选择要显示的样式”下拉列表框中选择“所有样式”，如图 4-115 所示，这时的样式列表如图 4-116 所示。

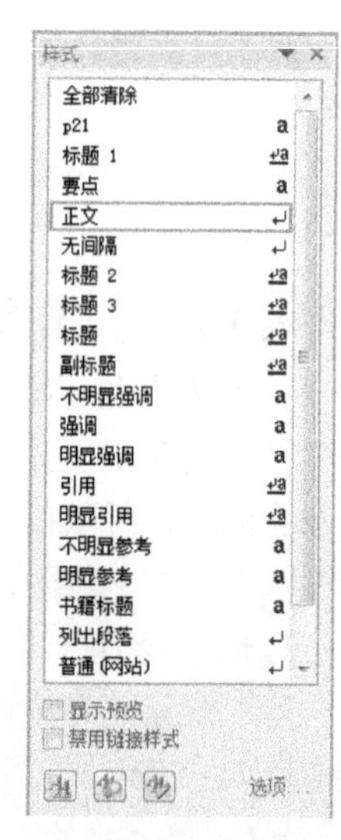

图 4-114 样式列表

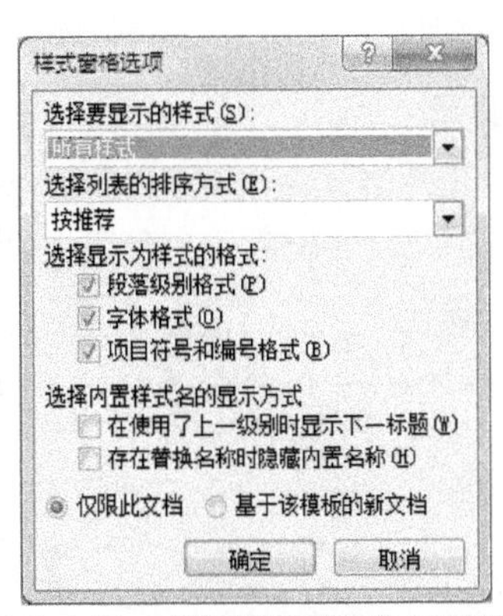

图 4-115 “样式窗格选项”对话框

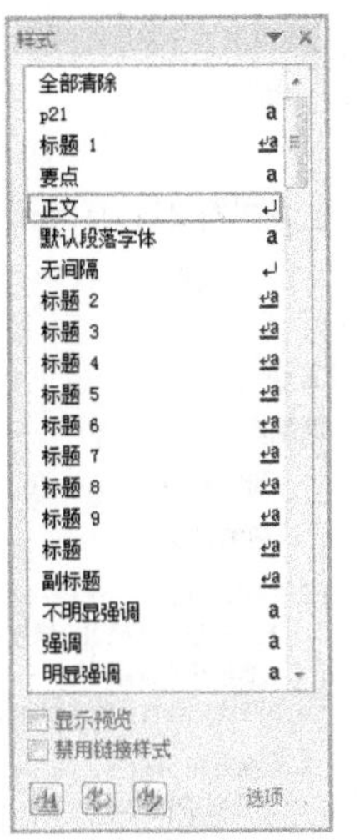

图 4-116 所有样式列表

4.11.2 应用样式

选择要应用样式的段落或文字，单击“样式”列表中要需要的样式名即可。

4.11.3 新建样式

单击“样式”列表左下角的“新建样式”按钮，打开“根据格式设置创建新样式”对话框。从中输入样式名称，设置样式类型、样式基准、后续段落样式、文字格式、段落格式等，如图 4-117 所示，单击“确定”按钮。

4.11.4 修改样式

单击“样式”列表中所选样式右侧下三角按钮，选择“修改”命令，打开“修改样式”对话框，从中重新设置样式，如图 4-118 所示，单击“确定”按钮。

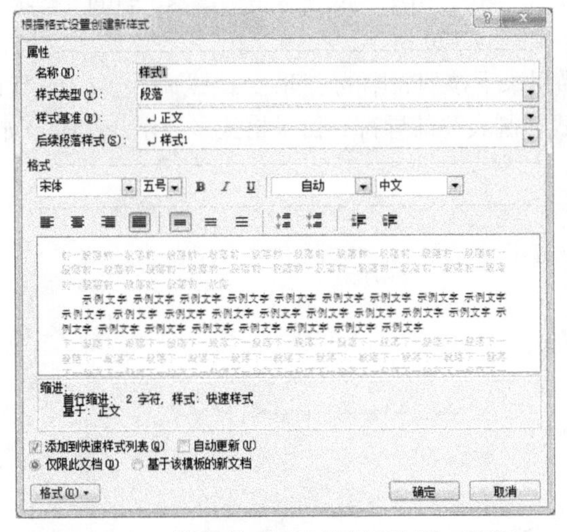

图 4-117 “根据格式设置创建新样式”对话框

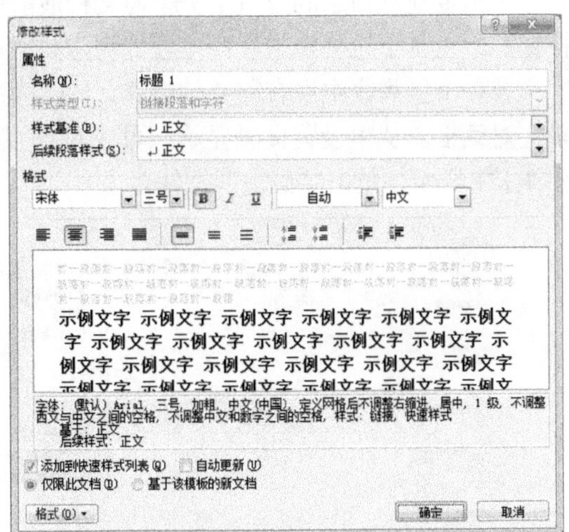

图 4-118 “修改样式”对话框

4.11.5 删除样式

单击“样式”列表中所选样式的右侧下三角按钮，选择“删除”命令，在询问是否删除的对话框中单击“是”按钮即可。

4.12 制作目录

【任务 4-12】 制作图 4-119 所示的毕业论文目录。

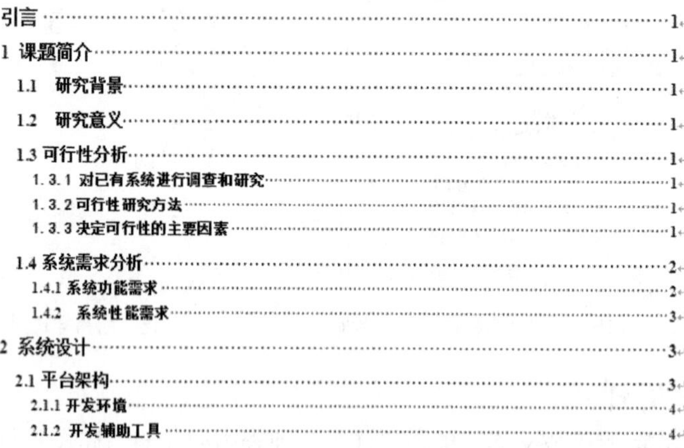

目录

引言……1
1 课题简介……1
1.1 研究背景……1
1.2 研究意义……1
1.3 可行性分析……1
1.3.1 对已有系统进行调查和研究……1
1.3.2 可行性研究方法……1
1.3.3 决定可行性的主要因素……1
1.4 系统需求分析……2
1.4.1 系统功能需求……2
1.4.2 系统性能需求……3
2 系统设计……3
2.1 平台架构……3
2.1.1 开发环境……4
2.1.2 开发辅助工具……4

图 4-119 “毕业论文”目录

4.12.1 创建目录

1. 目录

目录是文档中不可缺少的部分，它列出了各级标题及其所在的页码，便于用户在文档中快速查找所需内容。

2. 创建目录

创建目录之前，要先将文档的各级标题设置为标题样式，并先设置好页码。

单击要建立目录的位置（一般为文档最前面），单击“引用”选项卡中“目录”组的“目录”按钮，在其下拉列表中选择需要的目录样式，如图 4-120 所示。

若在下拉列表中没有需要的样式，可以选择目录下拉列表中的“插入目录”命令，打开“目录”对话框。从中设置页码显示、页码对齐方式、制表符前导符、目录格式、显示级别等，如图 4-121 所示，单击“确定”按钮。

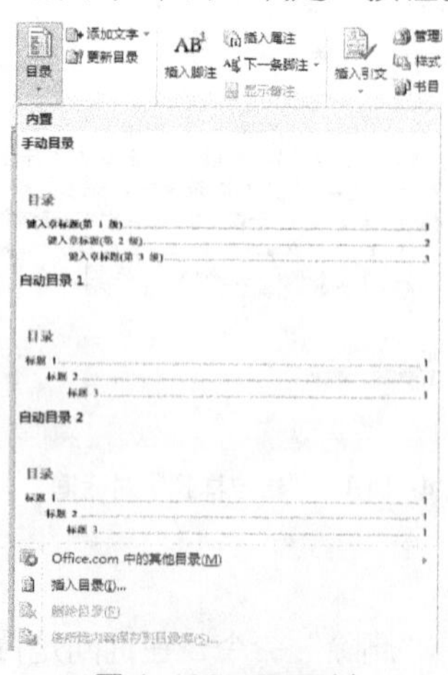

图 4-120 目录列表

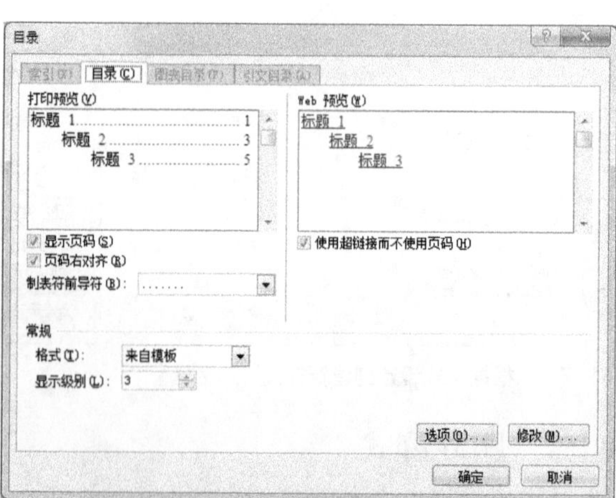

图 4-121 “目录”对话框

4.12.2 更新目录

目录设置后，若在文章中增加了新的内容，则其后的所有页码将全部发生变化，这时只需要将目录进行更新即可。

选择目录，右击，选择“更新域”命令，打开“更新目录”对话框。从中选择“更新整个目录”单选按钮，如图4-122所示，单击“确定”按钮。

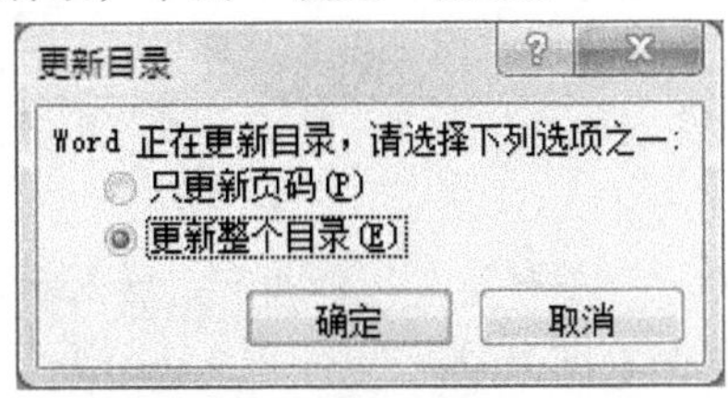

图4-122 “更新目录”对话框

4.12.3 文档定位

以前，在长文章的编辑中，要将光标移动到文章某处，需要移动滚动条或通过定位方式来完成，非常麻烦。而采用样式添加目录，只需按住Ctrl后单击目录的某个标题，光标就会快速定位到相应标题的页码上，实现了光标的快速移动。

4.13 特殊排版方式

4.13.1 拼音

1．给文字加拼音

选择要加拼音的文字，单击“开始”选项卡中“字体”组的“拼音指南”按钮，打开“拼音指南”对话框。从中设置拼音的对齐方式、偏移量、字体、字号等，如图4-123所示，单击“确定”按钮。

在“拼音指南”对话框中，“基准文字”框中显示选定的文本，“拼音文字”框中自动给出了每个汉字的拼音。可以通过“对齐方式”设置拼音和文字的对齐方式，通过“偏移量”设置文字与拼音的行间距，通过“字体”设定拼音字母的字体，并使用“字号”设置拼音字母的大小。

注意：当选定文本在11个字符之内时，“拼音指南”对话框中的“组合”按钮呈激活状态，单击它可使选定的文本都集中在一个“基准文字”框中，如图4-124所示。

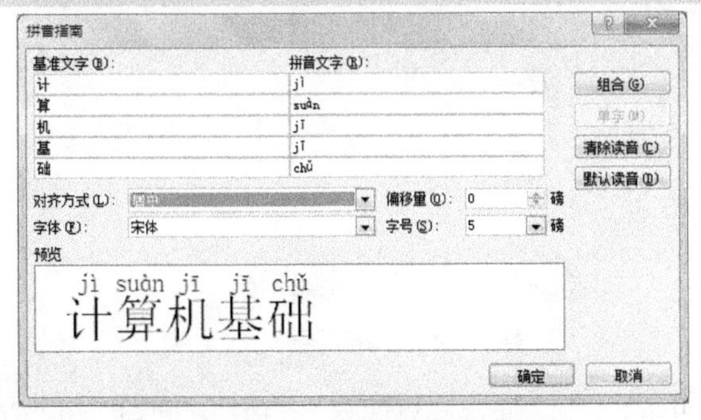

图4-123 “拼音指南”对话框

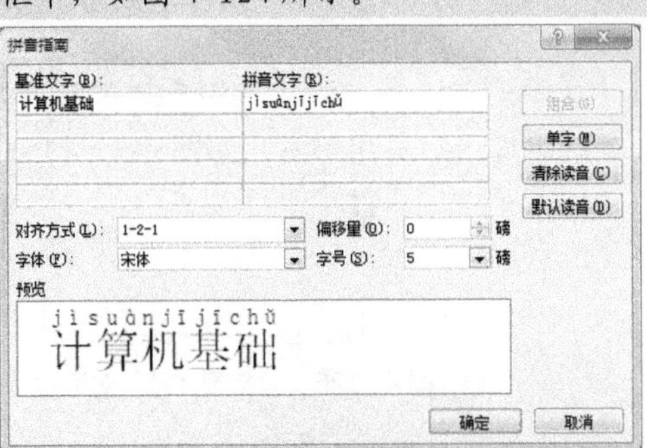

图4-124 组合拼音

2. 删除添加的拼音

选择带拼音的文本，在“拼音指南”对话框中单击“清除读音”按钮。

3. 拼音的转置

【任务 4-13】使用拼音指南只能生成上下型的拼音格式，但有时需要使用一些跟在文字后面的拼音，该如何实现？

选择加好拼音的文字，右击，在快捷菜单中选择“复制”命令，单击放置位置，右击，在“粘贴选项”中选择“只保留文本”即可，如图 4-125 所示。

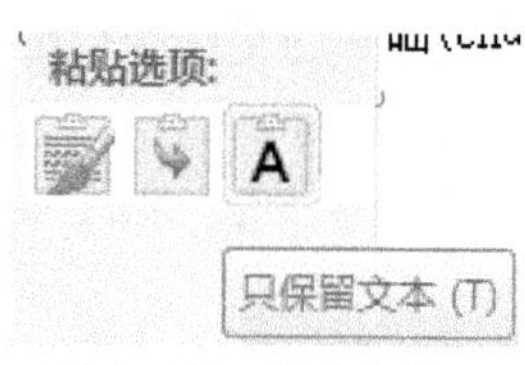

图 4-125　拼音的转置

注意：使用“单字”或“组合”按钮给文字加拼音，转置后产生的结果是不同的。例如，“计算机基础”用“单字”显示为“计(jì)算(suàn)机(jī)基(jī)础(chǔ)”，用“组合”方式显示为“计算机基础(jì suànjī jī chǔ)”。

技巧：如果 Word 2010 拼音指南不能自动加拼音，只需要安装最新版的微软拼音输入法后重新启动计算机即可。

4.13.2　带圈字符

带圈字符指在字符的外面加上圆形、矩形等形状的圈号。

1. 设置带圈字符

单击“开始”选项卡中“字体”组的“带圈字符”按钮㊖，打开“带圈字符”对话框。在“样式”中选择“缩小文字”或“增大圈号”，在“文字”框中输入字符，如“学”，在“圈号”中选择需要的圈号，如图 4-126 所示，单击“确定”按钮。

2. 取消带圈字符

选中加圈的文字，打开“带圈字符”对话框，在“样式”中选择“无”，单击“确定”按钮。

【任务 4-14】　输入带圈的 111 数字序号。

使用“带圈字符”只限于设置两位数以内的带圈数字序号，设置三位数的带圈数字序号则需要使用“域代码”修改。

先为 11 设置带圈字符，右击，选择“切换域代码”命令，选定域代码中的圈号，按 Ctrl+] 组合键（缩小）或 Ctrl+[组合键（增大）对圈号的大小进行调整，并将域代码中的“11”改为“111”，如图 4-127 所示。调整好后，再右击，选择“切换域代码”命令。

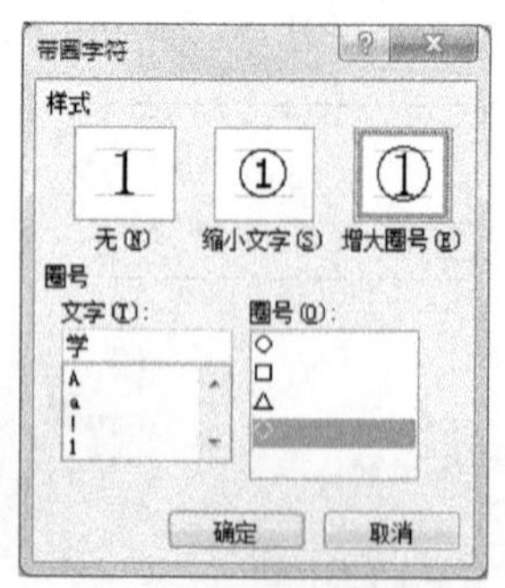

图 4-126　“带圈字符”对话框

{ eq \o\ac(○, 111)}

图 4-127　调整圈号

技巧：可以分别选中域代码中的“○”或圈内的文字，通过反复调整“缩放”、“间距”和“位置”的相关数值，来调整“○”和圈内的文字的大小、间距及其上下位置。在调整过程中，可以通过反复按 Alt+F9 组合键查看效果，直到满意为止。

4.13.3 纵横混排

在文档的编辑中有时出于某种需要必须使用文字横向与纵向混合编排。

1. 设置纵横混排

选择要混排的文字，单击“开始”选项卡中“段落”组的“中文版式”按钮，在其下拉列表中选择“纵横混排”命令，如图 4-128 所示。打开“纵横混排”对话框，如图 4-129 所示，单击“确定”按钮。

若看不清设置的效果，则可以在“纵横混排”对话框中清除“适应行宽”复选框。

图 4-128 中文版式

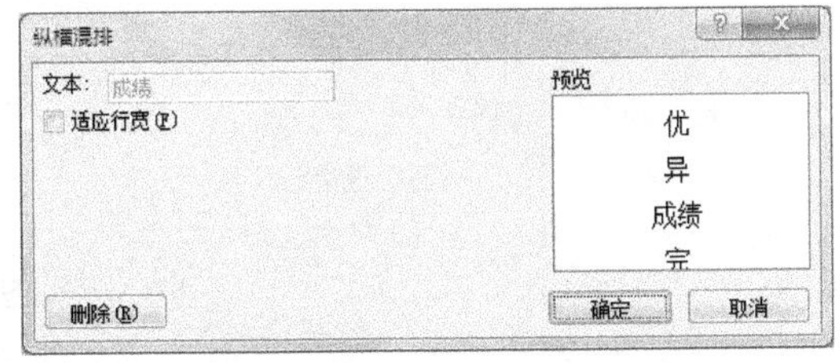

图 4-129 “纵横混排”对话框

2. 取消纵横混排

在“纵横混排”对话框中单击“删除”按钮，文档中的文字就变成原来的样子了。

4.13.4 合并字符

合并字符指将多个字符合并成一个整体，放到一个字符的位置上，这些字符将被压缩并排列为两行。

1. 设置合并字符

选择需要合并的文字，单击“开始”选项卡中“段落”组的“中文版式”按钮，在其下拉列表中选择“合并字符”命令，打开“合并字符”对话框。从中对文字的字体、字号进行修改，如图 4-130 所示，单击“确定”按钮。

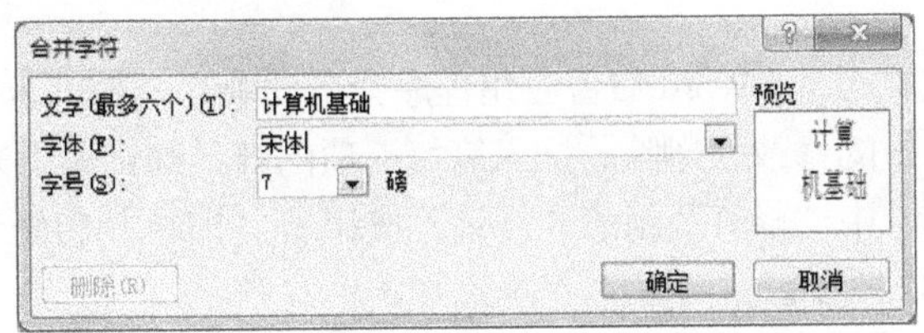

图 4-130 “合并字符”对话框

2. 取消合并字符

若要取消合并，则在“合并字符”对话框中单击“删除”按钮即可。

技巧：多于 6 个字的合并字符效果可通过切换域代码来实现。实现居中效果可在\o 代码后加\ad。

4.13.5 双行合一

编辑时需要在一行中显示两行文字，然后在相同的行中继续显示单行文字，实现单行、双行文字的混排效果。有时需要为某个词加注解，注解内容用括号标示，同时为了便于查看，希望将换行才能完全输入的注解文字全部与被注解词置于同一行，也可以使用“双行合一”功能来实现。

1．设置双行合一

选择要双行显示的文字，单击“开始”选项卡中“段落”组的“中文版式”按钮，在其下拉列表中选择“双行合一”命令。打开“双行合一”对话框，如图 4-131 所示，单击“确定”按钮。

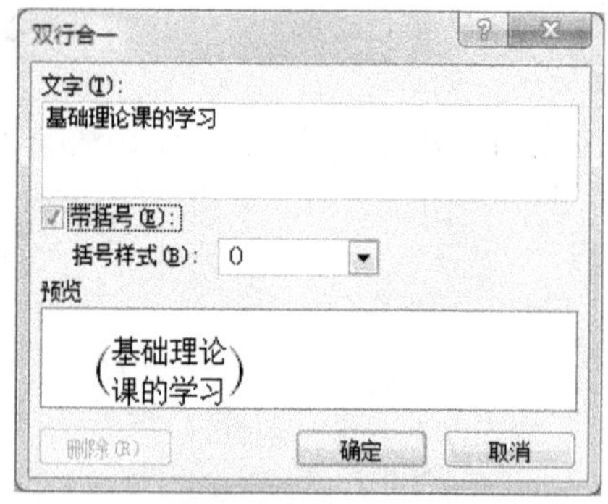

图 4-131　“双行合一”对话框

注意：被设置为双行显示的文字字号会自动缩小，以适应当前行的文字大小。用户可设置双行显示的文字字号，使其更符合实际需要。

2．删除双行合一

光标定位到设置了双行合一的文字处，打开“双行合一”对话框，单击“删除”按钮。

4.14　修订及共享文档

【任务 4-15】 利用修订或批注功能对毕业论文电子文档进行修改或点评。

4.14.1　修订

1. 修订文档

在修订状态下修改文档时，Word 后台应用程序会自动跟踪全部内容的变化情况，并且会把用户在编辑时对文档所做的修改、删除、插入等每一项内容详细记录下来。

单击“审阅”选项卡中“修订”组的“修订”按钮，即可开启修订状态，这时进行相关的修订工作，如图 4-132 所示。

设计和开发的~~平台~~网站是为消费者和商家服务的，因此我们需要通过需求分析了解消费者和商家的功能需求，在此基础上，设计和开发出易于操作、界面美观的信息共享平台，并确保平台高效、稳定、安全运行。

图 4-132　修订文档

还可根据需要对修订内容的样式进行自定义设置。单击“审阅”选项卡中“修订”组的“修订”下方的下三角按钮，选择“修订选项”命令，打开“修订选项”对话框。从中设置标记、移动、格式等，如图 4-133 所示，单击“确定”按钮。

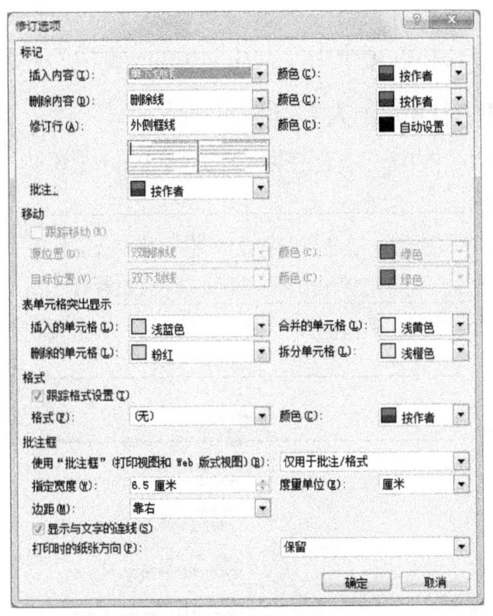

图 4-133 “修订选项”对话框

2. 接受修订

单击要接受修订的位置，单击“审阅”选项卡中“更改”组的“接受”下方的下三角按钮，在其下拉列表中选择“接受修订”命令，如图 4-134 所示。

若要接受文档中的全部修订，可选择图 4-134 中的“接受对文档的所有修订”命令。

3. 拒绝修订

单击要拒绝修订的位置，单击“审阅”选项卡中“更改”组的“拒绝”下方的下三角按钮，在其下拉列表中选择“拒绝修订”命令，如图 4-135 所示。

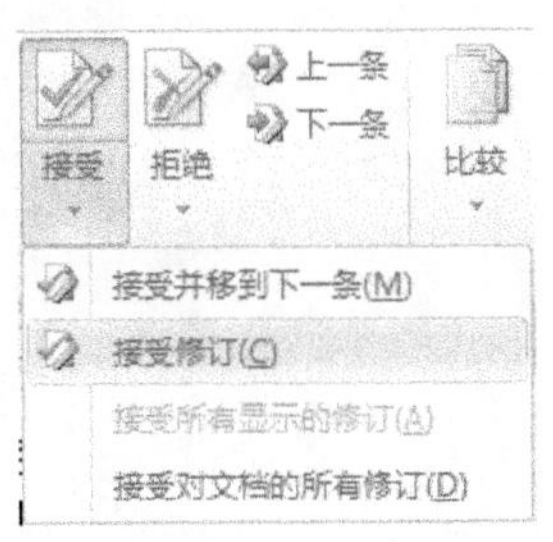

图 4-134 接受修订

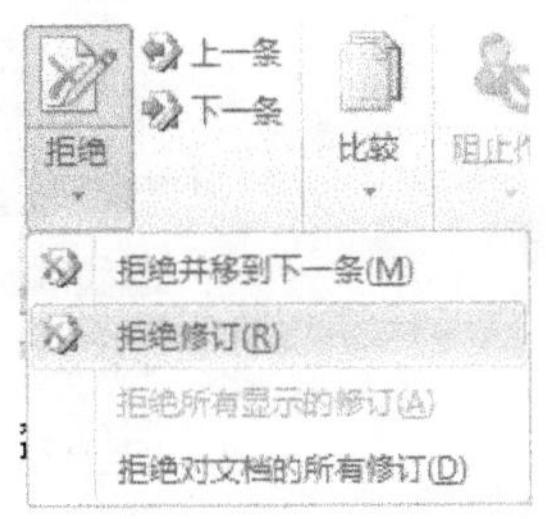

图 4-135 拒绝修订

4.14.2 批注

若要对文档进行特殊说明，可添加批注对文档进行审阅。

1. 插入批注

单击要插入批注的位置或选定要插入批注的内容，单击“审阅”选项卡中“批注”组的“新建修订”按钮，在批注框中输入批注内容即可，如图 4-136 所示。

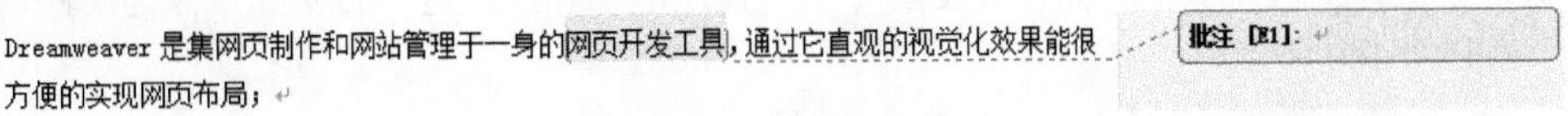

Dreamweaver 是集网页制作和网站管理于一身的网页开发工具，通过它直观的视觉化效果能很方便的实现网页布局；

批注 [E1]:

图 4-136 插入批注

2. **删除批注**

单击批注框，单击“审阅”选项卡中“批注”组的“删除”按钮。

4.14.3 删除文档中的个人信息

编辑文件完成后，文档属性中可能存在隐藏信息，Word 提供了“文档检查器”工具，来查找并删除文档中的个人信息。

单击“文件”选项卡中“信息”下的“检查问题”按钮，在其下拉列表中选择“检查文档”命令，如图 4-137 所示，打开“文档检查器”对话框，如图 4-138 所示。单击“检查”按钮，检查完成后，在“文档检查器”对话框中审阅检查结果，单击要删除内容的右侧“全部删除”按钮，如图 4-139 所示。

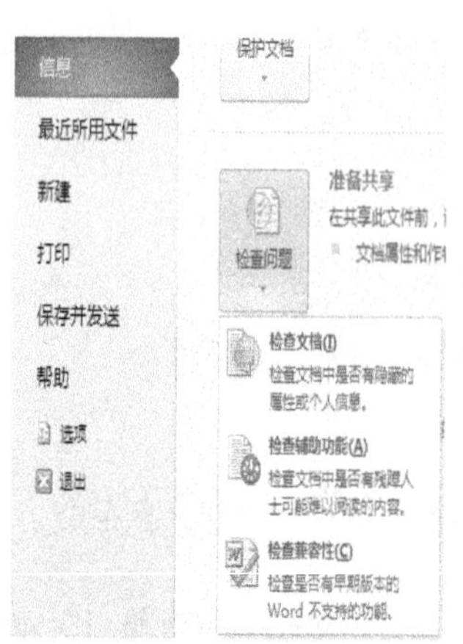

图 4-137 检查问题

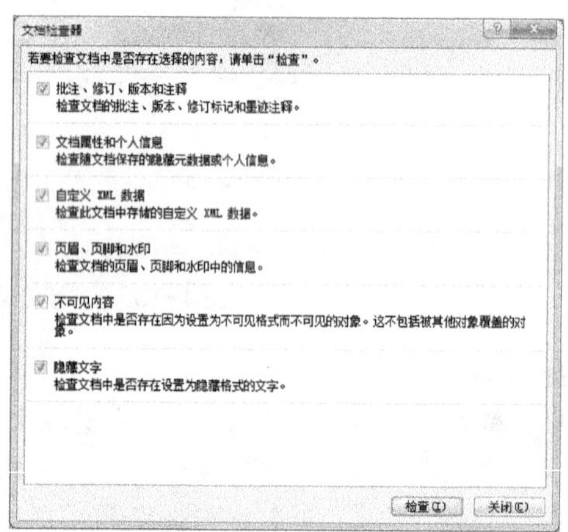

图 4-138 “文档检查器”对话框

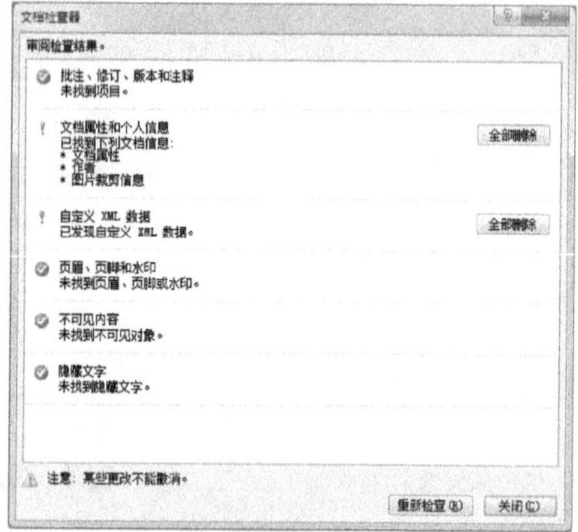

图 4-139 删除个人信息

4.14.4 共享文档

Word 中可以通过电子化的方式来共享文档。

1. 使用电子邮件共享

选择“文件”选项卡中“保存并发送”下“使用电子邮件发送”右侧的“作为附件发送”选项，如图 4-140 所示。

图 4-140　使用电子邮件发送文档

2. 将文档保存为 PDF 格式

选择“文件”选项卡中“保存并发送”下“创建 PDF/XPS 文档”右侧的“创建 PDF/XPS 文档”选项，如图 4-141 所示。

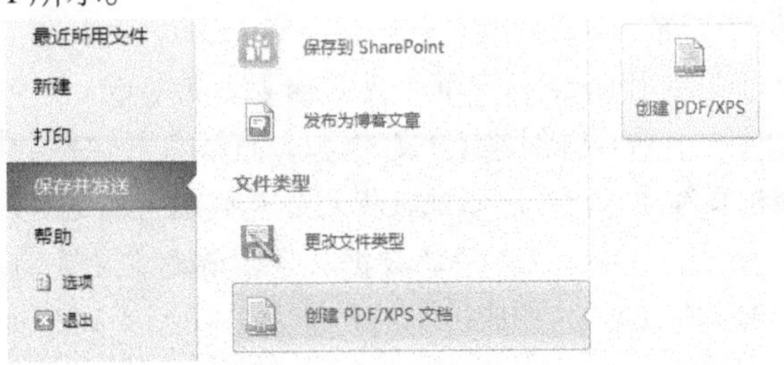

图 4-141　创建 PDF 文件

4.15　邮件合并

【任务 4-16】　制作批量成绩通知单。

学期结束时，班主任王老师遇到了一个难题：学校要求根据已有的“各科成绩”，给每位同学发一个“成绩单”。王老师一开始将“成绩单”复制了 120 份，但接下来的事却让他犯了愁，要把每位学生的姓名及各科成绩填写进去并不是一件轻松的事情，不仅花时间，而且极易出错！现在可以把这项工作交由“邮件合并”功能来完成，这样就轻松多了。

4.15.1　邮件合并的概念

1. 邮件合并的功能

使用“邮件合并”功能可以快捷地制作出大量的信函、信封、标签、工资条、成绩单以及大宗电子邮件和传真分发，并且将客户的信息保存，以便今后重复使用。

使用邮件合并制作成绩单的过程：先制作好“成绩单”空白表，运用邮件合并将“各科成绩”的数据合并到“成绩单”中，生成每人单独一张的成绩单。

2. 邮件合并所需的文档

邮件合并过程中涉及 3 个文档：数据源、主文档和合并文档。需要提前准备好主文档和数据源。

4.15.2 创建主文档

在 Word 中新建一个空白文档，建立个人成绩单，如图 4-142 所示。

××学校××系××班级期末成绩单

学号：　　　　　　　　姓名：

科目	成绩	备注
大学英语		
高等数学		
大学计算机基础		
管理学		
经济学		
平均分		
排名		
家长意见	家长签名： 日期：	

图 4-142　创建“个人成绩单”主文档

4.15.3 创建数据源

邮件合并的数据源可以使用 Excel 工作簿、Access 数据库、Query 文件等。只要提前创建好数据源文件，邮件合并时就不需要再创建新的数据源，直接打开这些数据源使用即可。

注意：在使用 Excel 工作簿时，必须保证数据文件是数据库格式，即第一行必须是字段名，数据行中间不能有空行等。这样可以使不同的数据共享，避免重复劳动，提高效率。

用 Excel 创建“各科成绩数据”，即成绩单的数据源，如图 4-143 所示。

	A	B	C	D	E	F	G	H	I
1	学号	姓名	大学计算机基础	高等数学	大学英语	管理学	经济学	平均分	排名
2	2014021101	陈其飞	75	85	70	80	65	75	9
3	2014021102	李娟	80	80	85	90	77	82.4	1
4	2014021103	沈进	85	68	87	82	80	80.4	3
5	2014021104	徐国锦	80	55	69	76	95	75	9
6	2014021105	马晓丽	62	92	75	75	82	77.2	6
7	2014021106	刀云艳	78	45	78	91	82	74.8	12
8	2014021107	王云	69	67	85	73	89	76.6	7
9	2014021108	周天勇	92	89	76	61	57	75	9
10	2014021109	杨子怡	87	73	75	49	68	70.4	15
11	2014021110	赵航	81	91	89	67	71	79.8	4
12	2014021111	段小	56	78	84	76	73	73.4	14
13	2014021112	刘芳	83	63	76	91	84	79.4	5
14	2014021113	陆小凤	87	74	67	73	79	76	8
15	2014021114	吴杨	78	89	81	64	92	80.8	2
16	2014021115	余莉	81	83	72	68	67	74.2	13

图 4-143　创建“成绩单”数据源

4.15.4 使用邮件合并功能创建成绩单

1. 插入数据源

打开“成绩单”主文档，单击“邮件”选项卡中“开始邮件合并”组的“选择收件人”按钮，在其下拉列表中选择“使用现有列表”命令，如图 4-144 所示。选择数据源（成绩单数据源）保存的位置并打开，在出现的“选择表格”对话框中选择 Sheet1$，如图 4-145 所示，单击“确定”按钮，“成绩单”数据源就插入主文档。

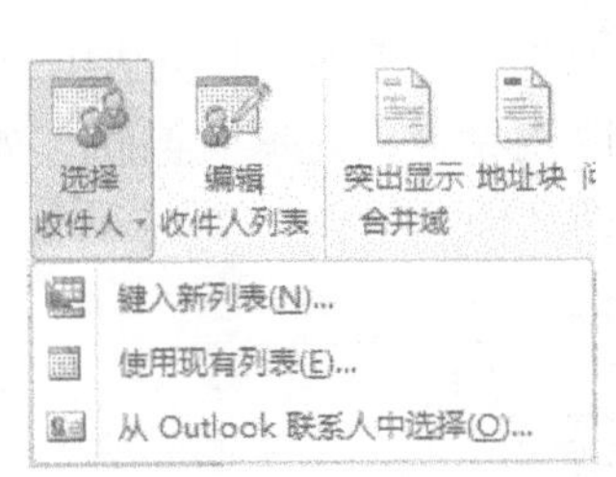

图 4-144　选择数据源

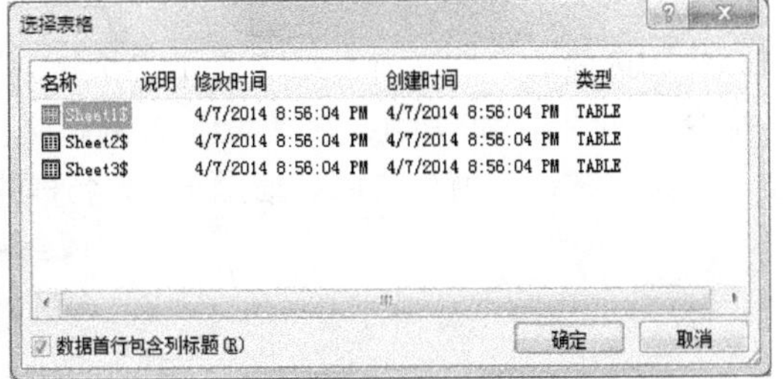

图 4-145　“选择表格”对话框

2. 插入合并域

单击要插入域的位置（如各科成绩），单击“邮件”选项卡中“编写和插入域”组的“插入合并域”下三角按钮，在其下拉列表中选择需要的合并域插入，如图 4-146 所示。或者直接单击“插入合并域”按钮，打开“插入合并域”对话框，从中选择需要的域插入即可，如图 4-147 所示。

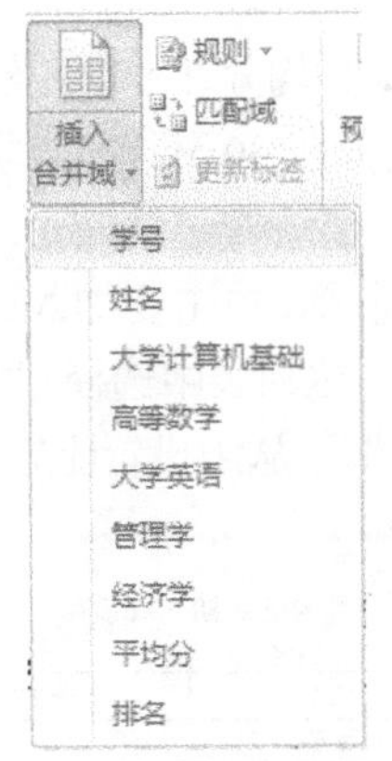

图 4-146　选择“域”插入

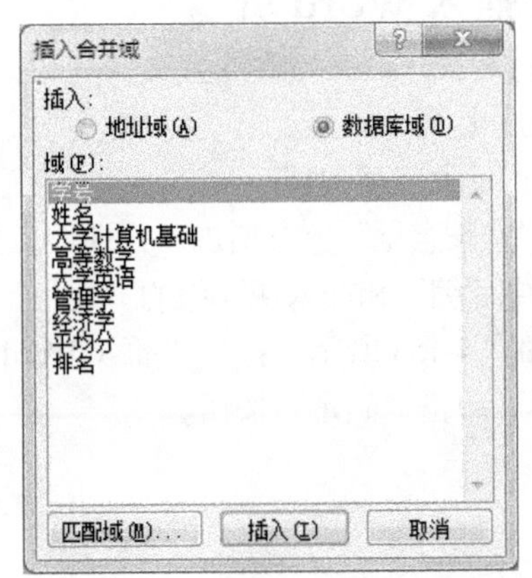

图 4-147　“插入合并域”对话框

插入合并域后的主文档如图 4-148 所示。

××学校××系××班级期末成绩单

学号：　　　　　　　　　姓名：

科目	成绩	备注
大学英语	«学号»	
高等数学	«姓名»	
大学计算机基础	«大学计算机基础»	
管理学	«高等数学»	
经济学	«经济学»	
平均分	«平均分»	
排名	«排名»	
家长意见	家长签名： 日期：	

图 4-148　插入合并域后的主文档

3. 合并到新文档

单击“邮件”选项卡中“完成”组的“完成并合并”按钮，在其下拉列表中选择“编辑单个文档”命令，如图 4-149 所示。打开“合并到新文档”对话框，选择“全部”，如图 4-150 所示，单击“确定”按钮，就生成以“信函 1”为名称的新文档。

图 4-149 选择“完成并合并”下的命令

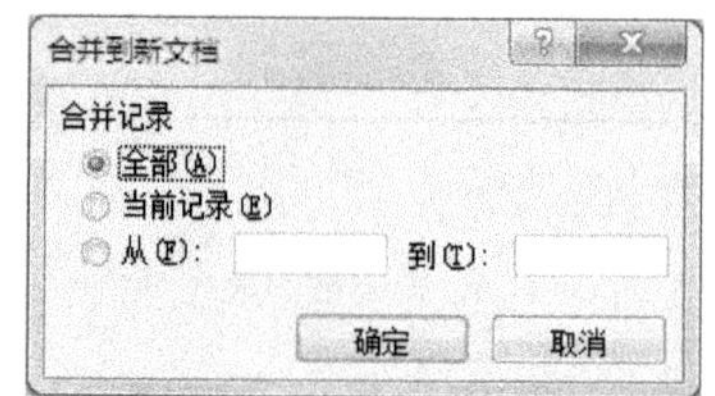

图 4-150 “合并到新文档”对话框

也可以在“完成并合并”下拉列表中选择“打印文档”命令，则打开“合并到打印机”对话框，如图 4-151 所示。

4.15.5 插入 Word 域

【任务 4-17】将插入合并域后的主文档增加一行教师评语，平均分在 80 分及以上，填写“恭喜你！你的平均分达到 80 分以上，将获得奖学金！”如果平均分在 80 分以下，填写“你的平均分未达到 80 分，请继续努力！”

在主文档“家长意见”上方增加一行评语，如图 4-152 所示。单击要加入域的位置，单击“邮件”选项卡中“编写和插入域”组的“规则”按钮，在其下拉列表中选择“如果...那么…否则…”命令，如图 4-153 所示。打开“插入 Word 域:IF”对话框，从中设置比较的规则和结果，如图 4-154 所示，单击“确定”按钮。

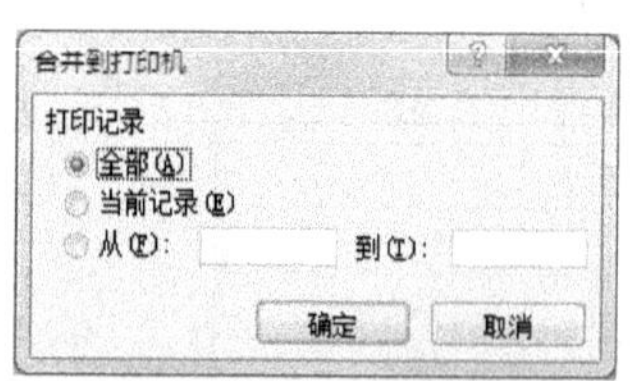

图 4-151 “合并到打印机”对话框

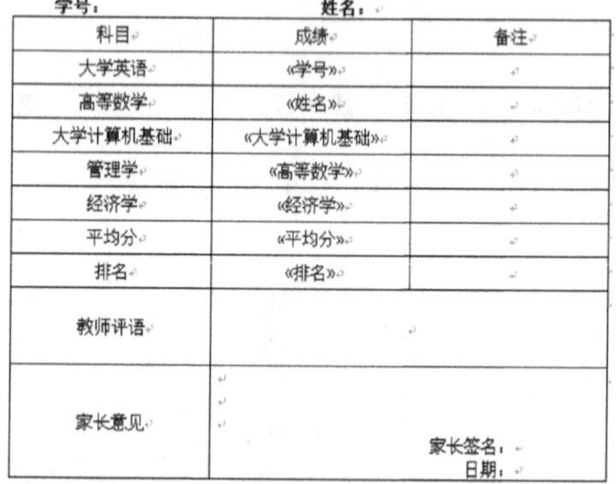

××学校××系××班级期末成绩单

学号： 姓名：

科目	成绩	备注
大学英语	«学号»	
高等数学	«姓名»	
大学计算机基础	«大学计算机基础»	
管理学	«高等数学»	
经济学	«经济学»	
平均分	«平均分»	
排名	«排名»	
教师评语		
家长意见	家长签名： 日期：	

图 4-152 增加教师评语的主文档

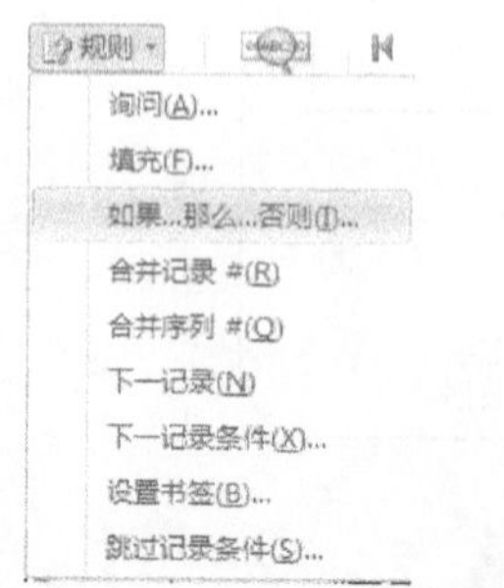

图 4-153 插入 Word 域规则

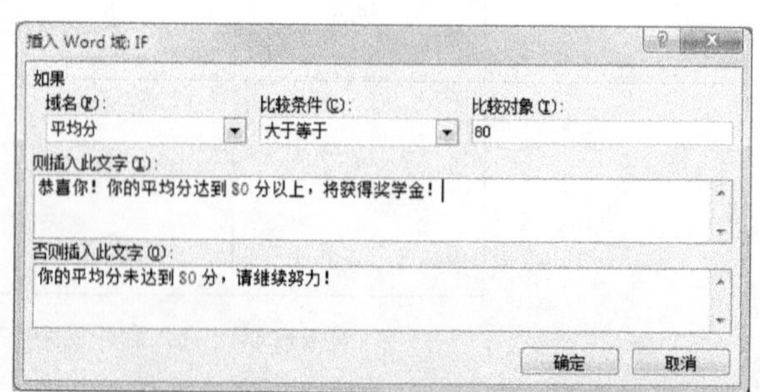

图 4-154 “插入 Word 域:IF”对话框

4.16 Word 中的工具

4.16.1 拼写和语法检查

在默认情况下，Microsoft Word 在输入的同时自动进行拼写检查。用红色波形下画线表示可能的拼写错误、输入错误的或不可识别的单词，用绿色波形下画线表示可能的语法错误。

开启检查功能：单击“文件”选项卡中“选项”按钮，打开“Word 选项”对话框，选择“校对”选项卡。选中“键入时检查拼音”和“键入时标记语法错误”复选框，如图 4-155 所示，单击“确定”按钮。

4.16.2 字数统计

Word 中提供了字数统计工具，用以统计文档或所选文本的字数、段落数、行数和字符数等。

选择要统计字数的文字（若不选，默认统计整个文档），单击“审阅”选项卡中“校对”组的“字数统计”按钮 ABC 123，打开“字数统计”对话框，显示统计结果，如图 4-156 所示。

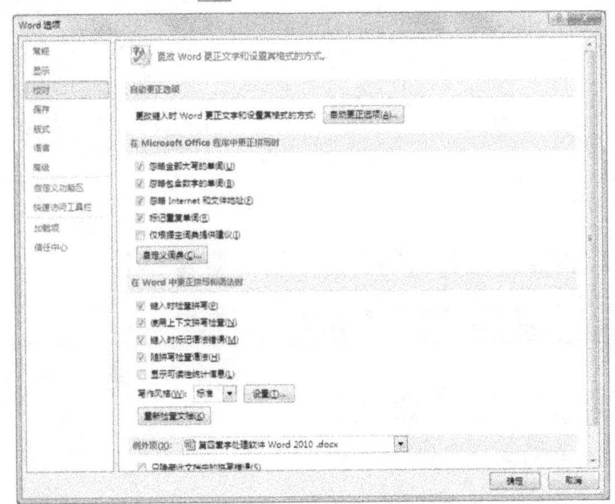

图 4-155 启动拼写和语法检查

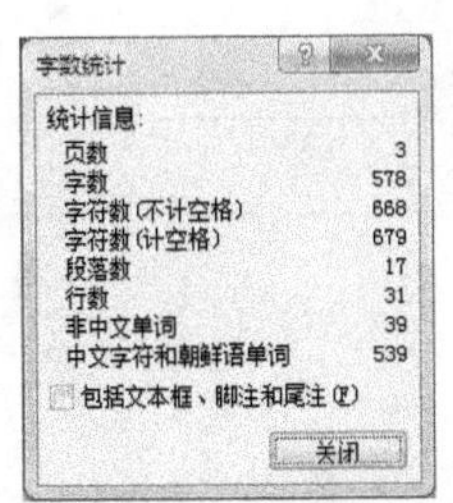

图 4-156 “字数统计”对话框

4.16.3 自动更正

若要自动检测和更正输入错误、错误拼写的单词和不正确的大写，可以使用“自动更正”功能。

在图 4-155 中单击“自动更正选项”按钮，打开“自动更正:英语（美国）”对话框，从中设置自动更正选项，如图 4-157 所示。

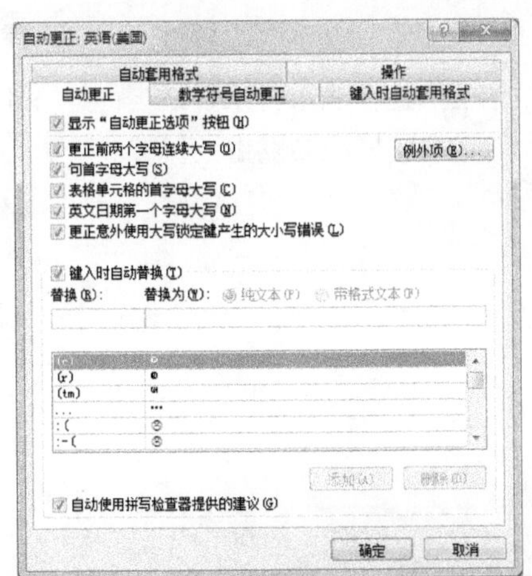

图 4-157 “自动更正：英语（美国）”对话框

PART 5 第5章 PowerPoint 2010 演示文稿制作软件

将需要交流传播的信息以更生动、更吸引人的方式展示出来，以产生强烈的感染力，已成为信息交流中的一个关键问题。我们来看如图 5-1 所示的个人简历。

个人简历

基本情况

姓名：赵辉　　性别：男　　籍贯：云南玉溪
出生年月：1992.9　　政治面貌：中共党员　　专业：计算机科学与技术
学位：工学学士　　毕业学校：玉溪师范学院　　毕业时间：2014 年 7 月

荣誉与奖励

2011 年 9 月，获校级二等奖学金。
2012 年 1 月，获大学生职业生涯规划大赛一等奖。
2012 年 5 月—2013 年 6 月，研究课题“企业通用办公自动化软件的设计与研究”获校级大学生创新创业训练计划项目立项并结题。
2013 年 9 月，被评为校级优秀学生干部。
2014 年 2 月，被评为社会实践先进个人。

个人能力

计算机基础能力：能熟练使用计算机软硬件，并对计算机系统进行维护。
计算机网络管理能力：熟悉计算机网络的基本结构和互连原理，熟悉计算机网络设备，熟悉网络管理维护，熟练掌握组网技术和网站建设技术。
计算机软件开发能力：熟练掌握 C++和 Java 语言，能编制具备一定功能的程序；熟练掌握数据库管理软件，如 Access、SQL Server 等，能设计满足实际需要的小型数据库系统；能综合应用程序设计和数据库技术开发小型计算机应用系统。

工作经历

2011 年 7 月—8 月，在“外设壹站”电脑公司打工，从事电脑组装及销售工作。
2012 年 2 月—12 月，在学校机房兼职，对机房电脑及网络进行日常维护。
2013 年 2 月—5 月，为“尚景”中医诊所开发药材进出库管理系统。
2013 年 8 月—9 月，在成都华迪 IT 实训基地进行毕业实习。
2014 年 4 月—6 月，为“悠家乐”超市搭建在线销售网站。

求职意向

计算机软硬件维护、网站维护；软件测试、软件开发；数据库管理与应用、数据库应用设计与开发；网站开发与应用、网络安全管理。

联系方式

联系电话：137××××××××　　电子邮件：zhaohui@yxnu.net

图 5-1　个人简历

相信用这样的形式来介绍自己，并不能给听众留下深刻的印象。如果以上简历做了图 5-2 所示的包装，情况会发生变化吧。

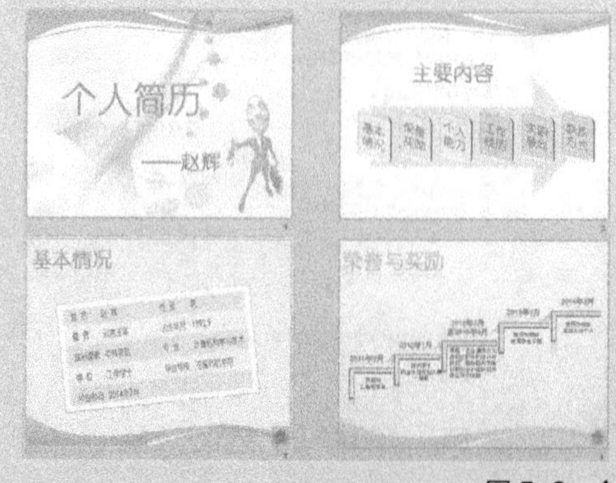

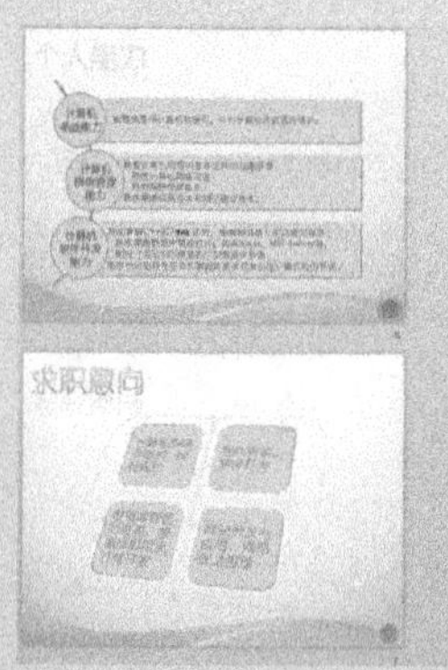

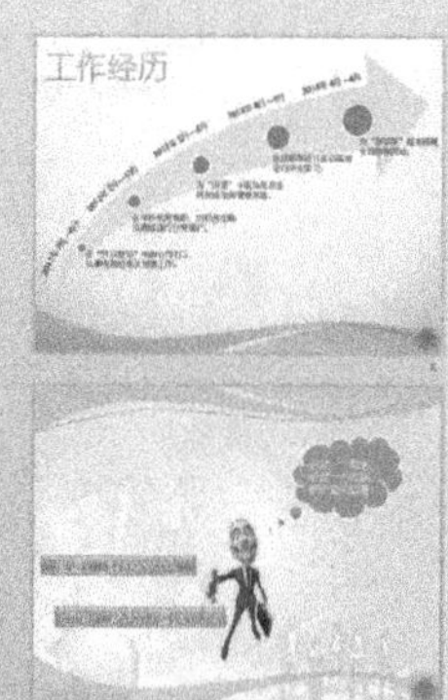

图 5-2　个人简历成品图

以第二种形式表现的简历，效果明显要好得多，更何况实际演示的时候还可以设置各种引人入胜的视觉、听觉效果。将文字、图形、图像、声音以及视频剪辑等多媒体元素融为一体，赋予演示对象更强的感染力，这就是我们的目标。

PowerPoint 2010 是 Microsoft Office 2010 软件包中的专用于制作演示文稿的办公软件。它以其友好的操作界面、生动活泼的效果、丰富的模板以及智能的向导工具获得了广大用户的青睐。它包含许多制作精美的设计模板，并自带 PowerPoint 配色方案和动画方案，可以根据制作者的喜好将其套用到演示文稿中，而不需要在制作文稿版式和演示方式上花费大量的时间。

下面我们就来学习如何循序渐进使用 PowerPoint 2010 做出赏心悦目的作品。

5.1 创建和编辑演示文稿

【任务 5-1】用 PowerPoint 2010 将图 5-1 所示的个人简历做成图 5-3 所示的演示文稿，并以文件名“个人简历-步骤 1.pptx”保存。

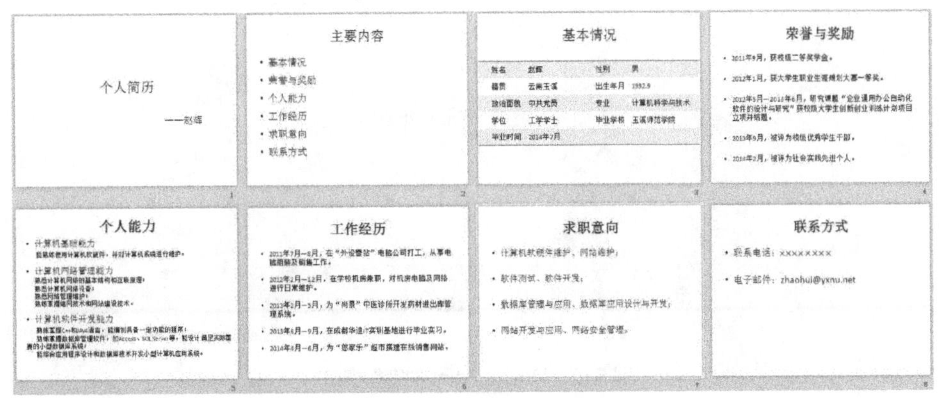

图 5-3 个人简历—步骤 1

完成任务 5-1 的简单流程如图 5-4 所示。

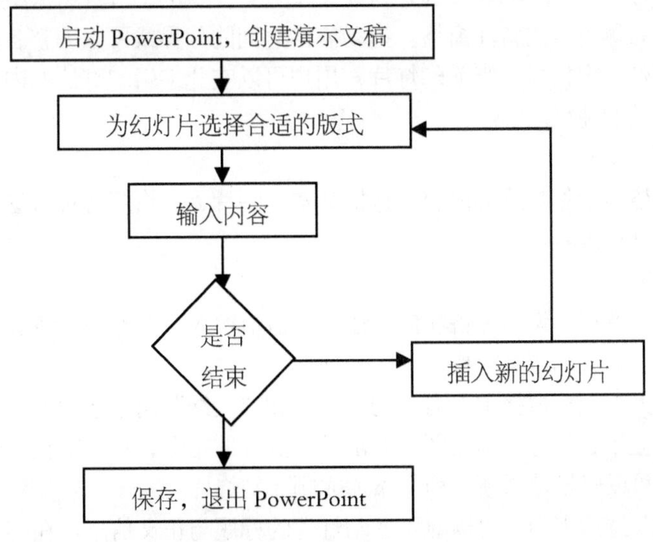

图 5-4 简单流程图

5.1.1 PowerPoint 的启动

与 Office 2010 的其他组件一样，PowerPoint 2010 也有多种启动方式，常用的是：选择“开始”→“所有程序”→ Microsoft Office → Microsoft PowerPoint 2010 命令。

在启动 PowerPoint 程序的同时，将在 PowerPoint 窗口中自动生成一个名为“演示文稿 1”的空白演示文稿。

5.1.2 PowerPoint 的工作窗口

从打开的 PowerPoint 2010 窗口（见图 5-5）可以看出，它的窗口组成与 Word 很类似，由快速访问工具栏、标题栏、选项卡、功能区、幻灯片 / 大纲浏览窗格、幻灯片窗格、备注窗格、状态栏、视图按钮、显示比例按钮等部分组成。

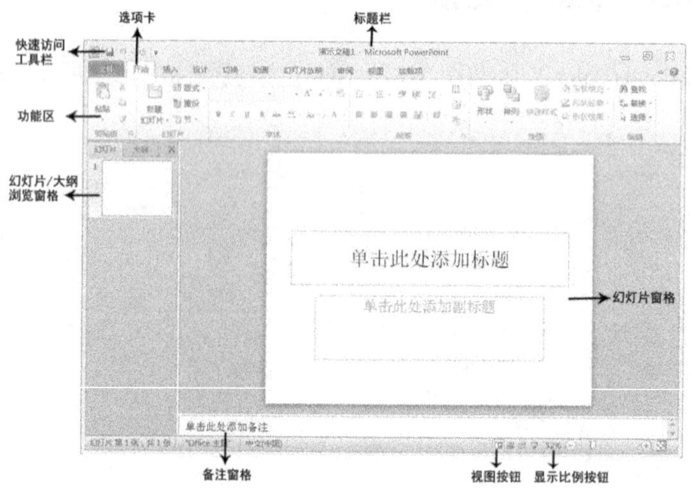

图 5-5　PowerPoint 的工作窗口

这里主要介绍演示文稿编辑区、视图按钮、显示比例按钮和状态栏。

1．演示文稿编辑区

功能区下方的演示文稿编辑区分为 3 个部分：左侧的幻灯片 / 大纲浏览窗格、右侧上方的幻灯片窗格和右侧下方的备注窗格。拖动窗格之间的分界线可以调整各窗格的大小，以便满足编辑需要。幻灯片窗格显示当前幻灯片，用户可以在此编辑幻灯片的内容。备注窗格中可以添加与幻灯片有关的注释内容。

（1）幻灯片窗格

幻灯片窗格显示幻灯片的内容，包括文本、图片、表格等各种对象。可以直接在该窗格中输入和编辑幻灯片内容。

（2）备注窗格

对幻灯片的解释、说明等备注信息在此窗格中输入与编辑，供演讲者参考。

（3）幻灯片 / 大纲浏览窗格

幻灯片 / 大纲浏览窗格上方有“幻灯片”和“大纲”两个选项卡。单击窗格的“幻灯片”选项卡，可以显示各幻灯片缩略图。单击某幻灯片缩略图，将立即在幻灯片窗格中显示该幻灯片。在这里还可以轻松地重新排列、添加或删除幻灯片。

在“大纲”选项卡中，可以显示各幻灯片的标题与正文信息。在幻灯片中编辑标题或正文信息时，大纲窗格也同步变化。

在“普通”视图下，这 3 个窗格同时显示在演示文稿编辑区，用户可以同时看到三个窗格的显示内容，有利于从不同角度编排演示文稿。

2．视图按钮

视图是当前演示文稿的不同显示方式。为了方便地切换各种不同视图，可以使用“视图”选项卡中的命令，也可以利用窗口底部右侧的视图按钮。视图按钮共有“普通视图”、“幻灯片浏览”、“阅读视图”和“幻灯片放映”4 个按钮，单击某个按钮就可以方便地切换到相应视图。

普通视图是创建演示文稿的默认视图，在此视图下可以同时显示幻灯片窗格、幻灯片／大纲浏览窗格和备注窗格（见图 5-5），这 3 个窗格的大小可以通过拖动窗格之间的分界线进行调节。其中，“幻灯片／大纲浏览窗格”可以显示幻灯片缩略图或文本内容，这取决于该窗格上面的“幻灯片”和“大纲”选项卡。

在幻灯片浏览视图中，一屏可显示多张幻灯片缩略图，可以直观地观察演示文稿的整体外观，便于进行多张幻灯片顺序的编排、复制、移动、插入和删除等操作。

在阅读视图下，只保留幻灯片窗格、标题栏和状态栏，其他编辑功能被屏蔽，目的是幻灯片制作完成后的简单放映浏览。

在幻灯片放映视图下，可以全屏放映演示文稿，不能对幻灯片进行编辑。单击，可以从当前幻灯片切换到下一张幻灯片，直到放映完毕。在放映过程中，右击会弹出放映控制菜单，利用它可以改变放映顺序、即兴标注等。

3．显示比例按钮

显示比例按钮位于视图按钮右侧，单击该按钮，可以在弹出的“显示比例”对话框中选择幻灯片的显示比例，拖动其右方的滑块也可以调节显示比例。

4．状态栏

状态栏位于窗口底部左侧，在“普通”视图中，主要显示当前幻灯片的序号、当前演示文稿幻灯片的总数、采用的幻灯片主题和输入法等信息。在幻灯片浏览视图中，只显示当前视图、幻灯片主题和输入法。

5.1.3 创建演示文稿

演示文稿指的是 PowerPoint 文件，扩展名称为.pptx，一个演示文稿文件至少包含一张幻灯片。

创建演示文稿主要有如下几种方式：创建空白演示文稿，根据主题、根据模板和根据现有演示文稿创建等。

1．创建空白演示文稿

使用空白演示文稿方式，可以创建一个没有任何设计方案和示例文本的空白演示文稿，根据自己需要选择幻灯片版式开始演示文稿的制作。

创建空白演示文稿有两种方法，第一种是启动 PowerPoint 时自动创建一个空白演示文稿；第二种方法是在 PowerPoint 已经启动的情况下，单击“文件”选项卡，选择“新建”命令，在右侧“可用的模板和主题”中选择“空白演示文稿”，单击右侧的“创建”按钮即可，如图 5-6 所示。也可以直接双击“可用的模板和主题”中的“空白演示文稿”。

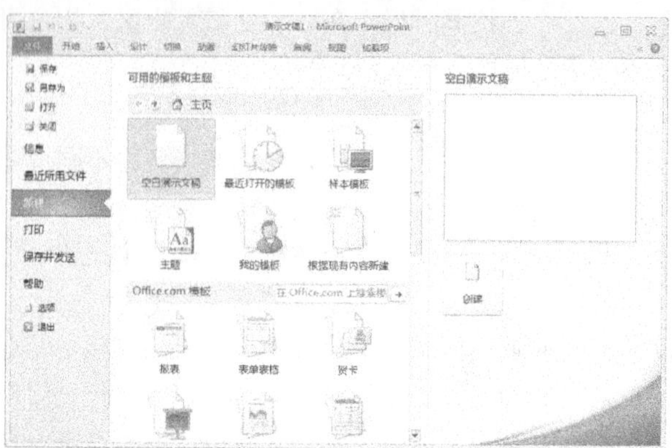

图 5-6　创建空白演示文稿

2．用主题创建演示文稿

主题是事先设计好的一组演示文稿的样式框架，主题规定了演示文稿的外观样式，包括母版、配色、文字格式等设置。使用主题方式，不必费心设计演示文稿的母版和格式，直接在系统提供的各种主题中选择一个最适合自己的主题，创建一个该主题的演示文稿，且使整个演示文稿外观一致。

创建方法是：单击“文件”选项卡，选择“新建”命令，在右侧“可用的模板和主题”中选择“主题”，在随后出现的主题列表中选择一个主题，单击右侧的“创建”按钮即可，如图 5-7 所示。也可以直接双击主题列表中的某主题。

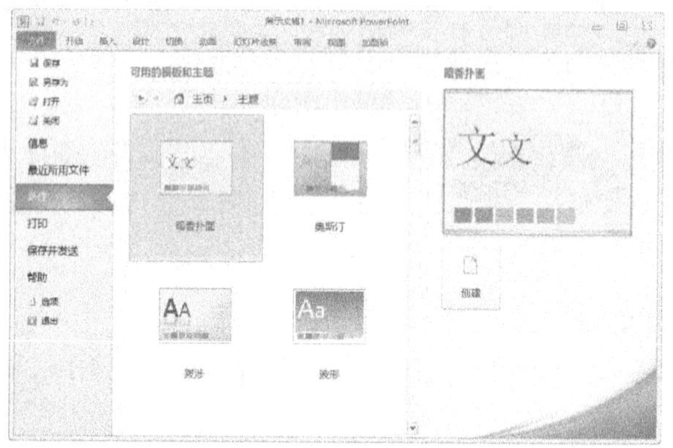

图 5-7　创建主题演示文稿

3．用模板创建演示文稿

模板是预先设计好的演示文稿样本，包括多张幻灯片，表达特定提示内容，而所有幻灯片主题相同，以保证整个演示文稿外观一致。PowerPoint 系统提供了丰富多彩的模板。因为模板已经提供多项设置好的演示文稿外观效果，所以用户只需将内容进行修改和完善即可创建美观的演示文稿。使用模板方式，可以在系统提供的各式各样的模板中根据自己的需要选用其中一种内容最接近自己需求的模板，对模板中的提示内容幻灯片，用户根据自己的需要补充完整即可。

创建方法是：单击“文件”选项卡，选择“新建”命令，在右侧“可用的模板和主题”中选择“样本模板”，在随后出现的模板列表中选择一个模板，单击右侧的“创建”按钮即可，如图 5-8 所示。也可以接双击模板列表中所选模板。

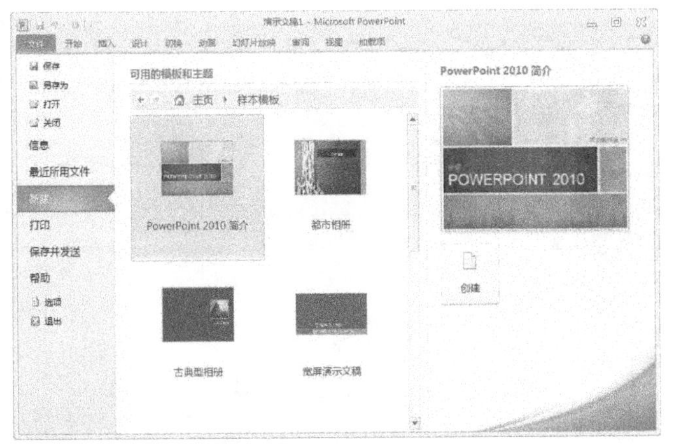

图 5-8　创建模板演示文稿

预设的模板毕竟有限，如果“样本模板”中没有符合要求的模板，可以在 office.com 网站下载。在联网情况下，单击“新建”命令后，在下方“office.com 模板”列表中选择一个模板，系统在网络上搜索同类模板并显示，从中选择一个模板，双击，系统将下载此模板并创建相应演示文稿。

图 5-9 是在“office.com 模板”中选择“贺卡”→“场合与事件”，网络上搜索到的同类模板。

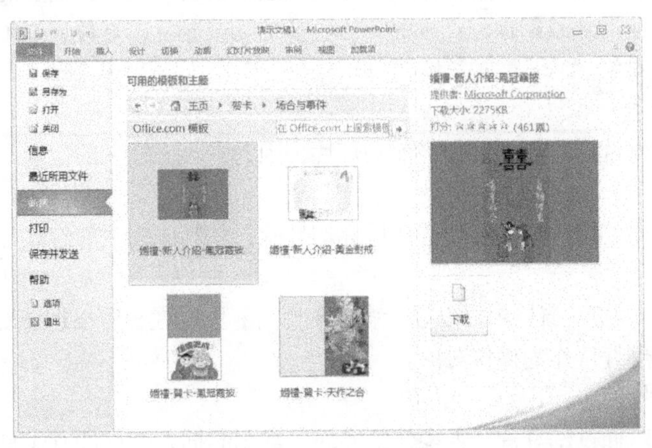

图 5-9　在“office.com 模板”中选择模板

4．用现有演示文稿创建演示文稿

使用现有演示文稿方式，可以根据现有演示文稿的风格样式建立新演示文稿，新演示文稿的风格样式与现有演示文稿完全一样。这样则不必重新设计演示文稿的外观和内容，直接在现有演示文稿的基础上进行修改。

创建方法是：单击“文件”选项卡，选择“新建”命令，在右侧“可用的模板和主题”中选择“根据现有内容新建”。在出现的“根据现有演示文稿新建”对话框中选择目标演示文稿文件，单击“新建”按钮，如图 5-10 所示。

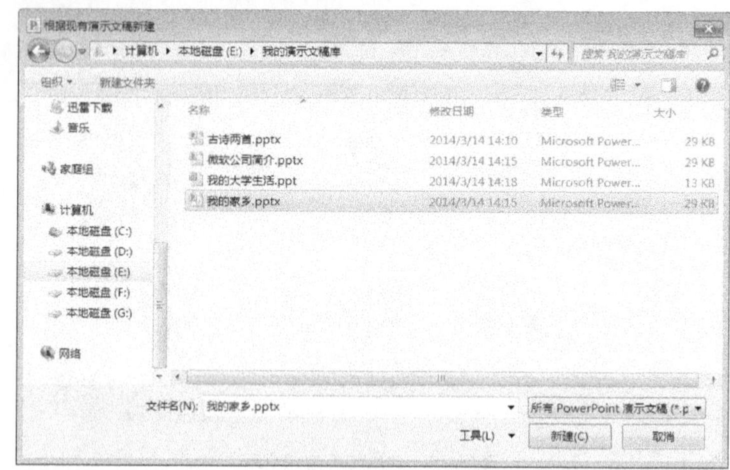

图 5-10 “根据现有演示文稿新建”对话框

5.1.4 在演示文稿中增加和删除幻灯片

通常演示文稿由多张幻灯片组成，创建空白演示文稿时自动生成一张空白幻灯片。当一张幻灯片编辑完成后还需要继续制作下一张幻灯片时，需要增加新幻灯片。在已经存在的演示文稿中有时需要增加若干幻灯片以加强某个观点的表达，而对某些不再需要的幻灯片则希望删除它。因此，必须掌握增加或删除幻灯片的方法。要增加或删除幻灯片，必须先选择幻灯片，使之成为当前操作的对象。

1．选择幻灯片

若要插入新幻灯片，首先要确定当前幻灯片，因为它代表插入的位置，新幻灯片将插在当前幻灯片后面。

若要删除或编辑幻灯片，也要先选择目标幻灯片，使其成为当前幻灯片，然后再执行删除或编辑操作。

“幻灯片／大纲浏览”窗格中可以显示多张幻灯片，所以在该窗格选择幻灯片十分方便，可以选择一张或多张幻灯片作为操作对象。

2．插入幻灯片

增加幻灯片可以通过幻灯片插入操作来实现。常用的插入幻灯片方式有两种：插入新幻灯片和插入当前幻灯片的副本。前者将由用户重新定义插入幻灯片的格式（如版式等）并输入相应内容；后者直接复制当前幻灯片（包括幻灯片格式和内容）作为插入的幻灯片，即保留现有的格式和内容，用户只需编辑内容即可。

（1）插入新幻灯片

在“幻灯片／大纲浏览”窗格选择目标幻灯片缩略图，然后在“开始”选项卡下单击“幻灯片”命令组的“新建幻灯片”下拉按钮，从出现的幻灯片版式列表中选择一种版式(见图 5-11)，则在当前幻灯片后出现新插入的指定版式幻灯片（见图 5-12）。

另外，也可以在“幻灯片／大纲浏览”窗格右击某幻灯片缩略图，在弹出的菜单中选择“新建幻灯片”命令，在该幻灯片缩略图后面出现新幻灯片。

图 5-11　新建幻灯片的版式列表

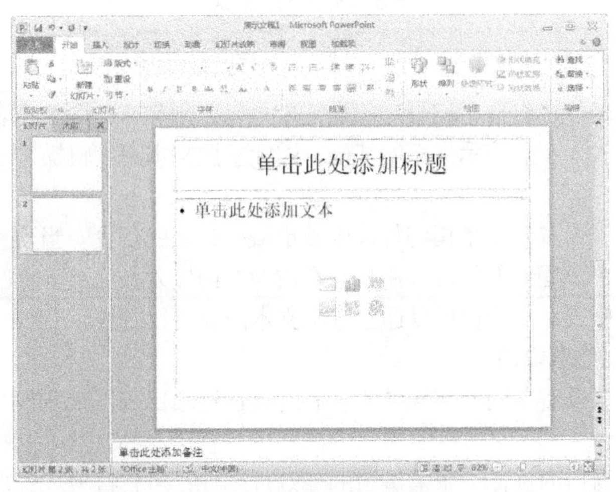

图 5-12　插入新幻灯片后的效果

（2）插入当前幻灯片的副本

在“幻灯片／大纲浏览”窗格中选择目标幻灯片缩略图，然后在“开始”选项卡下单击“幻灯片”命令组的“新建幻灯片”下拉按钮，从出现的列表中单击“复制所选幻灯片”命令（见图 5-11），则在当前幻灯片之后插入与当前幻灯片完全相同的幻灯片。也可以右击目标幻灯片缩略图，在出现的菜单中选择“复制幻灯片”命令。

3．**删除幻灯片**

在“幻灯片／大纲浏览”窗格中选择目标幻灯片缩略图，然后按 Delete 键。也可以右击目标幻灯片缩略图，在出现的菜单中选择“删除幻灯片”命令。若要删除多张幻灯片，先选择这些幻灯片，然后按 Delete 键。

5.1.5　应用幻灯片版式

PowerPoint 为幻灯片提供了多个幻灯片版式供用户根据内容需要选择，幻灯片版式确定了幻灯片内容的布局，选择“开始”选项卡下“幻灯片”命令组的“版式”命令，可为当前幻灯片选择版式，如图 5-13 所示。

确定了幻灯片的版式后，即可在相应的栏目和对象框内添加或插入文本、图片、表格、图形、图标、媒体剪辑等内容。

图 5-13　幻灯片版式

5.1.6　编辑文本

演示文稿由若干幻灯片组成，幻灯片根据需要可以出现文本、图片、表格等表现形式。文本是最基本的表现形式. 也是演示文稿的基础，因此掌握文本的编辑操作十分重要。

1．使用占位符

在普通视图模式下，占位符是指幻灯片中被虚线框起来的部分。当使用了幻灯片版式或设计模板时，每张幻灯片均提供占位符。用户可在占位符内输入文字或插入图片等，一般占位符的文字字体具有固定格式，用户也可以通过选中文本内容进行更改。

2．使用“大纲”缩览窗口

文稿中的文字通常具有不同的层次结构，有时还通过项目符号来体现，可使用“大纲”缩览窗口进行文字编辑。

在“大纲”缩览窗口内选择一张需编辑的幻灯片图标，可直接输入幻灯片标题，此时，按 Enter 键可插入一张新幻灯片，同样可输入该幻灯片的标题。

在“大纲”缩览窗口内新建一张幻灯片，之后按 Tab 键可将其转换为之前幻灯片的下级标题，同时输入文字，再按 Enter 键，可输入多个同级标题。

在“大纲”缩览窗口中按 Ctrl+Enter 组合键可插入一张新幻灯片，按 Shift+Enter 组合键可实现换行输入。

3．使用文本框

幻灯片中的占位符是一个特殊的文本框，包括预设的格式、出现的固定位置。除使用占位符外，用户还可以在幻灯片的任意位置绘制文本框，并设置文本格式。

（1）插入文本框

方法一：选择“插入”选项卡中“文本”命令组的“文本框”命，或单击“文本框”命令的下三角按钮，可在幻灯片中插入横排或垂直文本框，并输入文本，如图 5-14 所示。

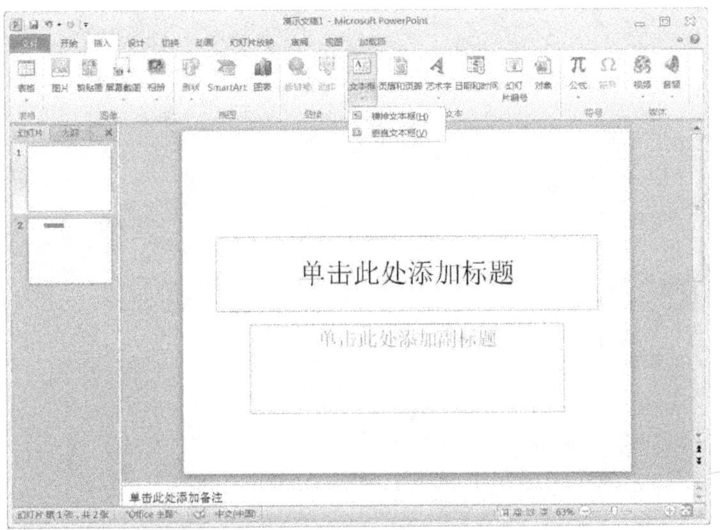

图 5-14 插入文本框

方法二：选择“插入”选项卡中“插图”命令组的“形状”命令，在出现的下拉列表中选择任意图形（见图 5-15），再在该图形中输入文本。

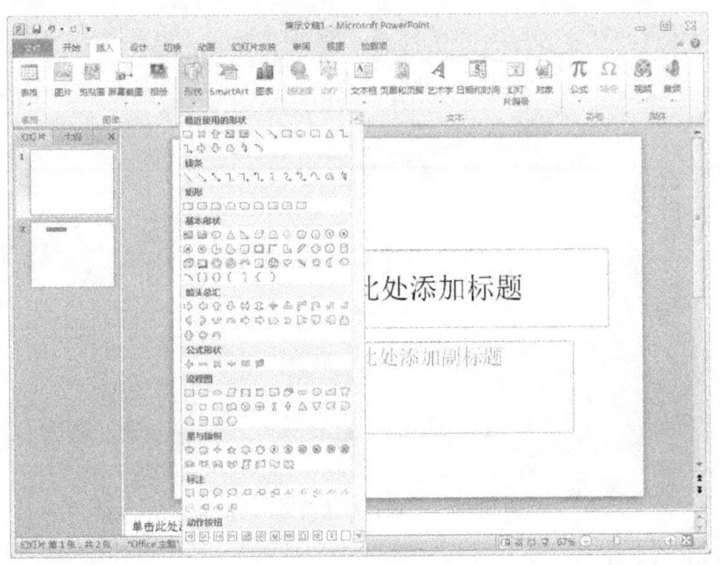

图 5-15 插入形状

（2）设置文本格式

选择“开始”选项卡，单击“字体”命令组和“段落”命令组的命令，可对文本的字体、字号、文字颜色进行设置，还可对文本添加项目符号、设置文本行距等。相关操作在 Word 中已有叙述，请参看上一章内容。

（3）设置文本框样式和格式

选中某一文本框时，功能区上方会出现“绘图工具/格式”选项卡，在该选项卡中可以进行“排列”、“快速样式”、“形状填充”、“形状轮廓”、“形状效果”等设置，如图 5-16 所示。

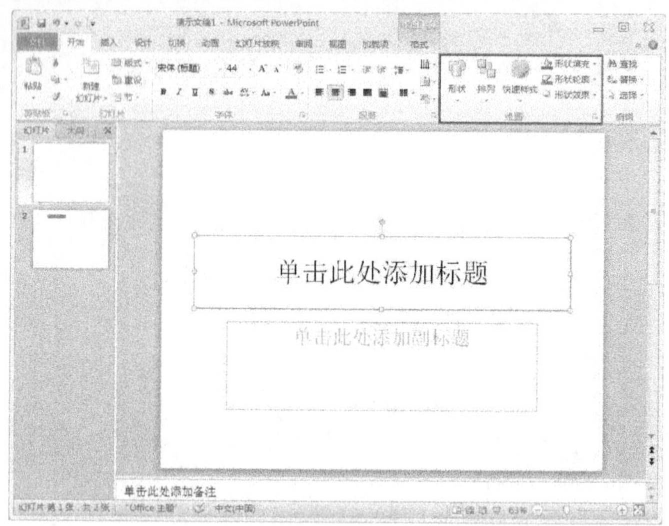

图 5-16 “绘图工具/格式”选项卡

单击该选项卡右下角的“设置形状格式”按钮，可以打开“设置形状格式”对话框对文本框进行详细设置，如图 5-17 所示。

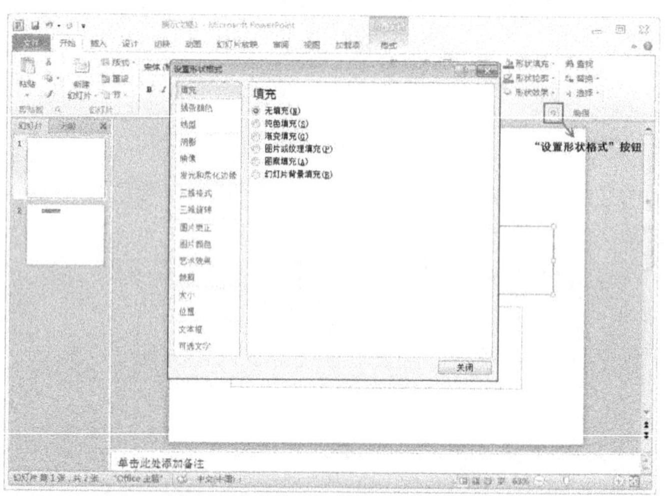

图 5-17 “设置形状格式”对话框

5.1.7 在幻灯片中插入表格

创建表格的方法有使用功能区命令创建和利用内容区占位符创建两种。在内容区占位符中单击“插入表格”图标，出现“插入表格”对话框，输入表格的行数和列数后即可创建指定行列的表格（见图 5-18）。

使用功能区命令创建表格的方法在 Word 中已有叙述，请参看第 3 章的内容。

图 5-18 利用内容区占位符插入表格

5.1.8 演示文稿的保存、退出和打开

演示文稿的保存、退出和打开操作和 Word 类似，此处不再重复。需要注意的是，在“另存为”对话框中，默认的保存类型是“PowerPoint 演示文稿（*.pptx）”，可以单击“保存类型”栏的下拉按钮，根据需要从下拉列表中选择保存的类型，如“PowerPoint 97-2003 演示文稿（*.ppt）”，如图 5-19 所示。

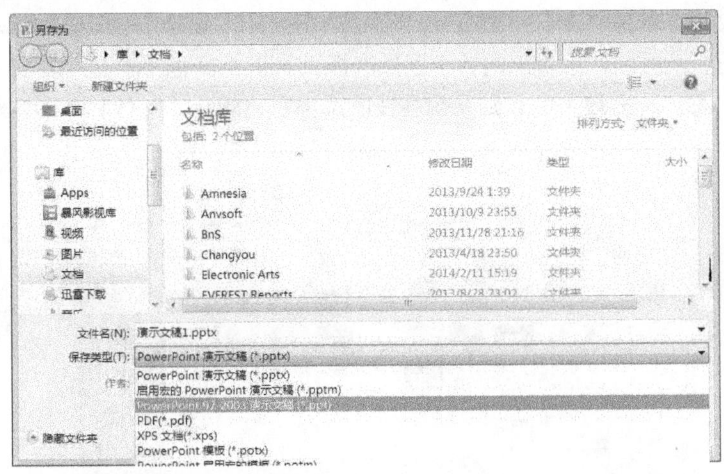

图 5-19 “另存为”对话框

5.2 演示文稿的外观设计

【任务 5-2】打开“个人简历-步骤 1.pptx”，在图 5-3 所示的演示文稿基础上进行美化，美化效果如图 5-20 所示，并以文件名“个人简历-步骤 2.pptx”保存。

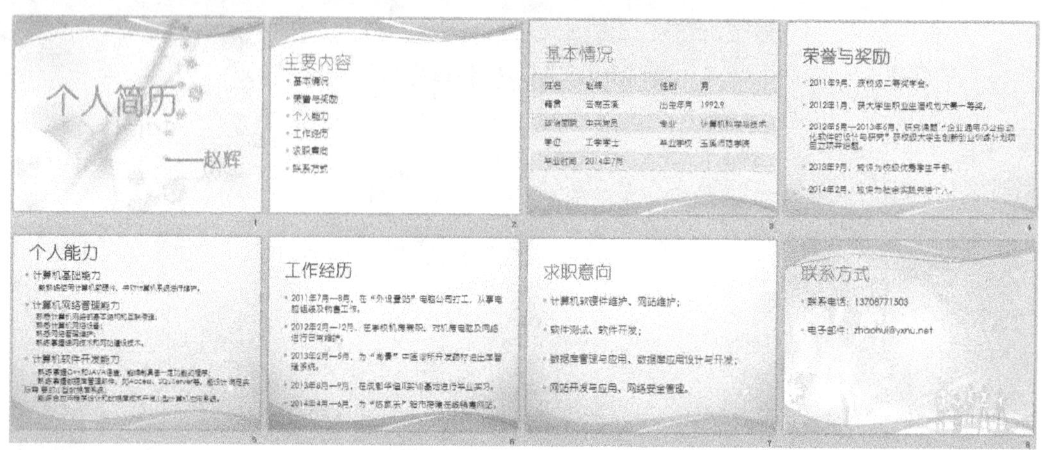

图 5-20　个人简历-步骤 2

我们可以看到，图 5-20 比图 5-3 漂亮很多，其实要完成这样的操作是很简单的。采用应用主题样式、设置幻灯片背景和应用幻灯片母版等方法可以使所有幻灯片具有一致的外观。

5.2.1　应用主题统一演示文稿的风格

主题是一组设置好的颜色、字体和图形外观效果的集合，可以作为一套独立的选择方案应用于演示文稿中。PowerPoint 提供了 40 多种内置主题，用户若对演示文稿当前颜色、字体和图形外观效果不满意，可以从中选择满意的主题并应用到该演示文稿，以统一演示文稿的外观。

1．使用主题

打开演示文稿，单击“设计”选项卡，“主题”组显示了部分主题列表，单击主题列表右下角“其他”按钮，就可以显示全部内置主题供选择，如图 5-21 所示。鼠标移到某主题，稍后会显示该主题的名称。单击该主题，则系统会按所选主题的颜色、字体和图形外观效果修饰演示文稿。

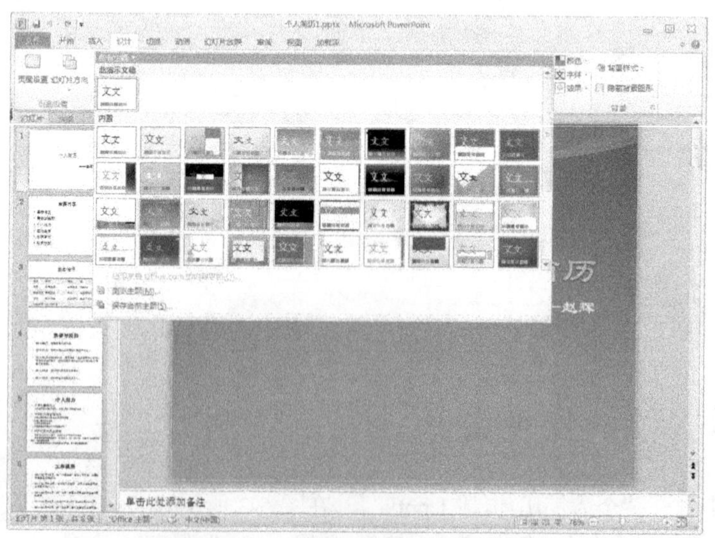

图 5-21　“设计”选项卡“主题”组

如果可选的内置主题不能满足用户的需求，可以在“主题”组主题列表的下面选择“浏览主题”命令，选择外部主题。

若只想用该主题修饰部分幻灯片，可以选择这些幻灯片后右击该主题. 在出现的快捷菜单中选择“应用于选定幻灯片”命令，所选幻灯片按该主题效果自动更新，其他幻灯片不变。若选择“应用于所有幻灯片”命令，则整个演示文稿均采用所选主题。

2. 自定义主题颜色

对已应用主题的幻灯片，在“设计”选项卡的“主题”组内，单击“颜色”按钮，在颜色列表框中选择一款内置颜色（见图 5-22），幻灯片的标题文字颜色、背景填充颜色、文字颜色等将随之改变。

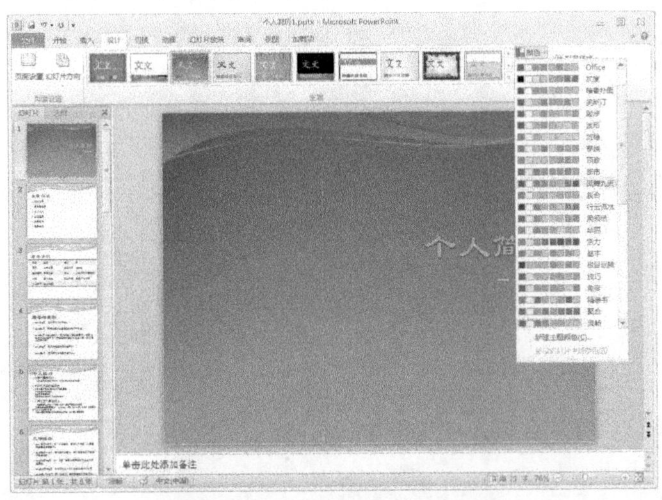

图 5-22 “设计”选项卡颜色列表

单击颜色列表框下方的“新建主题颜色”命令，将打开“新建主题颜色”对话框，在对话框的“主题颜色”列表中单击某一颜色的下三角按钮，可以在打开的颜色下拉列表中选择某个颜色进行更改，如图 5-23 所示。

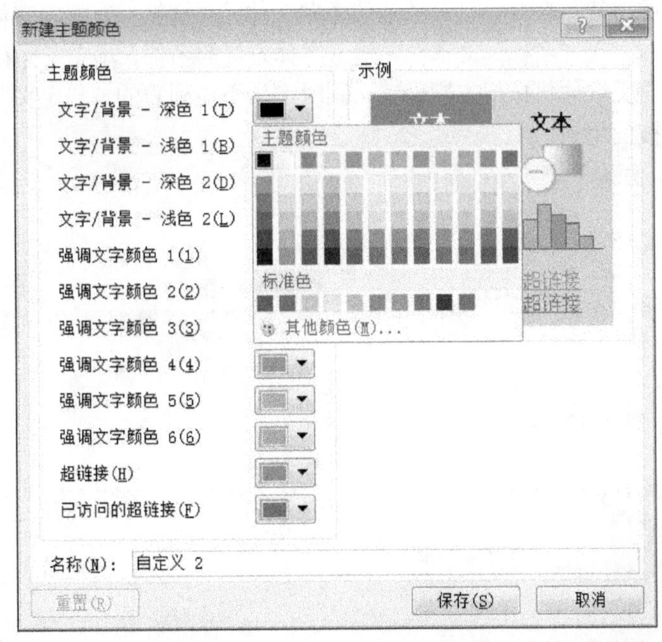

图 5-23 “新建主题颜色”对话框

在“新建主题颜色”对话框中设置某个颜色后，在“名称”文本框中输入当前自定义主题颜色的名称后单击“保存”按钮，幻灯片将应用自定义的主题颜色，并且该自定义的主题颜色将以所命名的名称保存在“主题”组的“颜色”下拉列表中，以便再次被使用。

3．自定义主题字体

自定义主题字体主要是定义幻灯片中的标题字体和正文字体。对已应用主题的幻灯片，在“设计”选项卡的“主题”组中单击“字体”按钮，在下拉列表中选择某一种自带的字体（见图5-24），即可将该字体应用于演示文稿中，此时标题和正文是同一种字体。

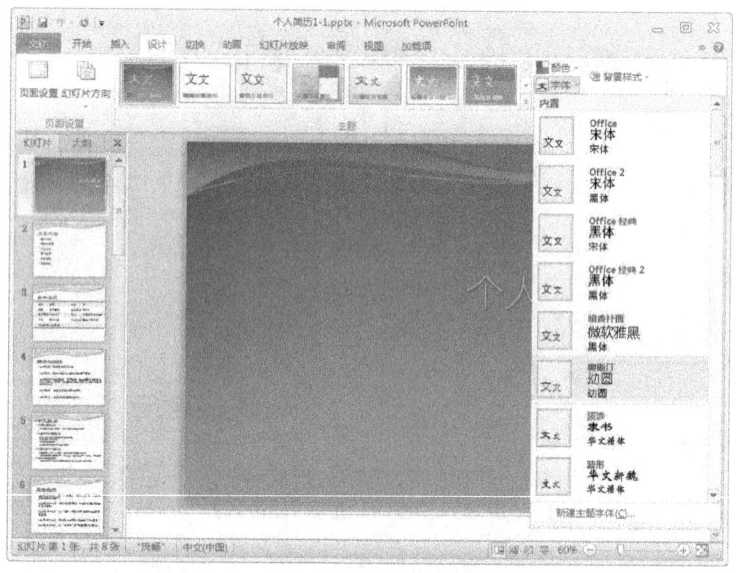

图 5-24 “设计”选项卡字体列表

如果要对标题字体和正文字体分别进行设置，可以新建主题字体。操作方法：选择字体列表下方的“新建主题字体”命令，打开“新建主题字体”对话框，在标题字体和正文字体中分别选择欲设置的字体，在“名称”文本框内输入字体方案的名称，单击“保存”（见图5-25）。演示文稿中标题和正文字体将按新方案设置，同时字体下拉列表的“自定义”中出现新建主题字体名称，可再次被使用。

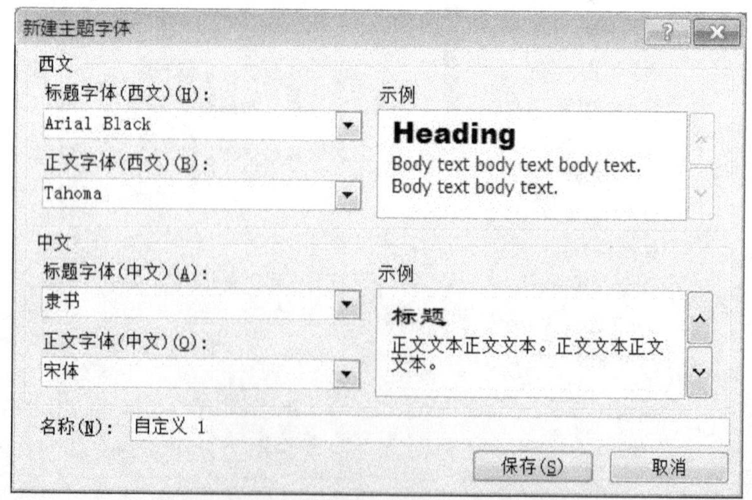

图 5-25 “新建主题字体”对话框

5.2.2　设置幻灯片背景

幻灯片的背景对幻灯片放映效果起重要作用。一幅好的幻灯片背景不仅充实美化幻灯片，而且使演示文稿更加系统和专业。设置幻灯片的背景，主要通过改变主题背景样式和设置背景格式（纯色、颜色渐变、纹理、图案或图片）等方法来实现。

1．改变背景样式

PowerPoint 的每个主题提供了 12 种背景样式，用户可以选择一种样式快速改变演示文稿中幻灯片的背景。

打开演示文稿，单击“设计”选项卡“背景”组的“背景样式”命令，显示出当前主题的 12 种背景样式列表，如图 5-26 所示。

图 5-26　背景样式

从背景样式列表中选择一种中意的背景样式，则演示文稿全体幻灯片均采用该背景样式。若只希望改变部分幻灯片的背景，则先选择这些幻灯片，然后右击某背景样式，在出现的快捷菜单中选择“应用于所选幻灯片”命令，则选定的幻灯片采用该背景样式，而其他幻灯片不变。若想把背景还原到初始状态，单击“重置幻灯片背景”按钮即可。

2．设置背景格式

如果认为背景样式过于简单，也可以自己设置背景格式。

单击“设计”选项卡“背景”组右下角的“设置背景格式”按钮，弹出“设置背景格式”对话框。单击对话框左侧的“填充”项，右侧有 4 种填充方式：纯色填充、渐变填充、图片或纹理填充、图案填充。若不想让设置的背景被主题背景图形覆盖，可以在“设置背景格式”对话框中选择“隐藏背景图形”复选框。

（1）纯色填充

纯色填充是选择单一颜色填充背景。选择“纯色填充”单选按钮，单击“颜色”栏下拉按钮，在下拉列表颜色中选择背景填充颜色。若不满意列表中的颜色，也可以单击“其他颜色”项，从出现的“颜色”对话框中选择或按 RGB 颜色模式自定义背景颜色。拖动“透明度”滑块，可以改变颜色的透明度，如图 5-27 所示。

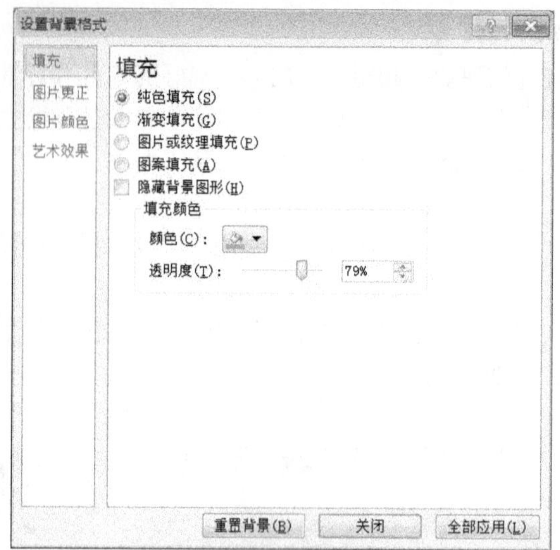

图 5-27　纯色填充

（2）渐变填充

渐变填充是将两种或多种填充颜色逐渐混合在一起，以某种渐变方式从一种颜色逐渐过渡到另一种颜色。

选择“渐变填充”单选框，可以直接选择系统预设颜色填充背景，也可以自己定义渐变，如图 5-28 所示。

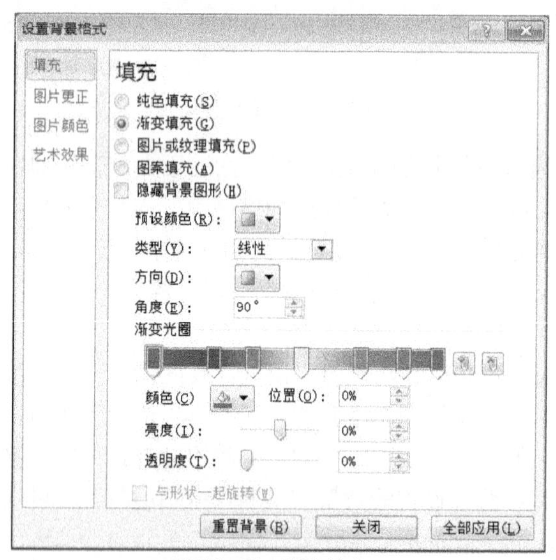

图 5-28　渐变填充

选择预设颜色填充背景：单击“预设颜色”栏的下拉按钮，在出现的几十种预设的渐变颜色列表中选择一种，如“红日西沉”等。

自定义渐变颜色填充背景：在“类型”列表中选择所需的渐变类型（如“射线”：渐变颜色由中心点向四周发散）。在“方向”列表中选择所需的渐变发散方向（如“线性对角一右上到左下”）。在“渐变光圈”下，应出现与所需颜色个数相等的渐变光圈个数，否则应单击“添加渐变光圈”或“删除渐变光圈”按钮以增加或减少渐变光圈，直至要在渐变填充中使用的每种颜色都有一个渐变光圈（如两种颜色需要两个渐变光圈）。单击某一个渐变光圈，在“颜色”栏的下拉颜色列表中，选择一种颜色与该渐变光圈对应。拖动渐变光圈位置可以调节该渐变颜色。如果需要，还可以调节颜色的“亮度”或“透明度”。对每一个渐变光圈用以上方法调节。

（3）图片或纹理填充

选择“图片或纹理填充”单选按钮，在“插入自”栏单击“文件”按钮，从弹出的“插入图片”对话框中选择所需图片文件插入；单击“纹理”下拉按钮，可以从出现的各种纹理列表中选择所需纹理，如图 5-29 所示。在“图片更正”、“图片颜色”、“艺术效果”中，还可以对图片进行进一步设置。

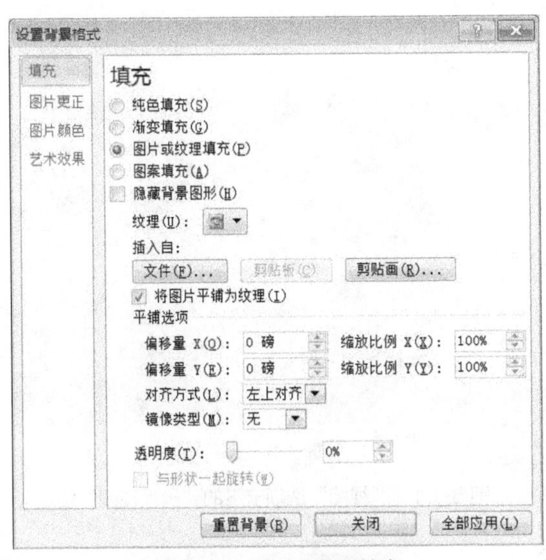

图 5-29 图片或纹理填充

（4）图案填充

选择“图案填充”单选按钮，在出现的图案列表中选择所需图案。通过“前景色”和“背景色”栏可以自定义图案的前景色和背景色，如图 5-30 所示。

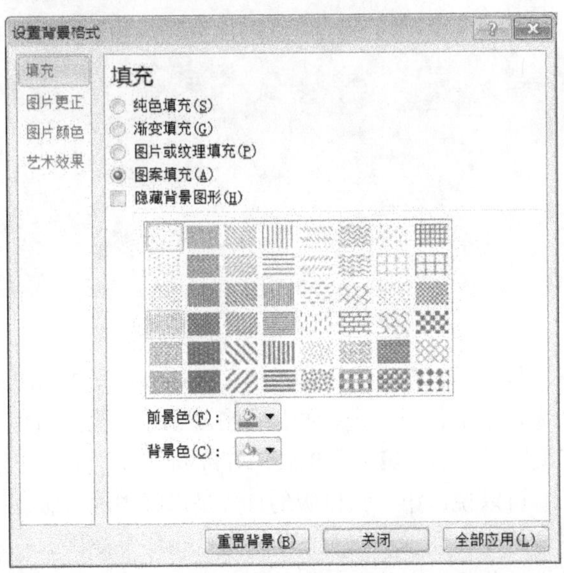

图 5-30 图案填充

5.2.3 使用幻灯片母版

演示文稿通常应具有统一的外观和风格、体现用户的信息等，通过设计、制作和应用幻灯片母版也可以快速实现这一要求。母版中包含了幻灯片中共同出现的内容及构成要素，如标题、文本、日期、背景等。

在“视图”选项卡下，单击“母版视图”组中的“幻灯片母版”按钮，如图 5-31 所示，进入幻灯片母版视图，如图 5-32 所示。

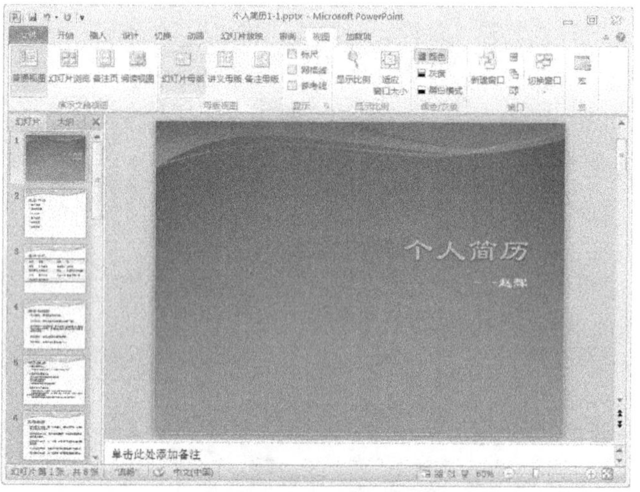

图 5-31 “视图”选项卡下的“母版视图”组

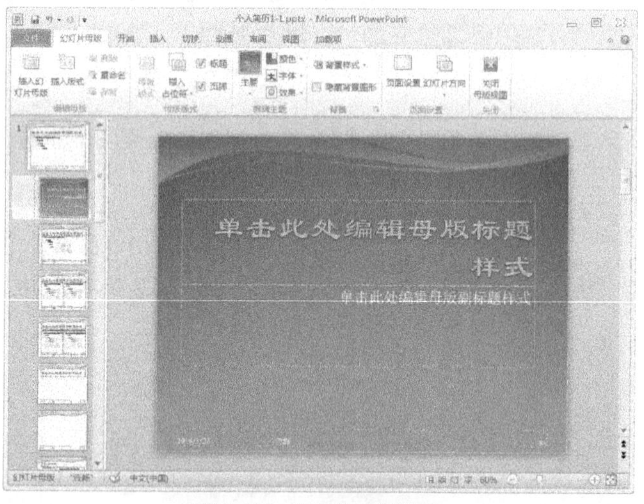

图 5-32 幻灯片母版视图

在母版视图状态下，从左侧的预览中可以看出，PowerPoint 2010 提供了 12 张默认幻灯片母版页面。其中第一张为基础页，对它进行的设置自动会在其余的页面上显示。如果为第一张母版幻灯片设置一个背景图片，不仅第一张母版幻灯片的背景发生了变化，所有 12 张母版幻灯片的背景都同时改变了。可以说，第一张母版幻灯片是母版中的母版，一变全变。

在母版视图中，左侧的窗口显示不同类型的幻灯片母版缩略图，在右边的窗口可以对指定的某幻灯片母版进行编辑，如修改占位符的字体和颜色、插入或删除占位符、编辑主题、设置背景等。利用“幻灯片母版”选项卡中“编辑母版”组中的命令还可以进行插入幻灯片母版、插入版式、重命名母版、删除版式等操作。母版编辑完毕后单击“关闭母版视图”按钮可以关闭该视图模式，切换到普通视图下即可使用该母版。我们还可以把已经制作好的母版幻灯片保存为模板：单击“文件”选项卡中的“另存为”按钮，打开“另存为”对话框，在“保存类型”中选择“PowerPoint 模板（*.potx）”或者“PowerPoint 97-2003 模板（*.pot）”。

总之，幻灯片母版的最大好处是使用户方便地进行全局更改，并使该更改应用到演示文稿中的所有幻灯片。

例如，我们希望在每一张幻灯片的右上角显示校徽图案，通过修改母版可以轻松实现：进入幻灯片母版编辑状态，将校徽图片插入到幻灯片中，调整好大小、定位到合适的位置上。切换到普通视图后我们将看到每一页幻灯片的右上角都有了校徽图案，并且以后再添加幻灯片时，该幻灯片上也会自动添加上校徽图案。

又或者我们想利用幻灯片母版视图添加版式 A，并设置 3-8 幻灯片使用版式 A。操作步骤如下：进入幻灯片母版视图，创建新版式（单击“编辑母版”组中的“插入版式”），设计新版式（单击“母版版式”组中的“插入占位符”），重命名新版式为“版式 A”（单击“编辑母版”组中的“重命名”，见图 5-33），退出幻灯片母版视图。在普通视图中选定幻灯片 3-8 后单击“开始”选项卡中的“幻灯片”组的“版式”按钮，在版式列表中选择“版式 A”（见图 5-34）。

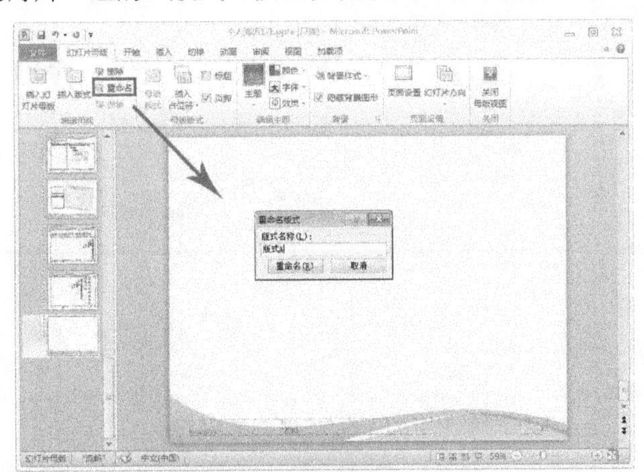

图 5-33 “重命名版式”对话框

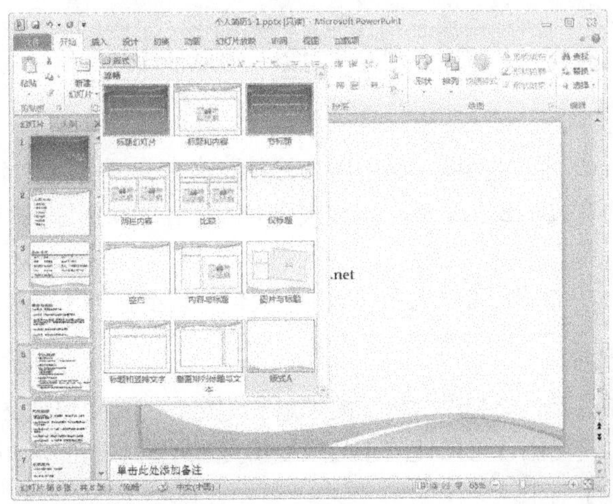

图 5-34 为幻灯片选择版式

现在我们已经认识了主题、母版、版式和占位符，总结一下。

主题是一组统一的设计元素，使用颜色、字体和图形效果统一设置文档的外观。新建的演示文档默认使用 Office 主题，它包含了特有的幻灯片母版和幻灯片版式信息。

幻灯片母版是幻灯片层次结构中的顶层幻灯片，是所有幻灯片版式的“母亲”，更改幻灯片母版将影响幻灯片版式。多个幻灯片母版可以在一个演示文档中共存。

幻灯片版式包含要在幻灯片上显示的全部内容的格式设置、位置和占位符。用户可以将幻灯片版式应用到演示文档中的幻灯片上，将来可以对每张幻灯片进行统一的样式更改。

占位符是版式中的容器，可容纳如文本（包括正文文本、项目符号列表和标题）、表格、图表、SmartArt 图形、影片、声音、图片及剪贴画等内容。

它们的包含关系是：主题包含母版，母版包含版式，版式包含占位符。

5.3 演示文稿中的对象编辑

【任务 5-3】打开“个人简历-步骤 2.pptx”，在图 5-20 所示的演示文稿基础上增强演示文稿效果，效果如图 5-35 所示，并以文件名“个人简历-步骤 3.pptx”保存。

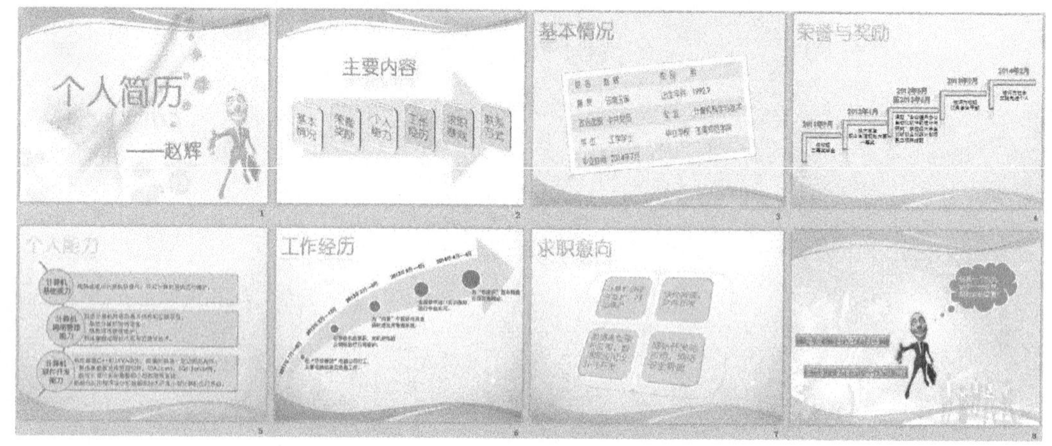

图 5-35　个人简历-步骤 3

PowerPoint 演示文稿中不仅包含文本，还可以插入形状与图片、表格与图表、声音与视频及艺术字等媒体对象。充分和合适地使用这些对象，可以使演示文稿达到意想不到的效果。

5.3.1 使用形状

利用“插入”选项卡下的“插图”组中的“形状”命令，可以使用各种形状。通过组合多种形状，可以绘制出更有效地表达某种思想和观点的图形。所以熟练使用形状，有助于建立高水平的演示文稿。

形状在 PowerPoint 中的使用方法与在 Word 中类似，请参看第 4 章的内容。

5.3.2 使用图片

图片是特殊的视觉语言，能加深对事物的理解和记忆，避免对单调文字和乏味的数据产生厌烦心理，在幻灯片中使用图片可以使演示效果变得更加生动。将图形和文字有机地结合在一起，可以获得极好的展示效果。

插入剪贴画、图片有两种方式，第一种是采用功能区命令，另一种是单击幻灯片内容区占位符中剪贴画或图片的图标。

图片在 PowerPoint 中的使用方法与在 Word 中类似，只是 PowerPoint 中“图片工具-格式”选项卡的内容与在 Word 中有所区别，如图 5-36 所示。

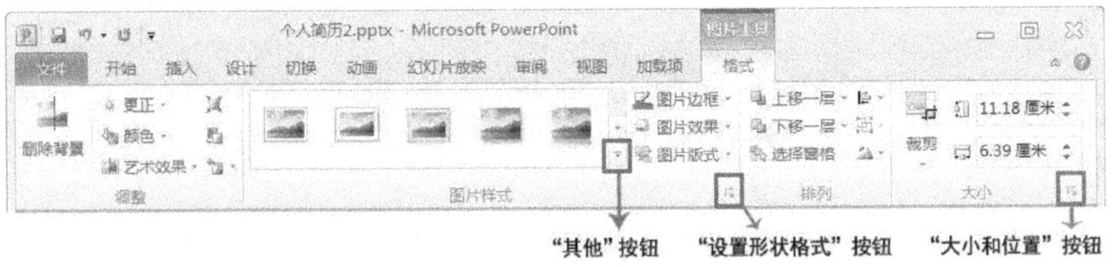

图 5-36 “图片工具-格式”选项卡

选中图片后，在“图片工具-格式”选项卡“大小”组中单击右下角的“大小和位置”按钮，出现“设置图片格式”对话框，如图 5-37 所示。在对话框左侧单击“大小”项，在右侧“高度”和“宽度”栏输入图片的高和宽，可以精确定义图片的大小；单击左侧“位置”项，在右侧输入图片左上角距幻灯片边缘的水平和垂直位置坐标，可确定图片的精确位置。在这个对话框中还可以对图片进行填充、线条颜色、线型、阴影、映像、艺术效果等设置。

在 PowerPoint 中，可以使用图片样式快速美化图片，系统内置了 28 种图片样式供选择。在“图片工具-格式”选项卡的“图片样式”组中显示了若干图片样式列表，单击样式列表右下角的“其他”按钮，会弹出包括 28 种图片样式的列表（见图 5-38），从中选择一种即可看到图片效果发生变化。

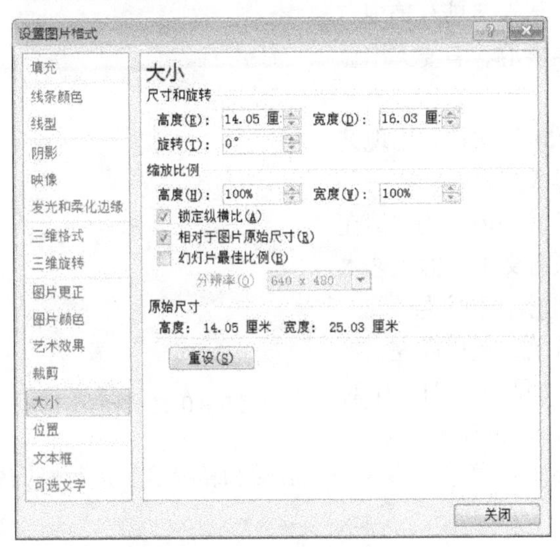

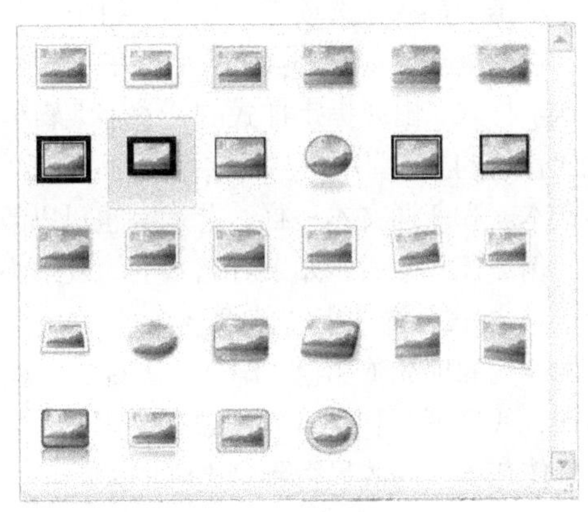

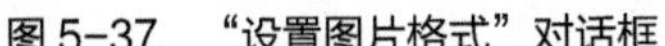

图 5-37 “设置图片格式”对话框

图 5-38 图片样式列表

通过设置图片的阴影、映像、发光等特定视觉效果可以使图片更加美观真实，增强了图片的感染力。选择要设置效果的图片，单击“图片工具-格式”选项卡“图片样式”组的“图片效果”按钮，在出现的下拉列表中鼠标移至“预设”项，显示出 12 种预设效果，如图 5-39 所示。若对预设效果不满意，还可自己对图片的阴影、映像、发光、柔化边缘、棱台、三维旋转 6 个方面进行适当设置，以达到满意的图片效果。

图 5-39　预设效果

5.3.3　使用图表

在幻灯片中可以使用 Excel 提供的图标功能，在幻灯片中嵌入 Excel 图和相应的表格。和图片的插入方法一样，图表的插入也有使用功能区命令或单击占位符图标两种方式。

选择要插入表格的幻灯片，单击“插入”选项卡下的“插图”组中的“图表”按钮，弹出“插入表格”对话框，按照 Excel 的操作方式（具体操作将在第 6 章介绍）插入图表即可。

5.3.4　使用艺术字

文本除了字体、字形、颜色等格式化方法外，还可以对文本进行艺术化处理，使其具有特殊的艺术效果。艺术字具有美观有趣、突出显示、醒目张扬等特性，特别适合重要的、需要突出显示、特别强调等文字表现场合。

单击“插入”选项卡“文本”组中“艺术字”按钮，出现艺术字样式列表，如图 5-40 所示。在艺术字样式列表中选择一种艺术字样式，出现指定样式的艺术字编辑框（其中内容为“请在此放置您的文字”），在艺术字编辑框中删除原有文本并输入艺术字文本。和普通文本一样，艺术字也可以改变字体和字号。

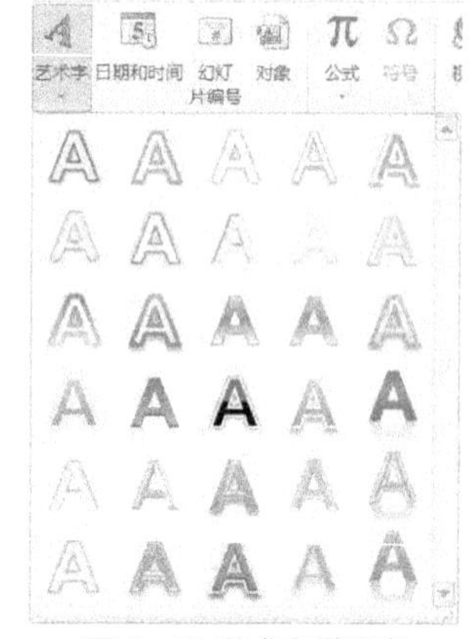

图 5-40 艺术字样列表

创建艺术字后，如果对艺术字的效果不满意，还可以在“绘图工具-格式”选项卡“艺术字样式”命令组（见图 5-41）中对艺术字内的填充（颜色、渐变、图片、纹理等）、轮廓线（颜色、粗细、线型等）和文本外观效果（阴影、发光、映像、棱台、三维旋转和转换等）进行修饰处理，使艺术字的效果得到创造性的发挥。

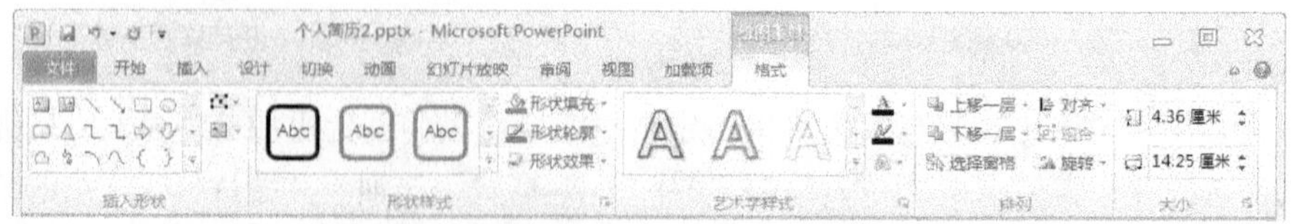

图 5-41　“艺术字样式”命令组

5.3.5　使用 SmartArt 图形

SmartArt 图形是 PowerPoint2010 提供的新功能，是一种智能化的矢量图形，是已经组合好的文本框和形状、线条。利用 SmartArt 图形可以快速地在幻灯片中插入功能性强的图形，表达用户的思想。PowerPoint 提供的 SmartArt 图形类型有列表、流程、循环、层次结构、关系、矩阵、棱锥图、图片等。

和图片的插入方法一样，SmartArt 图形的插入也有使用功能区命令或单击占位符图标两种方式。单击“插入”选项卡“插图”组的“SmartArt 图形”命令，可以打开“选择 SmartArt 图形”对话框，如图 5-42 所示。

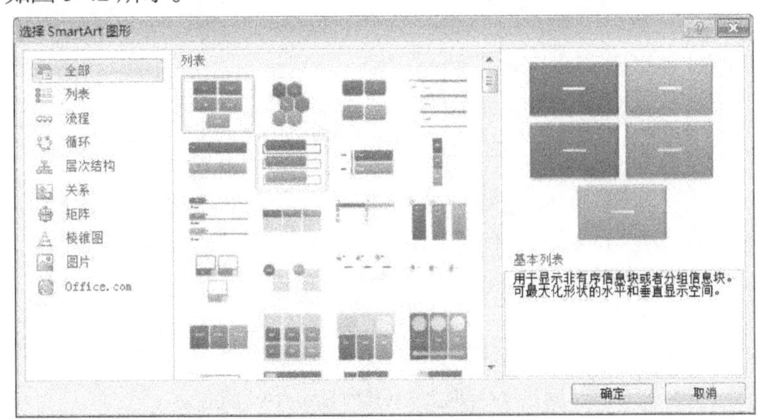

图 5-42 “选择 SmartArt 图形”对话框

选中 SmartArt 图形的某一形状后单击“确定”按钮，幻灯片上将出现所选的 SmartArt 图形，同时 PowerPoint 窗口的选项卡栏上出现“SmartArt 工具-设计”和“SmartArt 工具-格式”选项卡，如图 5-43 所示。

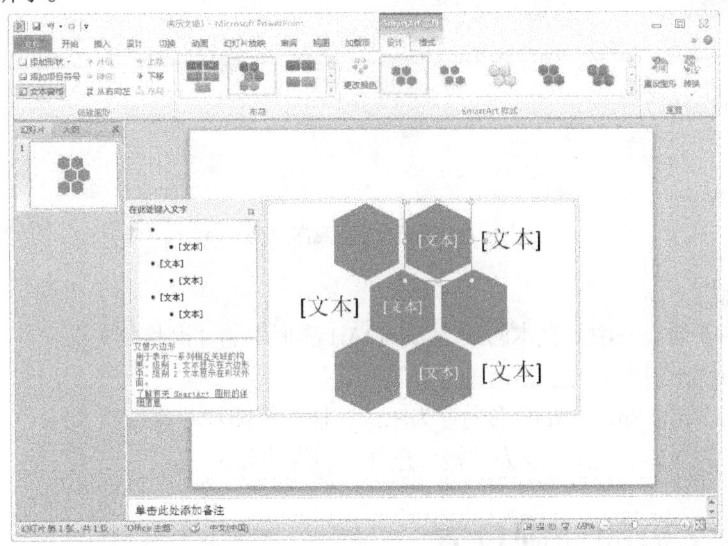

图 5-43 SmartArt 图形的编辑窗口

在幻灯片中 SmartArt 图形左侧的文本窗口中可以为形状添加文本。如果文本窗口被隐藏，可以单击图形左侧的小三角显示。

选择“SmartArt 工具-设计”选项卡，在“创建图形”命令组中单击“添加形状”命令，可以在所选形状的后面添加一个相同的形状；在“布局”命令组中单击其他 SmartArt 图形，可以把当前的 SmartArt 图形改变为选定的其他图形；在“SmartArt 样式”组中，利用“更改颜色”命令和“快速样式”命令可以为图形选定样式和颜色。

选择“SmartArt 工具-格式”选项卡，在“形状样式”命令组中可以对图形形状的颜色、轮

廓、效果等重新进行设计。

值得注意的是，在幻灯片中选中文字后，右击，在出现的快捷菜单中选择“转换为 SmartArt”命令（见图 5-44），可以快速地把文本转换为 SmartArt 图形。

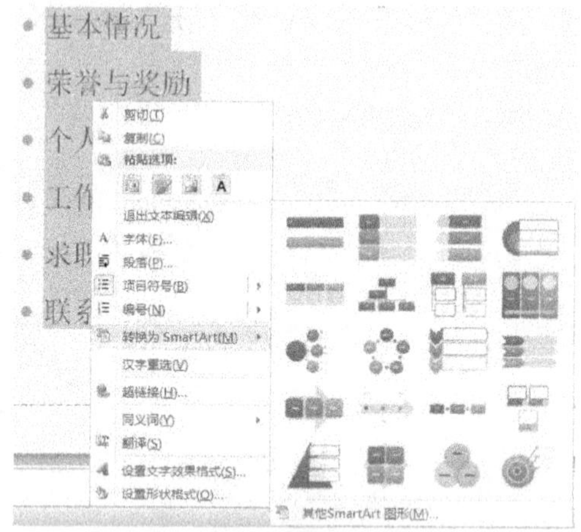

图 5-44　把文本转换为 SmartArt 图形

【案例分析】

在图 5-45 中可以看到关于求职意向的 3 个效果，综合本节知识，请思考：如何做出漂亮的效果三？

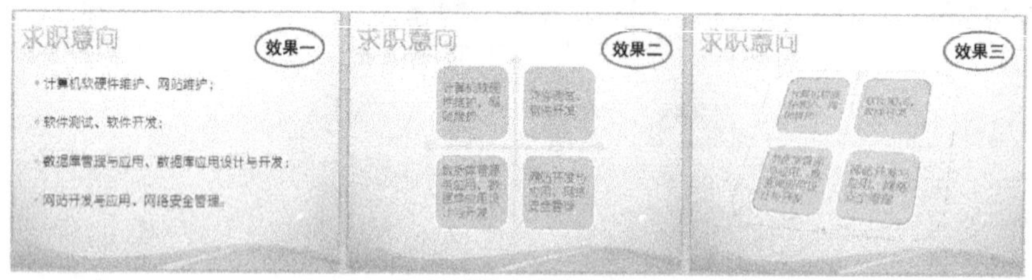

图 5-45　求职意向效果

操作提示如下。

① 将图 5-45 效果一中的文本转换为 SmartArt 图形中的“网格矩阵”。

② 对 SmartArt 图形进行阴影设置得到效果二。

③ 把效果二中的 SmartArt 图形另存为图片，插入该图片并删除原 SmartArt 图形。

④ 把该图片的图片样式更改为“棱台透视”，得到效果三。

5.4　演示文稿的动画设置

【任务 5-4】打开“个人简历-步骤 3.pptx”，在演示文稿中设置适当的动画效果，并以文件名“个人简历-步骤 4.pptx”保存。

5.4.1　对象动画设置

动画技术可以使幻灯片的内容以丰富多彩的活动方式展示出来，赋予它们进入，退出、大小或颜色变化甚至移动等视觉效果，是必须掌握的 PowerPoint 幻灯片重要技术。

实际上，在制作演示文稿过程中，常对幻灯片中的各种对象适当地设置动画效果和声音效果，并根据需要设计各对象动画出现的顺序。这样，既能突出重点、吸引观众的注意力，又使放映过程十分有趣。

不使用动画会使观众感觉枯燥无味，然而过多地使用动画也会分散观众的注意力、不利于传达信息，应尽量化繁为简、以突出表达信息为目的。另外，具有创意的动画也能提高观众的注意力。因此设置动画应遵从适当、简化和创新的原则。

1．为对象添加动画

PowerPoint 提供了 4 类动画：“进入”、“强调”、“退出”和“动作路径”。

“进入”动画是指对象进入播放画面时的动画效果，如飞入、旋转、弹跳等；“强调”动画是指对播放画面中的对象进行突出显示、起强调作用的动画效果，如放大缩小、更改颜色、加粗闪烁等；“退出”动画是使播放画面中的对象离开播放画面的动画效果，如飞出、消失、淡出等；“动作路径”动画是使播放画面中的对象按指定路径移动的动画效果，如弧形、直线、循环等。

下面以添加“进入”动画为例来讲解为对象添加动画的方法：在幻灯片中选择需要设置动画效果的对象，在“动画”选项卡的“动画”组中单击动画样式列表右下角的“其他”按钮（或在“高级动画”组中单击“添加动画”按钮，见图 5-46）→打开各种动画效果的下拉列表（见图 5-47），列表中有“进入”、“强调”、“退出”和“动作路径”4 类动画，每类又包含若干不同的动画效果。在列表的“进入”类中选择一种动画效果，则所选对象被赋予该动画效果，同时对象旁边出现数字编号，它表示该动画出现顺序的序号。如果对所列出的动画效果仍不满意，还可以单击列表下方的“更多进入效果”命令，打开“更改进入效果”对话框，其中按“基本型”、“细微型”、“温和型”等列出更多动画效果供选择，如图 5-48 所示。

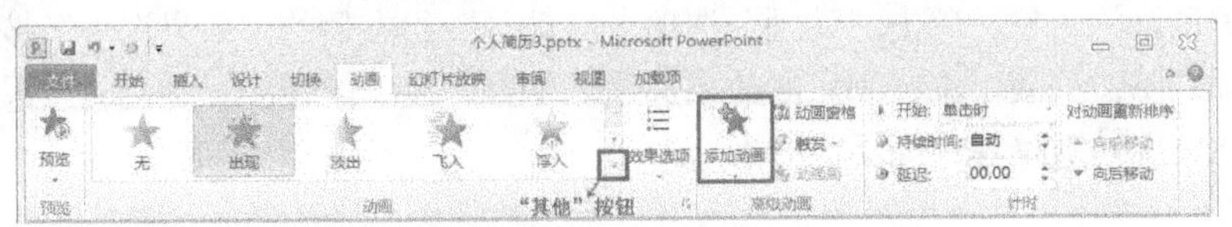

图 5-46　“动画”选项卡

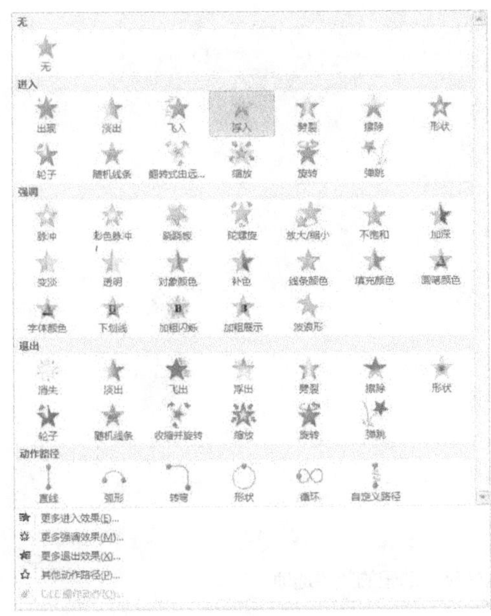

图 5-47　动画效果列表

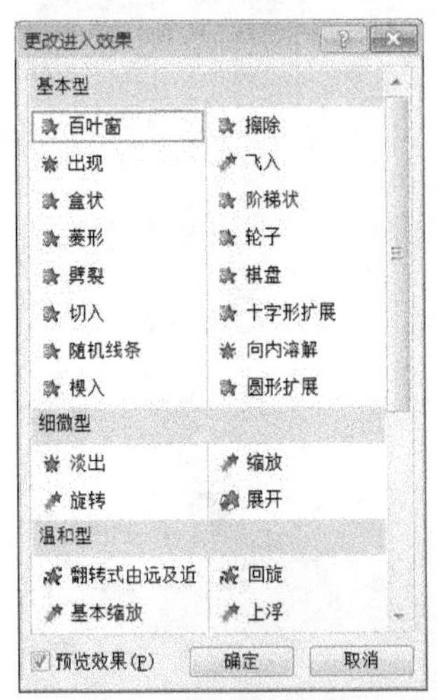

图 5-48　“更改进入效果”对话框

“强调”、“退出”和“动作路径”动画的添加方法和“进入”动画类似。要注意的是，添加了“动作路径”动画后，可以看到图形对象的弧形路径（虚线）和路径周边的 8 个控点以及绿色控点。拖动路径的各控点可以改变路径，而拖动路径上方绿色控点可以改变路径的角度。若在“动作路径”中选择“自定义路径”，还可以自由绘制动画的路径。启动动画后，图形将沿着弧形路径从路径起始点（绿色箭头）移动到路径结束点（红色箭头）。

2．设置动画属性

设置动画时，如不设置动画属性，系统将采用默认的动画属性。例如设置“陀螺旋”动画，则其效果选项“方向”默认为“顺时针”，开始动画方式为“单击时”等。若对默认的动画属性不满意，也可以进一步对动画效果选项、动画开始方式、动画音效等重新设置。

（1）设置动画开始方式、持续时间和延迟时间

动画开始方式是指开始播放动画的方式，动画持续时间是指动画开始后整个播放时间，动画延迟时间是指播放操作开始后延迟播放的时间。

选择设置动画的对象，单击“动画”选项卡“计时”组左侧的“开始”下拉按钮，在出现的下拉列表中可以选择动画开始方式:“单击时”、“与上一动画同时”和“上一动画之后”。 “单击时”是指单击时开始播放动画；“与上一动画同时”是指播放前一动画的同时播放该动画，可以在同一时间组合多个效果；“上一动画之后”是指前一动画播放之后开始播放该动画。

另外，还可以在“动画”选项卡的“计时”组左侧“持续时间”栏调整动画持续时间，在“延迟”栏调整动画延迟时间（见图 5-46）。

（2）设置动画效果选项

选择设置动画的对象，单击“动画”选项卡“动画”组右侧的“效果选项”按钮，在出现各种效果选项的下拉列表中选择满意的效果选项。例如，在“陀螺旋”动画的效果选项中可以选择旋转方向、旋转数量等，如图 5-49 所示。

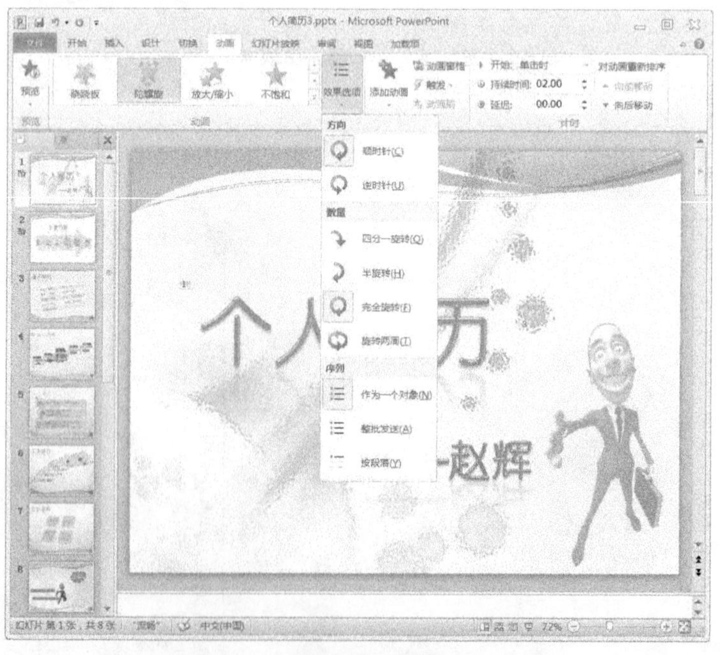

图 5-49 “陀螺旋”动画的效果选项

单击“动画”选项卡“动画”组右下角的“显示其他效果选项”按钮，可以打开“陀螺旋”

对话框，如图 5-50 所示。在对话框的“效果”选项卡中可以设置动画方向、形式和音效效果；在“计时”选项卡中可以设置动画开始方式、动画持续时间（在“期间”栏设置）和动画延迟时间等。因此，需要设置多种动画属性时，可以直接调出该动画效果选项对话框，分别设置各种动画效果。

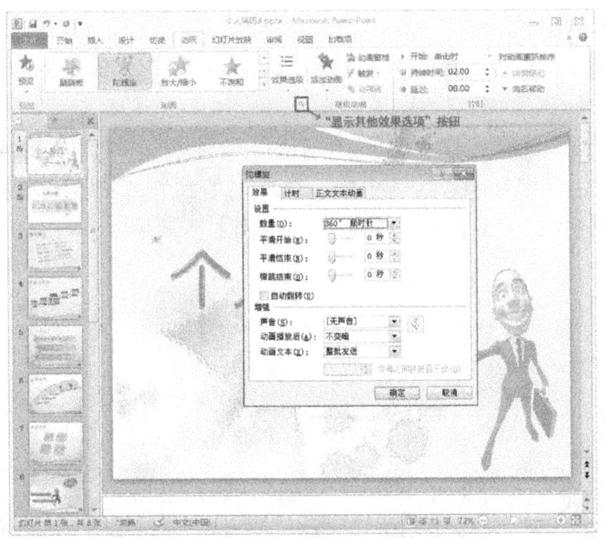

图 5-50 “陀螺旋”对话框

3．调整动画播放顺序

对象添加动画效果后，对象旁边出现该动画播放顺序的序号。一般，该序号与设置动画的顺序一致，即按设置动画的顺序播放动画。对多个对象设置动画效果后，如果对原有播放顺序不满意，可以调整对象动画播放顺序，方法如下。

单击“动画”选项卡“高级动画”组的“动画窗格”按钮，调出动画窗格，如图 5-51 所示。动画窗格显示所有动画对象，它左侧的数字表示该对象动画播放的顺序号，与幻灯片中的动画对象旁边显示的序号一致。选择动画对象，并单击底部的“↑”或“↓”，即可改变该动画对象的播放顺序。

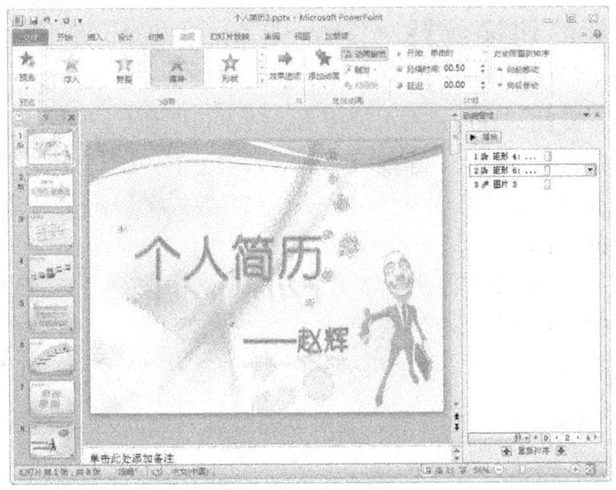

图 5-51 动画窗格

4. “动画刷”的使用

还记得 Word 中的“格式刷”吗？它可以将一个对象的格式复制到其他对象上。在 PowerPoint 2010 中新增了一个很有用的工具“动画刷”，只需要轻轻一“刷”就可以把原有对象上的动画复制到新的目标对象上，可以利用它来快速设置动画效果。

（1）将动画效果复制到单个对象上

如果 A 是一个已经设置了动画效果的对象，现在我们要让 B 也拥有 A 的动画效果，可进行如下操作。

单击 A，单击“动画”选项卡里“动画”组中的“动画刷”按钮（或按 Alt+Shift+C 组合键），如图 5-52 所示，此时鼠标指针的右边将出现一个小刷子 。将鼠标指针指向 B，并单击 B，B 将会拥有 A 的动画效果，同时鼠标指针右边的小刷子会消失。

图 5-52 动画刷

（2）将动画效果复制到多个对象上

如果 A 是一个已经设置了动画效果的对象，现在我们要让 B、C、D 都拥有 A 的动画效果，可进行如下操作。

单击 A，双击“动画刷”按钮，此时鼠标指针图案的右边将出现一个小刷子，将鼠标指针指向 B，并单击 B，B 将会拥有 A 的动画效果，鼠标指针右边的小刷子不会消失。对 C、D 重复对 B 的操作，单击“动画刷”按钮，鼠标指针右边的小刷子消失。

动画刷工具还可以在不同幻灯片或不同演示文稿之间复制动画效果：当鼠标指针右边出现刷子图案时，可以切换幻灯片或演示文稿将动画效果复制过去。

5. 预览动画效果

动画设置完成后，可以预览动画的播放效果。单击“动画”选项卡“预览”组的“预览”按钮或单击动画窗格上方的“播放”按钮，即可预览动画。

5.4.2 幻灯片的切换效果

幻灯片的切换效果是指放映时幻灯片离开和进入播放画面所产生的视觉效果。系统提供多种切换样式，例如，可以使幻灯片从右上部覆盖，或者自左侧擦除等。幻灯片的切换效果不仅使幻灯片的过渡衔接更为自然，而且也能吸引观众的注意力。幻灯片的切换包括幻灯片切换效果和切换属性（效果选项、换片方式、持续时间和声音效果）。

1. 设置幻灯片切换样式

选择要设置幻灯片切换效果的幻灯片，在“切换”选项卡的“切换到此幻灯片”组中单击切换效果列表右下角的“其他”按钮，弹出包括“细微型”、“华丽型”和“动态内容型”等各类切换效果列表（见图 5-53）。在切换效果列表中选择一种切换样式（如“涟漪”）即可。

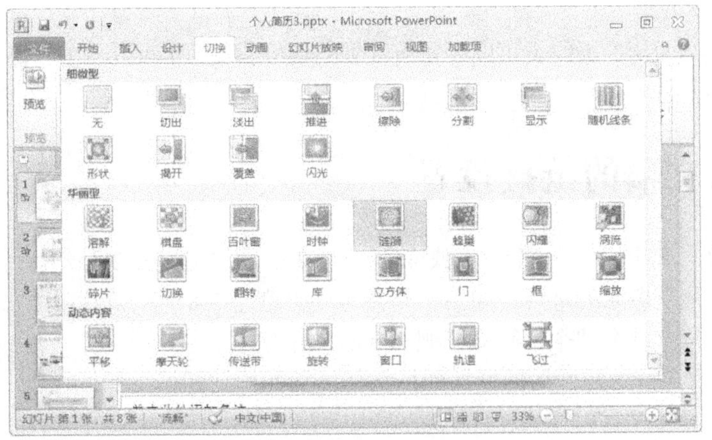

图 5-53　切换效果列表

此时设置的切换效果仅对所选中的幻灯片有效，如果希望全部幻灯片均采用该切换效果，可以单击“计时”组的“全部应用”按钮。

2．设置切换属性

幻灯片切换属性包括效果选项、换片方式、持续时间和声音效果等。

设置幻灯片切换效果时，如不设置，则切换属性均采用默认设置。如采用“涟漪”切换效果，切换属性默认为：效果选项为“居中”，换片方式为“单击鼠标时”，持续时间为“01.40秒”，而声音效果为“无声音”。

如果对默认切换属性不满意，可以自行设置。

在“切换”选项卡“切换到此幻灯片”组中单击“效果选项”按钮，在出现的下拉列表中可以重新选择一种切换效果（如“从右下部”），如图 5-54 所示。

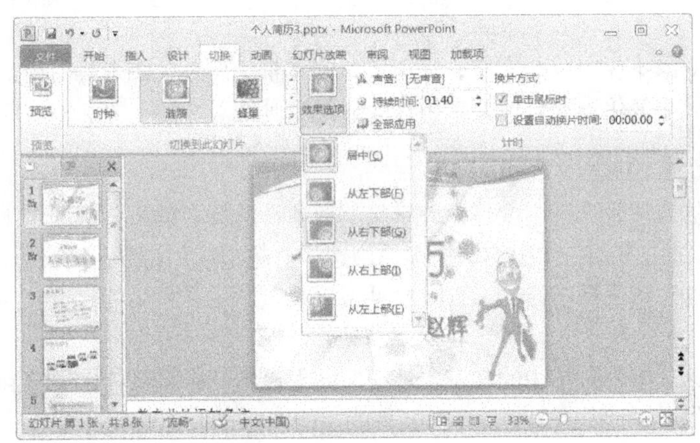

图 5-54　幻灯片切换的效果选项

在“切换”选项卡“计时”组右侧可以设置换片方式：选中“单击鼠标时”复选框，表示单击时才切换幻灯片；选中“设置自动换片时间”，表示经过该时间段后自动切换到下一张幻灯片。

在“切换”选项卡“计时”组左侧单击“声音”栏下拉按钮，可以在弹出的下拉列表中选择一种幻灯片切换时的声音效果；在“持续时间”栏可以设置幻灯片切换持续的时间；单击“全部应用”按钮，则表示全体幻灯片均采用所设置的切换效果，否则只作用于当前所选幻灯片。

3．预览切换效果

在设置切换效果时，当时就可以预览所设置的切换效果，也可以单击“预览”组的“预览”按钮，随时预览切换效果。

5.5 演示文稿的链接设置

【任务 5-5】 打开“个人简历-步骤 4.pptx”，在演示文稿的第 2 张幻灯片中为各图形设置链接，链接到对应的各张幻灯片，如图 5-55 所示，并在第 3-8 张幻灯片中添加动作按钮链接到第 2 张幻灯片。以文件名“个人简历-步骤 5.pptx”保存。

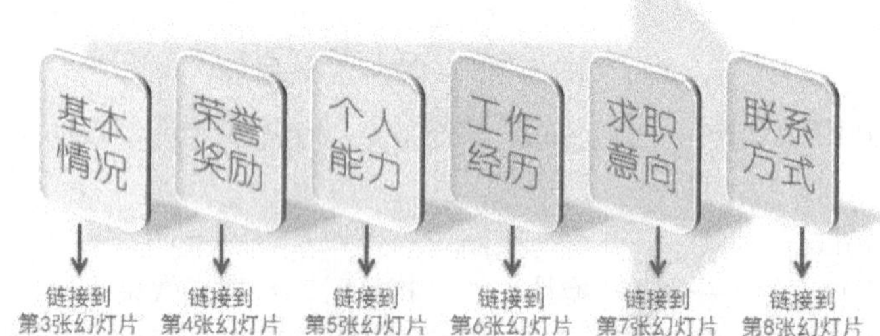

图 5-55 第 2 张幻灯片上的链接设置

链接包括超链接和动作，可以在幻灯片放映时，从本幻灯片跳转到其他幻灯片、文件、外部程序或网页上，起到演示文稿放映过程的导航作用，增加演示文稿的交互效果。

链接只有在幻灯片放映时才能被激活，在编辑状态下不起作用。在幻灯片放映时，当鼠标移至设置过链接的对象时，鼠标指针会变为一个“小手”形状，单击该对象，放映将跳转到所设置的位置。

设置链接的对象不仅可以是文字，还可以是文本框、图片、图形等对象。文字设置过链接后，文字颜色会发生变化，而且在文字下还会显示下画线。

5.5.1 设置超链接

设置超链接的方法是：选中要建立超链接的对象，选择“插入”选项卡下的“链接”组的“超链接”命令（或右击，在弹出的快捷菜单中选择“超链接”命令），打开“插入超链接”对话框。在对话框的左侧选择链接到“现有文件或网页”、“本文档中的位置”、“新建文档”、“电子邮件地址”。

例如，要为第 2 张幻灯片中的“基本情况”图形设置一个超链接，链接到第 3 张幻灯片，可以进行如下操作：在“插入超链接”对话框的左侧选择“本文档中的位置”，在中间选择“幻灯片标题”下的标号为 3 的幻灯片，如图 5-56 所示，单击“确定”按钮。这样，当幻灯片放映时，单击“基本情况”图形，放映会转到第 3 张幻灯片。

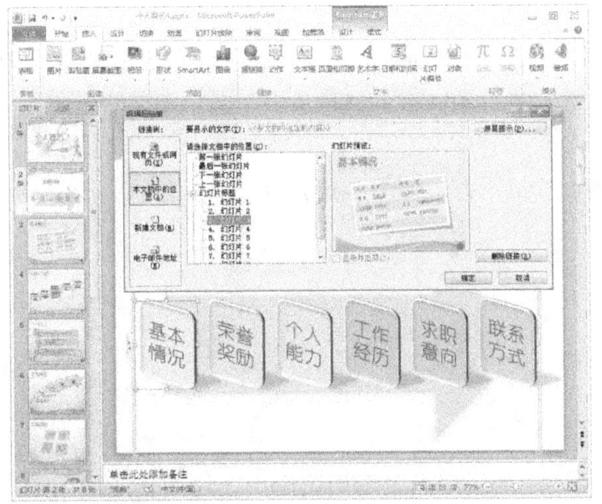

图 5-56 “插入超链接”对话框

如果要改变超链接设置，可选择已设置超链接的对象，右击鼠标，在弹出的快捷菜单中选择“编辑超链接”，可对选择的超链接重新进行设置。

5.5.2 设置动作

刚才设置超链接的效果也可以通过设置动作实现：选中要建立动作的对象（如“基本情况”图形），选择“插入”选项卡下的“链接”组的“动作”命令，打开“动作设置”对话框，如图5-57所示。选择“单击鼠标”选项卡中的“超链接到”，在其下面的列表框中选择所需的选项（如“幻灯片”），打开“超链接到幻灯片”对话框，选择第3张幻灯片如图5-58所示，单击“确定”按钮。

动作设置
单击鼠标 鼠标移过
单击鼠标时的动作
无动作(N)
超链接到(H):
下一张幻灯片
结束放映
自定义放映:
幻灯片...
URL...
其他 PowerPoint 演示文稿...
其他文件...
对象动作(A):
播放声音(P):
[无声音]
单击时突出显示(C)
确定 取消

图 5-57 “动作设置”对话框

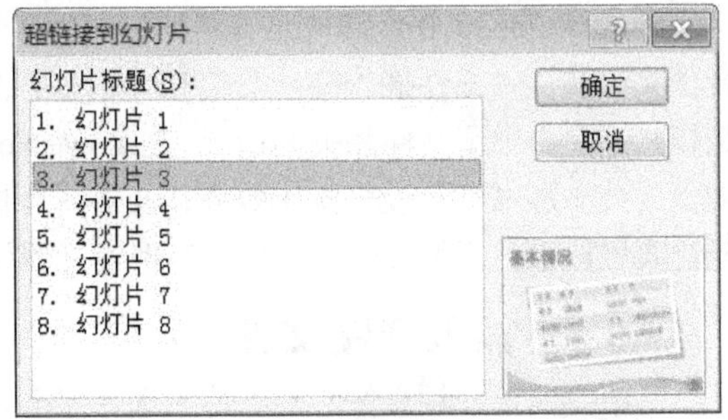

图 5-58 “超链接到幻灯片”对话框

5.5.3 动作按钮的使用

PowerPoint 提供了一些最常用的动作按钮，它们是预先设置好的一组带有特定动作的图形按钮，如指向前一张、后一张、最后一张幻灯片等，可以方便地应用这些设置好的按钮来实现

幻灯片放映时的跳转目的。

比如刚才我们为“基本情况”图形添加了超链接，在放映时单击“基本情况”图形就跳转到了第 3 张幻灯片。当我们看完第 3 张幻灯片的内容后，希望能回到第 2 张看其他内容，这时用动作按钮就很方便。

动作按钮在形状列表的最下方，如图 5-59 所示。

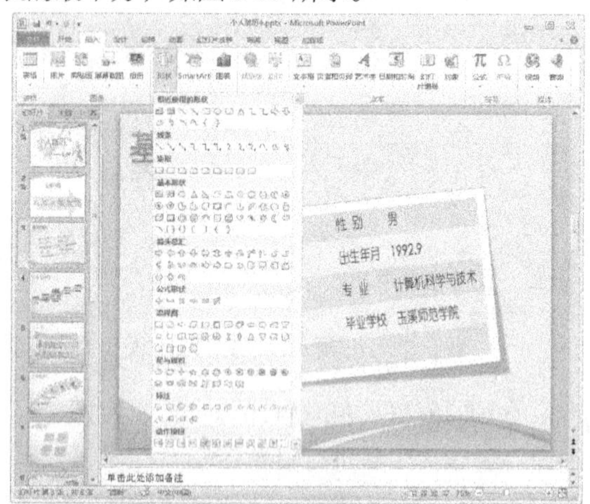

图 5-59 动作按钮

虽然 PowerPoint 的标准动作按钮都有自己的名称，但仍然可以将它们应用于其他功能，并决定它们所执行的动作（在“动作设置”对话框中完成）。如果标准动作按钮不能令我们满意，我们可以选择“自定义动作按钮”。如果很多张幻灯片都需要同一个动作按钮链接到相同的位置，可以在幻灯片母版中进行统一设置。

5.6 插入音频文件和视频文件

【任务 5-6】如果赵辉同学录制过自己的实习片段，想把这个视频放到演示文稿中，是否可以实现呢？如果想为整个演示文稿添加背景音乐，又是否可行呢？答案是肯定的。我们现在的任务就是在演示文稿“个人简历-步骤 5.pptx”中添加合适的影片和声音，以文件名“个人简历-步骤 6.pptx”保存。

PowerPoint 2010 处理音频文件和视频文件的功能比之前的其他版本更强大、更方便。当把音频文件或视频文件插入演示文稿时，这些文件就已成为演示文稿文件的一部分，在移动演示文稿时不会再出现文件丢失的情况。在 PowerPoint 2010 中还可以对音频文件和视频文件进行裁剪，为其添加书签、设置淡化效果，像对图片执行的操作一样为其应用边框、阴影、反射、辉光、柔化边缘、三维旋转、棱台和其他设计器效果。

5.6.1 插入音频文件

选中要插入音频文件的幻灯片，选择“插入”选项卡，单击“媒体”组的“音频”命令下的三角形，可以插入文件中的音频、剪贴画音频，还可以录制音频，如图 5-60 所示。

图 5-60 插入音频

插入音频文件后，会在幻灯片中显示出一个小喇叭图片，小喇叭图片下出现浮动声音控制栏，PowerPoint 窗口上显示“音频工具-格式/播放”选项卡，如图 5-61 所示。单击声音控制栏上的“播放”按钮，可以预览声音效果。在“音频工具-格式”选项卡中可以对小喇叭图片进行一系列的格式设置，在“音频工具-播放”选项卡中可以对该音频文件进行播放设置。

图 5-61 插入音频文件后的 PowerPoint 窗口

如果要把插入的音频文件作为演示文稿的背景音乐，即该音乐在演示文稿第一张开始放映时就开始播放，一直播放到最后一张幻灯片放映完毕。设置方法如下：首先必须对插入了音频文件的幻灯片进行动画重新排序，使该音频文件作为第一个动画对象，如图 5-62 所示。其次在“音频工具-播放”选项卡的“音频选项”组选中“循环播放，直到停止”复选框，并且设置为“跨幻灯片播放”，如图 5-63 所示。如果在放映过程中不想看到小喇叭图形，可以选择“放映时隐藏”复选框。

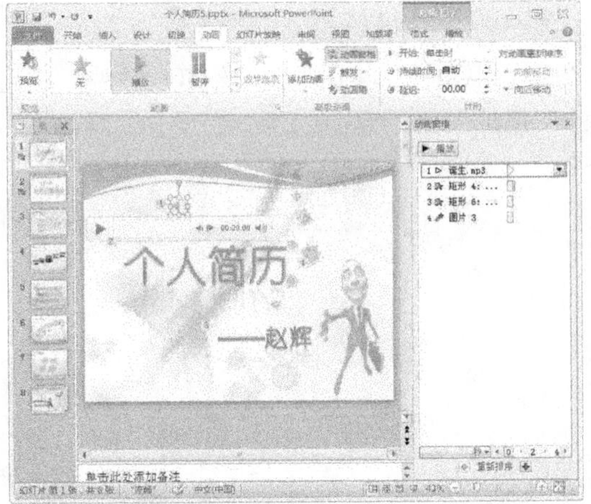

图 5-62 对插入了音频的幻灯片进行动画重新排序

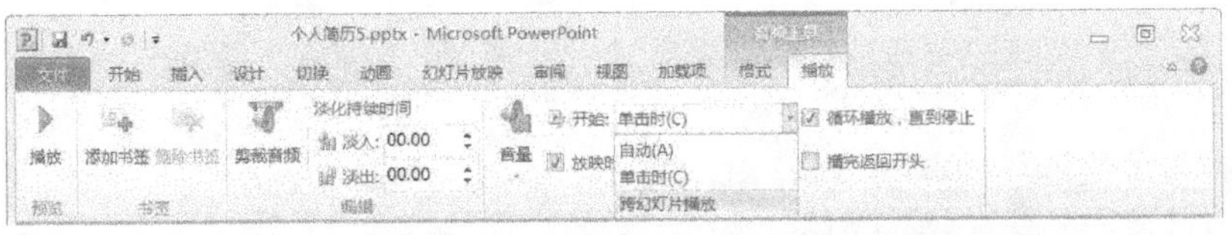

图 5-63 音频文件的播放设置

5.6.2 插入视频文件

和插入音频文件一样，选择“插入”选项卡，单击“媒体”组的“视频”命令下的三角形，可以插入文件中的视频频或剪贴画视频。选择插入文件中的视频，可以打开“插入视频文件”对话框，打开对话框“文件名”栏右侧的文件类型列表，如图 5-64 所示，可以看到 PowerPoint 2010 支持很多类型的视频文件，包括 Flash 动画（.SWF 文件）。

图 5-64 “插入视频文件”对话框

5.7 演示文稿的放映

【任务 5-7】演示文稿完成之后，我们都急于想看到自己作品的播放效果。那么，现在就尝试以不同方式放映演示文稿“个人简历-步骤 6.pptx”吧。

5.7.1 幻灯片的放映方法

制作演示文稿的最终目的就是为观众放映演示文稿，以表达相关观点和信息。在 PowerPoint 2010 中放映幻灯片有以下方法。

① 按 F5 键。

② 单击 PowerPoint 窗口右下角视图按钮中的“幻灯片放映”按钮。

③ 单击“幻灯片放映”选项卡“开始放映幻灯片”组的“从头开始”或“从当前幻灯片开始”按钮，如图 5-65 所示。

图 5-65 “幻灯片放映”选项卡

5.7.2 幻灯片的放映设置

单击“幻灯片放映”选项卡“设置”组的“设置幻灯片放映”按钮，出现“设置放映方式”对话框，如图 5-66 所示。

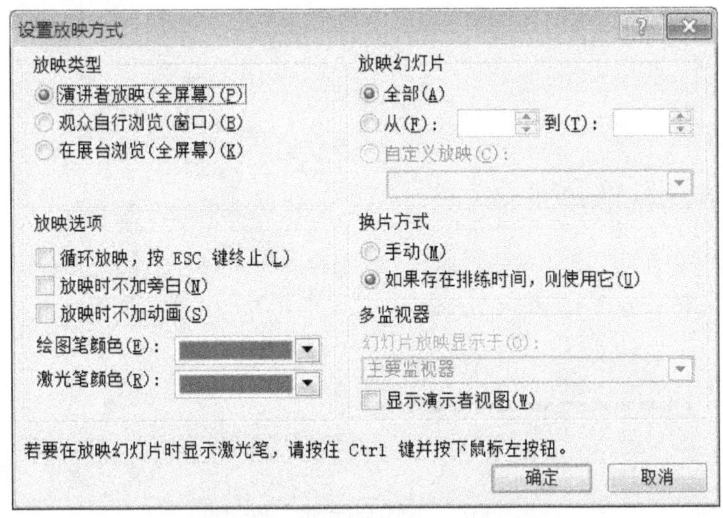

图 5-66 “设置放映方式”对话框

在对话框的“放映幻灯片”栏中，可以确定幻灯片的放映范围（全体或部分幻灯片）。放映部分幻灯片时，可以指定放映幻灯片的开始序号和终止序号。

在对话框的“放映类型”栏中，可以选择“演讲者放映（全屏幕）”、“观众自行浏览（窗口）”或“在展台浏览（全屏幕）”。

① 演讲者放映。全屏幕放映，这种放映方式适合会议或教学场合，放映进程完全由演讲者控制。单击鼠标左键可以切换到下一张幻灯片，按 Esc 键可以随时终止放映。

② 观众自行浏览。在窗口中展示演示文稿，允许观众利用窗口命令控制放映进程。单击窗口右下方的左箭头和右箭头可以分别切换到前一张幻灯片和后一张幻灯片；单击两箭头之间的“菜单”按钮，将弹出放映控制菜单，利用菜单的“定位至幻灯片”命令，可以方便、快速地切换到指定的幻灯片，如图 5-67 所示。按 Esc 键可以终止放映。

③ 在展台浏览。采用全屏幕放映，适合无人看管的场合，如展示产品的橱窗和展览会上自动播放产品信息的展台等。采用该放映方式的演示文稿要事先进行排练计时，并选择“如果存在排练时间，则使用它”换片方式。在这种放映方式下，演示文稿将自动循环播放，观众只能观看不能控制，按 Esc 键才终止放映。

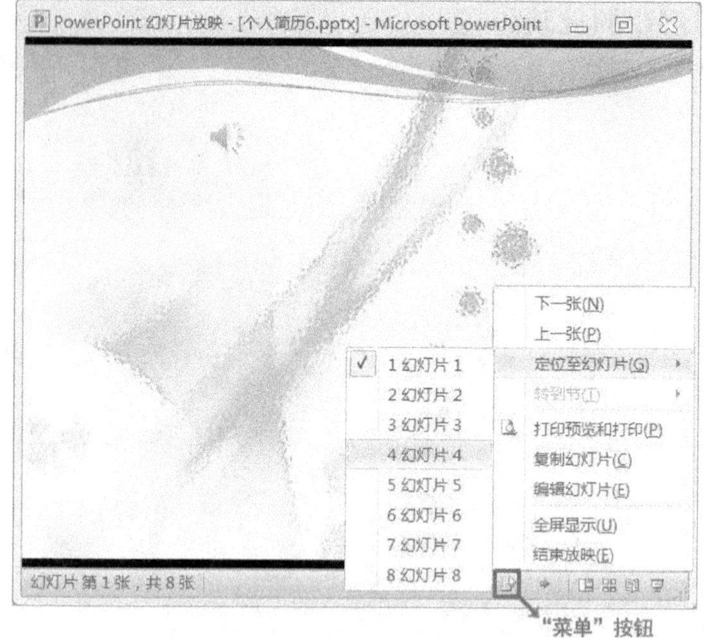

图 5-67 "观众自行浏览"放映窗口

5.7.3 排练计时

日本著名风险投资家盖川崎（Guy Kawasaki）曾提出过 PPT 演示的 10/20/30 法则：演示文件不超过 10 页，演讲时间不超过 20 分钟，演示使用的字体不小于 30 点（30 Point）。他认为，不要用很多的内容来使 PPT 显得很充实，10 页足矣，太多的内容反而让人更无法记住重点；使用 30 号大字体写更少的内容除了能够让听众看得更清晰之外，更重要的是这能够让自己认真思考需要写出来的主要观点是什么，并能够更好地围绕这个关键点进行阐述和解释；20 分钟则是因为听众往往对于超过 20 分钟的演讲会分心和感到厌倦。

对于这个法则，实现 10 页和 30 号字体都很容易，而对时间的掌握往往比较困难。有时候，我们可能越讲越兴奋，到了最后时间不多，只好草草收场。要精确把握时间，排练计时是个不错的选择。

单击"幻灯片放映"选项卡"设置"组的"排练计时"按钮，出现"录制"对话框，如图 5-68 所示。在这里我们可以手动控制幻灯片的播放，自定义每张幻灯片的播放时间，非常方便。

图 5-68 "录制"对话框

当我们在排练计时状态下把演示文稿播放完毕时，将出现如图 5-69 所示的对话框，这里我们选择"是"。

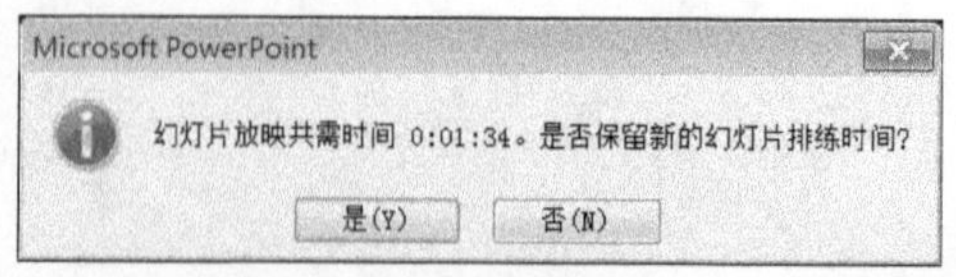

图 5-69 确认排练时间对话框

这样，在幻灯片浏览视图中我们将看到每一张幻灯片的播放时间，如图 5-70 所示。如果我们在“设置放映方式”对话框中选择的换片方式为“如果存在排练时间，则使用它”，那么在下次播放时，幻灯片将按排练好的时间自动播放。

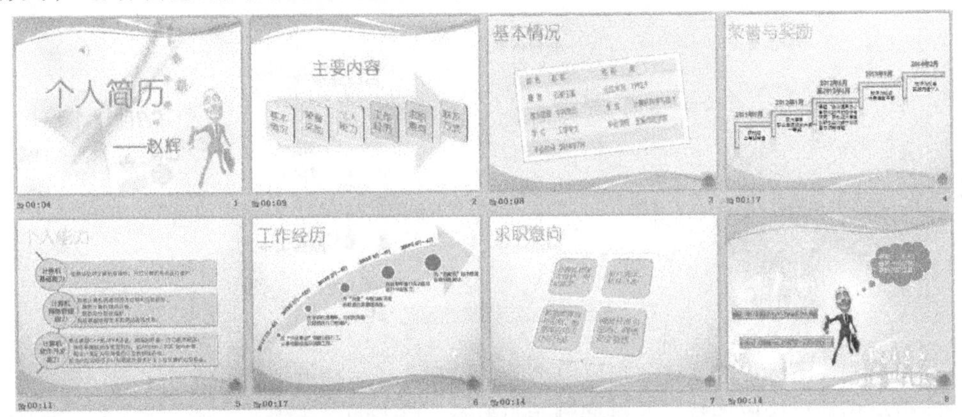

图 5-70　幻灯片的播放时间

5.7.4　幻灯片的放映控制

在幻灯片放映过程中，右击会弹出放映控制菜单，如图 5-71 所示。利用放映控制菜单的命令可以改变放映顺序、即兴标注等。

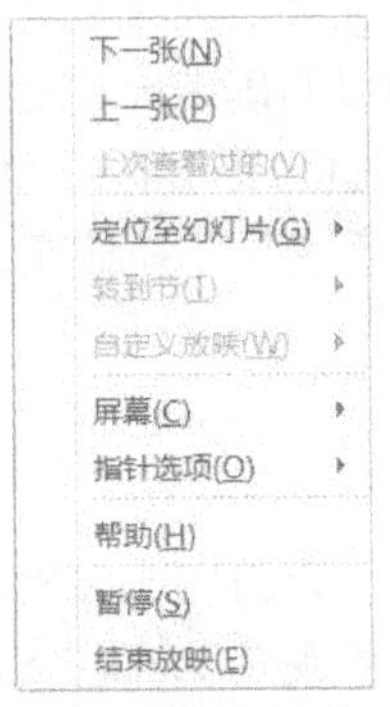

图 5-71　放映控制菜单

1．改变放映顺序

正常情况下幻灯片的放映是按顺序依次放映。若需要改变放映顺序，在放映控制菜单中单击“上一张”或“下一张”命令，即可放映当前幻灯片的上一张或下一张幻灯片。若要放映特定幻灯片，将鼠标指针指向放映控制菜单的“定位至幻灯片”，将弹出所有幻灯片的标题，单击目标幻灯片标题，即可从该幻灯片开始放映。

2．放映中即兴标注和擦除墨迹

在放映过程中，如果要强调或勾画某些重点内容，可以从放映状态转换到标注状态，方法是：将鼠标指针放在放映控制菜单的“指针选项”，在出现的子菜单中单击“笔”（或“荧光笔”）。此时鼠标指针呈圆点状，按住鼠标左键即可在幻灯片上勾画书写。如果希望改变笔画的颜色，可以选择放映控制菜单“指针选项”子菜单的“墨迹颜色”命令，在弹出的颜色列表中选择所需颜色（见图 5-72）。

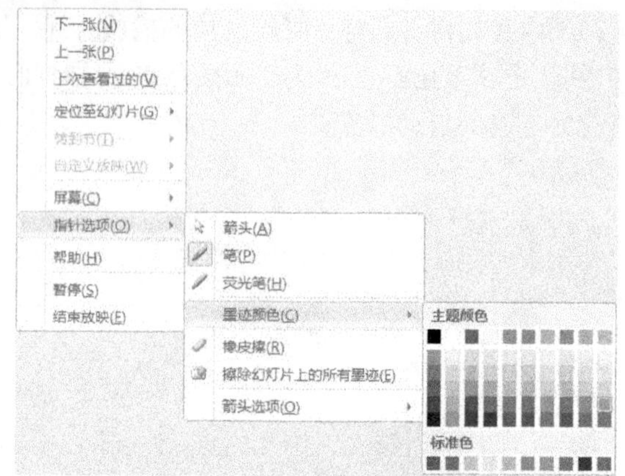

图 5-72 选择绘画笔的颜色

如果希望删除已标注的墨迹，可以单击放映控制菜单“指针选项”子菜单的“橡皮擦”命令。此时鼠标指针呈橡皮擦状，在需要删除的墨迹上单击即可清除该墨迹。若选择“擦除幻灯片上的所有墨迹”命令，则擦除全部标注墨迹。

要从标注状态恢复到放映状态，可以右击，调出放映控制菜单，并选择“指针选项”子菜单的“箭头”命令即可。

3．使用激光笔

为指明重要内容，可以使用激光笔功能。按住 Ctrl 键的同时按下鼠标左键，此时鼠标指针呈十分醒目的红色圆圈激光笔形状，可以明确指示重要内容的位置。

激光笔的颜色可以为红色、绿色或蓝色，若要改变激光笔的颜色，可以在图 5-66 所示的“设置放映方式”对话框中，单击“激光笔颜色”下拉按钮，在出现的颜色列表中选择。

5.8 演示文稿的打印

【任务 5-8】演示文稿除放映外，还可以打印成文档。我们最后的任务就是把这个演示文稿打印出来，便于演讲时参考、现场分发给观众、传递交流和存档。

5.8.1 页面设置

打开演示文稿，选择“设计”选项卡下“页面设置”组的“页面设置”，弹出“页面设置”对话框，如图 5-73 所示。在对话框中对幻灯片的大小、宽度、高度、方向、编号的起始值等进行设置。

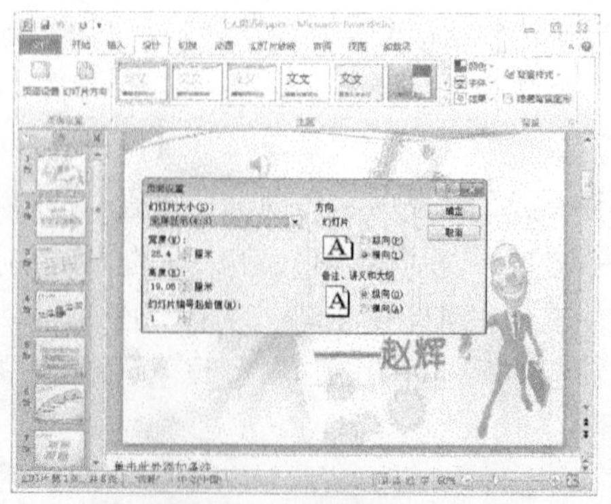

图 5-73 “页面设置”对话框

5.8.2 打印设置

单击“文件”选项卡，在下拉菜单中选择“打印”命令，可以预览到幻灯片的打印效果，还能设置打印份数、打印范围、打印版式、打印顺序等，如图 5-74 所示。

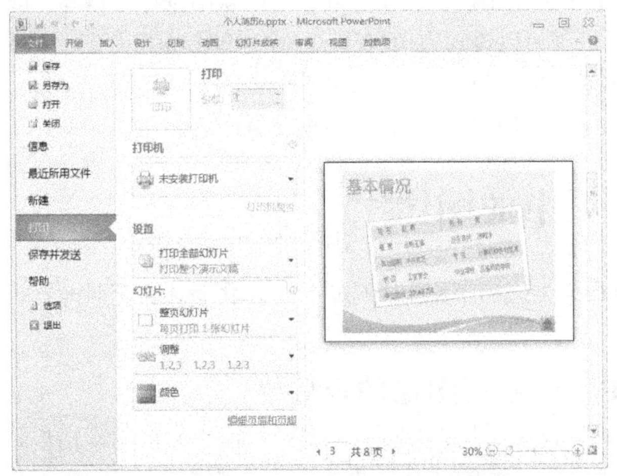

图 5-74 打印设置

在“设置”栏中从上至下可以确定打印范围、打印版式、打印顺序和彩色 / 灰度打印等。

单击“打印全部幻灯片”右侧的下拉按钮，可以在出现的列表中选择“打印全部幻灯片”、“打印所选幻灯片”、“打印当前幻灯片”或“自定义范围”。若选择“自定义范围”，则在下面“幻灯片”文本框中输入要打印的幻灯片序号，非连续的幻灯片序号用逗号分开，连续的幻灯片序号用“—”分开。例如，输入“1，3，6—8”，表示打印幻灯片序号为“1、3、6、7、8”的 5 张幻灯片。

单击“整页幻灯片”右侧的下拉按钮，可以设置打印版式和打印讲义的方式，如图 5-75 所示。图中选择了“2 张幻灯片”的打印讲义方式，则右侧预览区中显示每页打印上下排列的两张幻灯片。

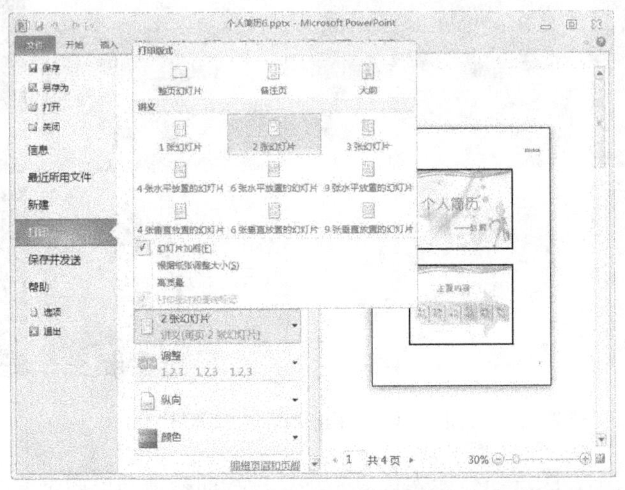

图 5-75 打印版式设置

下一项“调整”用来设置打印顺序。如果要打印多份演示文稿，有两种打印顺序：“调整”

和“取消排序”。“调整”是指打印完一份完整的演示文稿后才打印下一份（即“1，2，3　1，2，3　1，2，3”顺序），“取消排序”则表示打印各份演示文稿的第一张幻灯片后再打印各份演示文稿的第二张幻灯片，以此类推（即“1，1，1　2，2，2　3，3，3”顺序）。

设置打印顺序栏的下方用来设置打印方向，可以从中选择“横向”或“纵向”。

“设置”栏的最后一项可以设置彩色打印、黑白打印和灰度打印。单击该项下拉按钮，在出现的列表中选择“颜色”、“纯黑白”或“灰度”。

全部设置完成后，单击“打印”按钮即可进行打印。

5.9　善用 PPT 中的图像

【任务 5-9】尽量在演示文稿中使用图片进行形象化表达，并对图片进行个性化设置，使演示文稿更具特色。

5.9.1　在 PPT 中使用图像的重要性

演示文稿之所以被广泛的采用，是因为它是一种制作和使用都相当简单的多媒体。而我们使用多媒体，则主要是弥补语言的缺憾，通过信息视觉化的方式刺激观众具象思考的右脑，从而达到增强记忆和理解的作用。

为了让大家充分了解这种方法的重要性，稍微介绍一点记忆法的原理：人的大脑分为左右两个半区，左脑负责抽象信息（如文字、语言）的思维和记忆，右脑负责具象信息（如图像、音乐）的思维和记忆。以背诵一篇文章为例，普通人仅仅通过文字和语言的记忆方式无疑只利用了左脑，右脑的能力被闲置，故效率很低。所以几乎所有的记忆大师都想办法利用起自己的右脑来达到超高效记忆，如把抽象的文字转变成图像。

所以我们在 PPT 中使用图片，就是为了将信息载于图片之上，帮助观众完成由信息到图像的转换，观众的印象自然就深刻多了。

来看一组幻灯片体会一下图片的作用，如图 5-76 所示。

图 5-76　一组形象表达的幻灯片

除了帮助利用右脑，图片还有一大优点，那就是轻而易举的传递感情。比如表达中国人口众多，你可以说中国人口有 13 亿，但如果用一张春运时火车站拥挤的人群的照片无疑会让人对中国的现状体会得更加深刻一些。所以在 PPT 中，要经常注意利用图片的这种优点，图片要选得夸张一些，越夸张感情越强烈，观众也更易被你调动起来。

综上所述，图片对 PPT 来说意义非凡。所以制作 PPT 的时候除了文字的编辑，更多的是图片的处理。PowerPoint 2010 里对图形的处理比起 PowerPoint 2003 来说是一个很大的飞跃，它的图像处理功能非常强大，整合了很多 Photoshop 的功能，而且使用起来并不复杂。

5.9.2　对图片进行个性抠图

PowerPoint 2010 中的抠图功能，已经不再是以前版本里简单的“去掉背景色”了，它能去掉图片中复杂的背景色，功能也更加完备。

要完成图 5-77 所示的抠图效果，已不用再去找专门的图像处理软件（如 Photoshop 等），在 PPT 中就能轻松完成。

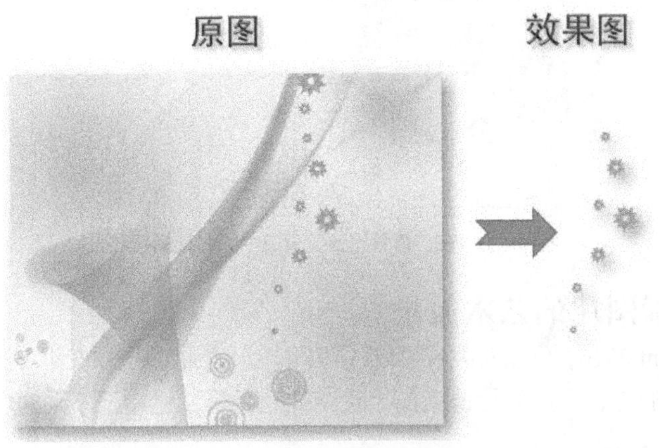

图 5-77　抠图效果

方法如下。

① 把图片插入 PowerPoint，选中图片后，在“图片工具-格式”选项卡的“调整”组中单击“删除背景”按钮，如图 5-78 所示。

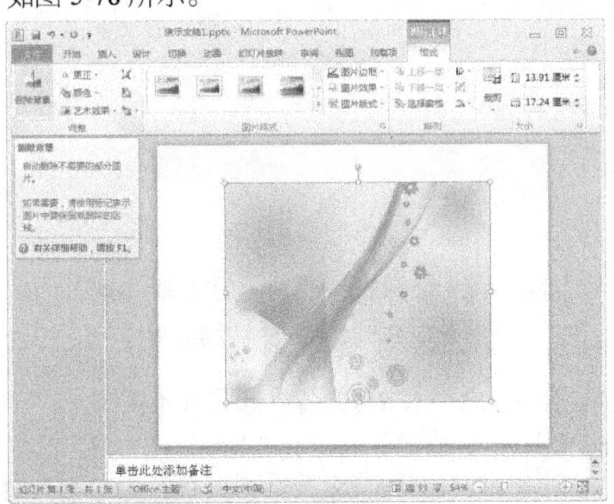

图 5-78　“删除背景”按钮

② 打开“背景消除”窗口后，对图片进行编辑得到图 5-79 所示的效果：图片的默认编辑状态如①号图片所示，通过调整控制点的位置缩小编辑范围得到②号效果，再单击“标记要保留的区域”按钮和“标记要删除的区域”按钮得到③号效果，编辑完毕后单击“保留更改”按钮就能得到最终的④号效果。

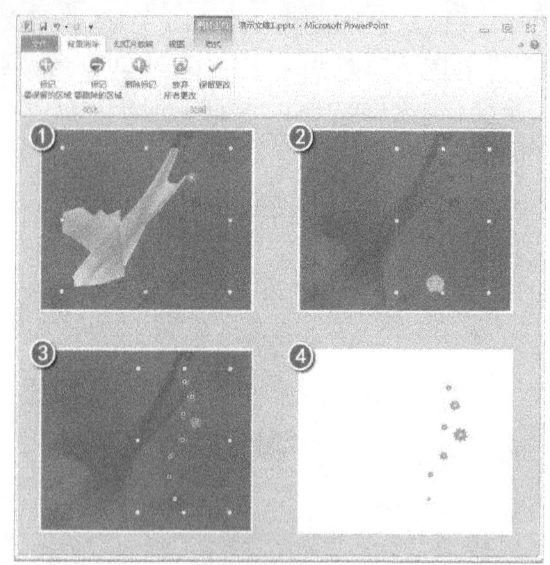

图 5-79　在“背景消除”窗口中的图片编辑效果

5.9.3　设置图片的艺术效果

通过 PowerPoint 2010，可以对图片设置不同的艺术效果（图 5-80 中罗列了其中的 4 种艺术效果），使其风格迥异，看起来更像素描、绘图或油画等，适用于不同的场合。

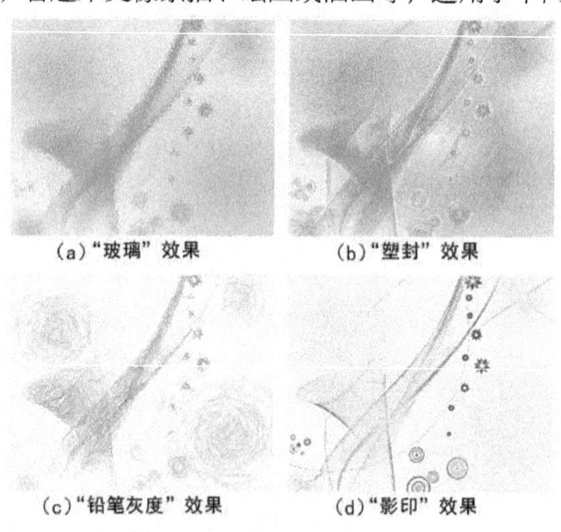

(a)“玻璃”效果　(b)“塑封”效果

(c)“铅笔灰度”效果　(d)“影印”效果

图 5-80　图片的艺术效果示例

要使图片获得这些丰富多彩的艺术效果，操作起来并不困难。

选中图片后，单击“图片工具-格式”选项卡“调整”组中的“艺术效果”按钮，可以打开艺术效果的下拉列表，在列表中选择一种艺术效果（如“玻璃”，见图 5-81）。

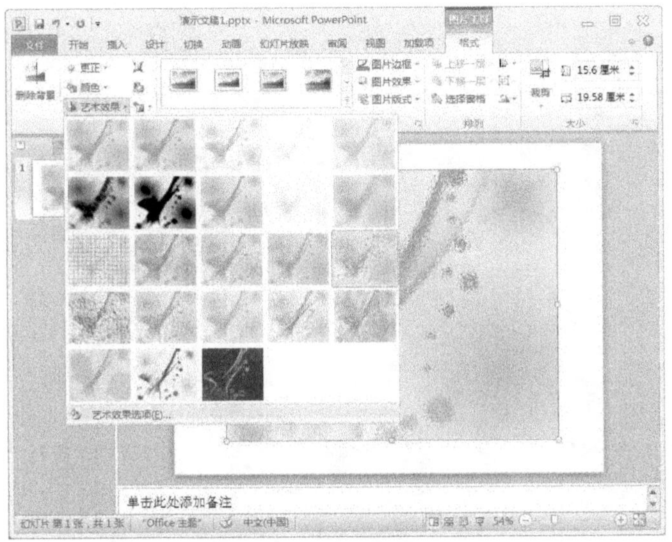

图 5-81 “艺术效果”列表

如果还需要对这个艺术效果进行进一步调整，则单击列表最下方的“艺术效果选项”按钮，打开“设置图片格式”对话框。在图 5-82 所示的对话框中可以对“玻璃”这个艺术效果进行“透明度”及“缩放比例”的设置。

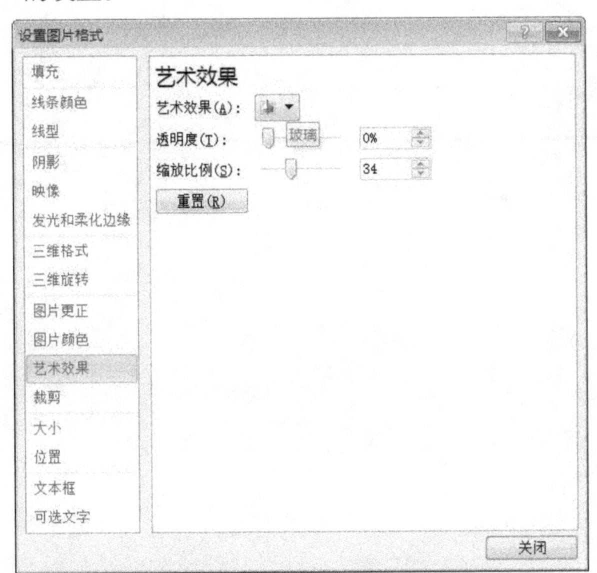

图 5-82 在“设置图片格式”对话框中设置“艺术效果”

5.9.4 将图片裁剪为几何形状

PowerPoint 2010 中“裁剪工具”的裁剪功能也比之前版本的强大，它可以将图片剪裁成许多几何形状，如图 5-83 所示，使图片更加符合我们的要求。

图 5-83　图片的几何剪裁形状

选中图片，在“图片工具-格式”选项卡中的“大小”组中单击“剪裁”按钮下方的下拉按钮，在打开的命令列表中选择“裁剪为形状”，在形状列表中选择一种形状，如图 5-84 所示，图片将按选中的形状进行裁剪。

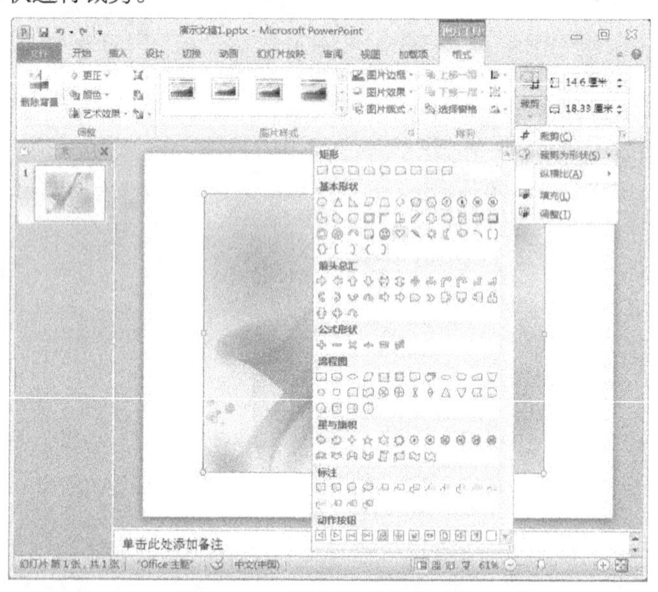

图 5-84　“裁剪”的命令列表

“裁剪”命令列表中的“填充”命令，可以调整图片大小，以便填充整个图片区域，同时保持原始纵横比。图片区域之外的任何图片区域将被裁剪。

“裁剪”命令列表中的“调整”命令，可以调整图片大小，以便整个图片在图片区域显示，图示保持原始纵横比。

5.9.5　组合形状

PowerPoint 2010 中引入了“组合形状”的功能，包含“形状联合、形状组合、形状交点、形状剪裁”4 个功能命令，可以对图片进行更复杂的形状编辑。

在默认情况下，并不能直接使用“形状联合、形状组合、形状交点、形状剪除”这 4 个命令，必须先进行如下设置。

单击“文件”选项卡下的“选项”命令，打开“PowerPoint 选项”对话框，在对话框中单击“自定义功能区”，在自定义功能区的右侧列表中创建新的选项卡（选项卡的名称可以通过“重命名”按钮修改），在左侧列表框中找到这几个命令，单击“添加”按钮就可以将这些命令添加到刚才新建的选项卡中，添加后的效果如图 5-85 所示。

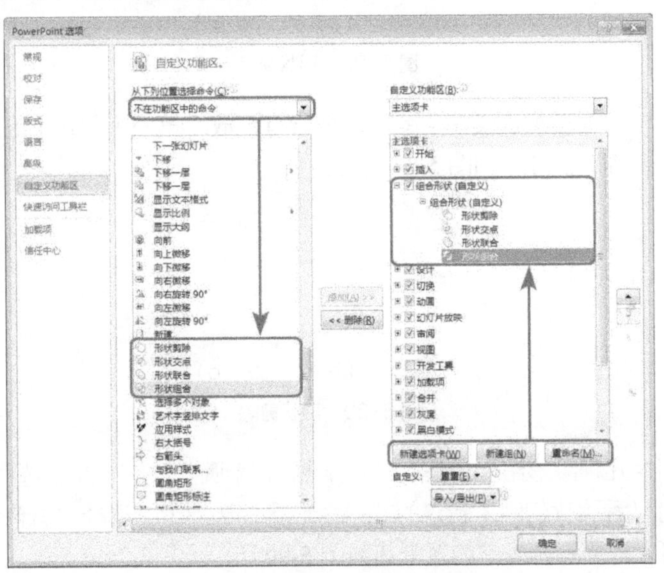

图 5-85 “自定义功能区”设置

当在幻灯片中选中两个或两个以上的图形时，这几个命令就可以被激活。

形状组合：把多个图形组合成一个图形，如果图形间有相交部分，则会减去相交部分，如图 5-86 所示。

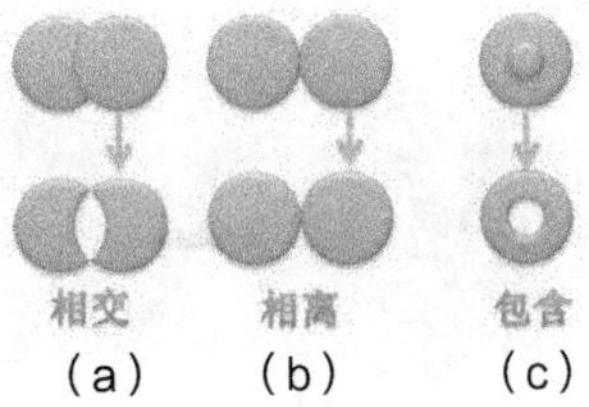

(a) (b) (c)

图 5-86 形状组合

形状联合：把多个图形组合成一个图形，不减去图形间的相交部分，如图 5-87 所示。

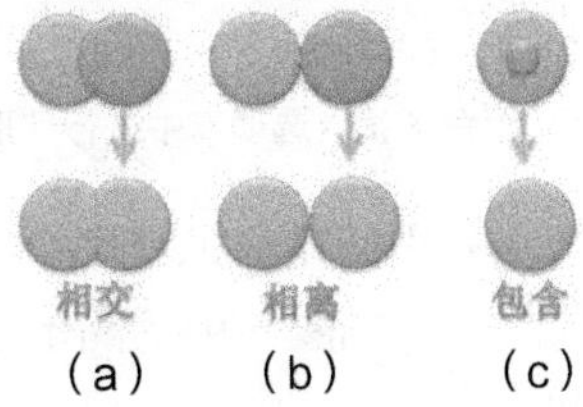

(a) (b) (c)

图 5-87 形状联合

形状交点：把多个图形组合成一个图形，只保留图形间的部分，其他部分一律删除，如图 5-88 所示。

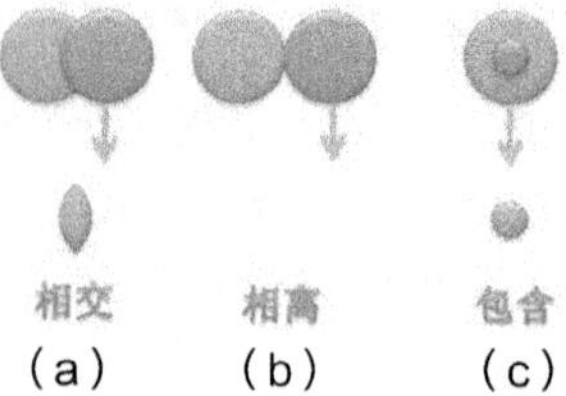

图 5-88　形状交点

形状剪除：把多个图形组合成一个图形，把所有叠放于第一个形状上的其他形状删除，保留第一个形状上的未相交部分，如图 5-89 所示。

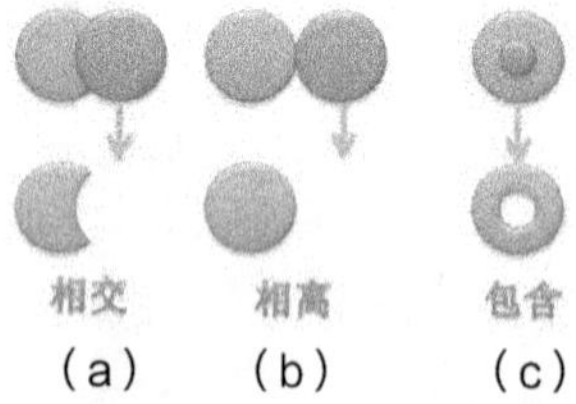

图 5-89　形状剪除

从实例中运用这几种图形组合。在幻灯片上画 4 个圆叠放在一起，选中这 4 个圆后，在 PowerPoint 窗口可以看到我们刚才新建的“组合形状”选项卡，选择“组合形状”组中的“形状组合”命令，可以得到一个有趣的图形，如图 5-90 所示。

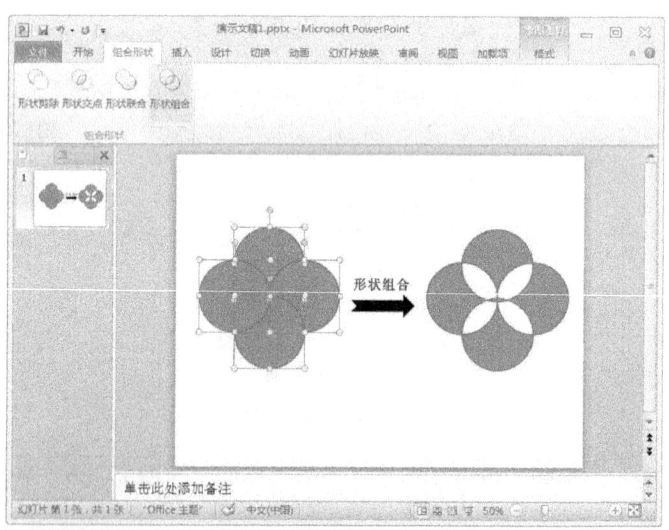

图 5-90　在“组合形状”选项卡中进行“形状组合”

在刚才得到的图形上再放一个圆，分别使用“形状联合”、“形状组合”、“形状交点”、“形状剪除”命令，还可以得到更复杂的图形，如图 5-91 所示。

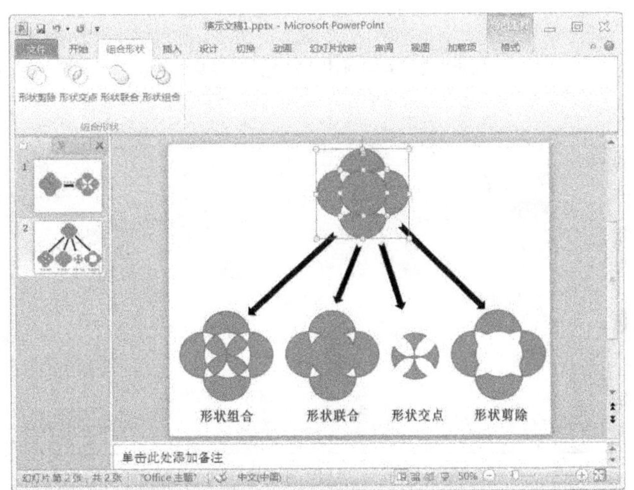

图 5-91　各种组合效果

图形之间的组合千变万化，大家可以多多尝试，定有意想不到的惊喜。

5.10　演示文稿的打包

【任务 5-10】将演示文稿在一台未安装 PowerPoint 软件的计算机上播放。

完成的演示文稿有可能会在其他计算机上演示，如果该计算机上没有安装 PowerPoint，就无法放映演示文稿。为此，可以利用演示文稿打包功能，将演示文稿打包到文件夹或 CD，甚至可以把 PowerPoint 播放器和演示文稿一起打包。这样，即使计算机上没有安装 PowerPoint，也能正常放映演示文稿。

此外，将演示文稿转换成放映格式，也可以在没有安装 PowerPoint 的计算机上正常放映。

5.10.1　演示文稿打包

打开要打包的演示文稿，单击“文件”选项卡下的“保存并发送”命令，双击“将演示文稿打包成 CD”命令，如图 5-92 所示，出现“打包成 CD”对话框，如图 5-93 所示。

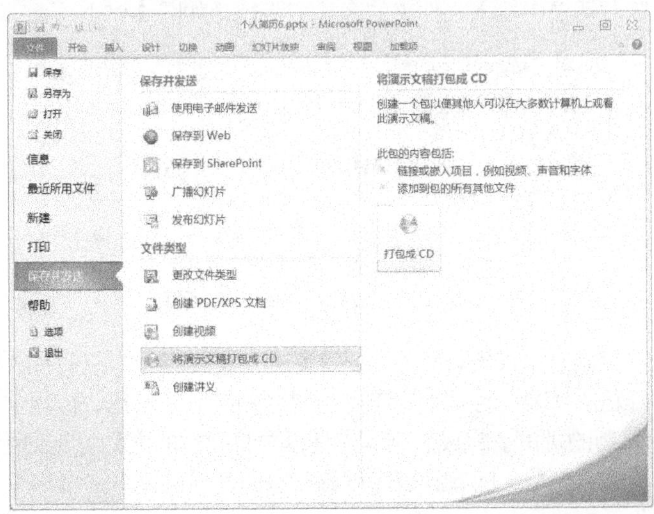

图 5-92　将演示文稿打包成 CD

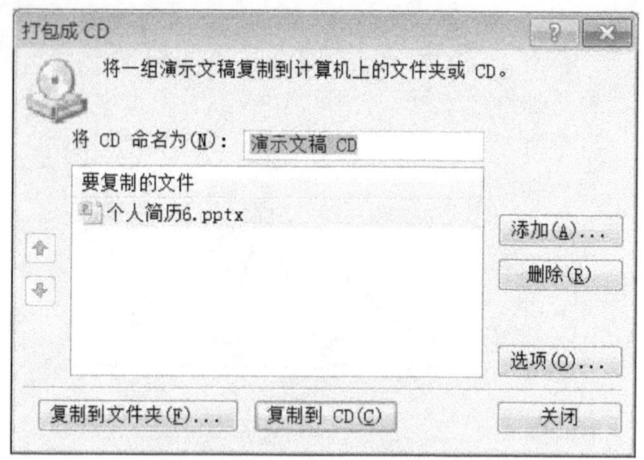

图 5-93　“打包成 CD”对话框

对话框中提示了当前要打包的演示文稿，若希望将其他演示文稿也在一起打包，则单击“添加”按钮，出现“添加文件”对话框后从中选择要打包的文件。

默认情况下，打包应包含与演示文稿有关的链接文件和嵌入的 TrueType 字体，若想改变这些设置，可以单击“选项”按钮，在弹出的“选项”对话框中进行设置（见图 5-94）。

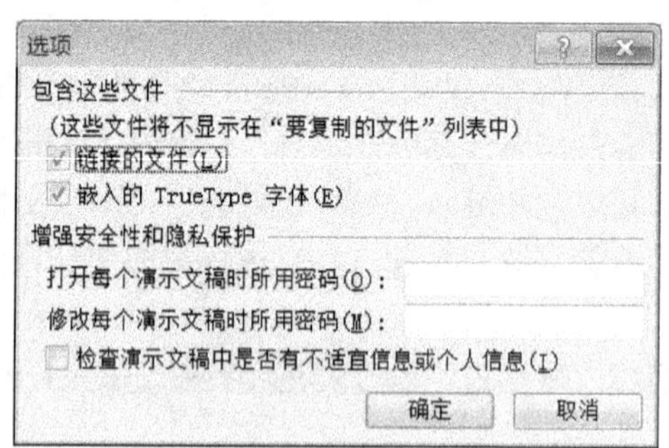

图 5-94　“选项”对话框

要将演示文稿打包到文件夹，则在“打包成 CD”对话框中单击“复制到文件夹”按钮，在“复制到文件夹”对话框中输入文件夹的名称和路径，如图 5-95 所示，单击“确定”按钮。

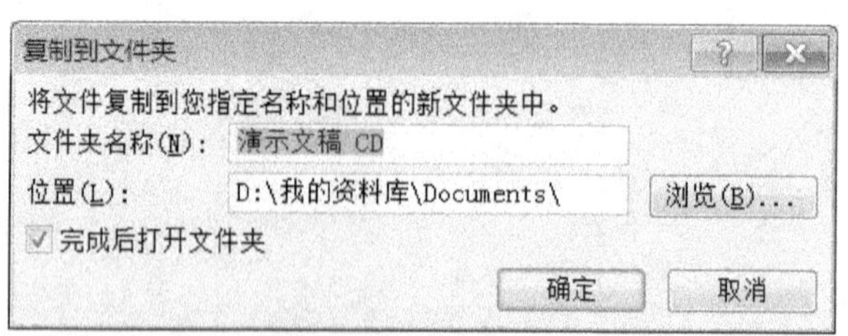

图 5-95　“复制到文件夹”对话框

如果已经安装了光盘刻录设备，要将演示文稿打包到 CD，可进行如下操作：在光驱中放入空白光盘，在“打包成 CD”对话框中单击“复制到 CD”按钮，出现“正在将文件复制到 CD”对话框，提示复制的进度。完成后询问“是否要将同样的文件复制到另一张 CD 中？”回答“是”将继续复制另一光盘，回答“否”则终止复制。

5.10.2　运行打包的演示文稿

演示文稿打包到 CD 后，将该 CD 放到光驱中就会自动播放。演示文稿打包到文件夹后，要放映该演示文稿，具体方法如下。

打开打包的文件夹的 PresentationPackage 子文件夹，如图 5-96 所示。

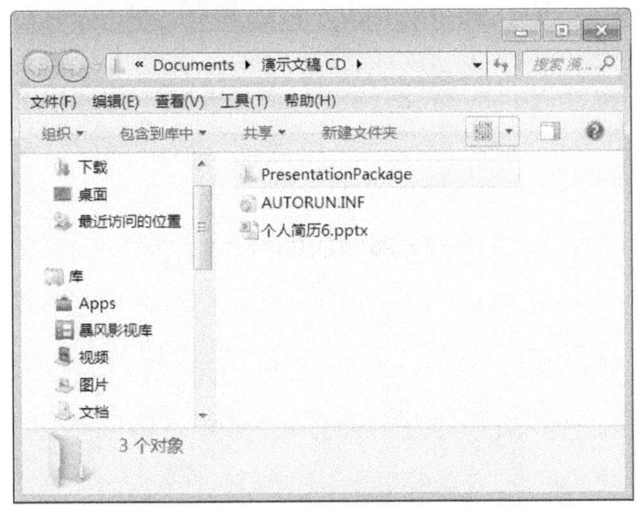

图 5-96　找到 PresentationPackage 子文件夹

在联网的情况下，双击该文件夹里的 PresentationPackage.html 文件（见图 5-97），在打开的网页上单击"Download Viewer"按钮（见图 5-98），下载 PowerPoint 播放器 PowerPoint Viewer.exe（见图 5-99）并安装。

图 5-97　找到 PresentationPackage.html 文件

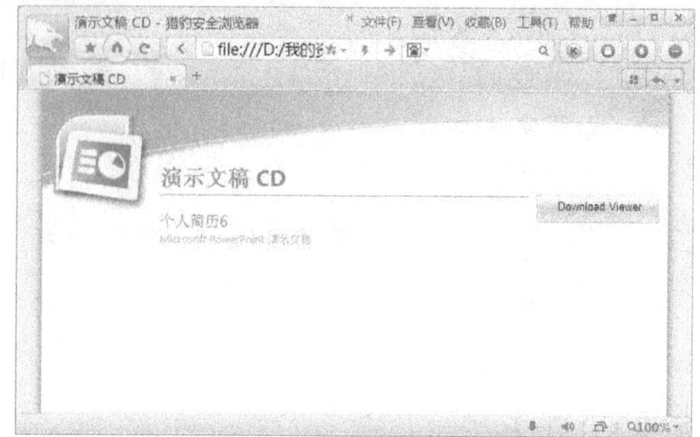

图 5-98　打开的网页界面

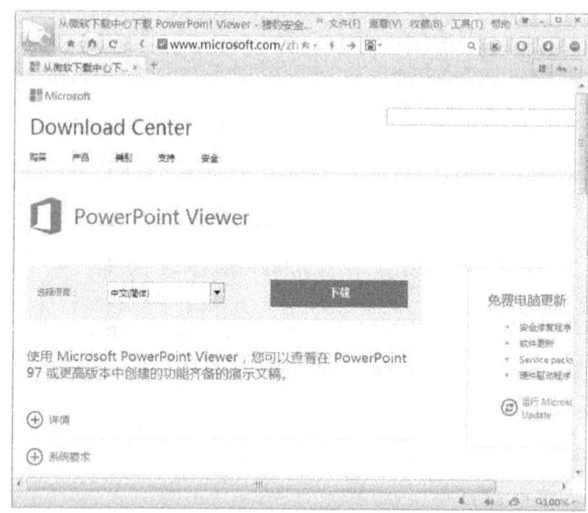

图 5-99　下载 PowerPoint Viewer. exe 文件

启动 PowerPoint 播放器，出现“Microsoft PowerPoint Viewer”对话框，定位到打包文件夹，选择要播放的演示文稿文件，并单击“打开”按钮，即可放映该演示文稿，如图 5-100 所示。放映完毕，还可以在对话框中选择播放其他演示文稿。

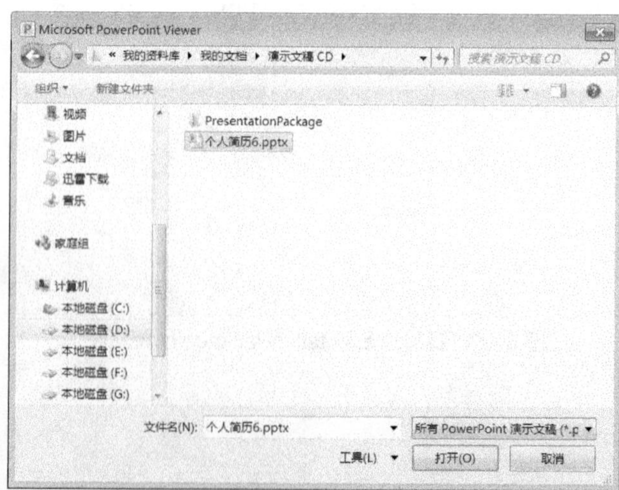

图 5-100　“Microsoft PowerPoint Viewer”对话框

注意，在运行打包的演示文稿时，不能进行即兴标注。

5.10.3 将演示文稿转换为直接放映格式

如果觉得将演示文稿打包太麻烦，也可以选择将演示文稿转换成放映格式文件（*. ppsx），之后双击放映格式文件即可放映该演示文稿，方法如下。

打开演示文稿，单击“文件”选项卡的“保存并发送”命令，双击“更改文件类型”项的“PowerPoint 放映”命令（见图 5-101），出现“另存为”对话框（见图 5-102），其中自动选择保存类型为“PowerPoint 放映（*. ppsx）”。选择存放位置和文件名后单击“保存”按钮即可。

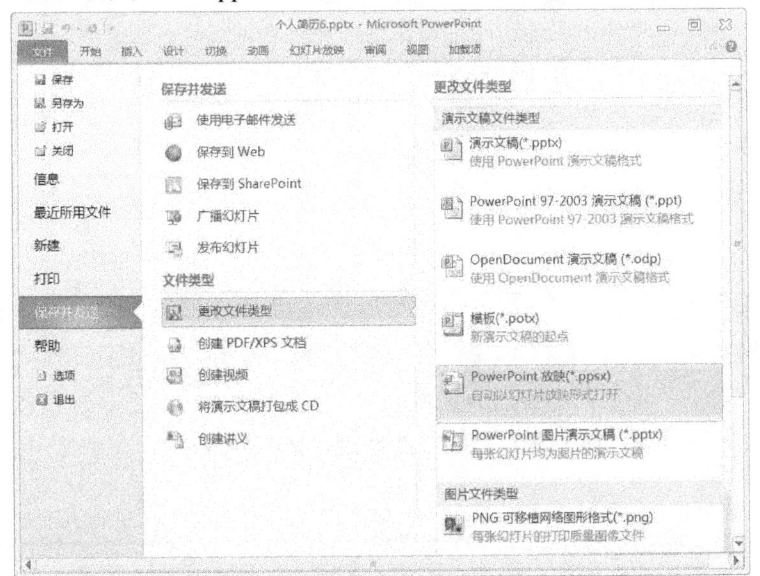

图 5-101 选择“PowerPoint 放映”命令

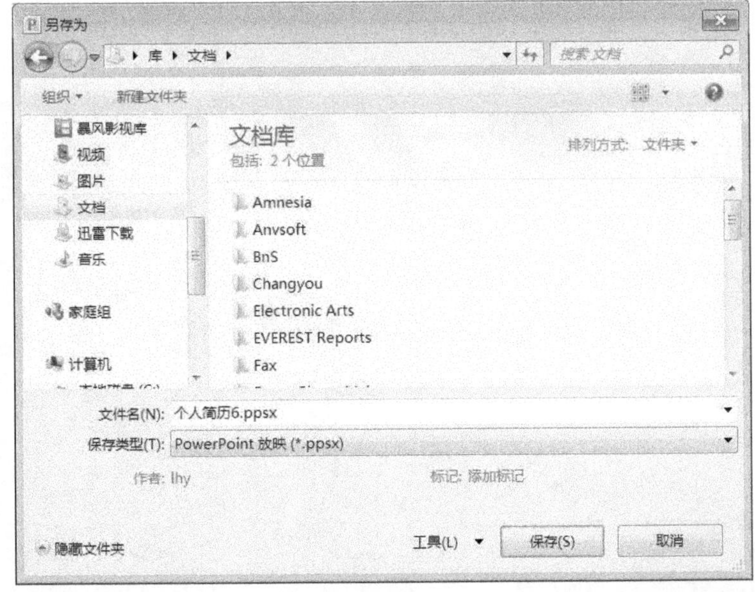

图 5-102 “另存为”对话框

也可以用“另存为”方法转换放映格式：打开演示文稿，单击“文件”选项卡的“另存为”命令，打开“另存为”对话框。将保存类型选择为“PowerPoint 放映（*. ppsx）”，如图 5-103 所示，单击“保存”按钮即可。

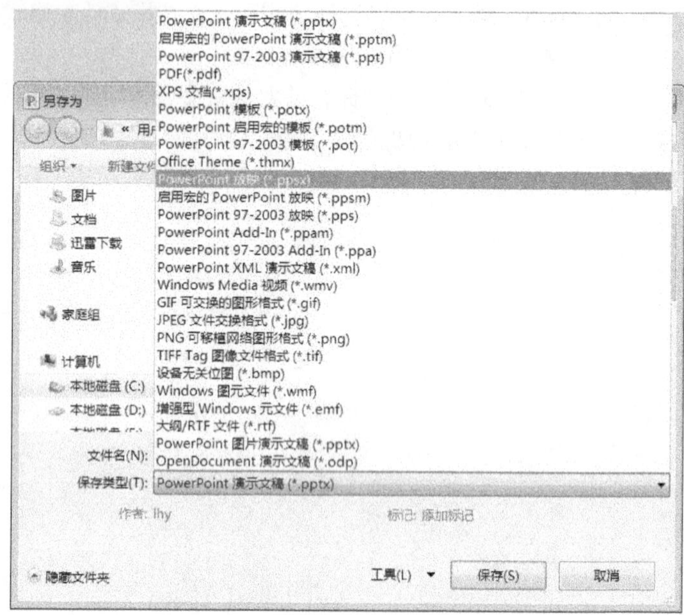

图 5-103 “另存为”对话框中的保存类型列表

PART 6

第 6 章 Excel 2010 电子表格处理软件

Excel 2010 是目前功能最强、最直观的电子表格处理软件之一，具有强大的数据统计计算、轻松管理和快速有效分析等功能，能直观地以美观的图表和图形显示结果，能快速筛选、汇总大型数据集，能以更快捷、直接的方式打印。不仅能大大提高工作效率，也为相关政策、决策、计划的制定提供有效的参考。Excel 常用功能见图 6-1。

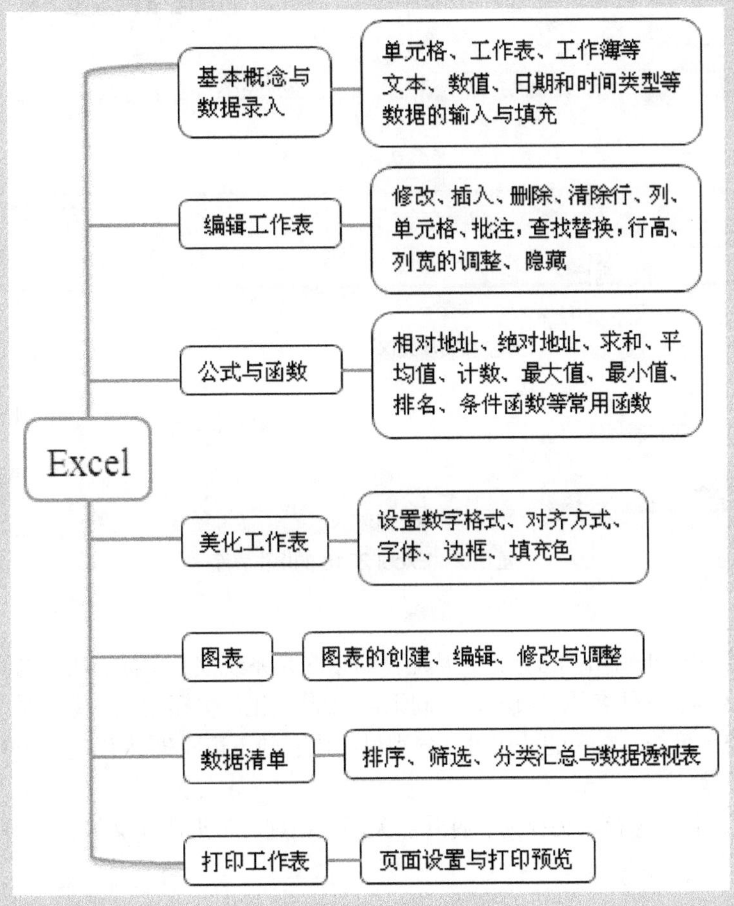

图 6-1　Excel 2010 的常用功能

本章将介绍 Excel 2010 的基础知识、基本操作、常用函数、格式化、图表、数据的排序、筛选与分类汇总、数据透视表与数据透视图、工作簿的编辑、管理、打印等内容；并进一步学习 Excel 的高级函数、高级筛选、模拟运算、多文档并排比较和一些常用的技巧。

6.1 创建工作簿与数据输入

【任务 6-1】熟悉 Excel 2010 的操作界面，创建工作簿“考生信息成绩表”。

6.1.1 启动 Excel 2010

为了轻松入门，这里先介绍 Excel 基础知识，再逐步深入。启动 Excel 2010 最常用的方法有如下 3 种，根据实际需要或个人习惯选择一种即可。

① 选择“开始”→“所有程序”→Microsoft Office →Microsoft Office Excel 2010 命令。

② 双击桌面上的 Excel 2010 快捷方式图标。

③ 双击一个 Excel 文件，启动 Excel 程序窗口的同时打开相应文件。

用前两种方法启动 Excel 后，将自动创建一个名为“工作簿 1”的空工作簿。操作界面如图 6-2 所示。工作簿中包含 3 张工作表，工作表类似于文档中的页面，又叫电子表格，单击工作表编辑区任何一个单元格就可在其中输入数据。

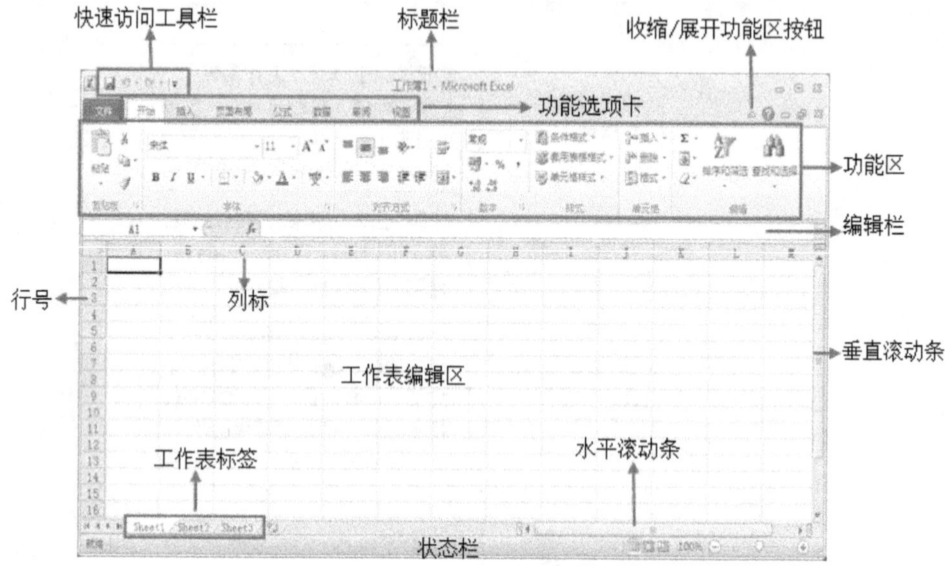

图 6-2 Excel 2010 的操作界面

1．标题栏

标题栏位于 Excel 窗口的最上方，从左至右依次是系统控制图标、快速访问工具栏、正在编辑的工作簿名称、软件名称、最小化、向下还原/最大化、关闭按钮。单击系统控制图标会弹出 Excel 窗口控制菜单；右端的按钮可以分别最小化、向下还原/最大化或关闭 Excel 窗口。

2．“文件”菜单

“文件”菜单包含保存、另存为、打开、关闭、新建、最近所用文件、打印、保存并发送、选项、退出等常用命令。

3．功能区

与之前版本相比，Excel 2010 最明显的变化就是取消了传统的菜单操作方式，取而代之的是各个功能区。在 Excel 2010 窗口上方看起来像菜单名，其实是功能区的名称，单击时会切换到与之相对应的功能区。每个功能区根据功能不同分为若干组，每个功能区拥有的功能如下。

（1）“开始”功能区

“开始”功能区中包括剪贴板、字体、对齐方式、数字、样式、单元格和编辑 7 个组，对应 Excel 2003 的“编辑”和“格式”菜单部分命令。该功能区主要用于对表格进行文字编辑和单元格的格式设置，是最常用的功能区，如图 6-3 所示。

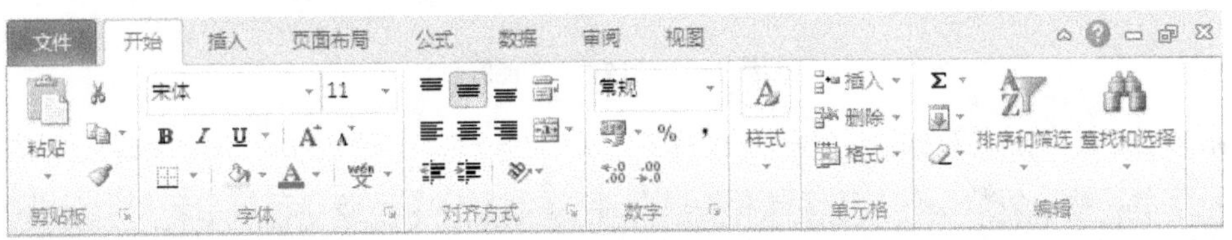

图 6-3 “开始”功能区

（2）“插入”功能区

“插入”功能区包括表格、插图、图表、迷你图、筛选器、链接、文本和符号几个组，主要用于在表格中插入各种对象，如图 6-4 所示。

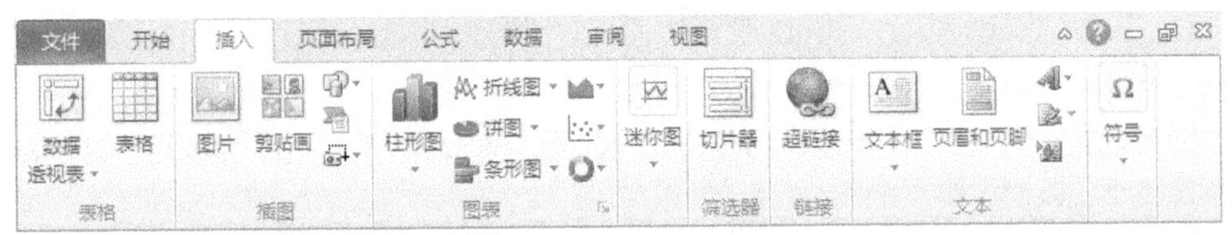

图 6-4 “插入”功能区

（3）“页面布局”功能区

“页面布局”功能区包括主题、页面设置、调整为合适大小、工作表选项、排列几个组，对应 Excel 2003 的“页面设置”菜单和“格式”菜单中的部分命令，用于设置表格的页面样式，如图 6-5 所示。

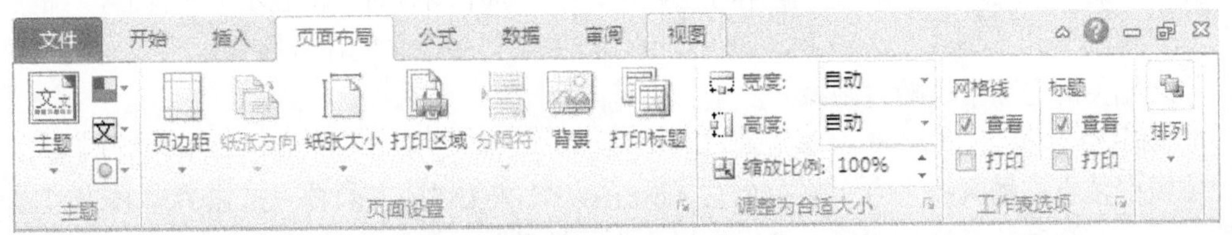

图 6-5 “页面布局”功能区

（4）“公式”功能区

“公式”功能区包括函数库、定义的名称、公式审核和计算几个组，用于实现各种数据的统计计算，如图 6-6 所示。

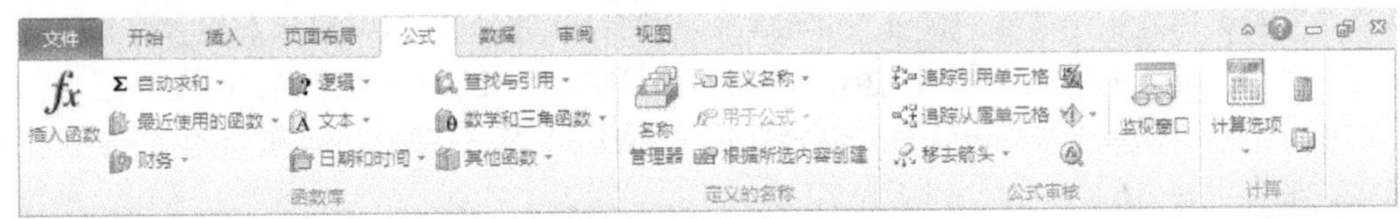

图 6-6 “公式”功能区

（5）“数据”功能区

“数据”功能区包括获取外部数据、连接、排序和筛选、数据工具和分级显示几个组，主要用于数据处理的相关操作，如图 6-7 所示。

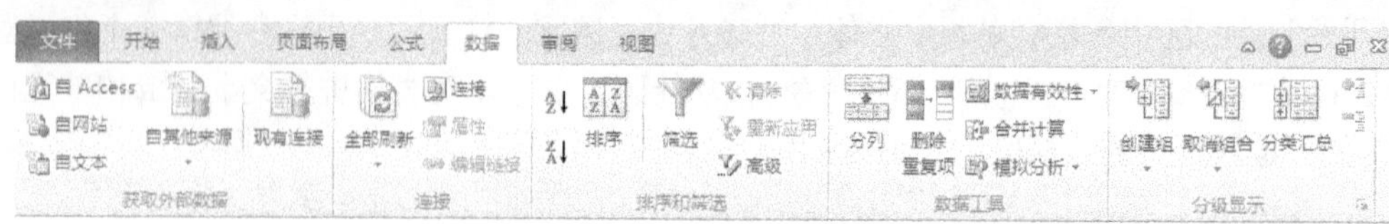

图 6-7 “数据”功能区

（6）“审阅”功能区

“审阅”功能区包括校对、中文简繁转换、语言、批注和更改 5 个组，主要用于对表格进行校对和修订等操作，适用于多人协作处理表格数据，如图 6-8 所示。

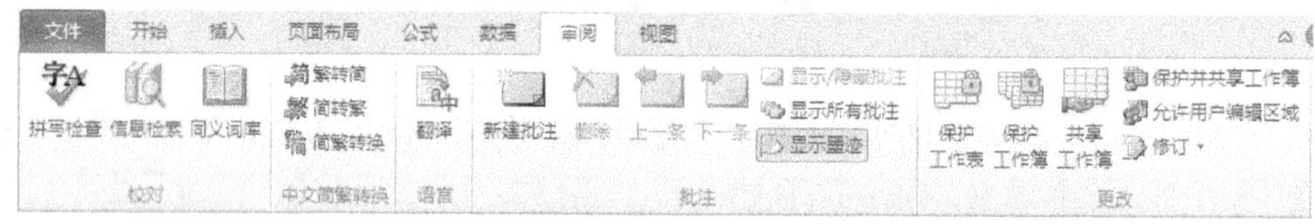

图 6-8 “审阅”功能区

（7）“视图”功能区

“视图”功能区包括工作簿视图、显示、显示比例、窗口和宏 5 个组，主要用于设置表格窗口的视图类型，以便操作，如图 6-9 所示。

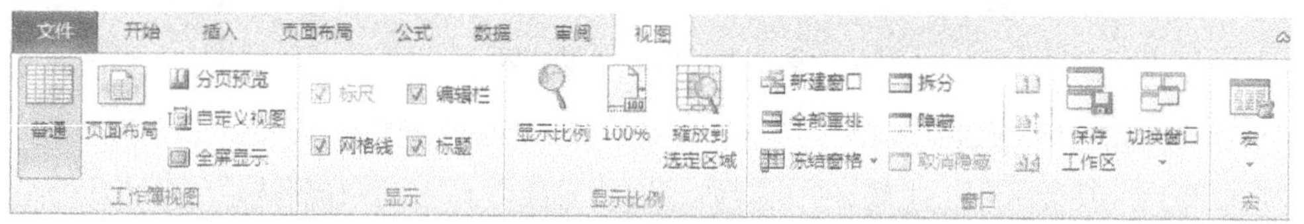

图 6-9 “视图”功能区

提示：某些功能区只有在需要使用时才显示，如当选中图表时，将显示“图表工具”的“设计”、“布局”和“格式”选项卡，为图表操作提供了更多适合的命令按钮。当没有选定对象时，与之相关的选项卡也随之隐藏。

4. 编辑栏

编辑栏位于功能区的下方，从左至右依次是：名称框、“插入函数”按钮 *fx* 和编辑框。名称框显示当前活动单元格的地址，编辑框显示当前活动单元格中的数据或公式。用户若要向单元格输入、编辑数据或公式，可以先选定单元格，然后输入数据，按 Enter 键确认即可。

5. 工作表编辑区

工作表编辑区：操作界面最大且最重要的区域，主要由工作表、行号、列标、工作表标签组成。单元格就是在工作表中看到的网格，是组成工作表的基本单位。每个单元格可存放多达 32 767 个字符，单元格中最多只能显示 1 024 个字符，而编辑栏中可以显示全部字符。

每一列顶部显示的字母标题叫列标，前 26 列的列标用字母 A～Z 命名，在 Z 列之后，列标以双字母的形式从头开始编号，从 AA 到 AZ； AZ 列之后，双字母将变为 BA 到 BZ，依此类推，最多可有 16 384 列，列标为 XFD。

每一行的标题叫行号，用数字 1 到 1 048 576 表示。

每个工作表最多可包含 16 384 列、1 048 576 行。单击某个单元格时，编辑栏的名称框中显示当前活动单元格的列标和行号，列标和行号共同组成单元格地址，也称为单元格引用。

工作表标签：每张工作表都会在工作簿窗口左下角的工作表标签中显示相应的名称：

Sheet1、Sheet2 和 Sheet3，用户可以通过单击工作表标签来激活或查看相应的工作表。单击标签滚动按钮可以按顺序查看所建立的工作表，显示其他工作表标签。每个工作簿最多可添加 255 张工作表，系统默认为 3 张工作表，用户可以根据需要适当增加或减少新建工作簿内默认的工作表的数目，只要选择“文件”选项卡中的“选项”命令，在“Excel 选项”对话框中单击 “常规”选项卡可设置新建工作簿时“包含的工作表数”，如图 6-10 所示。

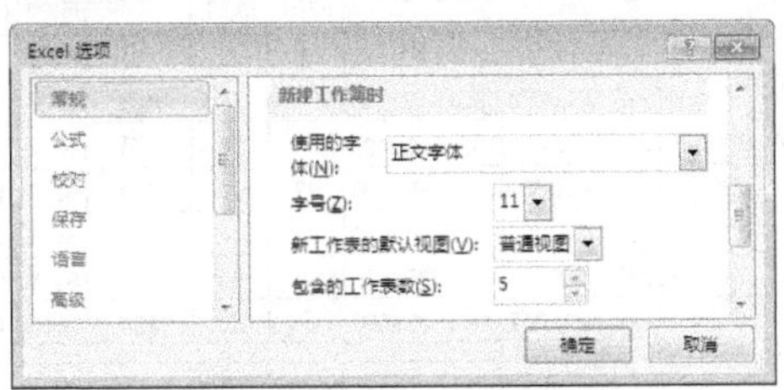

图 6-10 “Excel 选项”对话框

6. 状态栏

状态栏位于 Excel 窗口底部，显示当前工作区的状态和显示比例等，用户可以根据需要自定义状态栏，只需在状态栏任意位置右击可自定义其显示项目。状态栏右侧有“普通”、“页面布局”、“分页预览” 3 个视图按钮可切换至相应视图，显示比例按钮和显示比例拖动滑块可以设置工作表的缩放级别和显示比例，如图 6-11 所示。

图 6-11 Excel 状态栏

6.1.2 在工作表中输入数据

Excel 2010 启动后，系统自动创建一个系统默认文件名为工作簿 1 的新工作簿，光标定位在 Sheet1 工作表的 A1 单元格，此时便可往单元格中输入数据。

往选定单元格输入数据常用的有 3 种方法。

① 直接输入数据，按 Enter 键。

② 单击编辑栏，输入数据，单击“输入”按钮✔或按 Enter 键。

③ 双击单元格，单元格内显示插入点光标，移动光标在特定位置输入数据，通常用于修改单元格中的局部数据。

例如，在新建工作簿 1 的 Sheet1 工作表中输入图 6-12 所示数据。

	A	B	C	D	E	F	G	H	I	J
1	考生信息成绩表									
2										
3		各类成绩所占比重:								
4		专业课:	0.7	文化课:	0.3					
5	考试序号	姓名	性别	身份证号码	联系电话	专业成绩	文化成绩	总成绩	综合成绩	是否录取
6	1001	刘丽梅	女	532401199606010042	08772058634	86	81			
7	1002	于珊珊	女	532401199509050026	13577758633	75	80			
8	1003	吴江	男	532401199602040013	13578965423	90	86			
9	1004	冉婕	女	532401199606130002	13988453698	87	76			
10	1005	李冬梅	女	532401199704200028	08772654896	89	74			
11	1006	田海艳	女	532401199512300048	08715359786	67	56			
12	1007	王海涛	男	532401199408211017	08715355698	94	75			
13	成绩统计			平均分						
14				最高分						
15				最低分						
16	人数统计			参加考试人数						
17				录取人数						

图 6-12 “考生信息成绩表”的初始状态

本章通过“考生信息成绩表”来介绍 Excel 2010 的常用功能，最终效果如图 6-13 所示。

考生信息成绩表

各类成绩所占比重：

专业课：70%　　文化课：30%

考试序号	姓名	性别	身份证号码	联系电话	专业成绩	文化成绩	总成绩	综合成绩	等级	排名	是否录取
1001	刘丽梅	女	532401199606010042	08772058634	86	81	167	84.5	良	3	录取
1002	于珊珊	女	532401199509050026	13577758633	75	80	155	76.5	中	6	继续努力
1003	吴　江	男	532401199602040013	13578965423	90	86	176	88.8	优	1	录取
1004	冉　婕	女	532401199606130002	13988453698	87	76	163	83.7	良	5	录取
1005	李冬梅	女	532401199704200028	08772654896	89	74	163	84.5	良	3	录取
1006	田海艳	女	532401199512300048	08715359786	67	56	123	63.7	中	7	继续努力
1007	王海涛	男	532401199408211017	08715355698	94	75	169	88.3	优	2	录取
成绩统计			平均分		84	75	159	81			
			最高分		94	86	176	88.8			
			最低分		67	56	123	63.7			
人数统计			参加考试人数		7						
			录取人数		5						

图 6-13　“考生信息成绩表”的最终效果

单击 A1 单元格，输入该表的标题“考生信息成绩表”。

第二行作为空行留出，将标题与表格内容隔开，在 B3 单元格输入“各类成绩所占比重:”，其余单元格按图 6-12 依次录入。

用户可以向选定单元格输入中、英文文本、数字、日期和公式。单元格中的数据有文本、数值、日期和时间、逻辑值和出错值 5 种类型。

1．文本数据

文本数据由字母、汉字、数字或其他字符组成，除公式、数值或日期型常量数据外，Excel 均默认为文本数据，系统默认的对齐方式为左对齐，用户也可根据需要设置其他的对齐方式。

当输入的数据全部是由数字组成的文本数据(不作数值大小比较的数字),例如身份证号码、银行卡号、手机号或带区号的电话号码等，在数字前添加英文标点符号单引号’，或者先将单元格设置为文本格式，再输入数据，此时单元格左上角会出现绿色三角标志。只要是以文本形式存储的数字都会显示此标志，若要删除该标志，可通过“数据”→“分列”→“完成”。可以放心的是，该标志打印时不会出现。

2．数值数据

数值数据包含整数、小数、分数、百分数等，Excel 把由数字 0～9 及某些特殊字符组成的数据自动识别为数值型数据，这些特殊字符包括“+”、“ -”、“( )”、“E”、“,”、“.”、“%” 和 “$”、“¥”等货币符号。其中“,”为千位分隔符；“E”用于表示科学计数法。

输入数值数据时，系统默认对齐方式为右对齐。在输入数值数据时还应注意以下几点：

① 当整数长度大于 12 位或列宽过小时，Excel 将自动改用科学计数法表示。

② 无论输入的数字位数有多少，Excel 只保留 15 位有效数字精度，多余的数字用零代替。

③ 系统默认的数字格式为两位小数，当小数位数超出 2 位时，单元格内采取“四舍五入”方式显示，但编辑框仍然显示输入时的数，保存或计算时一律以输入数进行，不存在误差。

④ 若要输入分数，应在分数前冠以 0 和空格，否则系统会将分数视为日期。例如若要输入四分之一，如果仅在输入“1/4”后按 Enter 键，单元格内显示 “1 月 4 日”，是因为“/”除分数线外也作日期分隔符使用。所以应当输入“0 1/4”，结果才会在单元格显示分数，但在编辑栏

则以小数显示。

3．日期或时间数据

Excel 内置了一些日期和时间格式，通常为“YY-MM-DD”即年月日的格式。当输入数据与这些格式匹配时，Excel 自动识别为日期时间型数据，并视为数字处理，显示方式取决于单元格的数字格式，默认对齐方式为右对齐。输入日期时，可用日期分隔符“-”或“/”。

若要在同一单元格中输入日期和时间，日期与时间之间用空格分开；若要插入当天的日期，可按 Ctrl + ；组合键；若要插入当天的时间，可按 Ctrl + Shift + ；组合键。

4．逻辑值

逻辑值只有 True（真值）或 False（假值），是比较运算的结果。

5．出错值

通常在使用公式或函数计算过程中，引用单元格有误时计算结果就会在单元格显示出错值（见表 6-1）。

表 6-1　出错信息表

序号	出错符号	原因及解决方法
1	#####	单元格所在列宽宽度不够，需调整列宽。
2	#VALUE!	在需要数字或逻辑值时输入了文本，检查并更正。
3	#DIV/O!	在公式中，除数使用了指向空单元格或包含零值单元格
4	#NAME?	删除了公式中使用的名称，或者使用了不存在的名称
5	#REF!	删除了公式中引用的单元格
6	#NULL!	使用了不正确的区域运算符或不正确的单元格引用

6．设置数据的有效性

在 Excel 2010 中，为了避免在输入数据时出现过多错误，可通过在相应的单元格中设置数据有效性来进行相关的控制，从而保证数据输入的准确性，提高工作效率。

（1）在输入前设置数据的有效性

数据有效性是指录入的数据需要符合一定条件。例如，“考生信息成绩表”中专业成绩和文化成绩通常是 0 ~ 100 的某个整数。而在录入时可能由于错误按键或重复按键等原因，导致超出此范围。此时设置数据的有效性来控制，从而提高数据输入的准确率。具体操作如下。

选中需要应用数据有效性的单元格区域，在“数据”功能区“数据工具”组中单击“数据有效性”按钮，在弹出的对话框中设置有效性条件，如图 6-14 所示，单击“确定”按钮。

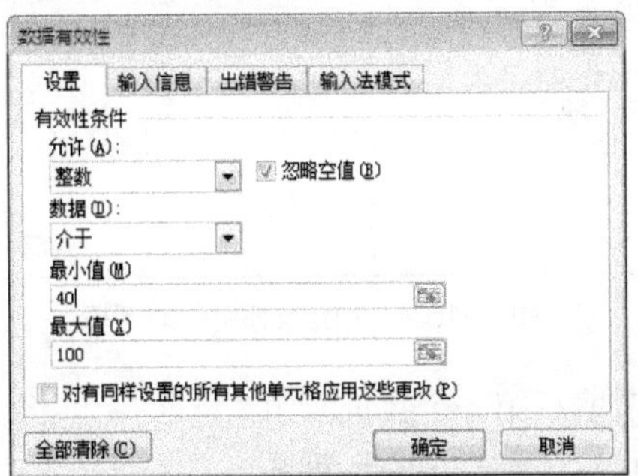

图 6-14　数据有效性设置举例

当输入不满足有效性的条件时，系统就会弹出相应的提示信息，提示用户输入的数值是非法的，这样就避免输入错误数据。

（2）在输入后检查数据的有效性

输入数据前忘了设置数据的有效性，数据录入后再来设置也行，操作同前。接着选中要检查范围，单击“数据有效性”下拉按钮，在弹出的下拉菜单中单击“圈释无效数据”按钮，就可以将超出范围的无效数据“揪”出来，如图 6-15 所示。更正后红色圈自动消失。

考试序号	姓名	性别	身份证号码	联系电话	专业成绩	文化成绩	总成绩	综合成绩
1001	刘丽梅	女	532401199606010042	08772058634	86	81	167	84.5
1002	于珊珊	女	532401199509050026	13577758633	756	80	836	#####
1003	吴　江	男	532401199602040013	13578965423	86	86	172	86.0
1004	冉　婕	女	532401199606130002	13988453698	87	76	163	83.7
1005	李冬梅	女	532401199704200028	08772654896	89	74	163	84.5
1006	田海艳	女	532401199512300048	08715359786	67	566	633	#####
1007	王海涛	男	532401199408211017	08715355698	94	75	169	88.3

图 6-15　圈出无效数据

7．快速输入数据的技巧——填充

您是否厌倦了一遍又一遍输入相同的列表？或者将列表从一个地方复制并粘贴到另一个地方？现在，可以让 Excel 自动填写月份、星期，甚至学员名单或公司员工姓名。对于有规律数据或经常使用的数据系列的输入，可以使用填充柄自动填充的方法。只要输入一个或两个条目之后，拖动填充柄就可填写整个列表。

Excel 可填充的序列有：自动填充序列、等差序列、等比序列、日期序列、自定义填充等类型的数据。

① 自动填充。系统预先定义好一些常用的中、英文序列供用户选用。单击“文件”→“选项”命令，弹出“Excel 选项”对话框，单击“高级”中的“编辑自定义列表”（比较靠下），即可打开“自定义序列”对话框，如图 6-16 所示。

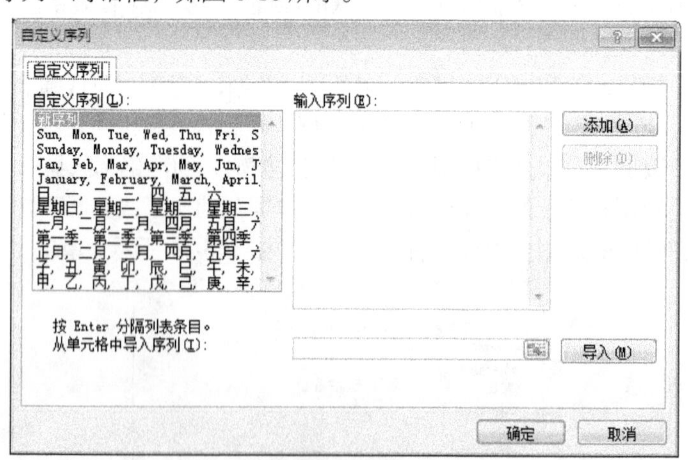

图 6-16　“自定义系列”对话框

当输入这些数据时，只需填写第一个数据，如“星期一”，将鼠标指针移至填充柄╋上拖到目标单元格并释放鼠标，即可完成数据填充到列表中。

② 等差序列数据填充。对于有些数据序列，则需要键入两个条目才能建立填充模式。例如，

若要填入 3，6，9，……这样的等差序列数据。先在连续的两个单元格中分别输入前两项数据，并选择它们，拖动填充柄至目标单元格。

③ 等比序列数据填充。先在要填充区域的第一个单元格中输入初值，再从该单元格开始选定要填充的所有单元格区域后，在“开始”功能区的“编辑”组，单击“填充”按钮，从弹出的菜单中选择“序列”命令，在“序列”对话框中选择类型为等比序列，并设置步长值，如图 6-17 所示。单击“确定”按钮即可得到想要输入的数据。

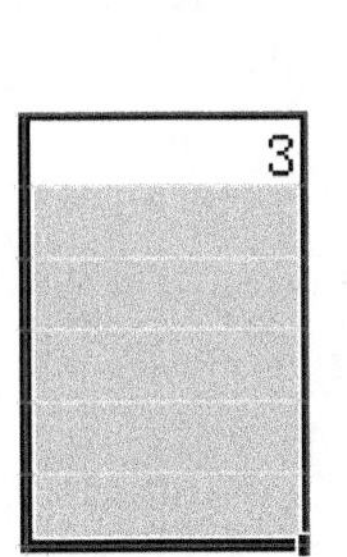

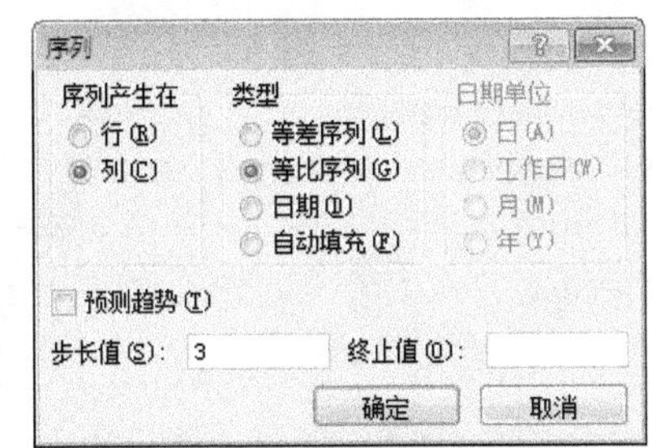

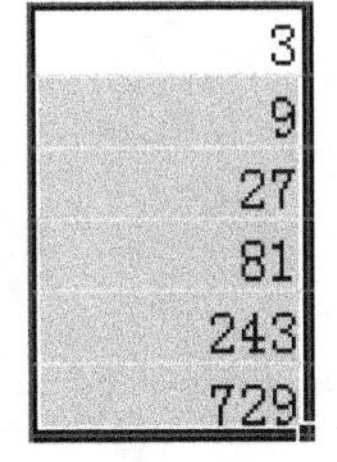

图 6-17 “序列”对话框

④ 日期填充。输入第一个日期，拖动该单元格右下角的填充柄至目标单元格。

⑤ 自定义填充。当经常反复用到的一些文本数据，不管这些数据有无规律。只要通过“自己定义系列”对话框创建自己的数据列表，就可以一劳永逸，重复使用了。

例如，若要将某一部门所有员工的姓名定义为一个序列，则需如下操作。

第一次在工作表中手动输入所有员工的姓名，选中全部姓名，单击“自己定义系列”对话框中“导入”按钮即可将输入序列添加到“自定义序列”中。

如果没有可用的导入列表，也可以直接在“自定义序列”对话框中输入该列表。在输入每个条目后按 Enter 键，或者连续输入所有条目，各条目之间用半角状态下的逗号分隔。

当下次需要输入该列表时，请输入第一个姓名，然后使用填充柄来填充写列表。

只要是自定义系列中存在的数据系列，用户都可以使用填充柄实现数据的快速输入。

此外，填充方向可以是上、下、左、右。当向下或向右拖动填充柄时，正向填充数据序列，当向上或向左拖动填充柄时，反向填充数据系列。

另外，在连续单元格中输入同一数据也可使用填充柄，只需在第一个单元格输入要填充的数据，直接拖动填充柄至目标单元格即可。

⑥ 在多个不连续的单元格或单元格区域输入相同数据。

需在多个不连续的单元格或单元格区域输入相同数据时，只需选定输入同一数据的单元格，然后在编辑栏输入数据，按 Ctrl+Enter 组合键即可。

按以上介绍的方法，在新建工作簿的 Sheet1 工作表中完成“考生信息成绩表”的输入。

6.1.3 保存新建的工作簿

新建工作簿中的内容保存在内存当中，如果此时断电或不小心退出了 Excel，其中的数据必将丢失，所以及时保存工作簿是必要且重要的。

具体操作如下：第一次保存工作簿时，通常单击常用工具栏上的“保存”按钮，在弹出的“另存为”对话框中选择文件保存的位置，再为新建文件“工作簿 1.xlsx”修改为 “考生信息成绩表.xlsx”，单击“保存”按钮或按 Enter 键即可。文件保存后标题栏上工作簿名由原来系统默认的工作簿 1 改为相应的名字。

提示：用户可通过选择“文件”→“选项”命令，打开“Excel 选项”对话框，再选择“保存”选项卡来设置通常工作簿件保存的格式、保存自动恢复信息时间间隔、默认文件位置等，从而提高工作效率，如图 6-18 所示。

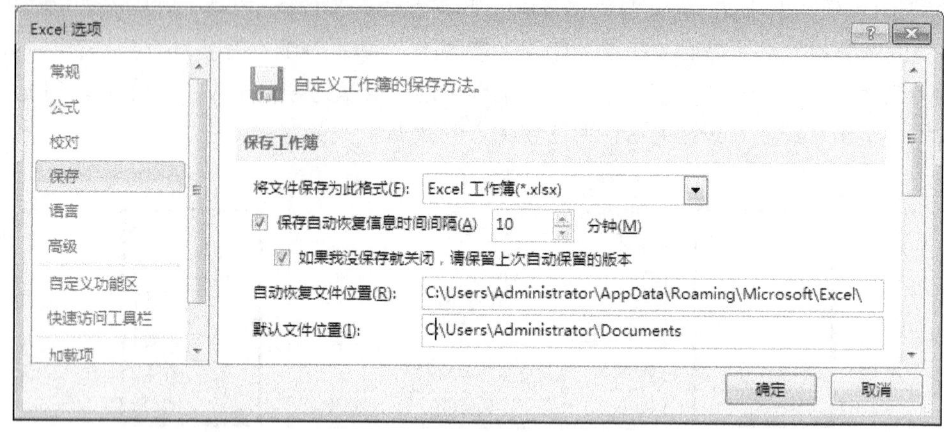

图 6-18　“Excel 选项”对话框

6.1.4　关闭工作簿

将做好的工作簿保存在指定位置后，选择“文件”→“关闭”命令可以关闭工作簿备用。选择“文件”→“退出”命令，可关闭所有打开的工作簿并退出 Excel 。

6.1.5　打开工作簿

以后若要查看或修改之前保存过的工作簿时，通过双击 Excel 文件图标或选择“文件”→“打开”命令，在弹出的“打开”对话框中找到要打开的文件并双击它。还可通过选择“文件”→“最近所用文件”，在最近使用的工作簿列表中双击。

6.2　编辑工作表

【**任务 6-2**】编辑工作表。

除数据录入外，有时要对单元格内容进行修改、复制、移动、查找、替换，或根据需要在现有基础上插入行、列、单元格、批注，以及对行高、列宽的调整等。

6.2.1　修改单元格数据

全部修改：单击要修改的单元格，输入的新数据，原有的数据被替换。

局部修改：双击要修改的单元格（或单击后按 F2 键），直接在单元格内部或编辑栏修改。

例如，在输入成绩表中考生的身份证号码时，不用逐一输入数字，因为同一年来自同一地区的考生，其身份证号码前几位数几乎相同，只要先输入第一位考生的身份证号码，接着填充柄将该单元格的数据复制到其他单元格，最后再对复制后的单元格做局部修改。

提醒：当单元格处于编辑状态时，很多命令按钮呈灰色显示，表示当前暂时不可用，只要退出单元格编辑状态，即可恢复正常。

6.2.2　插入行或列

在工作表中插入行或列的操作就是在当前选定的行或列之前插入相应的行或列。选定的行数或列数，决定了插入的行或列数。

【例 6.1】在 "是否录取"列之前增加 "等级"和"排名"两列。

具体操作如下：选中 J、K 两列，在选中的列标上右击，在弹出的快捷菜单上选择"插入"命令即可，如图 6-19 所示。

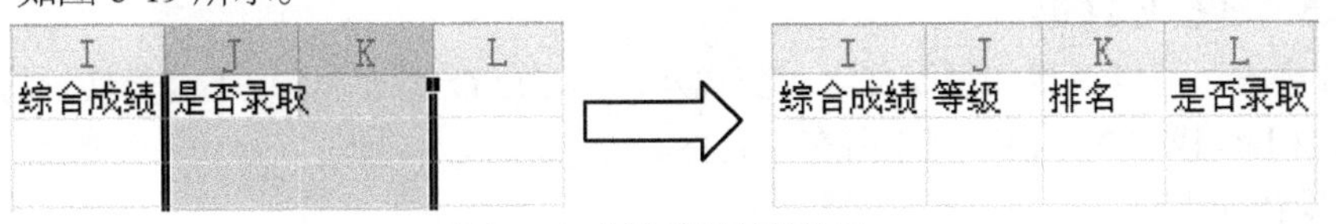

图 6-19 插入列前后的效果

插入行的操作与插入列类似，在此不再累述。

6.2.3 插入单元格

在工作表编辑过程中，有时可能会因为输入的数据量大或太过疲劳导致数据录入错位。此时千万别把花了大量时间和精力输入的数据清除后重新输入正确的数据；只需在需要的位置插入空白单元格便可轻松解决。

具体操作如下：在需要插入单元格的位置（如果需插入多个单元格，则选中多个）右击，在弹出的快捷菜单中选择"插入"命令，在弹出的"插入"对话框中选择"活动单元格下移"单选按钮，如图 6-20 所示，单击"确定"按钮。

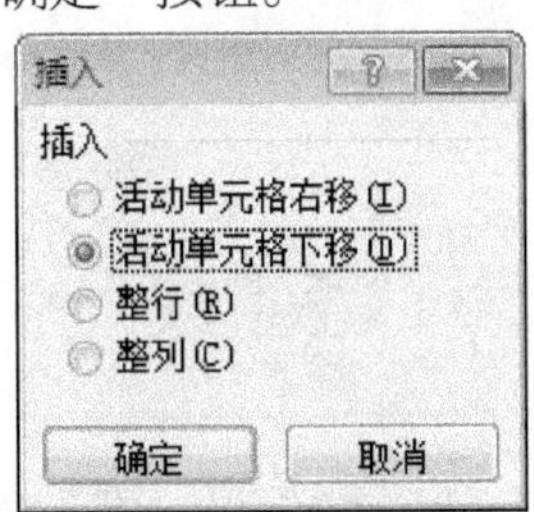

图 6-20"插入"对话框

6.2.4 添加批注

若需对某个单元格作进一步解释说明的话，可以添加批注。

【例 6.2】为考生"吴江"所在单元格添加批注，补充说明该生"曾获省青少年歌咏比赛优秀奖"。

具体操作如下：右击"吴江"所在单元格，在弹出的快捷菜单中选择"插入批注"命令，系统默认的批注为用户名，将其修改为批注内容，如图 6-21 所示。

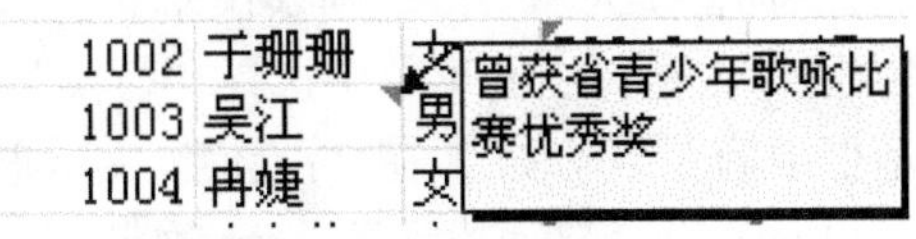

图 6-21 添加批注示例

添加了批注的单元格在右上角位置有一个醒目的深红色三角标志，当鼠标指针从该单元格移开后，批注的内容就隐藏起来；需要时，再将鼠标指针指向该单元格，批注的内容就显示出来了。

若想修改批注的内容，右击批注所在单元格，在弹出的快捷菜单中选择"编辑批注"命令即可修改。

若希望随时显示批注内容，则使用"显示批注"命令。但批注的显示往往覆盖了批注所在位置的其他数据，所以批注通常处于隐藏状态。当不再需要时批注，可通过“删除批注”命令将其删除。

6.2.5 查找数据

Excel 中除了可以查找和替换文字、公式外，还可以查找批注，但不能替换批注。

【例 6.3】查找“李冬梅”同学所在单元格。

具体操作如下。

① 选定需要查找的单元格区域，即搜索范围，如果搜索范围为整张工作表，请单击任一单元格。

② 在“编辑”组中单击“查找和选择”按钮，在弹出的菜单中单击“查找”命令，在“查找和替换”对话框中输入要搜索的内容，如“李冬梅”（注：在搜索条件中可使用通配符），单击“选项”按钮，可进一步设置定义搜索选项。在“范围”下拉列表框中，可选择“工作表”或“工作簿”，来确定是在工作表还是在整个工作簿中进行搜索；还可以设置“查找范围”。

③ 单击“查找全部”或“查找下一个”按钮。若单击“查找全部”将列出所有搜索到的结果，如图 6-22 所示，且在工作表中高亮显示。

提醒：如果探索范围很大且有大量数据，需要时可按 Esc 键中断搜索过程。

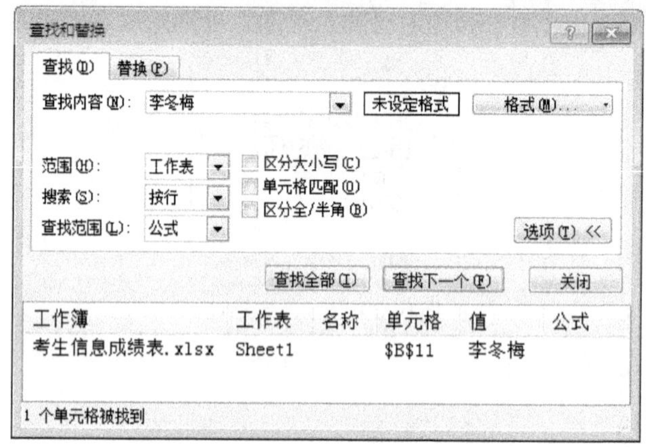

图 6-22 “查找和替换”对话框

6.2.6 替换数据

Excel 的替换功能除了能找到指定内容外，还可以一次替换多处相同的内容。

假如要将表中的“成绩”一词替换为 “分”，则操作如下。

单击“查找和选择”按钮，在弹出的菜单中选择“替换”命令。打开“查找和替换”对话框，在“查找内容”文本框中输入“成绩”，在“替换值”文本框中输入“分”，如图 6-23 所示。单击“查找下一个”按钮，Excel 就会自动找到第一个，如果需要替换，就单击“替换”按钮。如果直接单击“全部替换”按钮，就可以把选定范围内全部的符合条件的字符替换掉了。

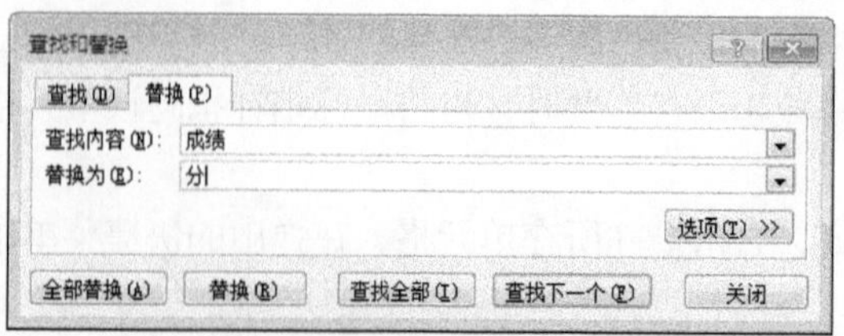

图 6-23 替换对话框示例

6.2.7 清除和删除

1．清除单元格

在Excel中，既可清除指定范围的内容（公式和数据），也可清除指定单元格或单元格区域的格式或批注；与删除区别是：清除内容后仍然保留空白单元格，而删除是将其所占单元格从空间上删除。

具体操作如下。

① 选定需要清除格式或内容的单元格或单元格区域。

② 若只删除内容，可直接按“Delete”键，但保留其中的批注或单元格格式；若要清除格式或全部，就单击“编辑”组“清除”按钮后在下拉菜单中按需要选择相应命令，如图6-24所示。

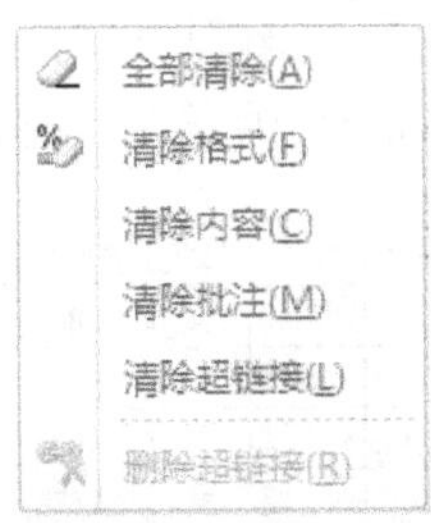

图6-24 清除菜单

此时若选择“全部清除”命令，能够清除内容、格式和批注；若选择“清除格式”命令，则只清除单元格格式，包括数字、字体、边框、图案等所有格式，但不清除内容。单元格的内容一旦清除了，那么清除后单元格的值为0（零），且引用该单元格的公式会收到一个相应值，从而改变公式的计算结果。

2．删除单元格

删除功能将指定单元格或单元格区域从工作表中移除，删除单元格后，将自动调整周围的单元格填补删除后的空缺。删除单元格的操作和插入单元格的操作类似，在此不再累述。

3. 删除行或列

与插入行或列操作类似，要删除行或列，应选择好要删除行或列后，单击“编辑”组上的“删除”按钮的“删除工作表列”；也可右击选定的行或列，在弹出的快捷菜单中选择“删除”命令。

6.2.8 移动、复制单元格或单元格区域

移动和复制单元格的方法很多，近距离的移动或复制使用鼠标拖动法，远距离移动或复制使用命令操作法。无论哪一种，都需要先选定需要移动或复制的单元格或单元格区域，再移动或复制。

方法一：鼠标拖动法

移动：鼠标指向被选中的单元格或单元格区域的边缘上，当鼠标指针变为箭头时，直接拖动至目标单元格。

复制：移动鼠标至被选中的单元格或单元格区域的边缘上，当鼠标指针变为箭头时，按住Ctrl键的同时拖动至目标单元格。

但对于不同工作表甚至不同工作簿之间数据的移动和复制，即远距离的移动和复制不能使用拖动法，而要使用命令操作。

方法二：命令操作法

移动：选中需移动的单元格或单元格区域，单击“开始”功能区左边的“剪切”按钮，选定目标位置，单击“粘贴”按钮。

复制：选中需复制的单元格或单元格区域，单击“开始”功能区左边的“复制”按钮，选定目标位置，右击，根据实际需要在弹出的快捷菜单中选择恰当的“粘贴选项”。

6.3 用公式或函数计算

【任务 6-3】 理解公式和函数，并能正确统计 “考生信息成绩表”中 “总成绩”和“综合成绩”、成绩排名或等级，各类成绩的平均分、最高分、最低分，参加考试人数、及格人数等。

Excel 2010 为用户提供了方便数据自动统计功能，如图 6-25 所示，如果选择所有考生专业成绩，在窗口底端状态栏上就会自动显示出所选单元格区域的平均值、人数及总和。

	A	B	C	F	G
5	考试序号	姓名	性别	专业成绩	文化成绩
6	1001	刘丽梅	女	86	81
7	1002	于姗姗	女	75	80
8	1003	吴　江	男	90	86
9	1004	冉　婕	女	87	76
10	1005	李冬梅	女	89	74
11	1006	田海艳	女	67	56
12	1007	王海涛	男	94	75

Sheet1 Sheet2

平均值: 84　计数: 7　求和: 588　100%

图 6-25　自动统计举例

当然，所选范围也可以是不连续的单元格或单元格区域，即所选数字可以不排列在一起，也不必处于同一行或同一列中，只需按下 Ctrl 键再选中其他数字单元格，就可以对工作表中任意位置的数字进行求和。

通常我们需要将统计结果显示在指定的某一单元格内，方便随时查看。此外，Excel 还提供了丰富的统计计算功能，操作更轻松快捷。

6.3.1 公式

1．公式的组成

公式是工作表中对数据进行计算和分析的式子，是一个由运算符连接运算对象组成的表达式。其中运算符有：算术运算符、比较运算符、文本运算符、引用运算符 4 种类型；运算对象可以是数值常量、单元格或单元格区域引用、标志、名称或函数。

下面是一个典型的 Excel 公式。

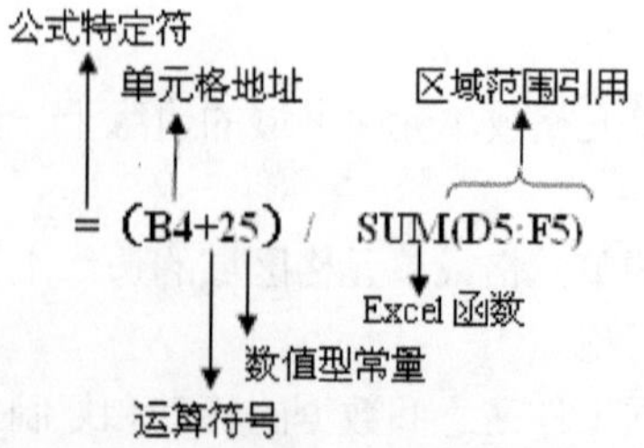

Excel 公式中的 4 类运算符分别是算术运算符、比较运算符、文本运算符和引用运算符。

① 算术运算符包含+（加）、-（减）、*（乘）、/（除）、^（乘方）、%（百分比）。

其中* / ^ 分别代表数学运算符中的 $\times$ $\div$ x^n ，算术运算符与数值型数据组合成为算术表达式后，计算结果仍为一数值，如图 6-26 所示。

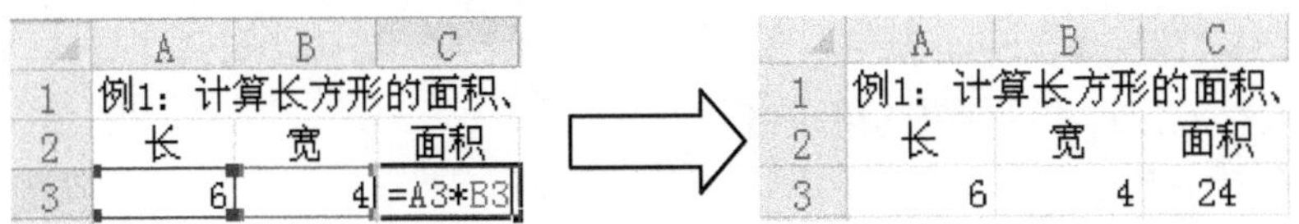

图 6-26　算术运算举例

② 比较运算符包含 = <> <= >= <>，分别代表了等于、不等于、小于等于、大于等于和不等于等关系运算，由比较运算符连接的表达式产生的运算结果为逻辑值：TRUE 或 FALSE，如图 6-27 所示。

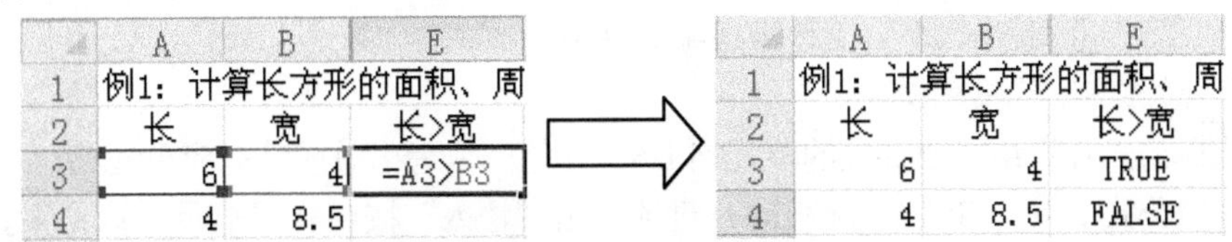

图 6-27　比较运算举例

③ 文本运算符只有& ，其功能是对两个文本进行连接，运算结果仍为一个文本，如图 6-28 所示。

图 6-28　文本连接运算举例

④ 引用运算符有两种，分别如下。

区域运算符——冒号“:”，表示一块连续的单元格区域的引用。

连接运算符——逗号“,”，用于连接两个或更多不连续的单元格或单元格区域引用。

例如，图 6-29 中选定的连续单元格区域表示为 B2：C4，图 6-30 中选定的不连续单元格区域表示为 A1：B2，B3：C4。选择不连续单元格区域需按住 Ctrl 键。

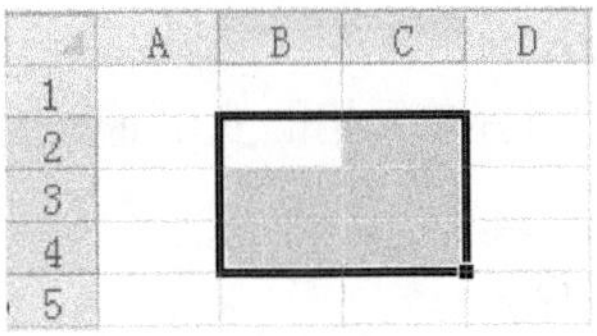

图 6-29　连续单元格区域的表示举例

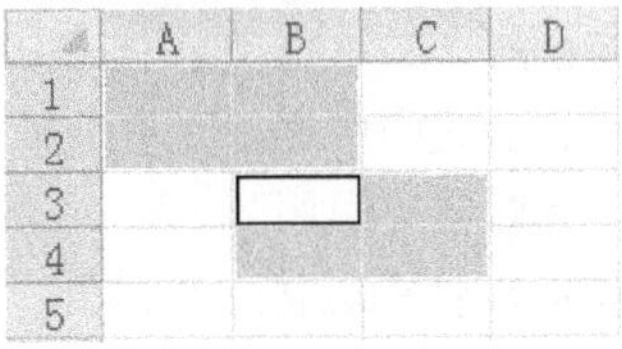

图 6-30　不连续单元格区域表示举例

2．运算符优先次序及公式的输入

当一个公式中有多种运算时，就涉及运算符优先次序。Excel 公式中运算符的优先次序从高到低依次是引用运算符冒号（:）、逗号（,）、负号（-）、百分号（%）、乘方（^）、乘和除（*和/）、加和减（+和-）、连接符（&）、比较运算符（=，<，>，<=，>=，<>）。

另外，Excel 遵从“由内到外，由左到右”的运算规则。若要改变计算次序，可用括号将公式中某部分括起来，括号在公式中的优先级最高，如图 6-31 所示。

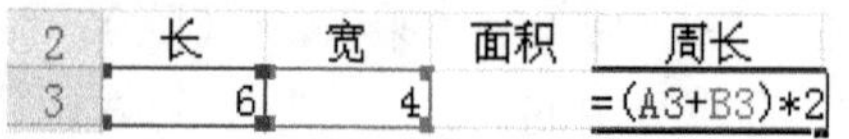

2	长	宽	面积	周长
3	6	4		=(A3+B3)*2

图 6-31　用括号提高公式中的优先级示例

输入公式的具体操作步骤如下。

① 选择要存放公式计算结果的单元格。

② 输入等号“=”号。

③ 编辑公式（其中公式中引用的单元格地址可用鼠标选择，也可直接通过键盘输入，前者更快速、准确）。

提醒：一切公式均以等号“=”开头，运算符必须在英文标点符号状态下输入。

【例 6.4】用公式计算“考生信息成绩表”中考生的“总成绩”和“综合成绩”。

总成绩=专业成绩+文化课成绩

综合成绩=专业成绩×70%+文化课成绩×30%

计算“总成绩”的具体操作如下。

① 选择公式计算结果要存放的单元格 H6，即第一位考生总成绩对应单元格。

② 编辑公式“=F6+G6”，并按 Enter 键或单击“输入”按钮✓可显示计算结果。

在编辑公式过程中，通常用鼠标逐个单击参与运算的单元格，并输入连接它们之间的运算符，最后按 Enter 键确认。公式编辑过程中，被引用的单元格会以不同色彩方框显示，方便用户确认参与运算的单元格是否正确，如图 6-32 所示。

	A	B	C	D	E	F	G	H
5	考试序号	姓名	性别	身份证号码	联系电话	专业成绩	文化成绩	总成绩
6	1001	刘 丽 梅	女	532401199606010042	08772058634	86	81	=F6+G6

图 6-32　公式编辑举例

如果公式中直接输入具体的数值，即“=86+81”，计算结果就是一个固定不变的值。即便今后发现数据输入错误，修改参与运算的单元格数据，计算结果也不会随之改变。所以，在输入公式时，通常是引用相应单元格的地址，而不是输入固定不变的数据。当公式中引用的单元格数据发生变化时，Excel 能自动对相关的公式重新进行计算。这就是 Excel 所特有的公式自动跟踪计算功能。

第一位考生的总成绩计算正确后，将鼠标指向该要复制公式的单元格 H6 的右下角，当鼠标标指针变为填充柄时，向下拖动至 H12，就可得出所有考生的总成绩。

在复制公式时，公式中引用单元格地址会随复制目标单元格的变化而变化，这种对单元格地址的引用称为“相对地址引用”。

相对地址的表示方法是<列标><行号>，如 F6、G6。

计算“综合成绩”的具体操作如下。

① 选择公式计算结果要存放的单元格 I6。

② 编辑公式“=F6*C4+G6*E4”，按 Enter 键后显示计算结果。

同样，使用填充柄将此公式复制到下方其余单元格 I12，此时你会发现其余考生的综合成绩计算结果错误，如图 6-33 所示。

考试序号	姓名	性别	身份证号码	联系电话	专业成绩	文化成绩	总成绩	综合成绩
1001	刘丽梅	女	532401199606010042	08772058634	86	81	167	84.5
1002	于珊珊	女	532401199509050026	13577758633	75	80	155	#VALUE!
1003	吴　江	男	532401199602040013	13578965423	90	86	176	#VALUE!

图 6-33　复制计算综合成绩公式后的出错结果

此时，要查看出错原因，可直接双击出错单元格，即可看到该公式中引用单元格出错，如图 6-34 所示。

	A	B	C	D	E	F	G	H	I	
4		专业课：	70%	文化课：	30%					
5	考试序号	姓名	性别	身份证号码	联系电话	专业成绩	文化成绩	总成绩	综合成绩	等
6	1001	刘丽梅	女	532401199606010042	08772058634	86	81	167	84.5	
7	1002	于珊珊	女	532401199509050026	13577758633	75	80	1	=F7*C5+G7*E5	

图 6-34　查看结果出错单元格的引用

我们发现各成绩所占比重 C4：E4 单元格地址在公式复制过程中也随目标单元格的变化而变化。但实际上并不希望这几个单元格的地址随目标单元格变化。

当复制公式时，公式中引用单元格地址不随复制目标单元格的变化而变化，这种对单元格地址的引用称为“绝对地址引用”。

绝对地址的表示方法是：$<列号>$<行号>，如C4.E4。（按 F4 键可在相对地址与绝对地址之间转换）

此时，只需把第一位考生综合成绩的计算公式“=F6*C4+G6*E4”修改为“=F6*C4+G6*E4”，之后拖动填充柄至最后一位考生综合总成绩所在单元格 I12，即可得到所有考生综合成绩正确的计算结果。

3．公式的显示与编辑

一个单元格可以包括公式、值、格式和批注等几方面内容。通常单元格中显示公式计算结果，公式显示在编辑栏。若要查看某一单元格的公式，双击公式所在单元格，其公式便会显示在单元格或编辑栏的编辑框中。

若想要查看工作表中的全部公式，可通过按 Ctrl+ ` 组合键（ ` 位于主键盘区左上角，须在半角状态下输入）。再按 Ctrl+ ` 组合键则显示公式计算结果。

若要修改公式，选择欲修改公式的单元格，按 F2 键，可在编辑栏或单元格中修改。

若要消除公式，双击欲消除公式的单元格后，按 F9 键，相应单元格的值成为固定值 。

若要复制公式可使用以下方法。

① 用“填充柄”可复制单元格的公式及格式（不含批注）。

② 过“复制”，选定目标位置，右击并在弹出的快捷菜单中选择“粘贴”按钮 。

可根据实际需要在“粘贴选项”中单击相应的按钮实现各种粘贴。通常粘贴全部、值、公式和格式，如图 6-35 所示。Excel 2010 新增了“带实时预览的粘贴功能”，当鼠标指针指向各个粘贴选项时都可提前预览结果。

图 6-35　粘贴选项菜单

6.3.2 函数

如果使用公式计算“考生信息成绩表”中所有考生专业成绩的平均分，那么公式为：=（F6+F7+F8+F9+F10+F11+F12）/7。

本例为使操作结果简洁明了，只列举了 7 名考生。而实际应用中，至少有上百名考生。若继续使用公式来计算显然不可取。若用求平均值函数，则公式为：= Average（F6:F12）。由此可见，使用函数计算更方便、快捷。

1．函数的概念

函数是 Excel 自带的一些预先定义好的公式。Excel 提供了常用函数、全部、财务、日期与时间、数学与三角函数、统计、查找与引用、数据库、文本、逻辑、信息 11 类 300 多种函数。每个函数由函数名及其参数组成。

函数的一般形式如下。

函数名（参数 1，参数 2 ， …）

函数名代表函数功能，不同类型的函数要求给定不同类型的参数，部分函数的参数多达 30 个。若函数以公式的形式出现，应在函数名前输入等号“=”。

注意：个别函数没有参数，对于没有参数的函数，括号不能省略，且括号中并无空格。如 TODAY()、DATE()、NOW() 等。

2．常用的函数及其功能

经常使用的函数有 Sum、Average、Max、Min、If、Count、COUNTIF、RANK 等，其功能如下。

① 求和函数 SUM。返回单元格区域中所有数值的总和。

② 求平均值函数 AVERAGE。计算参数的算术平均数。

③ 求最大值函数 MAX。返回一组数当中的最大值。

④ 求最小值函数 MIN。返回一组数当中的最小值。

⑤ 条件函数 IF。根据指定条件进行逻辑判断并返回不同结果。

⑥ 计数函数 COUNT。统计数值型数据单元格的个数。

⑦ 条件统计函数 COUNTIF。统计满足条件的单元格个数。

⑧ 排名函数 RANK。数据在表中的排名顺序。

⑨ 系统日期时间函数 NOW。返回系统当前的日期和时间。

3．常用的函数举例

【例 6.5】用函数统计所有考生的总成绩。

具体操作如下。

① 选中第一位考生总成绩结果要存放的单元格 H6。

② 单击“开始”功能区“编辑”组“求和”按钮Σ，此时系统自动选定当前单元格左边所有的数值单元格为默认的求和范围，且在编辑栏也显示出求和函数的名称及其参数。

③确定求和范围无误后，单击“输入”按钮✔或按 Enter 键计算出第一位考生的总成绩。

④ 使用填充柄将该单元格的公式复制给其余考生的总成绩单元格，就计算出所有考生的总成绩了。

SUM 函数不仅能对连续单元格区域的数据进行求和，也能对不连续单元格区域的数据求和。唯一不同的是，求和范围的选择需按住 Ctrl 键的同时拖动鼠标再选。

【例 6.6】使用函数计算“专业成绩”和“文化成绩”的平均分。

① 选中专业成绩的平均分要存放的单元格。

② 单击“求和”按钮的下拉按钮Σ ▾，在弹出的下拉菜单中选择“平均值”命令，如图6-36所示，此时当前单元格上方所有的数值单元格均被自动选为默认的统计范围，且在编辑栏显示出平均函数的名称及其参数。

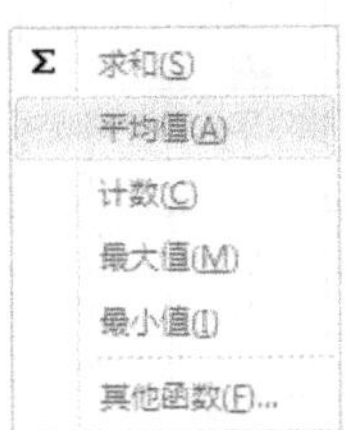

图 6-36 自动求和下拉菜单

③ 单击“输入”按钮✓或直接按Enter键后，即可计算出“专业成绩”的平均分；拖动“填充柄”至I13单元格就可计算出所有成绩的平均分。

用类似的方法分别用“最大值”、“最小值”统计两类成绩的最高分和最低分，不再赘述。

【例6.7】统计参加考试的人数。

参加考试人数可以通过“计数”Count 函数实现，此函数只能统计数值型数据单元格的个数，所以用户不能用统计考生姓名所在单元格的个数，而是统计从第一位到最后一位考生在某一列成绩（如综合成绩）中的单元格个数。

具体操作如下。

① 选择统计结果要存放的单元格。

② 单击常用工具栏上“求和”下拉按钮，在下拉菜单中选择“计数”命令，选择计数的范围并按Enter键，统计结果为7，即有7人参加考试。此时若清除计数范围中某一单元格的数据，统计结果会随之变为0。

【例6.8】根据考生的综合成绩决定是否录取，假设录取分数线为83分，那么83分以上的考生在“是否录取”一列显示“录取”，否则显示“继续努力”。

根据指定条件满足与否在单元格中显示不同的数据时，使用IF函数。

具体操作如下。

① 选中第一位考生“是否录取”列所在单元格。

② 单击编辑栏上的“插入函数”按钮 f_x。

③ 在弹出的“插入函数”对话框中选择IF函数并单击“确定”按钮。

④ 在“函数参数”对话框中输入3个参数的值，如图6-37所示，单击“确定”按钮。

⑤ 用填充柄将该单元格的公式复制给下方其余单元格，就可得到每位考生的录取情况。

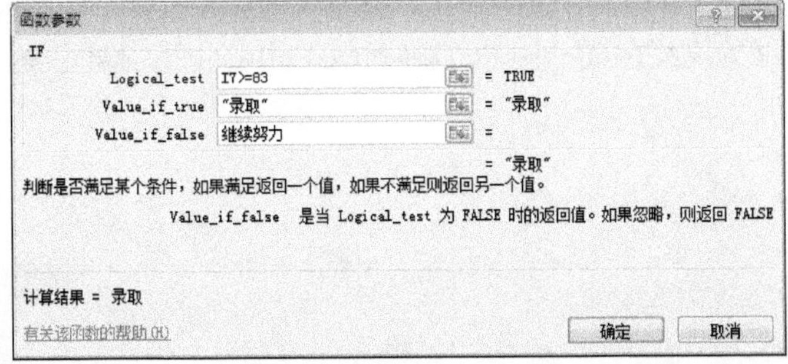

图 6-37 “函数参数”对话框

【例 6.9】根据“综合成绩”的值给出相应等级：综合成绩在 85 分以上的为 A，在 80 至 85 分的为 B，80 分以下的为 C，如图 6-38 所示。

考试序号	姓名	性别	专业成绩	文化成绩	总成绩	综合成绩	等级
1001	刘丽梅	女	86	81	167	84.5	B
1002	于珊珊	女	75	80	155	76.5	C
1003	吴　江	男	90	86	176	88.8	A
1004	冉　婕	女	87	76	163	83.7	B
1005	李冬梅	女	89	74	163	84.5	B
1006	田海艳	女	67	56	123	63.7	C
1007	王海涛	男	94	75	169	88.3	A

6-38　考生综合成绩排名结果

多条件的 IF 函数可判断当前单元格中的值到底满足多个条件中的其中之一，从而返回不同的结果。具体操作如下。

① 选中第一位考生对应的“等级”字段值所在单元格，编辑如下公式：=if(I6>=85,"A",if(I6>=80,"B","C"))。

② 按 Enter 键确认后，第一位考生的等级就显示出来，接着使用填充柄将此公式复制给下方其余单元格，就可算出所有考生的成绩等级。

公式中每一对括号都会以不同颜色显示，方便用户编辑，不易出错。多条件的 IF 函数，也称为 if 函数的嵌套，即函数内的参数又是一个函数。Excel 中相同或不同的函数在使用时可根据需要适当嵌套使用。

【例 6.10】按综合成绩排名。

排名函数 RANK 功能是：数据在表中的排名顺序，返回某数字在一列数字中相对于其他数值的大小排位。其格式为： RANK(Number,Ref,Order)。

各参数说明如下。

Number 为指定的数字，即要参加排名的数值。

Ref 为一组数或对一个数据列表的引用，即参加排名的范围，非数字值将忽略。

Order 为指定排位的方式，若为 0 或忽略，按降序排位；若为非零值，按升序排位。

具体操作如下。

① 选择第一位考生对应排名所在单元格。

② 单击插入函数按钮 *fx*，在弹出的“插入函数”对话框中选择类别为“全部”并在选择列表中选择 RANK 函数后，单击“确定”按钮。

③ 在弹出的函数参数对话框中设置 3 个参数，如图 6-39 所示。

特别提醒：其中的 Ref 参数在本例中为欲排名的数值范围，只需在工作表中选取所有考生的综合成绩，再对该地址按 F4 键，使之成为绝对地址引用，确保排名正确。

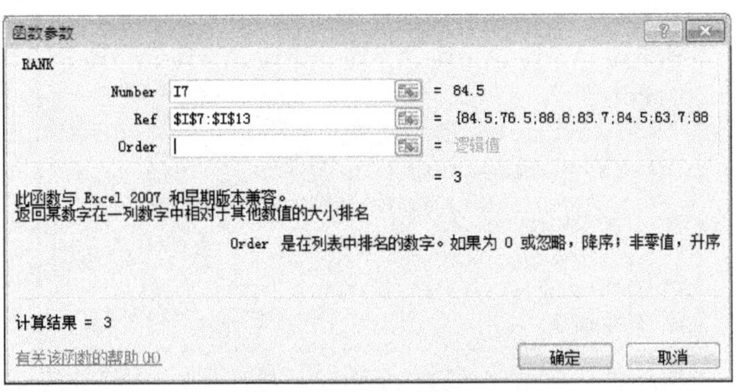

图 6-39　排名函数参数设置对话框

单击“确定”按钮后，即可得到第一名考生综合成绩在所有考生中的排名。使用填充柄复制此公式到其余考生相应的排名单元格中，即得排名结果，如图 6-40 所示。

考试序号	姓名	性别	专业成绩	文化成绩	总成绩	综合成绩	等级	排名
1001	刘丽梅	女	86	81	167	84.5	B	**3**
1002	于珊珊	女	75	80	155	76.5	C	**6**
1003	吴　江	男	90	86	176	88.8	A	**1**
1004	冉　婕	女	87	76	163	83.7	B	**5**
1005	李冬梅	女	89	74	163	84.5	B	**3**
1006	田海艳	女	67	56	123	63.7	C	**7**
1007	王海涛	男	94	75	169	88.3	A	**2**

图 6-40　排名结果

若很熟悉函数可在编辑栏直接输入公式，从而替代在函数参数对话框中设置。

【例 6.11】统计录取人数。

计数函数 COUNTIF 可以用来统计满足条件的单元格个数。所以录取人数可以通过统计所有考生综合成绩满足“>=83”的单元格个数，或者统计“是否录取”列中值为“录取”的单元格个数，其统计结果都相同。

具体操作如下。

① 选中存放录取人数所在单元格。

② “插入函数”按钮 *fx*，在弹出的按钮“插入函数”对话框中选择类别为“全部”，并在选择列表中选择 COUNTIF 函数，单击“确定”按钮。

③ 在函数参数对话框中有两个参数：第一个参数 Range 通常在表格中选取统计范围，第二个参数 Criteria 直接输入条件“>=83”，如图 6-41 所示。单击“确定”按钮后，即可统计出录取人数。

特别提醒：直接输入条件的“>=83”时，与 IF 函数有明显区别。

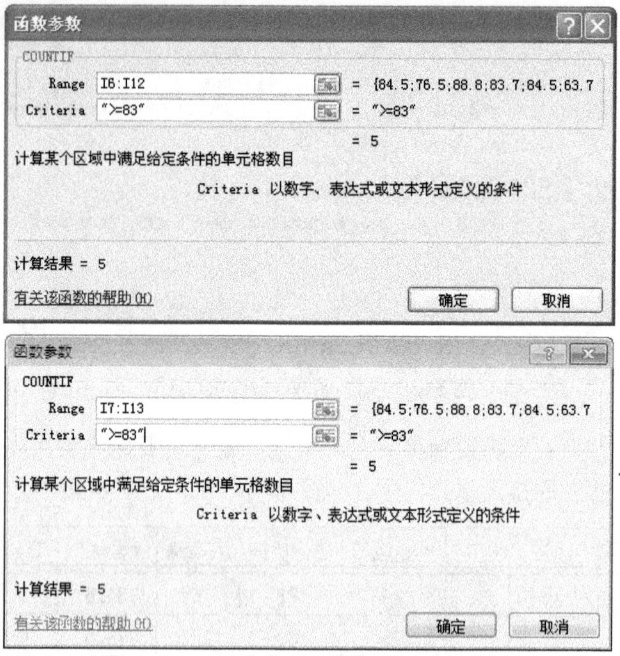

函数参数

COUNTIF

Range I6:I12 = {84.5;76.5;88.8;83.7;84.5;63.7

Criteria ">=83" = ">=83"

= 5

计算某个区域中满足给定条件的单元格数目

Criteria 以数字、表达式或文本形式定义的条件

计算结果 = 5

有关该函数的帮助(H) 确定 取消

函数参数

COUNTIF

Range I7:I13 = {84.5;76.5;88.8;83.7;84.5;63.7

Criteria ">=83" = ">=83"

= 5

计算某个区域中满足给定条件的单元格数目

Criteria 以数字、表达式或文本形式定义的条件

计算结果 = 5

有关该函数的帮助(H) 确定 取消

图 6-41 COUNTIF 函数参数对话框示例

6.4 格式化工作表

【任务 6-4】美化“考生信息成绩表”。

格式化工作表是为了使表中的数据重点突出、简单明了、美观大方、可读性强。主要通过对数字格式、对齐方式、字体、边框、图案等格式的设置，及行高与列宽的调整达到美化表格的目的。

格式设置，可通过“开始”功能区的“字体”、“对齐方式”、“数字”、“样式”组中的常用命令按钮，或右击，在弹出的快捷菜单中选择“设置单元格格式”命令，在弹出的“设置单元格格式”对话框中设置。

例如，将编辑统计后的“考生信息成绩表”格式化为图 6-42 所示的效果。

考生信息成绩表

各类成绩所占比重：

专业课：70%　　文化课：30%

考试序号	姓名	性别	身份证号码	联系电话	专业成绩	文化成绩	总成绩	综合成绩	等级	排名	是否录取
1001	刘丽梅	女	532401199606010042	08772058634	86	81	167	84.5	B	3	录取
1002	于珊珊	女	532401199509050026	13577758633	75	80	155	76.5	C	6	继续努力
1003	吴江	男	532401199602040013	13578965423	90	86	176	88.8	A	1	录取
1004	冉婕	女	532401199606130002	13988453698	87	76	163	83.7	B	5	录取
1005	李冬梅	女	532401199704200028	08772654896	89	74	163	84.5	B	3	录取
1006	田海艳	女	532401199512300048	08715359786	67	56	123	63.7	C	7	继续努力
1007	王海涛	男	532401199408211017	08715355698	94	75	169	88.3	A	2	录取
成绩统计			平均分		84	75	159	81			
			最高分		94	86	176	88.8			
			最低分		67	56	123	63.7			
人数统计			参加考试人数		7						
			录取人数		5						

图 6-42 格式化后的考生信息成绩表

6.4.1 对齐方式的设置

1. 标题的设置

具体操作如下：选中 A1：L1 单元格区域，单击“对齐方式”组中的“合并后居中”按钮，并设置恰当的字体及字号（字体、填充设置较为简单，不再赘述）。

2. 表头的设置

表头需要突出显示，此时若想将整个表格以纸张纵向打印，选择“文件”→“打印”命令，此时将发现后面几列打印到了第二页。如果希望在一页内打印整个表格，除了更改纸张方向外，还可以调整列宽。单击开始功能区返回到表格编辑状态下，将列宽调窄后，将发现表头部分单元格内的数据显示不完整，如图 6-43（a）所示。此时只需单击自动换行按钮，再调整行高即可，如图 6-43（b）所示。

试序	姓名	性别	身份证号码	联系电话	业成	化成	总成绩	合成	等级	排名	是否录取

（a）

考试序号	姓名	性别	身份证号码	联系电话	专业成绩	文化成绩	总成绩	综合成绩	等级	排名	是否录取

（b）

图 6-43 设置表头自动换行前后的效果

3. 表中其余单元格的设置

在最后一位考生数据所在行与平均分所在行之间有一空行，目的是能明显分隔上下两部分数据，也便于今后对数据清单的操作。选中该行在表格中对应的单元格区域 A14：L14，单击“合并后居中”按钮，并用浅黄色填充。

接着将“成绩统计”、“人数统计”、“平均分”等单元格均设为合并后居中的格式，如图 6-42 所示。

“格式刷”是用于复制单元格格式用的。当设置好一种单元格的格式后，其它单元格若也希望设置成这种格式，则无需重复操作。Excel 提供了非常简单快捷的方法可以将当前单元格的格式复制给其他单元格，即“格式刷”按钮，令复制格式的操作更加方便快捷。

具体操作如下：选中要复制格式的单元格（源），双击“格式刷”按钮后，在目标单元格上单击或拖动，只要刷过的地方都能复制到同样的格式。它是开关按钮，格式复制完后再次单击该按钮可以关闭此功能，从而恢复正常编辑状态。

此外，通过方向按钮还可将文本的方向设置为垂直或旋转，请大家亲自动手实践。

“姓名”一列有两个字和三个字，选中所有考生的姓名所在单元格再单击“对齐方式”组右下角的箭头按钮，在弹出的“设置单元格格式”对话框中“对齐”选项卡下设置水平对齐方式为“分散对齐（缩进）”。

最后，选中整个表格中的所有数据单击居中按钮。

6.4.2 数字格式的设置

通常情况下，由数字组成的数据在系统默认状态属于数值类型，根据需要可以将其设置为货币、日期、百分数、文本等多种类型。Excel 提供了丰富的数据格式供用户选择，通过“设置单元格格式”对话框中的“数字”选项卡，还可以选择常规、数值、货币、日期、时间、文本

等格式进一步设置。

【例 6.12】将专业课、文化课所占比重 0.7、0.3 所在单元格的设为百分比样式。

具体操作如下：选中设置范围，即单元格 C4，E4，再单击“数字”组中的“百分比样式”按钮%即可将小数转换为百分数。

再如，选中所有考生的综合成绩所在单元格区域 I7：I13，单击“数字”组中的“减少小数位数”按钮.00→.0，将其设为一位小数。也可通过右击，在弹出的快捷菜单中选择“设置单元格格式”命令，在弹出的“设置单元格格式”对话框中选择“数字”选项卡，将“数值”的小位数设置为 1 位。平均分所在单元格 F15：I15 的设置也如法炮制。

另外，“设置单元格格式”对话框中选择“数字”选项卡还可设置货币、日期、时间、分数、文本等格式，如图 6-44 所示。

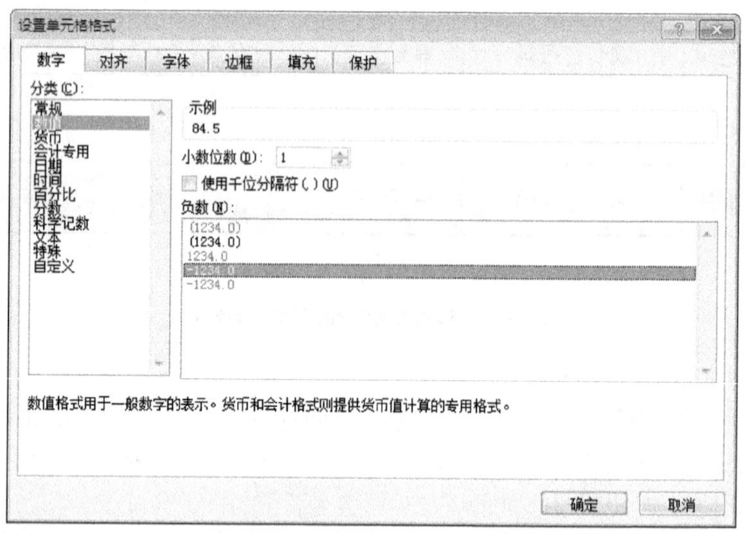

图 6-44　数字格式示例

6.4.3　行高与列宽的调整

在新建工作簿中，工作表的行高和列宽都使用系统的默认值，即标准行高和标准列宽。当用户增大某一单元格的字号并双击该行行号下方的线条时，系统会自动调整行高；在不改变字号时希望改变行高，就需调整行高。当用户输入的数据过长时，会显示在其右的单元格内，当然，完整的数据仍然存放在该单元格中；或者公式或函数计算的结果数据较长，超出了默认的列宽时，单元格则会显示一系列“######”，此时适当调整单元格的列宽，才能将数据完整地显示出来。行高或列宽的调整方法常见的有如下两种。

1. 鼠标调整法

使用鼠标调整行高或列宽，方便直观。只需将鼠标指针移至需调整行的下方线条时，鼠标指针变成✛形状时，向上或向下拖动鼠标，在拖动过程中行高就随之改变，并且旁边显示出相应的行高，当改变到需要的高度时，松开鼠标左键，即可完成改变行高的操作。

同样，若要调整列宽，只需将鼠标指针移至需调整列列标右侧的线条上，当鼠标指针变成✛形状时，向左或向右拖动鼠标，在拖动过程中列宽就随之改变，并且旁边显示出相应的列宽，当改变到需要的宽度时松开鼠标左键，即可完成改变列宽的操作。

2. 菜单调整法

单击“单元格”组中的“格式”下拉按钮，在弹出的菜单中选择相应的命令可指定具体的行高或列宽，也可自动调整，还可恢复系统默认的列宽，如图 6-45 所示。请调整“考生信息成绩表”中的行高和列宽，效果如图 6-42 所示。

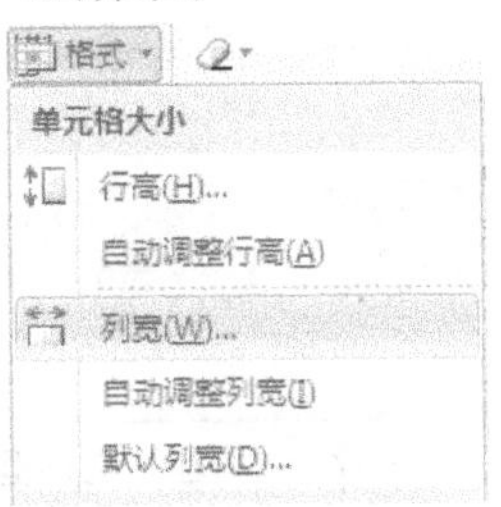

图 6-45 单元格格式菜单

6.4.4 行、列的隐藏

当编辑一个大规模的工作表时，有时希望只显示关注的列或行，而暂时不关注的行或列可以隐藏起来，以方便用户浏览或修改。

【例 6.13】在最终浏览“考生信息成绩表”时，考生更关注成绩与最终录取情况，此时可将身份证号码及联系电话两列隐藏。

具体操作如下。

① 选中隐藏的 D : E 两列并在其范围内右击，在弹出的快捷菜单中选择“隐藏”命令。

② 若要取消隐藏，则选中隐藏列的前后两列并并在其范围内右击，选择“取消隐藏”命令。

6.4.5 条件格式的设置

Excel 2010 提供了丰富直观的条件格式，使用条件格式中的色条、图标可以直接在数据中标注。它提供了突出显示单元格规则、项目选取规则，以及数据条、色阶和图标集，可以更轻松地应用条件格式，实施和管理多个条件格式，自由控制图标集的显示，以便更加准确地通过图示展现数据。

【例 6.14】将“考生信息成绩表”中专业成绩、文化成绩 90 分以上（包含 90）、小于 60 分的单元格突出显示。

具体操作如下。

① 选中设置条件格式的范围，即所有考生的专业课成绩所在单元格区域 F7 : F13。

② 单击“样式”分组中的“条件格式” 按钮，在“突出显示单元格规则”中选择“其他规则”，在“新建格式规则”对话框进行设置，如图 6-46 所示，单击“确定”按钮。

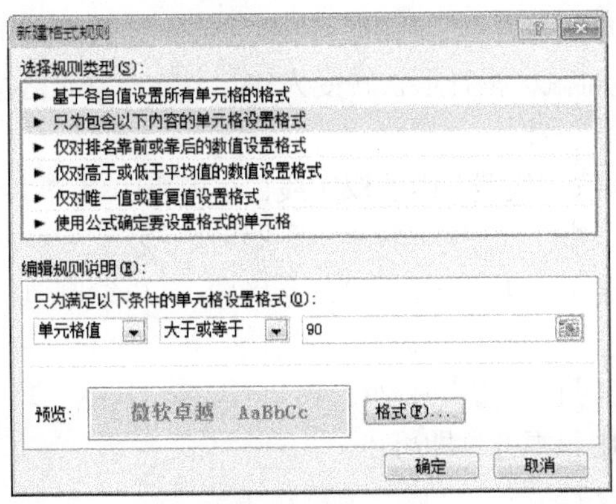

图 6-46 新建格式规则

也可选择 “介于”规则，在相应对话框中设置条件如图 6-47 所示。单击“确定”按钮，即可得到明显的结果。用同样的方法设置所有考生的文化成绩的条件格式，如图 6-48 所示，从而使表中成绩突出的单元格一目了然，如图 6-49 所示。

图 6-47 “介于”对话框

图 6-48 “小于”对话框

专业成绩	文化成绩
86	81
75	80
90	86
87	76
89	74
67	56
94	75

图 6-49 设置条件格式的结果

若要清除条件格式，则选定要删除条件格式的单元格，再选择“清除规则”→“清除所选单元格的规则”命令。

6.4.6 边框的设置

我们在工作表编辑区看到的线条叫网格线，显示网格线是为了方便用户编辑，打印预览时网络线是不显示的，当然也不打印。如果要给表格加上边框，可通过“边框”下拉列表按钮 进行设置。通常先选中要设置边框的表格所在单元格区域，设置“所有框线”，整个表格就设置好边框，若想使外边框线条粗一些，再设置粗框线即可。

【例 6.15】将“考生信息成绩表”中表格内容所在区域 A6 : L19 设置内框线为点画线，外框线为双实线。

具体操作如下。

① 单击“边框”下拉列表按钮 ，在列表中指向“线型”中的点画线，再在列表中单击“绘制边框网络”命令，此时鼠标指针形状转变为 ，从 A6 单元格拖动鼠标至 L19 单元格，表格中所有框线都设置成了点画线。

② 用类似的方法，再选“线型”中的双实线，在列表中单击“绘制边框”命令 ，从 A6 单元格拖动鼠标至 L19 单元格，表格中外框线都设置成了双实线。

③ 如果要设置边框颜色，也可先设置“线条颜色”，再绘制边框，方法多种多样，请大家多动手实践，熟能生巧。

④ 编辑工作表时，有时也希望隐藏网络线。只需在“视图”功能区中取消选中“网络线”复选框。若想恢复，再选中该复选框即可。

6.4.7 套用表格格式

Excel 2010 的套用表格格式功能可以根据预设的格式快速美化表格，从而节省格式化的许多时间，同时使表格符合数据清单的要求。套用表格格式步骤如下。

把鼠标定位在数据区域中的任何一个单元格，单击“开始”功能区“样式”组中的“套用表格格式”按钮，选择自己所需要的表格样式，此时 Excel 2010 自动选中表格范围，单击“确定”按钮应用表格样式。

建议“套用表格格式”与“单元格样式”配合使用，能提高格式化工作表的效率。

6.4.8 设置单元格、工作表或工作簿的保护

在 Excel 2010 中，有时表中数据比较重要，为防止被非法用户查看或修改其中数据，有必要采取保护措施。

Excel 2010 保护分为 3 个层次。

① 单元格的保护。选定要保护的单元格区域，在“单元格”组中“格式”下拉列表中单击“锁定单元格”按钮。

提醒：单元格的保护，必须先锁定单元格后，再设置工作表保护后才有效。

② 工作表的保护。在“格式”下拉列表中单击“保护工作表”命令，或在“审阅”功能区的“更改”分组中单击“保护工作表”按钮，在弹出的“保护工作表”对话框中设置密码，如图 6-50 所示，“确定”后，在“确认密码”对话框中再输入一次密码，单击“确定”按钮。

③ 工作簿的保护。在“审阅”功能区的“更改”分组中单击“保护工作簿”按钮；在弹出的“保护结构和窗口”对话框中输入密码，如图 6-51 所示，“确定”后，在“确认密码”对话框中再输入一次密码，单击“确定”按钮。

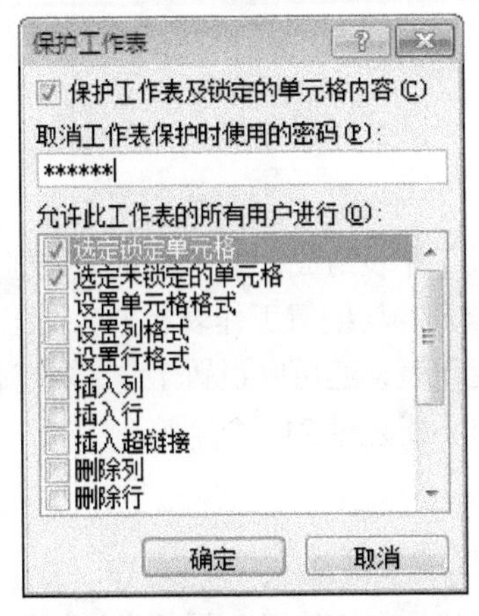

图 6-50 “保护工作表”对话框

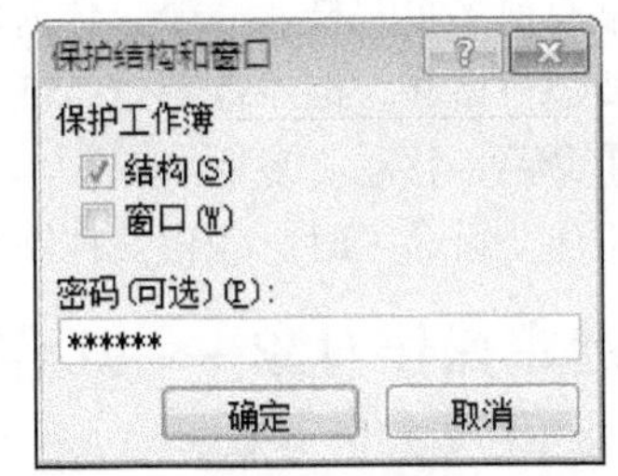

图 6-51 “保护结构和窗口”对话框

6.4.9 设置工作表的背景

在工作表中使用背景图片可以让表格更具个性、更为美观。具体操作：单击“页面布局”功能区 “背景”按钮，在弹出的“工作表背景”对话框中选择一张图片“插入”。

在默认情况下，背景图片会平铺在整张工作表中，且网格线显示在背景图片周围，从而影响界面的美感。为使背景与工作表内容更和谐，通常取消网格线。

如果不希望背景图片在整个工作表中平铺显示，而是希望仅在指定的单元格区域中显示背景，可以在设置工作表背景后再如下操作。

① 单击工作区左上角的全选按钮，然后按 Ctrl+1 组合键调出“设置单元格格式”对话框，在“填充”选项卡中，选择“白色”为单元格填充色。

② 选定需要背景的单元格区域，如标题到表格最后一个单元格，按 Ctrl+1 组合键调出“设置单元格格式”对话框，在“填充”选项卡中，选择“无颜色”为单元格填充色，结果如图 6-52 所示。

若要删除背景，可单击“删除背景”按钮即可。

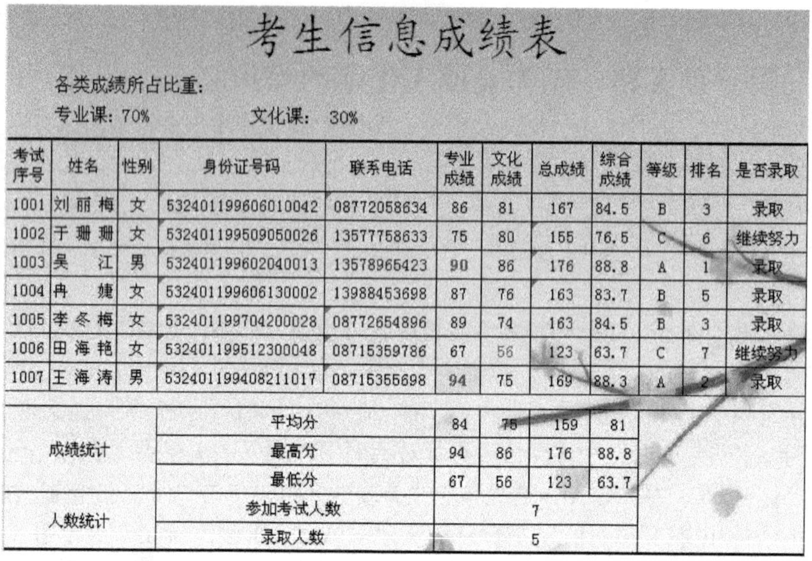

考生信息成绩表

各类成绩所占比重:

专业课: 70%　　文化课: 30%

考试序号	姓名	性别	身份证号码	联系电话	专业成绩	文化成绩	总成绩	综合成绩	等级	排名	是否录取
1001	刘 丽 梅	女	532401199606010042	08772058634	86	81	167	84.5	B	3	录取
1002	于 珊 珊	女	532401199509050026	13577758633	75	80	155	76.5	C	6	继续努力
1003	吴 江	男	532401199602040013	13578965423	90	86	176	88.8	A	1	录取
1004	冉 婕	女	532401199606130002	13988453698	87	76	163	83.7	B	5	录取
1005	李 冬 梅	女	532401199704200028	08772654896	89	74	163	84.5	B	3	录取
1006	田 海 艳	女	532401199512300048	08715359786	67	56	123	63.7	C	7	继续努力
1007	王 海 涛	男	532401199408211017	08715355698	94	75	169	88.3	A	2	录取
成绩统计			平均分		84	75	159	81			
			最高分		94	86	176	88.8			
			最低分		67	56	123	63.7			
人数统计			参加考试人数		7						
			录取人数		5						

图 6-52　设置背景图片后的“考生信息成绩表”

6.5　编辑工作簿

【任务 6-5】编辑工作簿“考生信息成绩表”。

正如一本书有很多页一样，一个工作簿由多张工作表组成，系统默认为 3 张工作表，用户可根据实际需要进行增删，但不能超过 255 张工作表。与编辑工作表相似，在工作簿中也可以插入、删除、重命名、移动、复制、保护、隐藏工作表，还可以设置工作表标签颜色等。

提醒：给工作簿重命名时，包含文件路径在内不能超过 218 个字符。

6.5.1　选定操作对象——工作表

① 选择单张工作表。单击工作表标签；Sheet1 Sheet2 Sheet3 若看不到所需的标签，可单击左边的标签滚动按钮显示出标签后，再单击该标签。

② 选择多张相邻的工作表。先选中第一张工作表的标签，按住 Shift 键再单击最后一张工作表的标签。例如，Sheet1 Sheet2 Sheet3 Sheet4。

③ 选择两张或多张不相邻的工作表：单击第一张工作表的标签，按住 Ctrl 键再逐个单击其他工作表标签。例如，Sheet1 Sheet2 Sheet3 Sheet4。

④ 选择工作簿中所有工作表。右击任意一个工作表标签，在弹出的快捷菜单中单击“选定全部工作表”命令。例如，Sheet1 Sheet2 Sheet3 Sheet4。

⑤ 取消工作表的选定。单击任意一个工作表标签。

6.5.2 插入工作表

① 在当前选定工作表之前插入。右击选定的工作表标签，在弹出的快捷菜单中单击“插入”命令，接着在“插入”对话框中选择“工作表”并单击“确定”按钮。若要插入多张工作表时，先选择连续的多张工作表，再在选定的其中一张工作表标签上右击，在弹出的快捷菜单中选择“插入”命令，即可插入多张工作表。

例如，选定 Sheet1 至 Sheet3 共 3 张工作表，右击 Sheet2 并插入工作表后，将会在 Sheet2 之前插入 3 张工作表。

② 在最后插入一张工作表。单击“插入工作表按钮”。

6.5.3 重命名工作表

为了能轻松识别每张工作表，建议用户重命名工作表标签。

【例 6.16】将 “考生信息成绩表”中 Sheet1 更名为“音乐”，以便在各个工作表中存放不同专业的考生信息，便于管理。

具体操作如下。

双击 Sheet1 或右击 Sheet1 后在弹出的快捷菜单中选择“重命名”命令，输入新的标签名“音乐”，按 Enter 键确认并结束。例如，音乐 Sheet2 Sheet3。

提示：工作表标签允许的最大字符数是 31。

6.5.4 移动或复制工作表

1. 在同一工作簿中复制或移动工作表（常用鼠标拖动法）

若选中“音乐”工作表中从标题至表格最后一个单元格 A1：L19，将其复制并粘贴到 Sheet2 工作表中，您会发现复制过来的效果与原来的不一样。要想复制得到原模原样的工作表，则使用复制工作表。

【例 6.17】把做好的“音乐”工作表复制 3 份放在其后，并将复制过来的工作表标签分别为命名为“舞蹈”、“美术”、“体育”。

具体操作：按住 Ctrl 键的同时拖动“音乐”工作表标签至其后并松开鼠标，就会得到一张与“音乐”原模原样，且名为“音乐（2）”的工作表。

选中“音乐”、“音乐（2）”，按住 Ctrl 键的同时拖动“音乐”标签，即可复制得到“音乐（3）”、“音乐（4）”两张工作表。

用重命名的方法分别把“音乐（2）”、“音乐（3）”、“音乐（4）”重命名为“舞蹈”、“美术”、“体育”，并修改相应表中的考生数据，只要考生成绩一经改变，统计计算的结果也随之重新计算。

移动工作表只需拖动要移动的工作表标签到目标位置后，松开鼠标即可。例如，若想将“舞蹈”工作表移动到“音乐”工作表之前，那么可以拖动“舞蹈”至“音乐”，也可将“音乐”拖动至“舞蹈”之后皆可。

2. 在不同的工作簿中复制或移动工作表（常用快捷菜单法）

如果要在不同的工作簿之间复制工作表，就不能用拖动法，而使用快捷菜单法，即右击要复制或移动的工作表标签，在快捷菜单中单击“移动或复制工作表”命令，接着在弹出的“移动或复制工作表”对话框中选择目标位置，如图 6-53 所示。

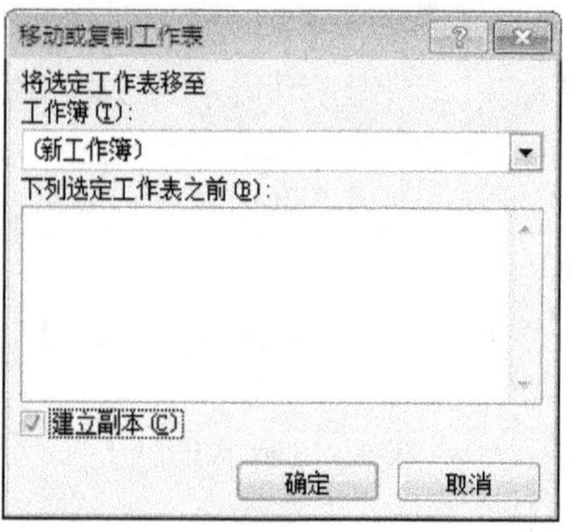

图 6-53　“移动或复制工作表”对话框

若选中“建立副本”复选框，则复制工作表；若要移动工作表，则不选中该复选框。

特别提醒：如果要将工作表复制或移动到已有工作簿中，对应工作簿应处于打开状态。

通过复制工作表，我们可以节省为各个专业重新制表或重新格式化表格的时间，从而提高了工作效率。

6.5.5　删除工作表

右击需删除的工作表标签，在弹出的快捷菜单中单击“删除”命令。

如果删除的工作表中没有数据，则直接删除。例如，删除“考生信息成绩表”中多余的两张空工作表 Sheet2 和 Sheet3。

如果删除的工作表中存在数据，则会弹出确认对话框，如图 6-54 所示。若确定要删除选定工作表，单击“删除”按钮，否则单击“取消”按钮。

注意：工作表一旦被删除，就无法恢复。所以删除工作表时一定要慎重。

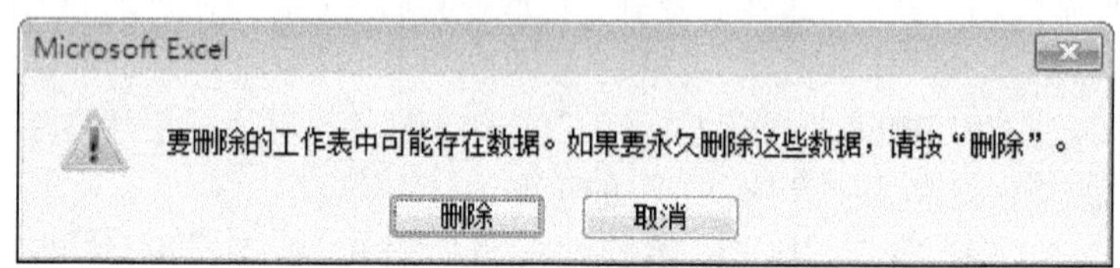

图 6-54　确认删除工作表对话框

6.5.6　设置工作表标签的颜色

当一个工作簿中有多个工作表时，为了提高观感效果，使某些工作表标签更加醒目，同时方便快速浏览工作表，可将工作表标签设置成不同的颜色。

具体操作：右击工作表标签，在弹出的快捷菜单中，指向“工作表标签颜色”并在下一级菜单中选择适当的颜色即可。

例如，将“考生信息成绩表”中各工作表标签设置分别设为红、橙、绿、蓝。

提醒：如果设置了工作表标签颜色，当该标签选中时，工作表标签下方是淡淡的相应颜色的粗线。如果工作表标签显示所设置的颜色，表示该工作表处于未选中状态。

6.5.7　隐藏工作表

在实际应用中，可能因需要在一个工作簿中建立了多张工作表，当工作完成后，为了安全起见又需要将其中部分工作表隐藏起来，不让其显示。

单击“视图”功能区“窗口”组中的“隐藏”按钮，系统会将当前工作簿所有的工作表隐藏起来，再单击“取消隐藏”后又会将所有的工作表全部显示出来。

如果只需隐藏指定的工作表，那么先选定需要隐藏的工作表，右击后在弹出的快捷菜单中选择“隐藏”命令。如果要恢复隐藏的工作表，只需反其道而行，选择“取消隐藏”命令，在“取消隐藏工作表”列表框中，双击需要显示的被隐藏工作表的名称，即可取消隐藏工作表。

6.6 创建图表

【任务 6-6】根据工作表中的数据创建图表。

Excel 图表可以将数据图形化，以形象直观的方式显示数据或数据统计的结果，方便对数据进行对比和分析，使数据的比较或趋势变得一目了然，还具有较好的视觉效果，能更容易表达用户的观点，为相关决策提供有效的参考。

6.6.1 图表的类型及用途

Excel 2010 为我们提供了多种图表类型，如图 6-55 所示。不同类型的图表所表达的意义不尽相同，例如，柱形图强调数量差异，拆线图表达趋势走向，而饼图则强调比例分配关系等。每种图表类型下又有多种不同的子类型。用户可以根据数据之间的关系特点，选择恰当的图表类型创建图表。

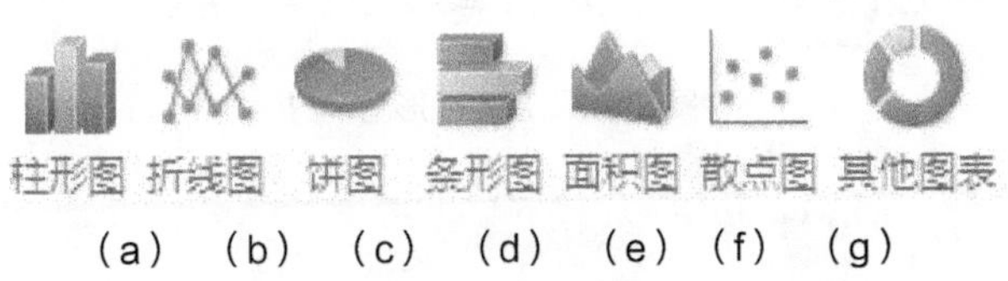

图 6-55 常见的图表类型

最常用的图表类型及用途。

① 柱形图。用来显示一段时间内数据的变化或显示不同项目之间的比较情况，常用于强调数据随时间的变化趋势。

② 折线图。用来显示一段时间内或等时间间隔内数据的变化趋势，主要强调数据的变化率。

③ 饼图。适合表示数据系列中各项占有比例，用于显示部分与整体的关系，以及所占比例。

④ 条形图。即横向的柱形图，其作用与相同。

⑤ 面积图。用来比较多个数据系列在幅度上连续变化情况，直观反映部分与整体的关系，强调幅度随时间的变化情况。

⑥ 散点图。可直观显示数据点的精确值，帮助用户对图表数据进行统计计算。

6.6.2 创建图表

在 Excel 图表分两种：嵌入式图表和独立图表。

嵌入式图表是指数据和图表在同一工作表上，可同时显示和打印；而独立图表则是在数据工作表之前插入一张名为“Chart1”的单独图表，只能分别显示和打印。

两类图表都被链接到所表示的工作表上，一旦改变工作表数据，图表也会自动改更新。

【例 6.18】根据“考生信息成绩表”中姓名与综合成绩两列数据创建一簇状柱形图。

具体操作如下。

① 选择图表所需数据（包括所选列标题）A6：A13，I6：I13（不连续单元格区域的选择需按住 Ctrl 键）

② 单击“插入”功能区“图表”组中的“柱形图”按钮，在打开下拉菜单中选择“二维柱形图”中第一个子图表类型“簇状柱形图”，即可创建一个嵌入在当前工作表中的图表，如图 6-56 所示。此时图表处于选中状态，窗口上方也增加了一个“图表工具”功能区，如图 6-57 所示。

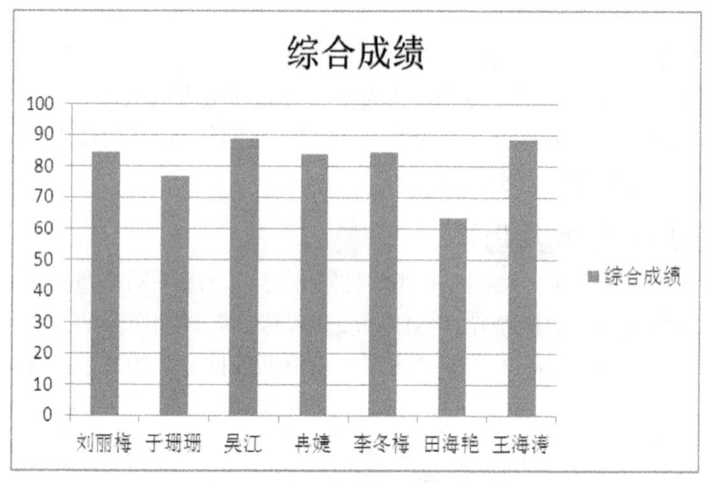

图 6-56　簇状柱形图示例

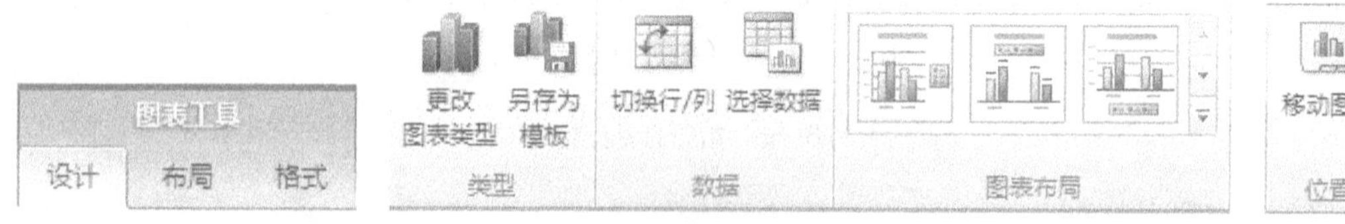

图 6-57　常用图表工具

如果希望把创建好的嵌入式图表转换为独立图表，请单击“位置”组中的“移动图表”按钮，并在“移动图表”对话框中选择放置图表的位置为新工作表，如图 6-58 所示。此时将在当前工作表之前插入一个独立的图表，图表内容与嵌入式图表一致。

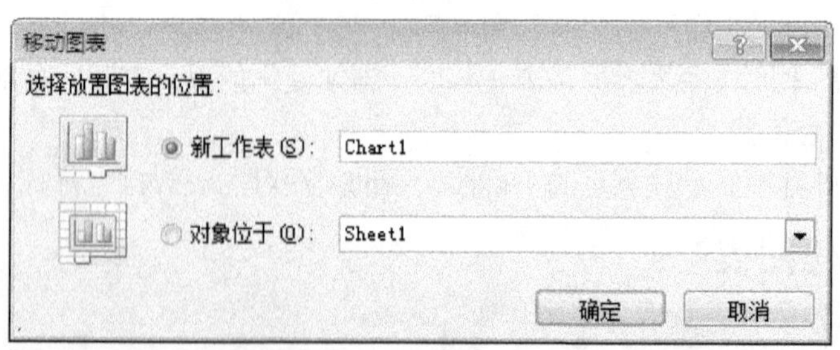

图 6-58　“移动图表”对话框

6.6.3　编辑图表

编辑图表是指对图表和其中各个对象进行编辑，主要指添加或修改图表标题、设置图例的格式、切换行/列、设置图表样式、图表的移动、复制、缩放、删除以及更改图表类型等。

当对创建好的图表不满意时，可以对其进行编辑、修改和调整。比如，希望图表中的分类（*X* 轴上的数据）与图例（当前图表左边的数据）互相切换，则单击“图表工具”功能区“设计”选项卡下“数据”组中的“切换行/列”按钮，图表随之改变。再单击“图表布局”组中的“布局 2”，再选中图表标题并在编辑栏上修改，即可如期得到图表，如图 6-59 所示。

如果插入图表后才发现事先没有选择数据或者数据选错，可以单击“选择数据”按钮添加或修改图表所需数据。

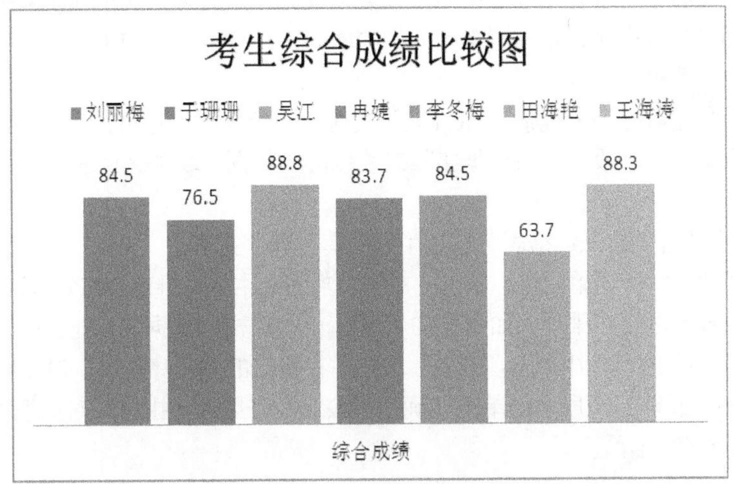

图 6-59 考生综合成绩比较图

① 移动图表。选定要移动的图表，并指向图表区时拖动鼠标到合适的位置后松开。

② 复制图表。选定需要复制的图表，使用复制/粘贴的方法即可。

③ 缩放图表。选定图表后，图表的周围出现 **8** 个控制点，将鼠标指向某个控制点并拖动，即可调整图表大小，与调整窗口或图片大小类似，通常调整右下角的控制点，如此不会破坏图表的高宽比，从而不易导致变形。

④ 删除图表。当图表不再需要时，选定它，并按 Delete 键，即可删除的图表。

⑤ 更改图表类型。如果之前创建的图表类型不合适，用户可改变其图表类型。需单击“更改图表类型”按钮，在弹出的“更改图表类型”对话框中重新选择“图表类型”，单击“确定”按钮。

图表创建好后，只要修改了表中的数据，图表中的数据系列也随之改变。

6.7 Excel 数据清单

【任务 6-7】数据的排序、筛选、分类汇总和数据透视表的创建。

在 Excel 中，数据库又称数据清单，是由行和列组成的数据记录的集合。数据清单的列相当于数据库中的字段，是构成记录的基本数据单元。数据清单中的列标题相当于数据库中的字段名，位于数据清单的最上面，每一列包含着相同类型的数据；数据清单中的每一行相当于数据库的一个记录，是某个特定项的完整值。在执行排序、筛选或分类汇总等数据库操作过程中，Excel 会自动将数据清单视为数据库来对待。

满足以下条件的 Excel 工作表均可被识别为数据清单。

① 数据清单的第一行是用字符串表示的列名，即字段名。

② 除字段名外，数据清单中每一列都包含同一类型的数据。

③ 各条记录之间不存在全空的行，各字段之间也不能有全空的列。

本节主要学习数据库操作中最为常用的排序、筛选和分类汇总操作。

6.7.1 数据的排序

数据清单中的数据，可按一定的顺序排列。Excel 中提供了许多排序方法，文本类型的数据可以按照字母的先后顺序或笔画顺序排列，数值型数据可按数值的大小顺序来排列。还可按行或列来排序：如果按行排序，数据清单中列的次序保持，行重排；如果按列排序，数据清单中行的次序保持，列重排。

排序的字段名通常称为关键字，Excel 允许同时对多个关键字进行排序。如果仅对某一字段排序，那么只需单击该字段名，再根据实际需要单击“数据”功能区中的“升序”或“降序”按钮。

【例 6.19】将“考生信息成绩表”按考生姓氏笔画升序排列。

如果单击“姓名”所在单元格，单击“数据”功能区中的“升序”按钮，系统默认状态下是按姓名的拼音字母顺序排列，如图 6-60 所示。此时单击“数据”功能区中的“排序”按钮，弹出的“排序”对话框中单击“选项”按钮，在弹出的“排序选项”对话框中选中“笔划排序”单选按钮，如图 6-61 所示。单击“确定”按钮后，返回“排序”对话框再单击“确定”按钮，结果如图 6-62 所示。

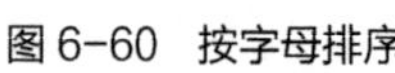
图 6-60 按字母排序

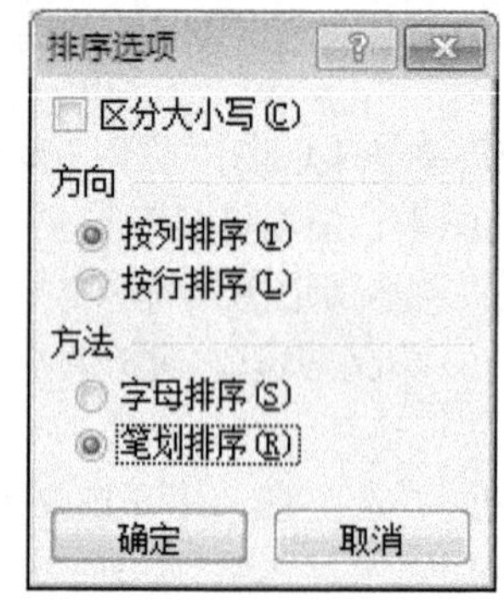

图 6-61 “排序选项”对话框

图 6-62 按笔画升序排序

【例 6.20】将“考生信息成绩表”按“综合成绩”降序排列，若综合成绩相同时，再按“专业成绩”降序排列。

具体操作如下。

① 单击数据清单中的任一单元格。

② 单击“数据”功能区中的“排序”排序按钮，弹出的“排序”对话框中单击“主要关键字”下拉列表按钮，选择“综合成绩”，并设为“降序”。

③ 再点击“添加条件”，在“次要关键字”下拉列表中选择“专业成绩”，并设为“降序”，如图 6-63 所示。

④ 单击“确定”按钮，即可得排序结果。

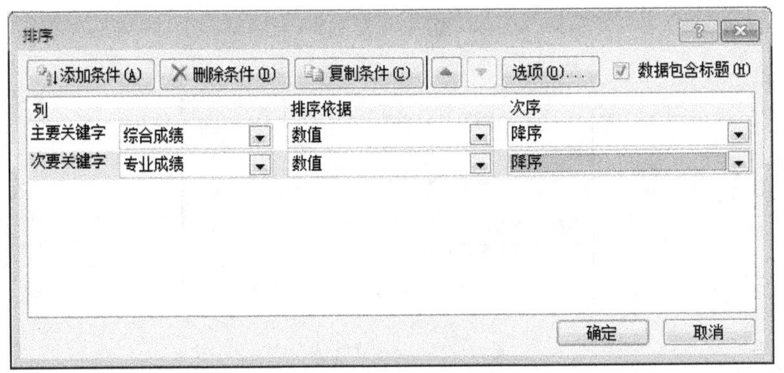

图 6-63 “排序”设置对话框

6.7.2 数据的筛选

在实际应用中，数据清单通常都会在几十条、几百条甚至上千条记录。而要在众多的记录中查找出满足条件的记录，使用 Excel 提供的筛选功能可以轻而易举地完成。

Excel 提供了自动筛选和高级筛选两种筛选方式。一般情况下，若按简单条件筛选，则使用自动筛选，筛选结果将在原有区域显示。另一种是高级筛选，适用于复杂条件的筛选，其筛选结果可在原有区域或另外指定的单元格区域内显示。

1. 自动筛选方式

自动筛选是最常用的筛选方式。例如，在“考生信息成绩表”中查找出所有女生的记录。

具体操作如下：单击数据清单中任意单元格，再单击“数据”组中“筛选”按钮。此时，数据清单中每个字段名右下端都会出现筛选按钮；

单击“性别”右下端的筛选按钮，在弹出的下拉列表中取消复选框“男”□男，即可筛选出所有女同学的记录，而男生记录被隐藏起来，结果如图 6-64 所示。

考试序号	姓名	性别	身份证号码	联系电话	专业成绩	文化成绩	总成绩	综合成绩	等级	排名	是否录取
1001	刘 丽 梅	女	532401199606010042	08772058634	86	81	167	84.5	良	3	录取
1002	于 珊 珊	女	532401199509050026	13577758633	75	80	155	76.5	中	6	继续努力
1004	冉 婕	女	532401199606130002	13988453698	87	76	163	83.7	良	5	录取
1005	李 冬 梅	女	532401199704200028	08772654896	89	74	163	84.5	良	3	录取
1006	田 海 艳	女	532401199512300048	08715359786	67	56	123	63.7	中	7	继续努力

图 6-64 自动筛选女生记录

今后若想取消对该字段的筛选，只要单击“筛选”按钮，在弹出的下拉列表中选择从“性别”中清除筛选(C)。

2. 自定义自动筛选

使用自动筛选具有一定的局限性，它只能在筛选列表中选择其中的某一个值。但通常情况下，我们要筛选的条件不仅仅是下拉列表中的其中之一，而需要用户自定义筛选条件。

【例 6.21】查找出“综合成绩”在 85 分以上及 70 分以下的记录。

在筛选出所有女生记录的结果中，再单击第二个筛选字段“综合成绩”右下端的筛选按钮，在弹出的下拉列表中指向“数字筛选”下的“介于”命令，在弹出的“自定义自动筛选方式”对话框，设置筛选条件如图 6-65 所示，单击“确定”按钮。

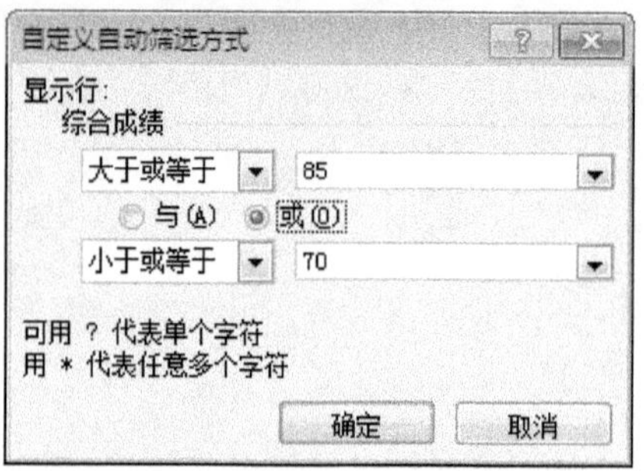

图 6-65　自定义筛选示例

特别注意：“与”和“或”是指两个条件之间的关系。

“与”表示两个条件必须同时满足的记录才会出现在筛选结果中。

“或”表示只要满足其中一个条件就会出现在筛选结果中。

另外，若清单中的数据很多而只需显示某列中最大或最小的几项，则可使用自动筛选前 10 项。

【例 6.22】查找出考生信息成绩表中综合成绩前三名。

在自动筛选状态下，单击“综合成绩”字段名右边的筛选按钮，在弹出的下拉列表中指向“数字筛选”下的“10 个最大的值”。在弹出的“自动筛选前 10 个”对话框中根据需要选择条件，如图 6-66 所示。单击“确定”按钮，即可得到筛选结果。

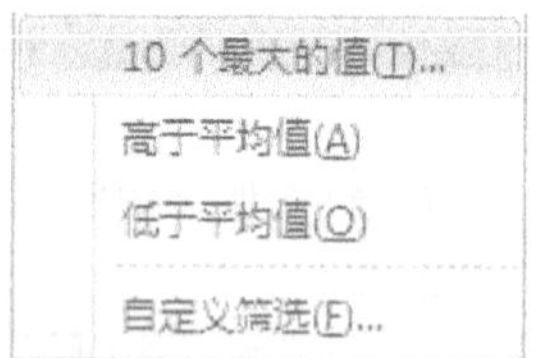

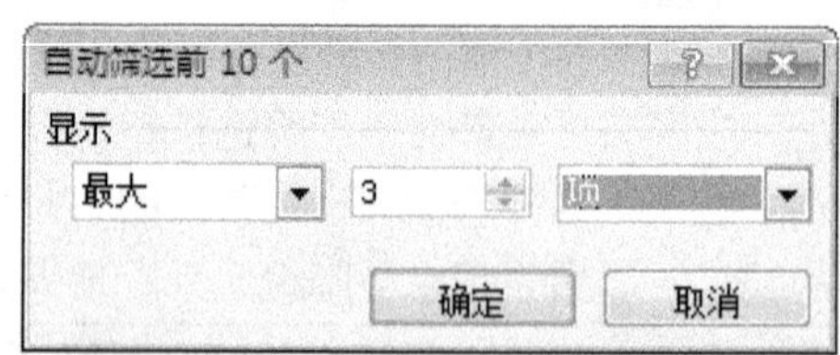

图 6-66　自动筛选前 10 项对话框

另外，还可以将高于或低于平均值的记录筛选出来，请大家多动手实践练习。因为知道→悟道→做到→才能得到。

若想打印筛选结果，不必担心筛选按钮会打印出来。

若要取消整个数据清单的筛选状态，再一次单击“数据”功能区中的“筛选”按钮。

6.7.3　数据的分类汇总

分类汇总是对数据清单中的某一字段先排序，再按某种汇总方式进行统计。汇总方式主要有：求和、求平均、求最大数、计数等。Excel 提供的分类汇总功能，可以在数据清单的基础上方便快速地生成分类汇总表，使得数据统计简便易行。

1．创建分类汇总表

顾名思义，分类汇总就是先分类再汇总。因此，建立分类汇总的第一步就是先对分类字段排序，使得分类字段值相同的记录排在一起，从而达到分类的目的。接着单击“数据”功能区中的分类汇总按钮，建立汇总表。可以对一个或多个字段进行相同或不同方式的汇总。按先排序→数据→分类汇总的顺序进行。

【例 6.23】分别统计“考生信息成绩表”中的男女生人数及男女生综合成绩的平均分。

根据题意，以“性别”作为分类字段，汇总方式分别为计数和平均值。

具体操作如下。

① 选中“性别”字段名所在单元格，单击升序或降序按钮。

② 单击数据清单中的任一单元格，单击“数据”功能区中的“分类汇总”按钮，在弹出的“分类汇总”对话框中设置如图 6-66（a）所示，单击“确定”按钮，汇总表如图 6-67（b）所示。

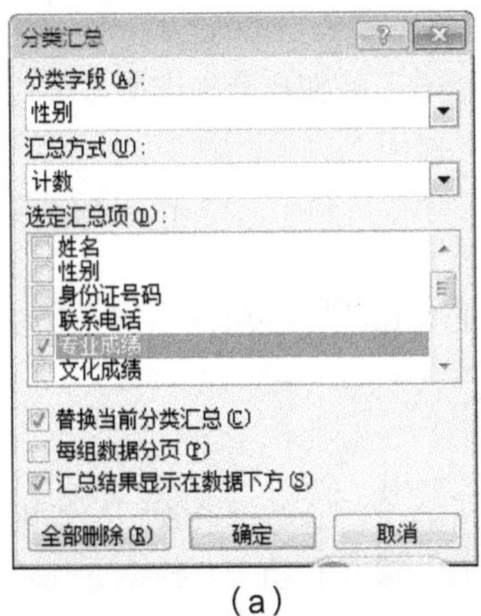

（a）

考试序号	姓名	性别	专业成绩	文化成绩	总成绩	综合成绩
1001	刘丽梅	女	86	81	167	84.5
1002	于珊珊	女	75	80	155	76.5
1004	冉　婕	女	87	76	163	83.7
1005	李冬梅	女	89	74	163	84.5
1006	田海艳	女	67	56	123	63.7
		女 计数	5			
1003	吴　江	男	90	86	176	88.8
1007	王海涛	男	94	75	169	88.3
		男 计数	2			
		总计数	7			

（b）

图 6-67　“分类汇总”对话框 1 和对应的汇总结果

再用类似的操作对“综合成绩”一列进行汇总。不同的是：“汇总方式”选“平均值”，“选定汇总项”为“综合成绩”，但需取消“替换当前分类汇总”复选框。单击“确定”按钮，得到汇总表，如图 6-68 所示。

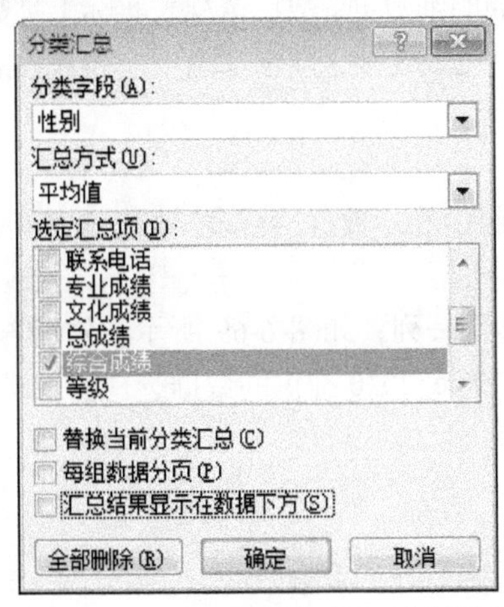

考试序号	姓名	性别	专业成绩	文化成绩	总成绩	综合成绩
1001	刘丽梅	女	86	81	167	84.5
1002	于珊珊	女	75	80	155	76.5
1004	冉　婕	女	87	76	163	83.7
1005	李冬梅	女	89	74	163	84.5
1006	田海艳	女	67	56	123	63.7
		女 平均值				78.58
		女 计数	5			
1003	吴　江	男	90	86	176	88.8
1007	王海涛	男	94	75	169	88.3
		男 平均值				88.55
		男 计数	2			
		总计平均值				81.43
		总计数	7			

图 6-68　“分类汇总”对话框 2 和对应的汇总结果

提醒：对多个字段进行相同汇总方式时，在分类汇总对话框中的“选定汇总项”列表框中选择多个分类汇总的字段；若汇总方式不同，应分别进行汇总，且在希望同时显示不同汇总结果时需取消“替换当前分类汇总”复选框。

2．分级显示或打印

由于分类汇总的结果插入在原数据清单上显示，如果原数据清单数据量较大，那么查看汇总结果就不方便。这时可单击汇总表左上方的分级显示按钮“1”、“2”、“3”或展开折叠按钮“+”、“-”，使汇总结果按用户指定要求显示。

在只有一种汇总方式的情况下，分级显示按钮的作用如下。

“1”：只显示列标题和总计。

“2”：只显示列标题、总计和分类总计。

“3”：显示所有数据。

“+”：展开数据。

“-”：折叠数据。

如果存在多种汇总方式，且汇总结果都显示时，分级显示按钮也会相应增多。

3．清除分级显示与删除分类汇总数据

若要取消分级显示，即取消汇总表左侧分级显示区，但仍保留汇总数据，只需单击“数据”功能区中的“取消组合”按钮下的“清除分级显示”命令。

若要删除汇总数据，则单击“分类汇总”按钮，在弹出的“分类汇总”对话框中单击“全部删除”按钮。

6.7.4 数据透视表与数据透视图

数据透视表对于汇总、分析、浏览和呈现汇总数据非常有用。数据透视图报表则有助于形象呈现数据透视表中的汇总数据，以便用户轻松查看比较、模式和趋势。数据透视表和数据透视图报表都能对关键数据，做出明智决策。

Excel 2010 提供了一种简单、形象、实用的数据分析工具——数据透视表。使用它可以生动、全面地对数据清单重新组织和统计数据。数据透视表是用来从 Excel 数据列表等多维数据集的特殊字段中总结信息的分析工具，它是一种对大量数据快速汇总和建立交叉列表的交互式表格，通过行和列中选择的不同元素，可以深入分析数值数据，快速查看源数据的不同统计结果。同时还可以随意显示和打印出你所感兴趣区域的明细数据。数据透视表实际上是数据排序、筛选和分类汇总的三项操作的结合。数据透视表能在短短数秒之间创建出工作表数据的新视图，从而揭示数据的内涵。

1. 创建数据透视表

数据透视表是通过“插入”选项卡上的“表”组中的“数据透视表”按钮逐步完成的。用户可以方便地为数据清单创建数据透视表。

【例 6.24】若“考生信息成绩表”中有“生源地”一列，如图 6-69 所示，分别统计各生源地、男女生综合成绩平均分，如图 6-70 所示。使用 Excel 2010 提供的数据透视表完成该统计更显简单、快捷。

考试序号	姓名	性别	综合成绩	生源地
1001	刘丽梅	女	84.5	昆明
1002	于珊珊	女	76.5	保山
1003	吴　江	男	88.8	昆明
1004	冉　婕	女	83.7	保山
1005	李冬梅	女	84.5	玉溪
1006	田海艳	女	63.7	昆明
1007	王海涛	男	88.3	玉溪

图 6-69　创建数据透视表的数据清单

平均值项:综合成绩	生源地			
性别	保山	昆明	玉溪	总计
男		88.8	88.3	88.55
女	80.1	74.1	84.5	78.58
总计	80.1	79	86.4	81.429

图 6-70　将要创建的数据透视表

创建数据透视表的具体操作如下。

单击数据清单中的任一单元格，单击“插入”选项卡上的“表”组中的“数据透视表”按钮，在弹出“创建数据透视表”对话框中选择要分析的数据，并指定位置数据透视表放置的位置，如图 6-71 所示，单击“确定”按钮。

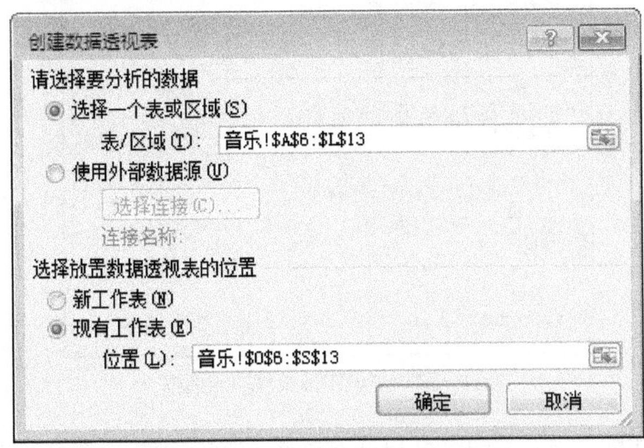

图 6-71 “创建数据透视表”对话框

在弹出的“数据透视表字段列表”窗格向数据透视表添加字段：若要将字段放置到布局部分的默认区域中，请在字段部分选中相应字段名称旁的复选框，如图 6-72 所示。默认情况下，非数值字段会添加到“行标签”区域，数值字段会添加到“值”区域，而日期和时间层级则会添加到“列标签”区域。

若要将“生源地”字段放置到布局部分的列区域中，右击该字段名称，然后选择“添加到列标签”命令，或直接在区域间拖动字段，结果如图 6-73 所示。也可稍后根据需要再调整，以修改数据透视表。

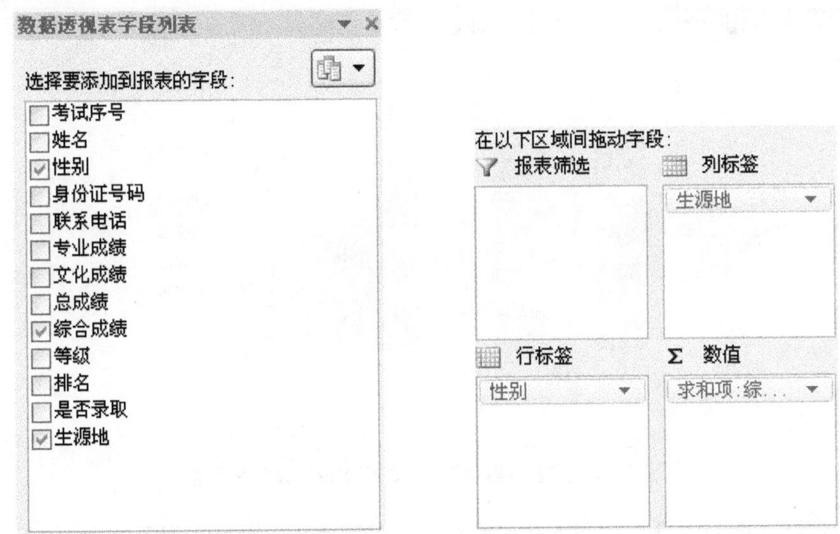

图 6-72 选择在数据透视表中要添加的字段 图 6-73 在布局中调整“生源地”为列标签

此时“数值”区域是“求和项：综合成绩”，是系统默认的汇总方式。此时单击“求和项：综合成绩”下拉按钮，并在弹出的菜单中选择“值字段设置”命令，再在弹出的“值字段设置”对话框中选择“值字段汇总方式”为平均值，如图 6-74 所示。单击“确定”按钮，即可创建如图 6-69 所示的数据透视表。

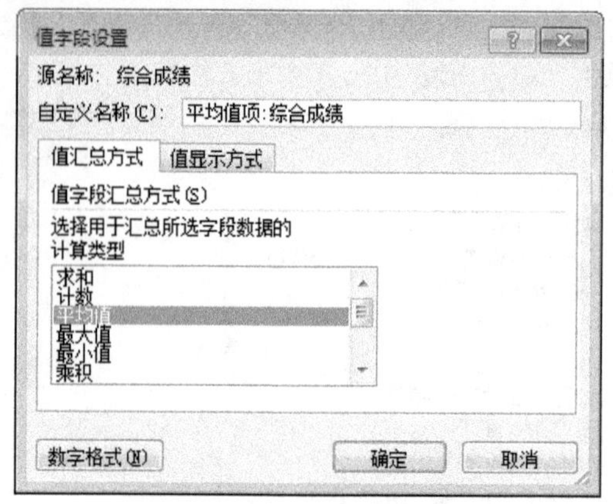

图 6-74　“值字段设置”对话框

提示：若数据源中的数据发生改变，只要右击该数据透视表，在弹出的快捷菜单中“刷新”后即可更新汇总结果。

2. 删除数据透视表

具体操作如下：选定整个数据透视表，按 Delete 键，即可删除整个数据透视表。

对于数据透视表中的数据，不能直接删除部分数据，只能删除整个数据透视表。删除后，数据源不受影响。

3. 基于现有的数据透视表创建数据透视图

单击数据透视表，将显示“数据透视表工具”，其上增加了“选项”和“设计”选项卡。在“选项”选项卡上的“工具”组中，单击“数据透视图”按钮，在“插入图表”对话框中选择所需的图表类型和图表子类型，单击“确定”按钮。结果如图 6-75 所示。

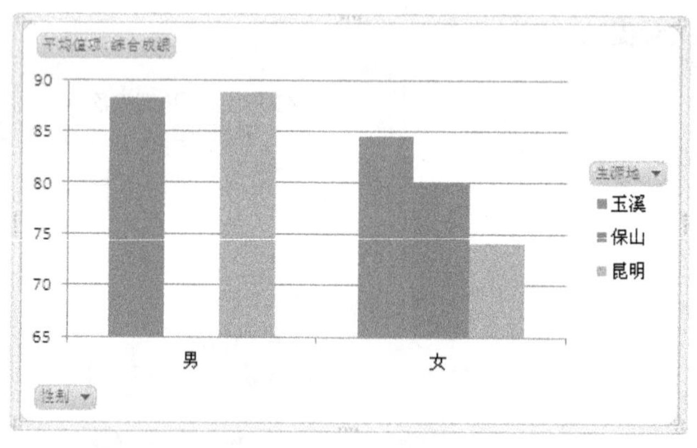

图 6-75　“各地男女生综合成绩比较”数据透视图

显示的数据透视图中具有数据透视图筛选器，可用来更改图表中显示的数据。

提示：数据透视图及其相关联的数据透视表必须始终位于同一个工作簿中。只要其中一个报表有变动，另外一个报表也随之改变。

6.8　工作簿的页面布局和打印

【任务 6-8】打印“考生信息成绩表”。

Excel 2010 提供了丰富完善的页面布局和打印功能，可以通过“页面布局”功能区中的“页面设置”和“打印预览”等设置，以更方便、快捷的方式打印出令人满意和效果。

Excel 2010包含3种视图模式：“普通”、“页面布局”和“分页预览”。“普通”视图是Excel的默认视图，适合于对表格的设计和编辑，但无法查看页边距、页眉和页脚，仅在打印预览或切换到其他视图后各页面之间会出现一条虚线来分隔各页。打印预览时，虽然可以看到页边距、页眉和页脚，但无法对表格进行编辑。而“页面布局”视图兼有打印预览和普通视图的优点，既能对表格进行编辑修改，也能查看和修改页边距、页眉和页脚，同时还会显示水平和垂直标尺，对于测量和对齐对象十分有用。

6.8.1 页面布局

1. “页面布局”视图

对于需要打印的工作表，使用“页面布局”视图非常方便。以下两种方法皆可切换到“页面布局”视图。

① 通过窗口右下方状态栏中直接单击“页面布局视图”按钮。

② 在“视图”功能区的“工作簿视图”组中单击“页面布局”，在“页面布局”功能区“主题”组中单击“主题”按钮，可以从系统提供的丰富多彩、美观大方的主题中选择其中一种，使工作表且有不同的效果。

通过“页面布局”功能区的“页面设置”组还可设置工作表的“页边距”、“纸张方向、“纸张大小”、“打印区域”和“打印标题”等，如图6-76所示。

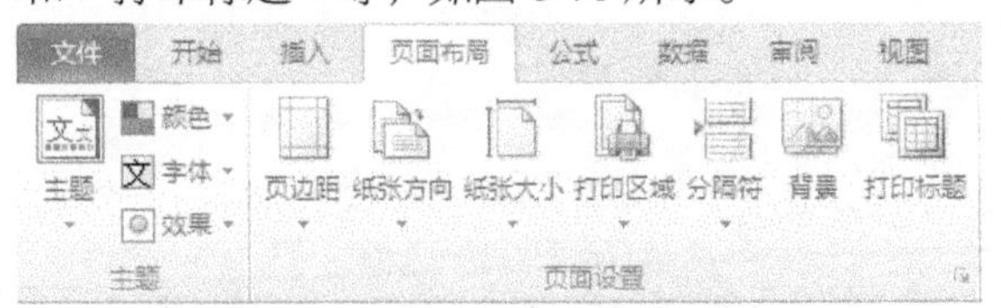

图6-76 “页面布局”功能区的常用按钮

在“页面布局视图”下，单击页眉或页脚，在“视图”选项卡的左边添加了一个“页眉和页脚工具”功能区，如图6-77所示。通过这些常用功能按钮，可以方便地编辑页眉。

图6-77 “页眉和页脚工具”功能区的常用按钮

2. 添加页眉和页脚

在“页面布局视图”中，页眉和页脚都分为左侧、中间和右侧3个区域，可直接单击页面的顶部或底部区域来添加页眉、页脚。

例如，要在页脚中间添加“第1页，共？页”格式的页脚，具体操作如下。

① 单击任意页面的底部页脚中间区域，在“页眉和页脚工具-设计”功能区的“页眉和页脚”组中的“页脚”按钮，在弹出的下拉列表中选择“第1页，共？页”即可。

② 也可根据实际需要，在页眉、页脚中插入当前日期、时间或图片等。

3. 隐藏或显示页面间的空白、页眉和页脚

由于在“页面布局视图”中会显示各页面的页边距、页眉和页脚，在查看连续的页面时有时会显得不便。可以将光标定位到页面间的灰色区域，这时鼠标指针变成“隐藏空格”指针，如图6-78所示。单击即可隐藏页面间的空白及页眉、页脚。再次同样的操作即可显示页面间的

空白、页眉页脚。

图 6-78 隐藏或显示页面间的空白、页眉和页脚示例

6.8.2 页面的调整

通常情况下，当工作表的内容不足或超过系统默认的一页纵向 A4 纸的宽度，此时需对页面调整，以便将工作表中更多的列或行打印在同一页。具体方法有如下几种。

① 选择“文件”→“打印”命令，在打印预览状态下单击“无缩放”下拉按钮，在弹出的列表中选择合适的设置，如图 6-79 所示。

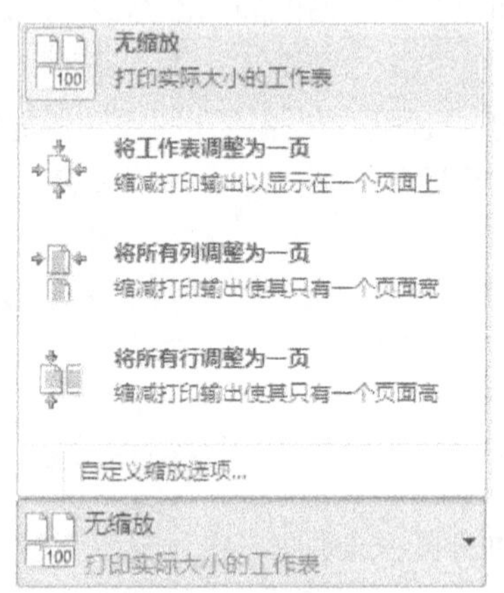

图 6-79 工作表缩放列表

② 在编辑状态下调整过宽的列，或在预览状态下单击右下角“显示边距”按钮和“缩放到页面”按钮，调整边距控点以改变列宽。

③ 通过“页面设置”对话框“页面”选项卡，将纸张方向更改为横向。

④ 通过“页面设置”对话框“页边距”选项卡，调整工作表的页边距。

⑤ 通过“页面设置”对话框“页面”选项卡，设置“纸张大小”为较大型号纸张。

⑥ 将“纸张大小”设为较大的尺寸。

6.8.3 设置打印范围

Excel 2010 可以根据实际需要把打印范围设置为：整个工作簿、指定工作表、工作表中指定的某几页、工作表中某一单元格区域打印出来，也可设置打印份数。

选择“文件”→“打印”命令，在设置区可设置用户需要的打印范围，如图 6-80 所示。

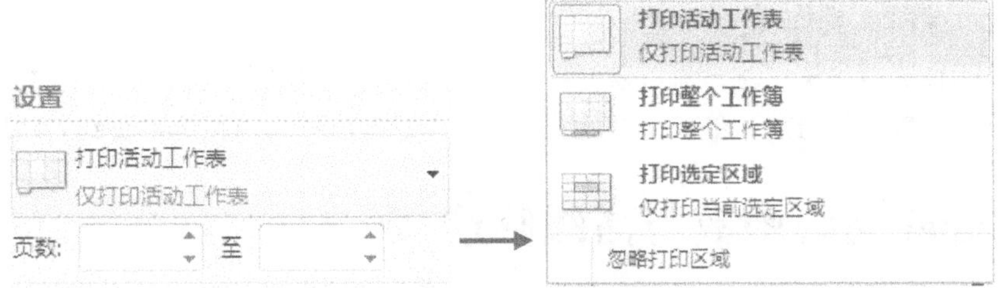

图 6-80　设置打印范围

如果只需打印工作表部分内容，只需先选中将要打印的单元格区域，在“页面布局”功能区“页面设置”组中单击“打印区域”按钮，在弹出的列表中选择“设置打印区域”命令。【例 6.25】只打印“考生信息成绩表”中被录取的考生名单。

具体操作如下。

① 先筛选出录取考生的记录，并选中要打印的区域。

② 单击“打印区域”按钮，接着在弹出的列表中单击“设置打印区域”命令。

③ 选择“文件”→“打印”命令，在右边的“打印预览”窗口中即可看到被录取的考生名单，如图 6-81 所示。

考试序号	姓名	性别	身份证号码	联系电话	专业成绩	文化成绩	总成绩	综合成绩	等级	排名	是否录取
1001	刘丽梅	女	532401199606010042	08772058634	86	81	167	84.5	B	3	录取
1003	吴　江	男	532401199602040013	13578965423	90	86	176	88.8	A	1	录取
1004	冉　婕	女	532401199606130002	13988453698	87	76	163	83.7	B	5	录取
1005	李冬梅	女	532401199704200028	08772654896	89	74	163	84.5	B	3	录取
1007	王海涛	男	532401199408211017	08715355698	94	75	169	88.3	A	2	录取

图 6-81　设置为打印区域的单元格区域

6.8.4　每页重复打印行列标题

如果工作表的内容由于行或列太多超出一页，需要在每页的顶部或左侧将特定的行或列重复用作标题或标签。

【例 6.26】如果“考生信息成绩表”的打印页在两页以上，且希望在每个打印页的顶部都显示该表的表头，即列标题（第 6 行的内容）。需操作如下。

① 单击“打印标题”按钮，在“页面设置”对话框中单击“工作表”选项卡，设置“顶端标题行”。输入对包含列标题的引用或对包含行标签的列的引用，或单击“顶端标题行”框右端的拾取按钮 ，在工作表中选择需要重复的标题行。

② 在选择完标题行后，再次单击拾取按钮 返回到原对话框，如图 6-82 所示。单击“打印预览”按钮，即可看到每页的顶部都显示该表的标题。

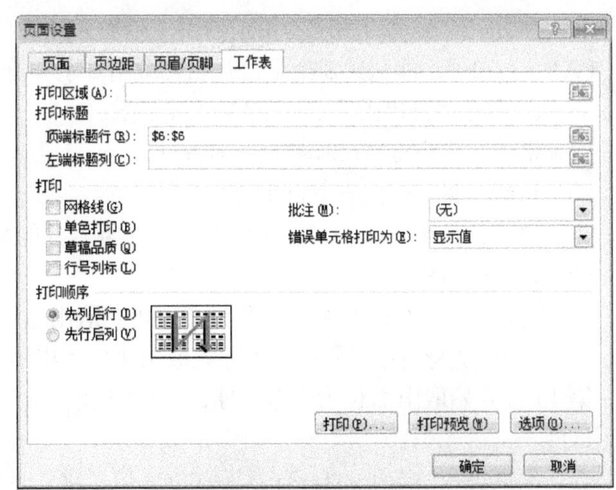

图 6-82　重复列标题举例

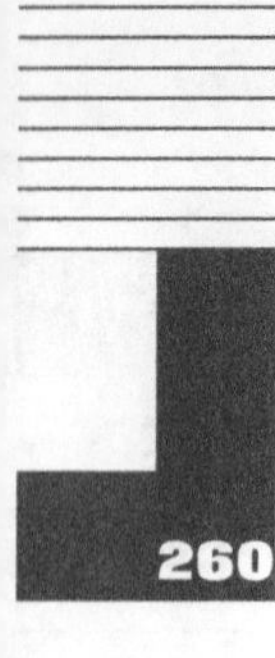

6.8.5 打印工作表

当对打印预览效果满意时，就可以将其打印出来。确认连接好打印机、准备好纸张后，在预览状态下，设置打印份数，单击 “打印” 按钮，即可打印出预览中看到的结果。

6.9 Excel 高级函数与高级筛选

【**任务 6-9**】掌握部分重要函数的使用，能按复杂的条件对数据进行筛选。

在“基础篇”中学习了最为常用的几个函数：Sum、Average、Max、Min、If、Count、Countif、RANK 等，接下来我们再为大家介绍几个特别有用的函数：条件求和函数 SUMIF、取子串函数 MID，合并字符串函数 CONCATENATE、求年份函数 YEAR、系统日期时间函数 Now、取整函数 INT、四舍五入函数 ROUND 的使用。

6.9.1 Excel 高级函数

1. 条件求和函数 SUMIF

格式：SUMIF(range，criteria，sum_range)。

功能：根据指定条件对若干单元格、区域或引用求和。

参数说明：

range 为条件区域，用于设置条件判断的单元格区域；

criteria 是求和条件，可以由数字、逻辑表达式等组成的判定条件；

sum_range 为实际求和区域，需要求和的单元格、区域或引用；

例如，公式“ =SUMIF(C7:C13，"男"，H7:H13)”的含义为：检索 C7:C13 范围内所有的单元格，如果其值为“男”，则将该行在 H 列单元格的值进行累加。

2. 取子串函数 MID

格式：MID(text,start_num,num_chars)。

功能：从一个文本字符串的指定位置开始，截取指定数目的字符。

参数说明：text 代表一个文本字符串；start_num 表示指定的起始位置；num_chars 表示要截取的数目。

例如，若 A1 单元格存入的是文本“中华人民共和国”，那么在 B1 单元格中输入公式“=MID（A1，3，2）”，即从第 3 个字符开始，取出 2 个字符，结果在 B1 单元格中显示“人民”。

3. 合并字符串函数 CONCATENATE

格式： CONCATENATE(text1,text2,...)。

功能：将多个文本字符串合并为一个。

说明：Text1，text2，...为 1 到 255 个要合并的文本项字符串。可以是字符串、数字或对单个单元格的引用。

【例 6.27】从 18 位公民身份证号码中获取出生日期。

分析：从身份证号码第 7 位开始取出 4 位为出生年份、从第 11 位开始取出 2 位为出生月份、第 13 位开始取出 2 位为出生日期；再将取出来的文本与日期分隔符“-”连接合并后即得出生日期。

如果第一位考生的身份证号码在 C6 单元格，具体操作如下。

① 单击选择第一位考生对应年龄所在单元格。

② 单击插入函数按钮，在弹出的“插入函数”对话框中选择类别为“全部”并在选择

列表中选择 CONCATENATE 函数后，单击“确定”按钮。

③ 在弹出的函数参数对话框中设置参数，如图 6-83 所示。

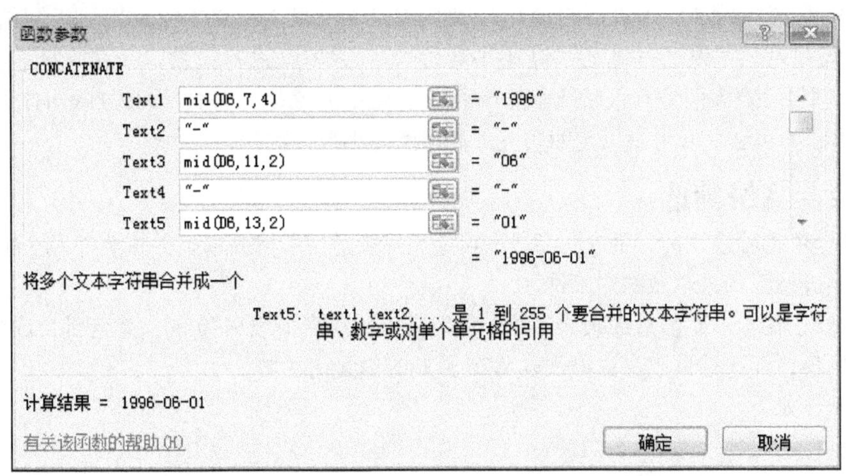

图 6-83 CONCATENATE 函数参数设置对话框

也可直接在编辑栏输入公式“=CONCATENATE(MID(C6,7,4),"-",MID(C6,11,2),"-",MID(C6,13,2))”，统计结果属于文本格式数据，并非日期格式，此时可以通过 “选择性粘贴”中选择粘贴“数值”的方法复制到另一列之后，再将复制后的数据设置为日期格式。只需注意：如此取得的日期是一个固定日期，不会随身份证号码的修改而改变。

文本连接运算符“&”也可代替 CONCATENATE 实现文本项的合并，用户可根据习惯选择选择使用。

4. 求年份函数 YEAR 和系统日期时间函数 NOW

（1）求年份函数 YEAR

格式: YEAR(serial_number)。

功能：返回日期的年份值，一个 1 900 ~ 9 999 的数字。

参数说明：进行日期及时间计算的日期-时间代码。

（2） 系统日期时间函数 NOW

格式：NOW()。

功能：返回日期时间格式的当前日期和时间。

参数说明：该函数不需要参数。

只要输入公式：=NOW()，确认后即刻显示出当前系统日期和时间。如果系统日期和时间发生了改变，只要按一下 F9 键，即可让其随之改变。

特别提醒：显示出来的日期和时间格式，可以通过单元格格式进行重新设置。

例如，根据出生日期统计年龄。如果出生日期所在单元格地址为 E7，则输入公式“=YEAR(NOW())-YEAR(D7)”，结果为一日期数据，再将单元格格式设置为常规类型，即可得到一个整数，即年龄。

提醒：应确保当前系统的日期正确。

5. 取整函数 INT 与四舍五入函数 ROUND

格式：INT(number)。

功能：将数值向下取整为最接近的整数。

参数说明：number 表示需要取整的数值或包含数值的引用单元格。

应用举例：输入公式=INT(18.89)，确认后显示出 18。

特别提醒：在取整时，不进行四舍五入；如果输入的公式为=INT(-18.89)，则返回结果为-19。若想要四舍五入，可以通过单元“减小小数位数”按钮进行设置，也可用四舍五入函数 ROUND。例如，若需四舍五入后取整的单元格在 H7，那么输入公式“=ROUND(I7,0)”即可，ROUND 函数的第 2 个参考是指定四舍五入后保留的小数位数。

6.9.2 高级筛选

Excel 提供的筛选功能，除自动筛选和自定义筛选适用于按简单条件筛选外，还有另一种按照复杂条件进行筛选，叫做高级筛选。

【例 6.28】在“考生信息成绩表”中，同时筛选出综合成绩≤70 的女生与综合成绩≥80 的男生记录信息，筛选结果放在数据表以 A25 开始的单元格区域。

具体操作如下。

① 设置条件区域，如图 6-84 所示。

	D	E
21	性别	综合成绩
22	女	<70
23	男	>80

图 6-84 高级筛选中事先编辑的“条件区域”

② 单击数据清单中任何一个单元格，单击“数据”功能区“筛选”按钮右侧的“高级”按钮，在弹出的“高级筛选”对话框中分别对条件区域等参数进行设置，如图 6-85 所示。

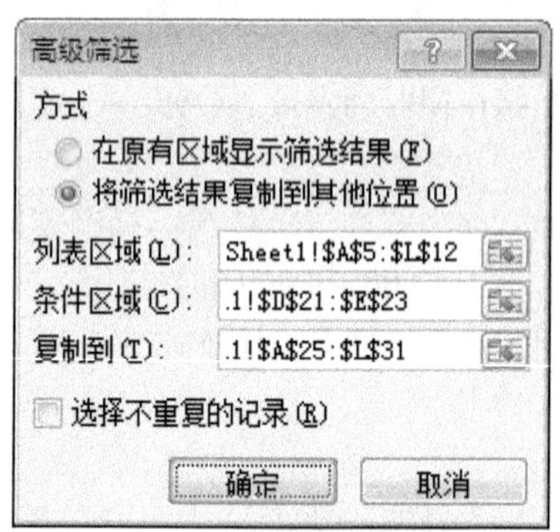

图 6-85 “高级筛选”对话框

得到的筛选结果如图 6-86 所示。

	A	B	C	D	E	F	G	H	I	J	K	L
25	考试序号	姓名	性别	身份证号码	联系电话	专业成绩	文化成绩	总成绩	综合成绩	等级	排名	是否录取
26	1003	吴 江	男	532401199602040013	13578965423	90	86	176	88.8	优	1	录取
27	1006	田海艳	女	532401199512300048	08715359786	67	56	123	63.7	中	7	继续努力
28	1007	王海涛	男	532401199408211017	08715355698	94	75	169	88.3	优	2	录取

图 6-86 按条件“综合成绩≤70 的女生与综合成绩≥80 的男生”筛选结果

6.10 数据分析及模拟运算表

【任务 6-10】了解模拟运算表及应用。

6.10.1 趋势分析

趋势分析是指在已有数据序列的连续变化中寻找规律，推算出今后数据的变化，作为趋势的预报。Excel 利用线性回归的原理，通过"填充"柄功能和"序列"命令自动实现趋势的预测和分析。

通常使用"填充"柄产生数据序列以达到趋势分析的目的，具体操作如下：选择数据序列所在的单元格区域，将鼠标指针对单元格区域准右下角，当鼠标指针呈十字箭头+时，拖动至目标位置并释放鼠标即可。

6.10.2 模拟分析

模拟分析是利用模拟运算表，查找已给出公式中某数值改变时对公式运算结果的影响，可以将所有不同的计算结果同时显示在工作表中，便于查看和比较，是一种只需几步操作就能计算出所有数值变化的模拟分析工具，是 Excel 最精彩的功能之一。

1. 模拟运算表的分类

模拟运算表有两种类型，即单变量模拟运算表和双变量模拟运算表。

单变量模拟运算表是在工作表中输入一个变量的多个不同值，分析这些不同变量值对一个或多个公式计算结果的影响。

双变量模拟运算表用于分析两个变量的几组不同的数值变化对公式计算结果的影响。在应用时，这两个变量的变化值分别放在一行与一列中，而两个变量所在的行与列交叉的那个单元格反映的是将这两个变量代入公式后得到的计算结果。双变量模拟运算表中的两组输入数值使用同一个公式。这个公式必须引用两个不同的输入单元格。 在输入单元格中，源于数据表的输入值将被替换。工作表中的任何单元格都可作为输入单元格，尽管输入单元格不必是数据表的一部分，但是数据表中的公式必须引用单元格地址。

2. 模拟分析举例

现有一项工程，需要 3 道工序才能完成，每道工序用到 4 种材料，不同的材料价格会影响各道工序及该工程的费用，请同时求出不同价格下各工序的费用及总的材料费，如图 6-87 所示。

材料名称	红砖	沙子	水泥	白灰	材料费
材料单价	200	70	400	100	
工序1	2	1	2	4	
工序2	3	1	3	3	
工序3	3	2	3	2	
数量合计					

图 6-87 各道工序所需材料费计算前的原始表

① 计算各道工序所需要材料费及总材料费(注意计算时引用各种材料单元所在单元格时使用绝对地址)，结果如图 6-88 所示。

	A	B	C	D	E	F
1	材料名称	红砖	沙子	水泥	白灰	材料费
2	材料单价	200	70	400	100	
3	工序1	2	1	2	4	1670
4	工序2	3	1	3	3	2170
5	工序3	3	2	3	2	2140
6	数量合计	8	4	8	9	5980

图 6-88　各道工序所需材料费的计算结果

② 购买不同价格的沙子时（沙子的价格为 60～80 元），各道工序所需要材料费及总材料费如何变化？

具体操作如下：在该表下方建立表格，如图 6-89 所示。单击 B11 单元格，该单元格需引入工序 1 材料费，所以输入公式“=+F3”并按 Enter 键，C11、D11、E11 如法炮制，结果如图 6-89 所示。

	A	B	C	D	E
10	砂子价格	工序1材料费	工序2材料费	工序3材料费	总材料
11		=+F3			
12	60				
13	65				
14	70				
15	75				
16	80				

图 6-89　建立“单变量模拟运算”举例初始表

选择 A11:E16，单击数据功能区数据工具组模拟分析下拉按钮在弹出的下拉列表中选择“模拟运算表”，在弹出的“模拟运算表”中进行设置，如图 6-90 所示。

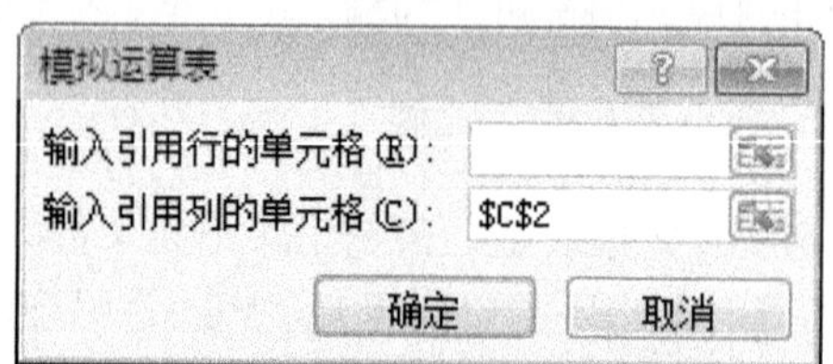

图 6-90　“模拟运算表”设置对话框

结果统计出不同价格的沙子所对应的各道工序及总材料费，如图 6-91 所示。

单变量模拟运算　　沙子的价格C2

沙子价格	工序1材料费	工序2材料费	工序3材料费	总材料
	1670	**2170**	**2140**	**5980**
60	1 660	2 160	2 120	5 940
65	1 665	2 165	2 130	5 960
70	1 670	2 170	2 140	5 980
75	1 675	2 175	2 150	6 000
80	1 680	2 180	2 160	6 020

图 6-91　不同价格的沙子对应的各道工序的材料费及总材料费

③ 计算不同的沙子价格和不同的红砖价格所需总材料费（红砖价格从 170 元至 200 元）。

具体操作如下：继续往下建立表格，如图 6-92 所示。单击 A20 单元格，该单元格需引入总材料费，所以输入公式“=+F6”并按 Enter 键，结果如图 6-92 所示。

	A	B	C	D	E
18	双变量模拟运算（引用红砖的单价B2、沙子的价格C2）				
19	总材料费				
20	5980	170	180	190	200
21	60				
22	65				
23	70				
24	75				
25	80				

图 6-92　建立“双变量模拟运算”举例初始表

选择 A20:E25，单击数据功能区数据工具组模拟分析下拉按钮在弹出的下拉列表中选择“模拟运算表”，在弹出的“模拟运算表”中进行设置，如图 6-93 所示。

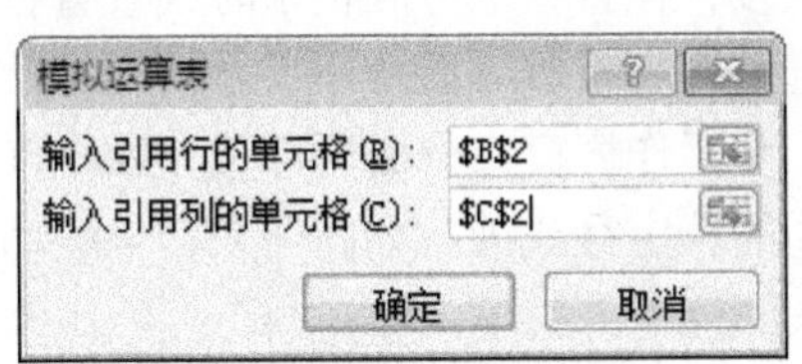

图 6-93　“模拟运算表”对话框

结果统计出购买不同价格的沙子和不同价格的红砖对总材料费的影响，如图 6-94 所示。

总材料费

5980	170	180	190	200
60	5700	5780	5860	5940
65	5720	5800	5880	5960
70	5740	5820	5900	5980
75	5760	5840	5920	6000
80	5780	5860	5940	6020

图 6-94 不同价格的沙子和不同价格的红砖对应的总材料费

6.11　Excel 窗口的并排比较、冻结与拆分

【任务 6-11】并排比较工作簿。

6.11.1　并排比较两个不同的工作簿

在工作表编辑过程中，有时需要与其他工作簿中的工作表数据对照编辑，此时可用 Excel 提供的“并排比较”，具体操作如下。

① 打开要并排比较的工作簿。

② 在“视图”功能区的“窗口”组中单击“并排查看”按钮。

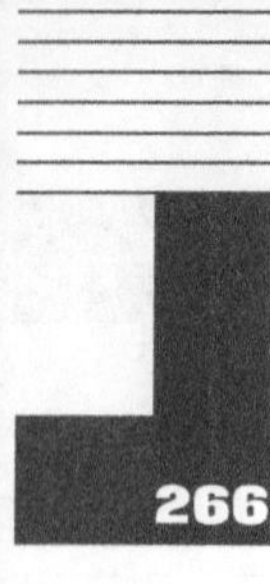

③ 若要改变窗口的排列方式，请在“窗口”组中单击“全部重排”按钮，并在弹出的“重排窗口”对话框中选择适当的排列方式，如图 6-95 所示。

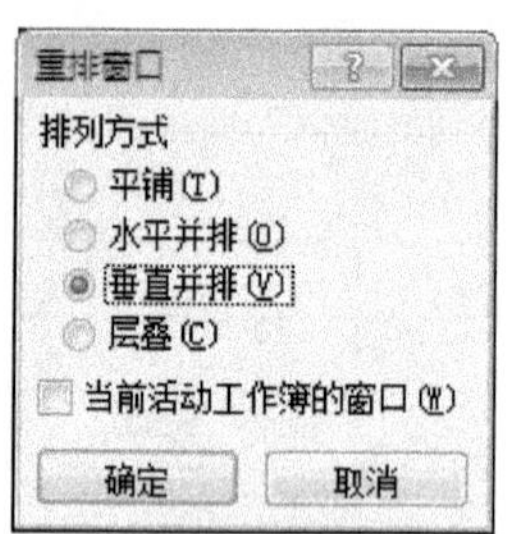

图 6-95 “重排窗口”对话框

如果要同时滚动工作簿，则单击“同步滚动”按钮。

如果要将工作簿窗口重置，则请单击“重置窗口位置”按钮。

6.11.2 冻结窗格

如果表中的记录或字段太多，在查看下方的记录时或查看右边字段时就不能对照上方的数据或左边的数据，从而来回拖动，查看数据显得不太方便。若希望在滚动时表头或前面几列保持可见，可以通过冻结窗格，将工作表窗口分成两部分，以垂直或水平条为界限并由此与其他部分隔开，从而锁定该区域中的特定行或列。如此一来，当滚动工作表的其余部分时，希望冻结的行或列就可以固定在原来的位置。

【例 6.29】在“考生信息成绩表”中，当记录滚动或向右拖动水平滚动条时冻结表头以上的行及前两列。

具体操作如下：单击“考生信息成绩表”的第一位考生对应的第三列所在单元格，单击“视图”功能区“窗口”组中“冻结窗格”按钮，在弹出的下拉菜单（见图 6-96）中单击“冻结拆分窗格”命令，此时该单元格上方的行及左边的列皆被冻结起来。被冻结的最后一行由一条水平线分开，最后一列由一条垂直线分开。此时滚动鼠标，或拖动水平滚动条，被冻结的行和列均不随之滚动，如图 6-97 所示。

冻结拆分窗格(F)
滚动工作表其余部分时，保持行和列可见(基于当前的选择)。
冻结首行(R)
滚动工作表其余部分时，保持首行可见。
冻结首列(C)
滚动工作表其余部分时，保持首列可见。

图 6-96 冻结窗格下拉菜单

考试序号	姓名	专业成绩	文化成绩	总成绩	综合成绩
1006	田 海 艳	67	56	123	63.7
1007	王 海 涛	94	75	169	88.3
成绩统计		83	75	159	81
		94	86	172	88.3
		67	56	123	63.7
人数统计		7			
		5			

图 6-97 冻结行列后滚动和拖动水平滚动条的结果

提示：可以冻结任何地方的窗格，不仅仅限于首行或首列。例如，如果希望在滚动过程中看到前三行的信息，则应该选中第四行再冻结。

除“冻结拆分窗格”外，还可以冻结指定的行或列。